Das Elektromaschinenbauer-Handwerk

Instandsetzung, Neuwicklung und Umbau elektrischer Maschinen, Transformatoren und Apparate

Von

Fritz Raskop

Zivilingenieur

DRITTE AUFLAGE

TECHNISCHER VERLAG HERBERT CRAM, BERLIN W 35

1949

Druck von Bodo Graefe, Berlin SW 68

Printed in Germany

Vorwort

Das vorliegende Fachbuch enthält eine umfassende Darstellung des Elektromaschinenbauerhandwerks.

Es führt den Lehrling in den Beruf des Elektromaschinenbauerhandwerkers ein und zeigt dem Gesellen und Meister die Wege auf, die zur Erreichung der in den gesetzlichen Ausbildungs- und Prüfungsvorschriften verankerten Ziele begangen werden können. In den Vordergrund seiner Darlegungen stellt der Verfasser die praktischen Arbeitsvorgänge bei der fach- und sachgemäßen Instandsetzung und Neuwicklung elektrischer Maschinen und Transformatoren. Die Reihenfolge der Ausführungen wurde so gewählt, daß sie dem Wege der kranken elektrischen Maschine vom Augenblick des Versagens bis zum erneuten, betriebstüchtigen Aufbau nach erfolgter Instandsetzung entspricht.

Hierbei wurde bewußt auf eine schlichte, leichtfaßliche Darstellungsweise Wert gelegt und unter Verzicht auf entbehrliche theoretische Auseinandersetzungen der Grundsatz: „Aus der Praxis — für die Praxis" hervorgehoben.

Bei der Beschreibung und bildlichen Wiedergabe von Geräten und Hilfsmitteln für die Herstellung von Wicklungen wurde davon ausgegangen, daß das Elektromaschinenbauerhandwerk zu den gestaltenden Handwerken zählt und daß der Lehrling und Geselle in der Lage sein muß, die zur Gestaltung und Formung seiner Werke erforderlichen Hilfsmittel gegebenenfalls selbst anzufertigen.

Über die rein handwerklichen Fähigkeiten und Kenntnisse hinaus verlangen die gesetzlichen Ausbildungs- und Prüfungsvorschriften u. a. den Nachweis ausreichender Kenntnisse in der Werkstoffkunde, in der Wirkungsweise und dem Aufbau elektrischer Machinen aller Gattungen und Stromarten, in den handwerklichen Rechtsfragen (Werkvertrag, Mietvertrag, Lieferungs- und Gewährleistungsbedingungen usw.), in den gesetzlichen Bestimmungen über die Ausbildung der Lehrlinge (Werkstatt-Wochenbuch, Lehrlingszwischenprüfung) sowie in der organisatorischen Erfassung und Betreuung und in der Geschichte und Tradition des Handwerkes. Auf diese Forderungen wurde in Sonderabschnitten Rücksicht genommen.

Das vorliegende Fachbuch wendet sich nicht nur an den Lehrling, Gesellen und Meister im Elektromaschinenbauerhandwerk, sondern auch an den Lehrlingswart, an die Lehrkräfte der Fach- und Berufsschulen sowie an die Lehrgemeinschaften. Es hat die Aufgabe, eine durch die Neuordnung im Handwerk entstandene Lücke in der Fachbücherei des Elektromaschinenbauer-Handwerkers bestmöglichst zu schließen.

Leipzig, im November 1942.

Der Verfasser.

Vorwort zur zweiten Auflage

Schon wenige Monate nach Erscheinen war die erste Auflage vergriffen. Hieraus läßt sich die Feststellung ableiten, daß das „Elektromaschinenbauerhandwerk" eine Lücke in der Fachbücherei des Instandsetzungsfachmannes schließt und damit dem bestandenen Bedürfnis Rechnung trägt.

Das bestätigt auch die anhaltende rege Nachfrage, die infolge kriegsbedingter Schwierigkeiten eine Zeitlang nicht befriedigt werden konnte. Die nunmehr vorliegende zweite Auflage wird diesen Zustand beseitigen.

Nach dem Zusammenbruch der deutschen Wirtschaft steht das Elektromaschinenbauerhandwerk vor ebenso wichtigen, wie schwierigen Aufgaben, die diesem Handwerk im Rahmen des Wiederaufbaues zufallen. Mehr denn je wird man unter Verzicht auf Neuherstellung elektrischer Maschinen darauf angewiesen sein, beschädigte Maschinen durch fach- und sachgemäße Wiederinstandsetzung ihrem ursprünglichen Verwendungszweck in der Industrie, in der Verkehrs- und Landwirtschaft, im Gewerbe, Handwerk und Haushalt wieder zuzuführen.

Aus dieser Situation ergibt sich zwangsläufig die Notwendigkeit der beschleunigten Herambildung einsatzfähiger Fach- und Hilfsfachkräfte. Diesen Aufgaben soll das vorliegende Fachbuch bevorzugt dienen. Es soll gleichzeitig Handwerksmeister und Lehrkräfte in der Ausbildungsverpflichtung entlasten und in den Händen der Gesellen und Lehrlinge zur beschleunigten Einsatzreife beitragen.

Im Juni 1946.

Der Verfasser.

Vorwort zur dritten Auflage.

Die im Jahre 1948 erschienene zweite Auflage des vorliegenden Fachbuches war wiederum in wenigen Monaten vergriffen. Da sich die Situation auf dem Gebiete der Instandsetzung und Neuwicklung nicht nennenswert geändert hat, so erscheint die dritte Auflage ohne textliche Änderungen. Die anhaltende lebhafte Nachfrage kann daher nach kurzer Unterbrechung wieder befriedigt werden.

Der Verfasser dankt an dieser Stelle den Freunden der Raskop-Fachliteratur für die anerkennenden Worte, die in laufenden Zuschriften der Zufriedenheit eines großen Leserkreises Ausdruck verleihen.

(22 a) Krefeld, im Juni 1949,
Westparkstraße 17.

Der Verfasser.

Inhalts-Verzeichnis

IV. Teil

V. Teil

X. Teil

XI. Teil

XII. Teil

XIII. Teil

XIV. Teil

I. TEIL

Die Meisterlehre des Elektromaschinenbauer-handwerkers

Dem Elektromaschinenbauer-Handwerk fällt im Rahmen der Gesamtwirtschaft die Aufgabe zu, elektrische Maschinen und Transformatoren aller Größen, Gattungen und Spannungen, sowie deren Zubehör bei Eintritt eines Betriebsschadens wieder instandzusetzen.

Die hierbei anfallenden Arbeiten beziehen sich auf die Fachgebiete des allgemeinen Maschinenbaues (Schlosserei, Dreherei, Schmiede usw.) und der Starkstrom-Elektrotechnik.

Im Vordergrund steht hierbei das Sonderfachgebiet: „Die Bewicklung elektrischer Maschinen" und im unlöslichen Zusammenhang hiermit „Die Fehlerbestimmung und Prüfung elektrischer Maschinen".

Die fachliche Ausbildung des Elektromaschinenbauers erfolgt nach Maßgabe der vom Deutschen Handwerks- und Gewerbekammertag herausgegebenen:

1. „Fachlichen Vorschriften für die Meisterprüfung im Elektromaschinenbauer-Handwerk",
2. „Fachlichen Vorschriften zur Regelung des Lehrlingswesens im Elektromaschinenbauer-Handwerk",

an deren Ausarbeitung der Verfasser maßgeblich beteiligt war.

Eine zusammengefaßte Übersicht über den fachlichen Lehrstoff und seine Aufteilung auf 7 Halbjahre (3½ jähr. Lehrzeit) bietet der „Ausbildungsplan der Meisterlehre für Lehrlinge des Elektromaschinenbauer-Handwerkes", welcher als Anhang den „Fachlichen Vorschriften" beigefügt ist. Ergänzend hierzu hat der Verfasser einen Berufs-Ausbildungsplan für die Berufsschulen der Elektromaschinenbauer-Lehrlinge als Vorschlag ausgearbeitet und erstmalig in Heft 9/1940 der Fachzeitschrift „Die elektrische Maschine", Seiten 104 bis 107, veröffentlicht[1]).

Für die Lehrlingsausbildung im Elektromaschinenbauer-Handwerk sind gemäß der „Fachlichen Vorschriften" folgende Grundforderungen maßgebend:

---

[1]) Technischer Verlag Herbert Cram, Berlin W 35, Genthiner Str. 13.

a) **Metallbearbeitung:** Feilen, Nieten, Biegen, Richten und Verschrauben, Gewindeschneiden, Bohren, Drehen, Hart- und Weichlöten. Schmieden, Werkzeuginstandhaltung.

b) **Arbeiten an elektrischen Maschinen und deren Zubehör:** Anlasser, Regler, Kontroller, Widerstände, Schalter: 1. Fehlerbestimmung; 2. fachgemäßer Ab-, Auf- und Zusammenbau; 3. betriebsfertiger Anschluß.

c) **Herstellung von Wicklungselementen und vollständigen Wicklungen:** Schaltungen an Gleich-, Wechsel- und Drehstrommaschinen sowie Transformatoren, Herstellung einfacher Hilfsmittel wie Spulenformen, Richt- und Formwerkzeuge hierzu, Imprägnieren und Trocknen von Wicklungen.

d) **Prüfung elektrischer Maschinen** nach den VDE-Vorschriften, insbesondere Kennzeichnung instandgesetzter Maschinen gemäß § 84 REM (Regeln für Bewertung und Prüfung elektr. Maschinen).

Die Grundforderungen sind Arbeitsverfahren, Handfertigkeiten und theoretische Fachkenntnisse, deren Beherrschung für die ordnungsmäßige Ausübung des Elektromaschinenbauer-Handwerkes unerläßlich ist.

Im Rahmen der Meisterlehre spielen auch die **Lehrlings-Zwischenprüfungen** und die Führung des **Werkstatt-Wochenbuches** eine beachtliche Rolle. Nähere Einzelheiten hierüber enthalten die „Fachlichen Vorschriften“, die in keiner Werkstatt entbehrlich sind.

Nach Beendigung der Meisterlehre legt der in 3½jähriger Lehrzeit ausgebildete Nachwuchs die Gesellenprüfung ab.

Auf dem Gebiete des Elektromaschinenbaues umfaßt diese Prüfung folgende Sparten:

a) Den Nachweis über ausreichende Kenntnisse im Aufbau und in der Wirkungsweise der normalen Gleich-, Wechsel- und Drehstrommotoren, Einphasen- und Drehstrom-Transformatoren sowie deren Zubehör.

b) Der Prüfling muß die unter a aufgeführten Maschinen und Transformatoren betriebsmäßig an das Netz (Prüffeld) anschließen und unter Beachtung der vorschriftsmäßigen Absicherung und Unfallverhütungsvorschriften in Betrieb nehmen können.

c) Nachzuweisen sind ferner ausreichende Kenntnisse über die normalen[1]) Wicklungsarten der Gleichstromanker (Schleifen-, Reihen- und Reihenparallelwicklungen sowie der Einphasen- und Drehstrom-Ständerwicklungen (Stern, Dreieckschaltung und Parallelschaltung von Wicklungsgruppen).

d) Der Prüfling muß den Aufbau und die Wirkungsweise der gebräuchlichsten Hilfsmittel für die Fehlerbestimmung an den unter a bis c genannten Maschinen kennen und unter Beachtung der Unfall-

---

[1]) Siehe auch Raskop, Der Katechismus, 8. Auflage, S. 96, 115, 128, 136, 150, 165, 175.

verhütungsvorschriften fachgemäß bei Fehlerbestimmungen anwenden können.

In der **Wickelei** sind ausreichende Handfertigkeiten in der Herstellung von Form- und Stabspulen für Läufer- und Ständerwicklungen sowie in der Herstellung einfacher Hilfsmittel hierfür und die Einstellung vorhandener, einfacher Wickelgeräte und Wickelmaschinen nachzuweisen. Hierzu gehört auch die[1]) Herstellung kontaktsicherer Lötstellen innerhalb der Wicklungen und an Kollektoren sowie das Aufziehen und Verlöten von Stahldrahtbandagen bei Läuferwicklungen.

Werkstoffkunde[2]): Der Prüfling hat ferner ausreichende Fachkenntnisse über die Eigenschaften und Gütewerte sämtlicher für den Elektromaschinenbau in Frage kommenden Werkstoffe sowie der üblichen[3]) Imprägnier- und Überzugslacke und deren fach- und sachgemäße Anwendung bei der Imprägnierung und Trocknung von Wicklungen nachzuweisen.

Über den rein fachlichen Teil hinaus werden von den Prüflingen ausreichende Kenntnisse über die [4]) Organisation des Handwerkes (Innung, Kreishandwerkerschaft, Handwerkskammer) verlangt. Die Prüflinge müssen u. a. auch einen Überblick über die Bedeutung des Elektromaschinenbauer-Handwerkes im Rahmen der Gesamtwirtschaft und seiner Tradition geben können.

Die Meisterprüfung im Elektromaschinenbauerhandwerk

Der Verfasser hat erstmalig im Jahre 1934 die Broschüre: „Die Meisterprüfung im Elektromaschinenbauer-Handwerk" herausgegeben, die in 3. Auflage (1946) auf den derzeitigen Stand der Neuordnung im Handwerk gebracht wurde und die alles Wissenswerte über dieses Gebiet enthält.

Zusammen mit den vom Deutschen Handwerks- und Gewerbekammertag herausgegebenen „Fachlichen Vorschriften für die Meisterprüfung im Elektromaschinenbauer-Handwerk" bieten diese Unterlagen einen vorzüglichen Überblick über die Anforderungen, die an einen Elektromaschinenbauermeister gestellt werden. Gleichzeitig sind in der erstgenannten Broschüre die Wege aufgezeigt, die zur Erweiterung des Fachwissens bis zur Prüfungsreife eingeschlagen werden können.

Die Stoffgebiete, die in der Meisterprüfungsordnung behandelt werden, decken sich naturgemäß mit denjenigen der Gesellenprüfungs-

---

[1]) Siehe Raskop, Der Katechismus, 8. Auflage, S. 26 und 32.
[2]) Siehe Seite 261.
[3]) Siehe Raskop, Isolierlacke, Technischer Verlag Herbert Cram, Berlin W 35.
[4]) Siehe Seite 330.

ordnung. Indessen sind die Prüfungsaufgaben dem meisterlichen Können angeglichen und auf die Berufung des Meisters als Erzieher des handwerklichen Nachwuchses ausgedehnt. Von ihm werden u. a. auch eingehende Kenntnisse über die Organisation des Handwerkes, mit denen der Handwerker in näherer Fühlung steht, verlangt. Der Meisterprüfling muß auch über die das Handwerk betreffenden Rechtsfragen: Wirtschaftsrecht, Genossenschaftsrecht und Bürgerliches Recht, insbesondere über den [1]) Werkvertrag, [2]) Mietvertrag und über [3]) Lieferungsbedingungen ausreichend unterrichtet sein.

Auf dem rein fachlichen Gebiet fällt dem Elektromaschinenbauermeister im Rahmen der Lehrlingsausbildung gemäß der „Fachlichen Vorschriften für das Lehrlingswesen", S. 27, Absatz a. u. a. die Aufgabe zu, dem Lehrling ausreichende Kenntnisse über die verschiedenen Elektromaschinenarten und ihre Anwendungsgebiete zu vermitteln. Hinsichtlich der hier in Betracht kommenden Sonderausführungen: Drehstrom-Kollektormotoren, Blindstromkompensatoren, kompensierte Asynchronmotoren, Einankerumformer, Dreileitermaschinen usw. wird auf S. 230 bis 260 dieses Buches aufmerksam gemacht. Das Thema „Polumschaltbare Drehstrommotoren" hat der Verfasser in der 8. Auflage seines „Katechismus für die Ankerwickelei" S. 171 bis 192 ausführlich behandelt und durch Veröffentlichungen zahlreicher Wicklungsschaltbilder erläutert.

In derselben Ausgabe sind auf S. 150 bis 170 die Ein- und Zweischichten-Formspulenwicklungen für Drehstrommotoren, die in der Lehrlingsausbildung z. Z. im Vordergrund des Interesses stehen, in Wort und Bild beschrieben. Dem Lehrmeister liegt auch die Verpflichtung ob, den Lehrling in der Führung des [4]) „Werkstatt-Wochenbuches" zu unterweisen und anzuhalten. Als wertvolle Neuerung in der Lehrlingsausbildung können weiter die gesetzlichen [5]) „Lehrlings-Zwischenprüfungen" bezeichnet werden.

Die heutige Zeit und ganz besonders die vor uns liegende Zukunft verlangt gebieterisch die höchstmögliche Steigerung der beruflichen Leistungsfähigkeit des deutschen Menschen. Wir können es uns nicht mehr leisten, die je nach dem Grade der Begabung in dem Lehrling vorhandenen Veranlagungen durch eine unvollkommene Ausbildung z. T. unausgenutzt schlummern zu lassen. Die Einführung des neuen Handwerkertyps, des „Fachwerkers" und der „Fachwerkerin" unterstreichen die Absicht, jedem deutschen Menschen durch eine dem Grade seiner natürlichen Begabung entsprechende, berufliche Ausbildung die höchste Einsatzfähigkeit zu verleihen.

---

[1]) Siehe Seite 301.
[2]) Siehe Seite 316.
[3]) Siehe Seite 312.
[4]) Siehe Seite 318.
[5]) Siehe Seite 323.

Damit steigen auch automatisch die Ansprüche, die an voll- und überdurchschnittlich begabte Lehrlinge und Gesellen gestellt werden und gestellt werden müssen. Erst dann, wenn den Lehrlingen durch die Schaffung entsprechender Voraussetzungen während der Ausbildungszeit die Möglichkeiten geboten worden sind, ein der Veranlagung entsprechendes Können zu entwickeln, ist ein abschließendes Urteil über die Einsatzfähigkeit des Einzelnen und die Zweckmäßigkeit einer zusätzlichen Ausbildung denkbar.

Das deutsche Elektromaschinenbauer-Handwerk braucht z. Z. und noch mehr in der Zukunft vielseitig ausgebildete, hochwertige Fachkräfte, die die Führung im Kleinen und Großen auf Grund eines nachgewiesenen Könnens übernehmen und damit den eigenen und den vollen Einsatz der übrigen Fachkräfte dieser Sparte in möglichst vollkommener Weise sicherstellen können.

Auf dieses Ziel hat der Verfasser seine Fachbücher, Broschüren, Schaltbilder, Tabellen und sonstigen Hilfsmittel ausgerichtet. In der Zeit eines Rohstoffumbruches von noch nicht abzusehenden Ausmaßen und Auswirkungen sowie unter dem Einfluß des entwicklungsmäßigen Fortschrittes auf allen Gebieten der Technik sind in verhältnismäßig kurzen Abständen verbesserte und erweiterte Neuauflagen der vom Verfasser herausgegebenen Fachbücher erschienen. Da diese auf gegenseitige Ergänzung ausgerichteten, verschiedenen Fachbücher an zahlreichen Stellen des Textes Schrifttumsnachweise mit Angabe der Seitenzahlen enthalten, so ist für die Besitzer älterer Auflagen in gegebenen Fällen die volle und kurzfristige Auswertung der Bücher erschwert. Es wird daher empfohlen, die eigene Fachbücherei durch die Anschaffung der jeweilig neuesten Auflage auf dem laufenden zu halten. In dieser Fachbücherei stellt die monatlich erscheinende Fachzeitschrift „Die elektrische Maschine“ eine unentbehrliche, ergänzende Einheit dar, weil nur eine regelmäßig, in kurzen Zeitabständen erscheinende Schrift über die wichtigsten Neuigkeiten aus dem Fachgebiet frühzeitig berichten und so die Fachgenossen stets auf dem laufenden halten kann.

In der Ausbildung der Lehrlinge und Gesellen und in der planmäßigen Fortbildung der Meister ist das Fachschrifttum nicht nur das beste, sondern auch das billigste und zeitsparendste Rüstzeug. Die richtige Auswertung der Fachbücher ist daher ein Gebot der Klugheit und ein Ausdruck des Willens, an dem stetigen Fortschritt im Handwerk zum Nutzen und Wohl der Gesamtheit mitzuarbeiten.

II. TEIL

Einrichtung eines Instandsetzungswerkes und Fehlererscheinungen an elektrischen Maschinen[1]

Die Instandsetzungswerke elektrischer Maschinen haben in den letzten Jahren einen bedeutenden Aufschwung erfahren. Aus kleinen, unscheinbaren Werkstätten sind leistungsfähige Unternehmen entstanden, die, mit guten maschinellen Einrichtungen ausgerüstet, für saubere und schnelle Ausführung sämtlicher Instandsetzungen weitgehende Garantie übernehmen können.

Außer **Ankerwickelei, Kollektorbau** und **mechanischer Abteilung** sind die meisten Instandsetzungswerke mit einem gut eingerichteten **Prüffeld** ausgestattet.

Die zuletzt genannte Einrichtung ermöglicht eine beschleunigte Feststellung des Fehlers und ist in Teil V dieses Buches ausführlich erläutert und veranschaulicht.

Die beschleunigte Feststellung der Ursache des Schadens an einer elektrischen Maschine ist ausschlaggebend für die Errechnung des Preises und für die Festsetzung der Lieferzeit. Das Prüffeld bildet daher ein wertvolles Glied des Instandsetzungswerkes.

Die Fehlerbestimmung an elektrischen Maschinen bildet die Grundlage für die Ausführung der Instandsetzungsarbeiten. Dieser Arbeit widme man daher die größte Sorgfalt.

Die Untersuchung einer beschädigten elektrischen Maschine soll sich nicht nur auf den elektrischen Teil, sondern stets auch auf den mechanischen Teil derselben erstrecken.

Um für die Wichtigkeit dieses letzten Satzes das richtige Verständnis zu finden, soll nachstehend ein Beispiel aus der Praxis folgen:

Zur Untersuchung kommt ein beschädigter 30-PS-Gleichstrommotor in das Prüffeld eines Instandsetzungswerkes.

Die Ankerwicklung und die Feldmagnete zeigen äußerlich keine Spuren des Fehlers. Nach oberflächlicher Prüfung der Wicklungen

---

[1]) Auf Seite 370 sind nähere Angaben über Maschinen, Geräte, Hilfsmittel und Meßgeräte für Instandsetzungswerke gemacht.

(siehe Teil V) findet man dieselben einwandfrei. Auch die Stellung der Kohlenbürsten (siehe Abb. 37) entspricht der Wicklungsart des Ankers, kurzum, an dem elektrischen Teil des Motors ist alles in Ordnung.

Bevor der Motor unter Strom gesetzt wird, läßt sich der Anker leicht von Hand drehen. Sobald aber der Strom eingeschaltet wird, läßt sich der Anker nicht mehr aus seiner Lage bringen. Da Schluß in den Drahtwindungen der Ankerwicklung angenommen wird, entschließt man sich zur Neuwicklung des Ankers.

Nach Fertigstellung der Wicklung und nochmaliger Prüfung des Motors tritt derselbe Fehler auf. Der hinzugezogene Erbauer des Motors kann aber auch nur feststellen, daß der Motor in seiner Wicklungs- und Schaltungsart keinen Fehler aufweist.

Nach nochmaliger eingehender Untersuchung findet man durch einen Zufall, daß der Lagerbock des Motors unmittelbar unter dem Lagerauge eingerissen ist. (Die Lagerböcke waren von dem Polgehäuse getrennt auf einer gemeinsamen Grundplatte aufgebaut.) Bei stromloser Maschine war der Riß nicht sicktbar, weil er durch die Spachtelung verdeckt wurde. Das Schwergewicht des Ankers drückte die zersprungenen Lagerteile zusammen. Sobald aber der Motor unter Strom gesetzt wurde, klemmte sich der Anker infolge des anziehenden Magnetismus zwischen den Polkernen fest.

Ein derartiger Fall tritt natürlich sehr selten auf, er kann als Sonderfall angesprochen werden. Durch eine planmäßig durchgeführte Untersuchung des mechanischen und elektrischen Teiles der Maschine wären sehr wahrscheinlich unnötige Arbeit, Materialverbrauch und Arbeitslöhne vermieden worden.

In keinem Falle soll man die Instandsetzung in Angriff nehmen, wenn nicht vorher einwandfrei die Ursache der Störung festgestellt wurde.

Ein z w e i t e s p r a k t i s c h e s B e i s p i e l möge diese Notwendigkeit bestätigen:

Ein Schlossermeister benutzt zum Antrieb seiner Werkzeugmaschinen einen Elektromotor. Die Stromzuführung zum Motor liegt wie allgemein üblich folgendermaßen:

Im Eingang des an der Straße liegenden Wohnhauses befindet sich hinter der Haustür der Kabelendverschluß mit Sicherungen des Elektrizitätswerkes. Unmittelbar über demselben ist die Verteilungsschalttafel mit den Zählern, Schaltern und Sicherungen angebracht. Von hier aus führt die Motorleitung in die hinter dem Wohnhaus liegende Werkstatt.

Eines Tages feuert plötzlich der Motor stark und die Sicherungen brennen durch. Der Schlossermeister ruft durch Fernsprecher einen Fachmann herbei, um die Störung zu beheben. Der Fachmann prüft mit Meßinstrumenten den Befund der Wicklung (siehe Teil III und V), findet aber keinen Fehler. Nach Ersatz der durchgebrannten Sicherungen arbeitet der Motor auch wieder funkenfrei.

Nach kaum drei Tagen tritt fast zur gleichen Tageszeit wie das erstemal derselbe Fehler ein. Der Fachmann untersucht nochmals Motor und Leitung, ohne einen Fehler zu finden. Der Sicherheit halber wird der Motor aber abgebaut, in die Instandsetzungswerkstatt gebracht und gründlich nachgesehen.

Nach überstandener Prüfung im Prüffeld wird der Motor wieder auf seinen alten Platz fachgemäß aufgebaut. Es dauert aber nicht lange, da tritt der alte Fehler wieder auf.

Nun entschließt sich der Fachmann, die ganzen Zuleitungen, die in Rohr verlegt waren, bis zur Schalttafel sorgfältig nachzusehen. An der Schalttafel angekommen, sieht er dann zu seinem Erstaunen, daß die mit Selbstschließer versehene Haustür, durch einen Bindfaden mit dem Erdkabelende verbunden, offen gehalten wird. Der durch den Selbstschließer verursachte Zug hatte mit der Zeit die Anschlußenden des Erdkabels in den Klemmen des Kabelkastens gelockert und jedesmal, wenn die Haustür durch diese Einrichtung offengestellt wurde, trat eine Unterbrechung des Stromflusses ein. Nach Öffnen des Kabelkastens zeigten sich auch starke Brandspuren an den Klemmen, die die Ursache der Betriebsstörung sofort erkennen ließen.

So könnten noch hundert andere Beispiele angeführt werden, die bestätigen, daß die Feststellung der Ursache eines Motorschadens in jedem Falle unbedingt erforderlich ist.

Nachstehend sollen nun die äußeren Merkmale sowie die **Fehlererscheinungen der kranken elektrischen Maschinen und deren Beseitigung** ausführlich behandelt werden.

A. Allgemeines

Um einen kurzen Überblick zur Beurteilung der Grundursache der Fehlererscheinungen vorangehen zu lassen, sollen zunächst die allgemeinen Gesichtspunkte, die bei der Wahl und Behandlung der elektrischen Maschinen von ausschlaggebender Bedeutung sind, angeführt werden.

1. **Die Leistung der Maschine** muß ihrem Verwendungszweck entsprechend festgelegt sein.

2. **Die Ausführung der Bauart** des Motors, ob offen, ventiliert oder gekapselt, muß dem Verwendungszweck entsprechend gewählt sein.

3. Der Motor muß sachgemäß aufgebaut, genau nach der Wasserwaage ausgerichtet und gegen Witterungseinflüsse geschützt sein.

4. Der Motor muß genau nach den Behandlungsvorschriften bedient werden.

Zur Erläuterung der vorstehenden Punkte sei noch erwähnt: Für die richtige Wahl der Elektromotoren muß man den Kraftverbrauch der anzutreibenden Arbeitsmaschinen wissen. Die Angaben der Lieferanten entbehren in den meisten Fällen der nötigen Zuverlässigkeit. Man geht sicher, wenn man den Kraftverbrauch nach Angabe der Lieferanten um 15 bis 20 v. H. erhöht. Außerdem muß berücksichtigt werden, daß der Leerlauf der Transmission sowie die Kraftverluste durch Riemenübertragung, Vorgelege usw. einen zu beachtenden Faktor bei der Wahl der Größe des Motors bilden.

Abb. 1. Gleichstrommaschine, offene Ausführung (Abb. 1 bis 5 Werkbilder SSW).

Abb. 2. Gleichstrommaschine, spritzwassergeschützte Ausführung.

Abb. 3. Gleichstrommaschine, tropfwassergeschützte Ausführung.

Abb. 4. Gleichstrommaschine, geschlossene Ausführung.

Abb. 5. Motor mit schlagwettergeschütztem Klemmkasten.

Die Bauart der elektrischen Maschinen richtet sich nach den Regeln für die Bewertung und Prüfung elektrischer Maschinen des VDE (REM 0530/XII. 37)[1]).

Hinsichtlich der Schutzarten unterscheidet man:

1. offene Ausführung (Bezeichnung: Po 0),
2. offene Ausführung mit Tropfwasserschutz (Bezeichnung: Po 1),
3. tropfwassergeschützte Ausführung (Bezeichnung: P 11),
4. spritzwassergeschützte Ausführung (Bezeichnung: P 12 und 22),
5. geschlossene Ausführung (Bezeichnung: P 33),
6. schwallwassergeschützte Ausführung (Bezeichnung: P 23),
7. Sonderausführungen, z. B. druckfest, schlagwettergeschützt und explosionsgeschützt.

Die geschlossenen Maschinen kommen in verschiedenster Ausführung zur Anwendung, z. B. mit Rohranschluß, mit Außenbelüftung usw.

Tabelle Nr. 1

Kurzzeichen für die Schutzarten von Maschinen

Berührungsschutz (Schutz gegen Berührung spannungführend. Teile)	Schutz gegen Eindringen fester Fremdkörper und Staub	Kennziffer	Ohne Wasserschutz	Tropfwasserschutz	Spritzwasserschutz (Regenschutz)	Schwallwasserschutz	Sonderbauarten	
			0	1	2	3		
Ohne Berührungsschutz	Ohne Schutz gegen feste Fremdkörper	0	P 00	P 01				
Schutz gegen zufällige Berührung	Schutz gegen große feste Fremdkörper	1	P 10	P 11	P 12			
	Schutz gegen kleine feste Fremdkörper	2	P 20	P 21	P 22	P 23		
Schutz gegen absichtliche Berührung	Schutz gegen groben Staub	3				P 33		
Kennbuchstaben für Sonderschutzarten	Explosionsschutz						e	
	Schlagwetterschutz						m	
Kennbuchstaben für erweiterte Sonderschutzarten	Druckfeste Kapselung							i
	Plattenschutz							p

Ausschlaggebend für ein einwandfreies Arbeiten jeder elektrischen Maschine ist außer fachgemäßem Aufbau auch eine entsprechende Behandlung und Wartung derselben. Die Angaben darüber sind in

[1]) In Tabelle Nr. 1 sind die Kurzzeichen für die verschiedenen Schutzarten zusammengefaßt angegeben. In den Abb. 1 bis 5 sind einige Schutzarten bildlich dargestellt.

den von den Motorenfabriken bei jedem neuen Motor auf Verlangen kostenlos mitgelieferten Behandlungsvorschriften enthalten.

Alle diese Gesichtspunkte müssen bei einer kranken elektrischen Maschine kurz überdacht werden, damit die Grundursache der Störung richtig erkannt und behoben wird.

Es genügt ferner nicht, daß der Motor einschließlich der Zuleitungen und der damit verbundenen Schalt- und Anlaßapparate untersucht wird, auch die von ihm angetriebenen Arbeitsmaschinen können durch mechanische Beschädigungen usw. eine Überlastung des Motors und somit ein Versagen desselben zur Folge haben. Ohne Beseitigung dieser Ursache ist ein einwandfreies Arbeiten des Motors nach der vollzogenen Instandsetzung nicht zu erwarten.

Es möge wiederum ein Beispiel aus der Praxis als Beweis dienen: In einem Werk wird ein Blower (für die Erzeugung von Preßluft) von einem Elektromotor angetrieben. Der Blower hat den Zweck, 4 bis 6 Schmiedefeuer mit Winddruck zu versorgen und ist daher durch Rohrleitungen mit den Schmiedefeuern verbunden. In den Rohrleitungen sind Absperrventile eingebaut, durch die der Luftzutritt zu dem Feuer reguliert bzw. abgesperrt werden kann. Seit einigen Tagen sind einige Schmiedefeuer wegen anderweitiger Beschäftigung des Personals außer Betrieb gesetzt, die Ventile zu diesen Feuern sind daher geschlossen. Der Motor arbeitet aber mit unverminderter Kraft und folgerichtig erzeugt auch der Blower die gewöhnliche Menge gepreßter Luft. Da aber kein Sicherheitsventil in der Rohrleitung eingebaut ist und die restlichen Schmiedefeuer die Menge der vorhandenen Preßluft nicht verbrauchen können, so findet in der Rohrleitung eine zu starke Zusammenpressung der Luft statt. Die natürliche Folge davon ist eine erhöhte Arbeitsleistung des Motors, die um so mehr zunimmt, je höher der Luftdruck in den Rohrleitungen wird. Die Wicklung des Motors war in kurzer Zeit total verbrannt. Unglücklicherweise war der Motor und der Blower in einem Nebenraum aufgebaut, der selten von der Belegschaft betreten wurde. Es mangelte hier an sachgemäßem Aufbau, Wartung und technisch richtig ausgeführter Winddruckleitung.

Der Motor wurde von der Belegschaft des Werkes abgebaut und dem Instandsetzungswerk eingesandt. Nach vollzogener Instandsetzung fuhr der Fachmann selbst zu dem Kunden, um den Motor in Betrieb zu setzen. Durch Zwischenschalten eines Amperemeters (siehe Teil V) wurde die Überlastung sehr bald erkannt. Nach dem Öffnen der bisher geschlossenen Ventile arbeitete der Motor wieder normal. In die Windleitung wurde ein Sicherheitsventil eingebaut und somit die Ursache der Betriebsstörung behoben. Wäre der Motor planlos in Betrieb genommen worden, wären Kosten, Unannehmlichkeiten und Zeitverluste nicht zu vermeiden gewesen.

Aus den vorstehenden Ausführungen und Beispielen geht der große Wert der planmäßigen Untersuchung einer kranken elektrischen Maschine unzweideutig hervor. Es ist stets zu empfehlen, nicht mit der Zeit bei Fehlerbestimmungen zu sparen. Die fachgemäße Instandsetzung verlangt diese Notwendigkeit.

B. Die Fehlererscheinungen an elektrischen Maschinen

Jedem Fachmann, der mit der Fehlerbestimmung einer kranken elektrischen Maschine und deren Instandsetzung beauftragt wird, ist die Art der ärztlichen Untersuchung zu empfehlen. Wird der Arzt zu einem Kranken gerufen, so benutzt derselbe zur Aufzeichnung des Krankheitsbildes auch die Aussagen des Kranken über seinen Befund, den Ort der Schmerzen und die außergewöhnlichen Erscheinungen vom Augenblick der Erkrankung an.

Da die kranke elektrische Maschine als totes Gebilde die gewünschten Berichte nicht selbst abgeben kann, so läßt man sich alles Wissenswerte von dem Bedienungspersonal der Maschine berichten. Ein derartiger Bericht zeitigt manchmal ganz überraschende Erfolge, zumal wenn der Fachmann durch langjährige Tätigkeit eine gewisse Erfahrung zur Verfügung hat. Die Kenntnis der Fehlererscheinungen erleichtert die Bestimmung des Fehlers und verkürzt die gesamte Instandsetzung erheblich.

I. Gleichstrommaschinen

Die vorschriftsmäßig gebaute Gleichstrommaschine soll auch bei voller Belastung funkenfrei arbeiten, d. h. an dem Kollektor dürfen keine Funken zu sehen sein. Feuert eine Gleichstrommaschine stark, so ist dieselbe mit einem Fehler behaftet, und dieser Fehler kann eine mannigfache Ursache haben[1]).

1. Fehlererscheinung: **Starkes Funken der Bürsten**

Ursache	Abhilfe
a) Bürsten haben zu geringen Federdruck, daher mangelhafter Kontakt zwischen Bürste und Kollektor. Bürsten sind nicht eingeschliffen.	a) Neue Federn anfertigen und Bürsten nachsehen, ob dieselben sich etwa im Bürstenhalter klemmen. Bürste gegebenenfalls abfeilen. Bei entsprechender Konstruktion die Federn nur nachstellen. Bürsten einschleifen.
b) Der Kollektor ist unrund.	b) Kollektor abdrehen.
c) Exzentrische Lage des Ankers zu den Feldkernen infolge ausgeschlissener Lager usw..	c) Lagerschalen ersetzen. Anker im Polgehäuse zentriert lagern.

[1]) Siehe auch Sonderabhandlung über Funkenbildungen an Gleichstrommaschinen Seite 61.

d) Glimmerisolation zwischen den Kollektorlamellen steht vor. Bürsten hüpfen.	d) Kollektor abdrehen oder mittels geeigneter Schaber den vorstehenden Glimmer entfernen.
e) Motor oder Dynamo ist überlastet. Wicklung des Ankers wird heiß.	e) Amperemeter zwischen der Hauptleitung schalten, Belastung hierdurch prüfen (s. Teil V). Durch Abschalten der Last Abhilfe schaffen.
f) Unterbrechung in der Ankerwicklung, in den meisten Fällen am Kollektornocken.	f) Der Fehler äußert sich durch eingefressene Isolation zwischen zwei Lamellen. Abhilfe durch Neuwicklung des Ankers, gegebenenfalls nur Anlöten des Drahtes, falls derselbe erreichbar ist (s. Teil III).
g) Bürsten stehen nicht in der neutralen Zone, daher falsche Bürstenstellung.	g) Bürstentraverse auf den Markenstrich stellen (s. auch Teil V und Abb. 37 u. 38).
h) Schluß in den Drahtwindungen der Ankerwicklung, eine oder mehrere Spulen sind verbrannt. Der Anker macht weniger Umdrehungen, nimmt übermäßig hohen Strom auf (s. Teil V).	h) Anker muß neu gewickelt werden. Kollektor prüfen, ob Lamellen Schluß haben. Schluß durch Ersatz der schadhaften Isolation beseitigen.
i) Motor läuft mit geschwächtem oder gänzlich ohne Feld. Drahtwindungen einer oder mehrerer Feldspulen sind infolge Kurzschluß ausgeschaltet. Der Stromkreis ist infolge Drahtbruch in der Feldmagnetwicklung unterbrochen.	i) Mit der Meßbrücke den Widerstand der einzelnen Spulen messen, die Spulen mit weniger als normalem Widerstand durch Neuwicklung ersetzen. Durchgang der einzelnen Spulen mit der Probierlampe oder dem Galvanometer prüfen, beschädigte Spulen ersetzen (s. auch Teil III).
k) Schlechte Lötstellen am Kollektor, daher mangelhafter Kontakt zwischen Ankerwicklung und Kollektor.	k) Schaltenden und Lamellen von Oxyden befreien. Lötstellen nachlöten. Bei verschraubten Kollektoren desgl. wie vorher, Schrauben nachziehen.
l) Bei Maschinen mit Wendepolen ist Hilfswicklung falsch geschaltet.	l) Bei Motoren muß im Sinne der Drehrichtung auf einen Hauptpol ein gleichnamiger Hilfspol, bei einer Dynamo hingegen ein ungleichnamiger Hilfspol folgen (s. Wendepolmaschinen).
m) Motor ist nicht richtig angeschlossen. Am Anlasser sind die Drähte verwechselt. Widerstand ist unterbrochen.	m) Motor richtig mit Stromquelle, Schalt- und Anlaßapparate (nach Handbuch Lerch) verbinden, Anlasser instandsetzen.

n) Kollektor sitzt lose auf der Ankerwelle. Druckringe des Kollektors sind locker geworden.	n) Kollektor durch Keil und Schraube auf der Welle befestigen. Kollektor zusammenpressen.
o) Ankerwelle ist verbogen, der Kollektor schlägt daher. Motor vibriert beim Lauf.	o) Ankerwelle auf der Drehbank ausrichten, gegebenenfalls durch neue Welle ersetzen.
p) Ankerwicklung ist nicht zentriert, der ganze Motor vibriert beim Lauf.	p) Ankerwicklung auswuchten[1]).
q) Ankerwicklung ist falsch geschaltet.	q) Fehler nach Teil V feststellen und beseitigen.

Die vorstehend besprochenen Ursachen zeitigen alle die gleiche Erscheinung nach außen hin. Die Feststellung des Fehlers ist daher verhältnismäßig schwer und erfordert in manchen Fällen erheblichen Zeitaufwand. Planmäßiges Vorgehen und zielbewußtes Arbeiten bringen mit den Erfahrungen den gewünschten Erfolg.

2. Fehlererscheinung: **Mechanische Fehler**

Ursache	Abhilfe
a) Ankerkern sitzt lose auf der Ankerwelle. Dieser Fehler tritt vornehmlich bei Kran- und Straßenbahnmotoren auf.	a) Ankerkern durch neuen Keil und seitliche Schrumpfringe auf der Welle befestigen.
b) Anker hat in achsialer Richtung zuviel Spiel, schlägt zwischen den Lagern. Motor steht nicht in der Waage.	b) Spielraum zwischen den Lagern durch Versetzen der Lager regulieren. Motor mit der Wasserwaage genau horizontal stellen. Riemen untersuchen.
c) Lager werden heiß, Öl ist zu dickflüssig. Ölkammerschraube ist undicht, Ölstand ist zu niedrig. Schmierringe sitzen fest.	c) Schmierringe und Lager mit Benzin auswaschen, Ölkammerschraube mit Kupferring dichten, geeignetes Öl nachfüllen (siehe auch d).
d) Der Riemen ist zu straff oder zu locker gespannt Riemen läuft nicht gerade.	d) Bei zu straffen Riemen wird das Lager heiß, zu lose Riemen schlüpfen. Riemen verlängern bzw. verkürzen, gegebenenfalls durch Verstellen des Motors auf den Spannschienen Abhilfe schaffen. Riemen beim Sattler gerade ausrichten. Motor parallel zur Transmission stellen (siehe auch Teil VI).
e) Öl tritt aus den Lagern, Spritzringe haben falsche Form.	e) In die Lagerschale kleine Löcher bohren, Lager abdichten.

---

[1]) Siehe Auswuchtapparate S. 368.

Prinzipschaltbilder und Klemmenbezeichnungen für Gleichstrommaschinen

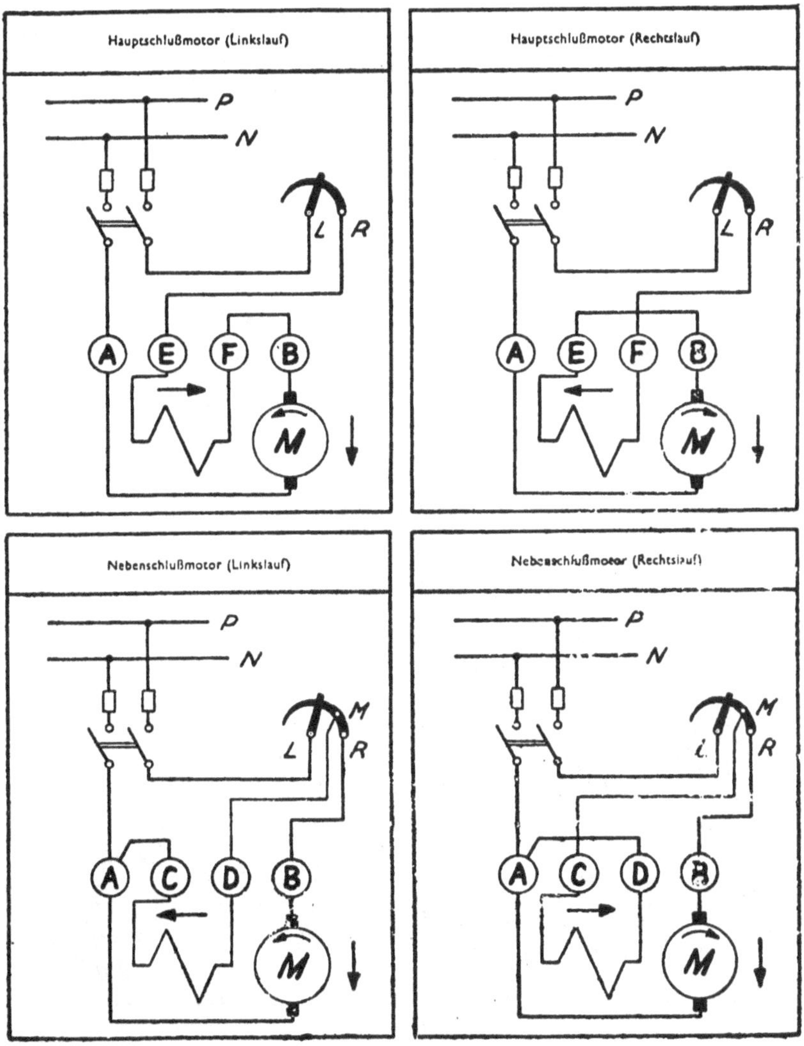

Abb. 6 bis 9

Prinzipschaltbilder und Klemmenbezeichnungen für Gleichstrommaschinen

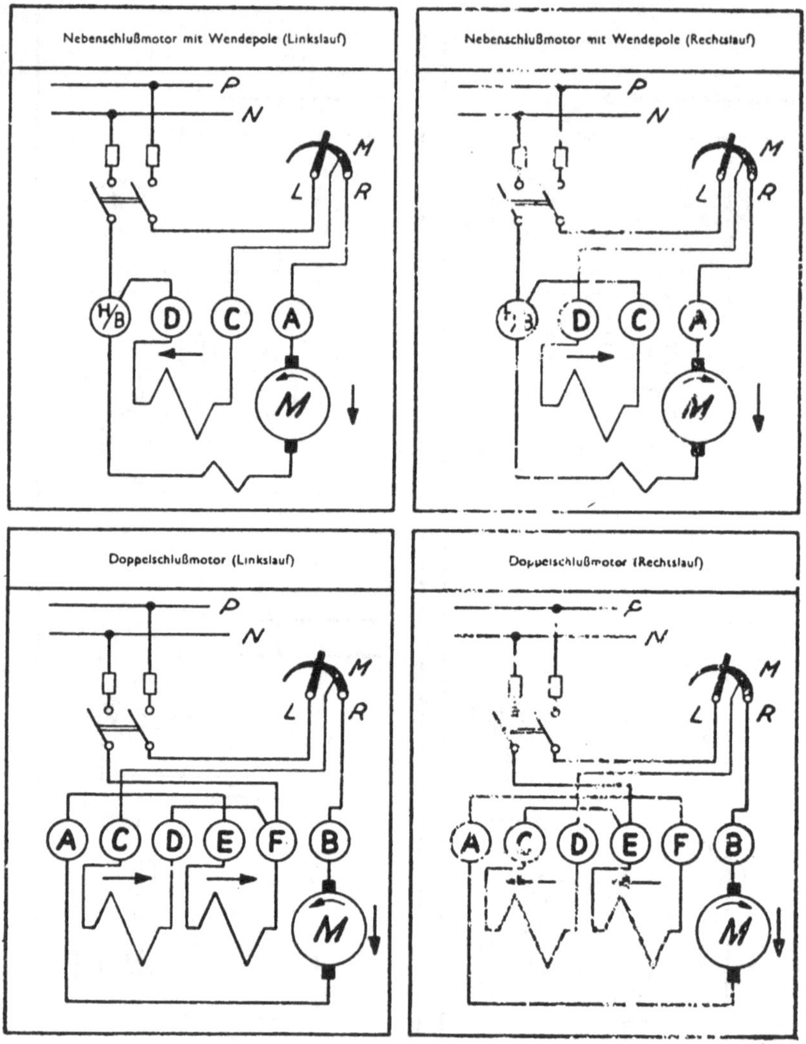

Abb. 10 bis 13

Prinzipschaltbilder und Klemmenbezeichnungen für Gleichstrommaschinen

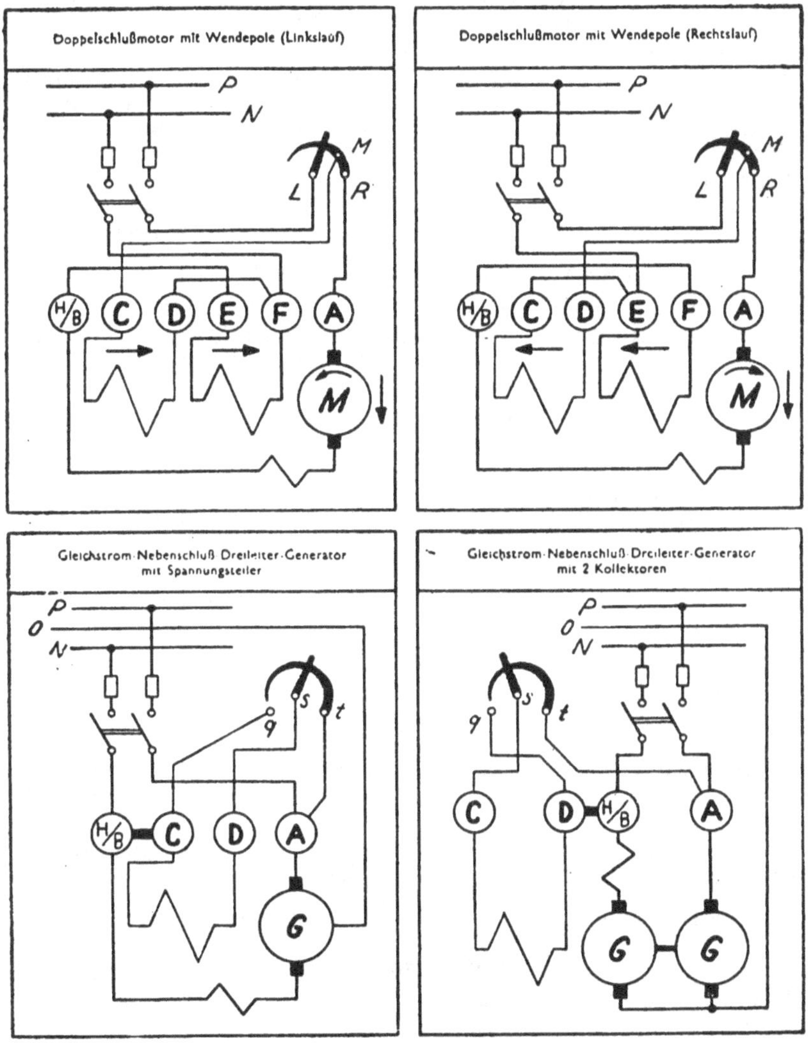

Abb. 14 bis 17

3. Fehlererscheinung: **Der Motor läuft überhaupt nicht mehr**

Ursache	Abhilfe
a) Wicklung hat leitende Verbindung mit dem Eisenkörper (Körperschluß). Sicherungen brennen durch.	a) Fehler nach Teil III und V feststellen, schadhafte Stelle isolieren oder Neuwicklung.
b) Anlasser ist unterbrochen, Sicherungen sind durch zu schnelles Einschalten des Anlassers durchgebrannt. Sicherungen sind zu schwach.	b) Anlasser instandsetzen, Sicherungen ersetzen. Die Stärke der Sicherung ca. 50% höher als die auf dem Leistungsschild angegebene Stromstärke des Motors wählen.
c) Stromzufuhr ist unterbrochen.	c) Mit der Prüflampe vor, hinter den Sicherungen und an den Klemmen des Motors Spannung prüfen.

Dynamo gibt keine Spannung

Ursache	Abhilfe
1. Remanenter Magnetismus ist verloren oder Maschine ist infolge Kurzschluß umpolarisiert.	1. Durch fremde Stromquelle die Maschine magnetisieren, Stromrichtung dabei beachten.
2. Anker hat andere Drehrichtung als bei der Probe im Prüffeld. Plus und Minus sind vertauscht.	2. Nebenschlußenden miteinander vertauschen.
3. Magnetwicklung unterbrochen, Regulierwiderstand unterbrochen.	3. Beschädigte Magnetspule instandsetzen. Regulierwiderstand instandsetzen.
4. Schlechter Kontakt zwischen Kollektor und Bürsten.	4. Kollektor abschleifen, Bürsten einschleifen, Federn nachstellen.
5. Ankerwicklung ist beschädigt.	5. Wicklung nach Teil III u. V untersuchen, entsprechende Abhilfe schaffen.
6. Falsche Bürstenstellung. Maschine feuert stark.	6. Bürsten nach Teil V einstellen.
7. Ankerwicklung ist unterbrochen.	7. Fehler nach Teil V feststellen. Abhilfe wie bei gleicher Ursache eines Motors.
8. Dynamo gibt nicht die volle Spannung, erregt sich auch nur mit fremder Stromquelle. Schluß in der Ankerwicklung.	8. Fehler nach Teil V feststellen, Abhilfe wie vor.

II. Drehstrommotoren

Merkmale und Ursachen	Abhilfe
1. Bei Motoren mit Kurzschlußanker erhitzt sich der Läufer, hat nicht die vorschriftsmäßige Drehzahl und zieht nicht durch. Die Stäbe in der Wicklung haben losen Kontakt, sie müssen vernietet und gelötet sein.	1. Läufer ausbauen, Lötstellen sauber machen, Stäbe vernieten und nachlöten,

2 Ständerwicklung oder Läuferwicklung ist heiß, Motor macht nicht die normalen Umdrehungen und nimmt zu hohen Strom auf (Phasenschluß in der Ständer- oder Läuferwicklung).	2. Phasenschluß ausprüfen (s. Teil III), Schluß durch Instandsetzung bzw. Neuwicklung beseitigen.
3. Motor macht starkes Geräusch, nimmt übermäßig hohen Strom auf und wird heiß. (Lager sind ausgeschlissen, der Läufer berührt an einer Stelle das Ständereisen.)	3. Lager ausbauen, dieselben ersetzen. Wicklungen auf Körperschluß untersuchen. Die Bleche im Ständer und Läufer gegebenenfalls sorgfältig ausrichten.
4 Motor vibriert, läuft unruhig. (Läuferwicklung ist nicht zentriert, Läuferwelle ist verbogen. Motor ist nicht sachgemäß aufgebaut.)	4[1]). Läuferwicklung auswuchten. Läuferwelle auf der Drehbank richten. Motor in die Waage stellen, fest aufbauen.
5. Motor läuft einwandfrei an, brummt aber laut, sobald die Bürsten abgehoben sind. (Die Kurzschlußvorrichtung hat schlechten Kontakt.)	5. Kurzschlußvorrichtung ausbauen und instandsetzen.
6. Motor läuft ohne Riemen einwandfrei, brummt aber bei aufgelegtem Riemen. (Lagerverhältnisse sind nicht in Ordnung. Lager sind ausgeschlissen oder sitzen lose im Lagerschild. Der Läufer berührt das Ständereisen.)	6. Neue Lager einbauen oder nur Lagerschalen im Lagerschild befestigen, Zustand der Wicklungen prüfen.
7. Motor läuft ohne Betätigung des Anlassers bereits beim Einschalten der Ständerwicklung an. (Schleifringe haben Schluß. Kurzschlußvorrichtung hat mechanische Fehler, schaltet sich beim Auflegen der Bürsten nicht aus. Wicklung des Läufers hat Schluß. Anlasser ist nicht in Ordnung.)	7. Wicklung des Läufers von den Schleifringen abklemmen. Stern in dieser Wicklung öffnen. Schleifringe untersuchen, falls vorhanden Schluß beseitigen. Desgl. Läuferwicklung untersuchen, falls vorhanden Schluß beseitigen. Anlasser in Ordnung bringen (s. Teil III). Falls Anlasser keinen Nullkontakt[2]) hat, hierauf Bedacht nehmen.
8. Motor läuft nicht an. (Wicklung im Ständer oder Läufer unterbrochen, Sicherungen sind durchgebrannt. Anlasser ist unterbrochen.)	8. Unterbrechnung nach Teil III feststellen, entsprechend Abhilfe schaffen.
9. Mechanische Fehler.	9. Siehe mechanische Fehler bei Gleichstrommaschinen.

[1]) Siehe Auswuchtapparate S. 368.

[2]) Nach den neuesten Vorschriften dürfen Drehstrom-Anlasser keine Nullstellung haben.

Prinzipschaltbilder und Klemmenbezeichnung für Drehstrommotoren

Die Klemmen eines Drehstrommotors sind bezeichnet mit:

U V W	Anfänge der drei Ständerwicklungen,
X Y Z	Enden der drei Ständerwicklungen,
u x/y v	Enden einer zweiphasigen Läuferwicklung,
u v w	Enden einer dreiphasigen Läuferwicklung.

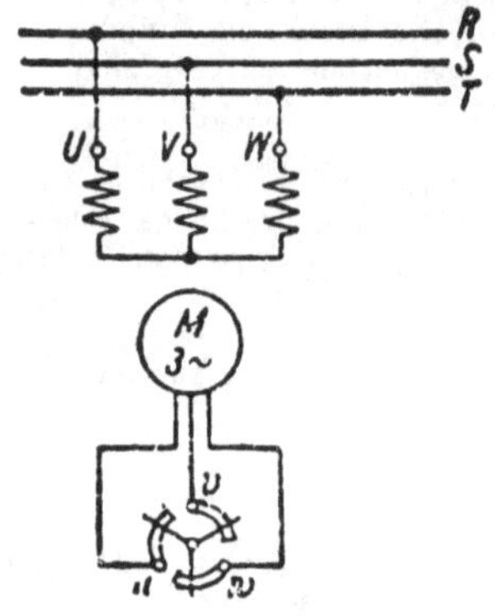

Abb. 18. Drehstrommotor mit dreiphasigem Schleifringläufer u. Sternschaltung des Ständers.

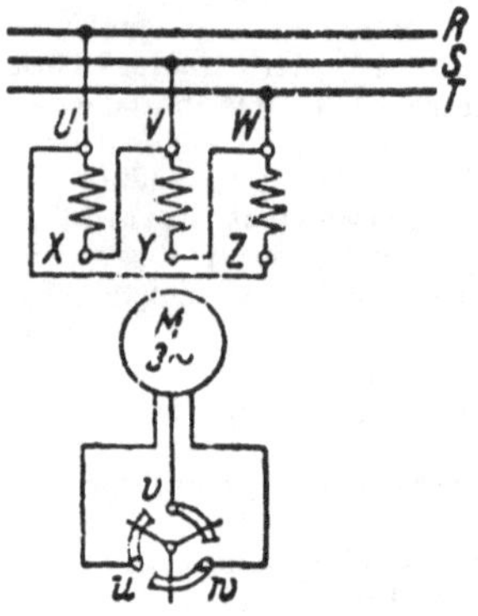

Abb. 19. Drehstrommotor mit dreiphasigem Schleifringläufer - und Dreieckschaltung des Ständers.

Anlasser.

Die Klemmen eines Drehstromanlassers haben folgende Bezeichnungen:

Ständeranlasser mit 3 Klemmen:	X	Y	Z	Anschlüsse für den Motor,
Ständeranlasser mit 6 Klemmen:	R	S	T	Anschlüsse für das Netz,
	U	V	W	Anschlüsse für den Motor,
Läuferanlasser:	u	x/y	v	für zweiphasige Läufer,
	u	v	w	für dreiphasige Läufer.

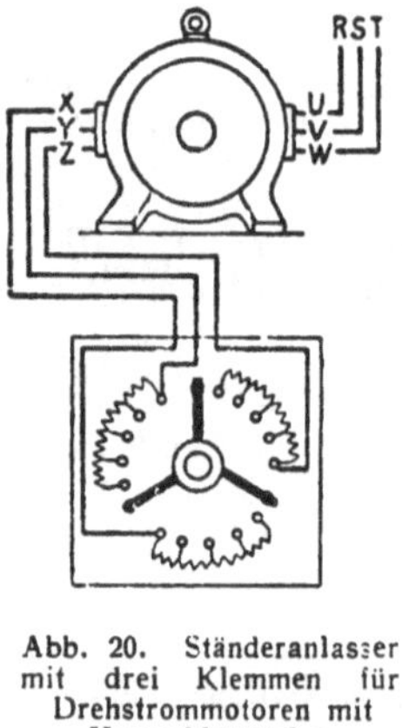

Abb. 20. Ständeranlasser mit drei Klemmen für Drehstrommotoren mit Kurzschlußläufer.

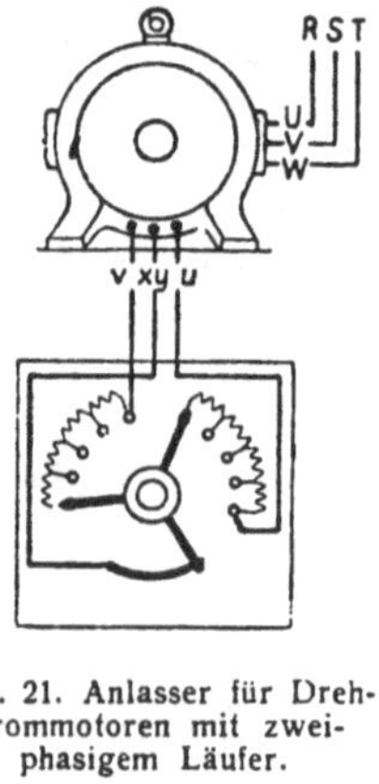

Abb. 21. Anlasser für Drehstrommotoren mit zweiphasigem Läufer.

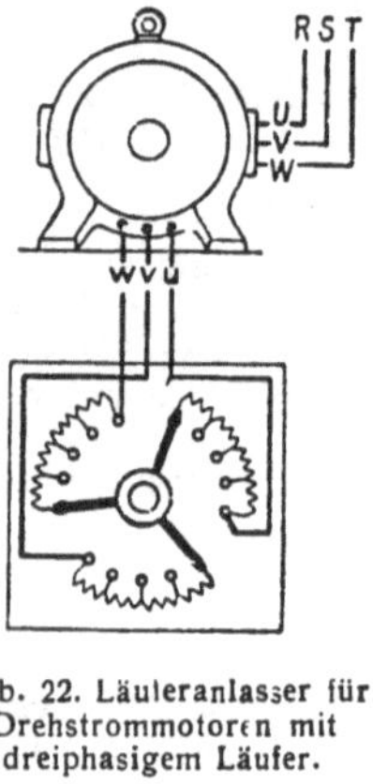

Abb. 22. Läuferanlasser für Drehstrommotoren mit dreiphasigem Läufer.

Fehler, die bei Instandsetzungen von Drehstrommotoren durch Vergrößerung des Luftspaltes und der Nutenöffnung hervorgerufen werden

Der Luftabstand zwischen Ständer und Läufer ist bei Drehstrommotoren aus wichtigen Gründen so klein wie möglich gehalten. Einen Überblick über die ungefähre Größe des Luftspaltes gibt nachstehende Tabelle:

Läuferdurchmesser in Millimeter	Einseitiger Luftspalt in Millimeter
100	0,3
100 bis 150	0,4
150 bis 200	0,45
200 bis 300	0,5
300 bis 400	0,6
400 bis 500	0,75
über 500	1,0

Wie bereits an anderer Stelle erwähnt, ist in den weitaus meisten Fällen die Ursache eines Betriebsschadens an Drehstrommotoren auf die Lagerabnutzung zurückzuführen. Der notwendig geringe Luftspalt zwischen Ständer und Läufer setzt einwandfreie Lagerverhältnisse voraus, damit eine Berührung zwischen dem umlaufenden und feststehenden Teil des Motors nicht eintritt. Mit der Betriebszeit schleißen jedoch die Lagerschalen ganz besonders in der Richtung des Riemenzuges aus, und wenn die Lager nicht früh genug ersetzt werden, tritt eine Berührung zwischen Ständer und Läufer ein, die in wenigen Sekunden einen mehr oder weniger umfangreichen Betriebsschaden zur Folge hat.

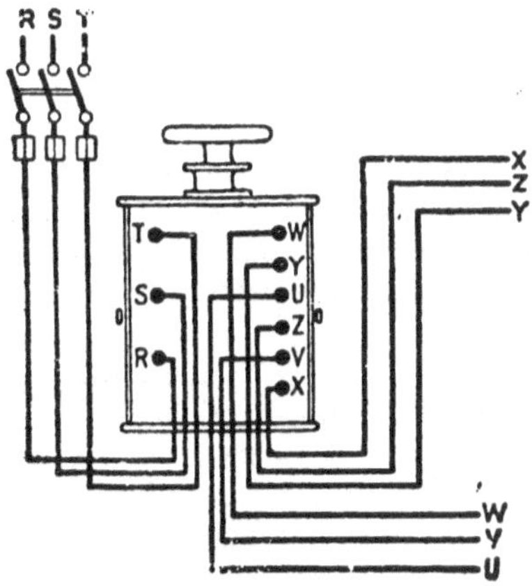

Abb. 23. Sterndreieckschalter.

Es ist nun wiederholt beobachtet worden, daß in solchen Fällen der Luftspalt zwischen Ständer und Läufer durch A b d r e h e n d e s L ä u f e r s v e r g r ö ß e r t wurde, um eine Wiederholung des Betriebsschadens auf möglichst lange Zeit hinauszuschieben. Vor derartig unsachgemäßen Arbeiten m u ß d r i n g e n d g e w a r n t w e r d e n. Durch Vergrößerung des Luftspaltes werden die ursprünglichen elektrischen Werte des Motors erheblich herabgesetzt bzw. der Motor wird praktisch unbrauchbar, weil der Leistungsfaktor und Wirkungsgrad erheblich verschlechtert, der Leerlaufstrom und die Erwärmung höher wird.

Wird ein derartiger Motor zur Instandsetzung gegeben, so muß das ganze Läuferblechpaket ersetzt und der ursprüngliche Luftspalt (siehe Tabelle über die Größe des Luftspaltes) wiederhergestellt werden.

Ähnlich liegen die Verhältnisse bei Vergrößerung der Nutenöffnung. Es ist eine üble Angewohnheit in Fällen, wo die einzelnen Drähte durch den Nutenschlitz in die Nute eingeführt werden müssen, die vorhandene Nutenöffnung durch Auffeilen zu vergrößern, um die Wickelarbeit zu erleichtern. Derartige Veränderungen des aktiven Eisens haben ebenfalls eine Herabsetzung der elektrischen Werte zur Folge und sind unter allen Umständen zu unterlassen.

Kommt es beispielsweise bei Umwicklungen für andere Spannungen usw. vor, daß der Querschnitt des Wickeldrahtes stärker gewählt werden muß, so ist derselbe gegebenenfalls in zwei parallele Leiter aufzuteilen, damit der Draht noch durch den Nutenschlitz geführt werden kann. Durch Parallelschaltung der zu einer Phase gehörenden Wicklungsgruppen läßt sich ebenfalls der Leiterquerschnitt unterteilen. (Siehe Raskop: Der Katechimus für die Ankerwickelei, 8. Aufl., S. 125 bis 128.)

Rundfunkstörungen durch elektrische Maschinen

Durch die bei Gleichstrommaschinen häufig auftretende Funkenbildung am Kollektor wird der Rundfunkempfang in erheblicher Weise gestört.

Derartige Störungen können nur ganz selten durch Abschmirgeln oder Abdrehen des Kollektors beseitigt werden. Auf jeden Fall ist stets für einen möglichst funkenfreien Lauf der Gleichstrommaschinen durch Anwendung der unter Abschnitt „Gleichstrommaschinen“ angegebenen Mittel zu sorgen und darüber hinaus sind Kondensatoren parallel zu den Maschinenklemmen zu schalten. Durch Versuche sind die passenden Kondensatoren zu ermitteln.

Bei kleinen Maschinen helfen auch Drosselspulen von etwa 60 Windungen, die man zwischen Schalter und Maschine in die Zuleitung schaltet. Der Windungsdurchmesser soll ca. 8 cm betragen. Die Drahtstärke richtet sich nach der Maschinenleistung bzw. nach dem Querschnitt der Zuleitung (Abb. 24 bis 29).

Die Antennen sind stets rechtwinklig zu den Starkstromleitungen zu verlegen. In besonders schwierigen Fällen ist auf die Erdleitung zu verzichten und ein sogenanntes Gegengewicht, d. i. eine zweite Antenne, als Ersatz für die Erdleitung anzubringen.

In dem vorstehenden Teil sind die Fehlererscheinungen, deren besondere Merkmale, Ursachen und Abhilfe kurz angedeutet und besprochen. Als Ergänzung hierfür gilt das im Teil II und V Gesagte.

Störer	Entstörungs-Schaltung	Größe der Störschutz-Mittel
Störende rotierende Maschinen		
Motor stationärer Bauart	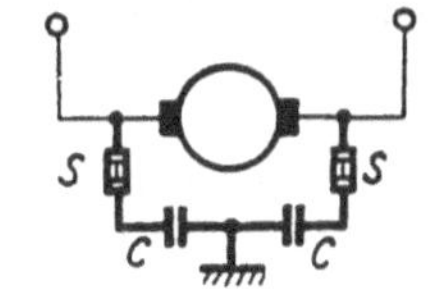	C = 0,5 bis 4 µF S = Sicherung
Transportabler Motor	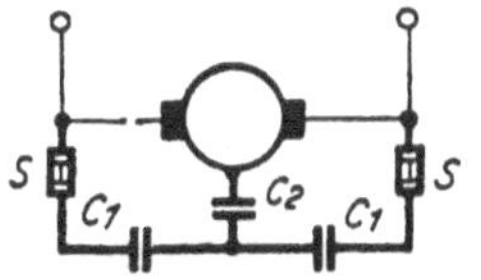	C_1 = 0,1 bis 2 µF C_2 = 5000 cm S = Sicherung
Transportabler Kleinmotor	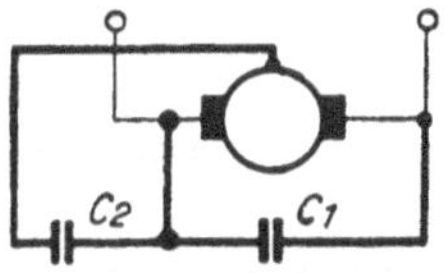	C_1 = 0,02 bis 0,1 µF C_2 = 5000 cm
Motor stationärer Bauart	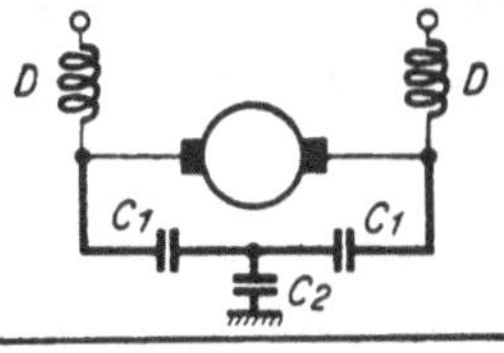	C_1 = 0,5 bis 4 µF C_2 = 5000 cm D = HF-Drossel
Drehstrom-Motor (mit Kollektor oder Schleifringen)	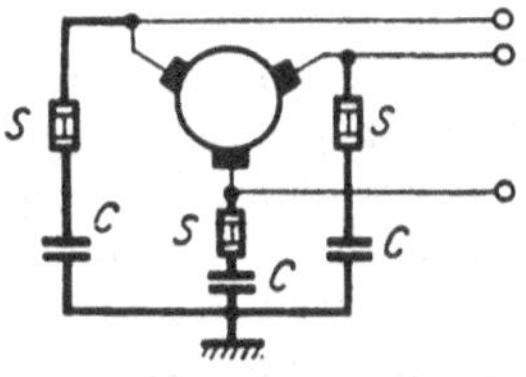	C = 0,5 bis 4 µF S = Sicherung Ev. wie bei 12 HF-Drosseln in die Netzleitung legen.
Einanker-Umformer oder Motor-Generator	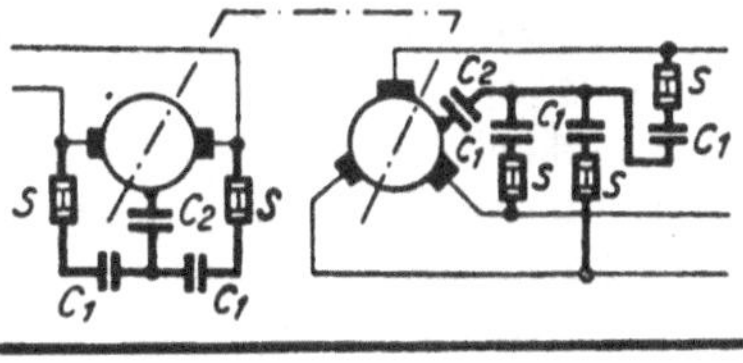	C_1 = 0,1 bis 2 µF C_2 = 5000 cm S = Sicherung

Abb. 24 bis 29

Die Ursachen der Durchschläge bei Wicklungen an elektrischen Maschinen und Transformatoren

Bei der notwendig gedrängten Bauart der elektrischen Maschinen und Transformatoren darf es als unmöglich bezeichnet werden, Durchschläge, d. h. Spannungsübergänge zwischen den einzelnen Windungen einer Wicklung und zwischen Wicklung und Eisen (Erde) gänzlich zu verhindern. Der Erbauer einer elektrischen Maschine hat in erster Linie die Aufgabe, mit möglichst geringem Aufwand an Materialien eine in jeder Beziehung hochwertige und verkaufsfähige Maschine herzustellen. Will er diese Forderung erfüllen, so muß er das aktive Material restlos ausnutzen, d. h. hoch beanspruchen und das passive Material auf ein möglichst geringes Gewicht halten.

Die in Erfüllung dieser Forderungen erzielten Abmessungen der Maschinen haben einen Grenzwert, der, abgesehen von der Güte des Materials, nicht zuletzt durch die Spannung gegeben ist, mit welcher die Maschine betrieben werden soll. Bei der Bemessung des aktiven Eisenmaterials hat der Erbauer den Raum für die Unterbringung der Wicklung so zu bemessen, daß die einzelnen Leiter gegeneinander und gegen Eisen (Erde) genügend gegen Durchschlag (Spannungsübergänge) gesichert sind.

Nachstehend sollen nun die Ursachen sowie die Mittel zur Hintanhaltung der Durchschläge einer Betrachtung unterzogen werden.

A. Die Wahl der Leiterumspinnung

Die Umspinnung oder Bewicklung eines elektrischen Leiters für Maschinen- und Transformatorenwicklungen mit Baumwolle, Seide oder Papier bietet allein keine Gewähr für die Betriebstüchtigkeit einer Wicklung. Die zur Anwendung kommenden Umspinnungs- bzw. Bewicklungsmaterialien (Baumwolle, Seide, Papier) sind mehr oder weniger hygroskopisch (aufsaugefähig) und dienen in erster Linie als Lackträger. Erst mit hochwertigem Isolierlack getränkt und restlos durchtrocknet, kann man von einer Isolierfähigkeit der Umspinnung bzw. Bewicklung sprechen. Diese Tatsache ist leider noch nicht bei allen Fachleuten bekannt. Es genügt also keineswegs, daß nur ein Teil der Wicklungen mit Isolierlack getränkt wird (etwa nur außerhalb der Nuten), wie dies durch einfaches „Anstreichen“ der Wicklung erreicht wird.

Ohne auf den Wert des Isolierlackes und die richtige Verarbeitung desselben an dieser Stelle näher einzugehen, sei nochmals ganz besonders darauf aufmerksam gemacht, daß in erster Linie der Isolierlack nicht die Umspinnung bzw. Bewicklung des Leiters für die Beurteilung der Isolierfähigkeit in Frage kommt.

Die Baumwollumspinnung der Leiter wird mit verschiedenen Fadenstärken ausgeführt. Praktisch kommen hierfür die Fadenstärken Nr. 200, 160, 100 und 60 in Frage. Entsprechend der Feinheit des Fadens ist die Zunahme der Umspinnung stärker oder schwächer und beträgt bei einfacher Umspinnung von Runddrähten

Runddrähte
Tabelle I
Zunahme bei 1 × Bw.-Umspinnung
Fadenstärke

Nr. 200	Nr. 160	Nr. 100	Nr. 60
0,08 mm	0,10 mm	0,13 mm	0,17 mm

und bei zweifacher Umspinnung

Runddrähte
Tabelle II
Zunahme bei 2 × Bw.-Umspinnung

bl. Draht-Durchmesser	Fadenstärke	Zunahme des Draht-Durchmessers
0 1—0,5 mm	Nr. 200	0,16 mm
0,5—1 „	„ 160	0,20 „
1—2 „	„ 100	0,26 „
2—5 „	„ 60	0,34 „

Die einfache Baumwollumspinnung kommt nur für Nebenschluß-Magnetwicklungen bei Gleichstrommaschinen in Frage und auch nur dann, wenn es sich um dünne Drähte und beschränkten Wickelraum handelt. In allen anderen Fällen ist der einfach mit Baumwolle umsponnene Draht von der Verwendung für Wicklungen an elektrischen Maschinen auszuschließen. Hierfür haben nur die 2 × Bw. umsponnenen bzw. umklöppelten Drähte praktische Bedeutung.

Die Leiter rechteckigen Querschnittes werden bis etwa 200 qmm nach Tabelle III 2 × Bw. umsponnen.

Leiter rechteckigen Querschnittes
Tabelle III
Zunahme bei 2 × Bw.-Umspinnung

Kleinste Querschnittseite	Fadenstärke	Gesamt-Zunahme der kleineren und größeren Querschnittseite
0,5— 1 mm	Nr. 160	0,35—0,30 mm
1— 4 „	„ 100	0,45—0,40 „
4—10 „	„ 60	0,60—0,65 „

Wenn die umsponnenen Leiter bei der Herstellung der Wicklung mechanisch besonders stark in Anspruch genommen werden (z. B. Durchzugs-Ständer- und Läuferwicklungen bei Drehstrommotoren), so wird das Leitermaterial auch 1 × Bw. mit 160 umsponnen und außerdem einmal umklöppelt. Die Zunahme beträgt alsdann bei Runddrähten ca. 0,6 bis 0,7 mm.

Rechteckige Litzenleiter, die bei Drehstrom-Ständerwicklungen für hohe Stromstärken und hohe Maschinenleistungen vielfach verwendet werden, erhalten in der Regel eine einfache Umspinnung Nr. 60 und Umklöppelung. Die Zunahme einer Querschnittseite beträgt dann bei Querschnitten von ca. 9 bis 30 qmm = 1,0 mm, bei ca. 30 bis 90 qmm = 1,1 mm.

Bei einfacher Umklöppelung von Litzenleitern wird mit einer Zunahme von 0,6 bis 0,65 mm gerechnet.

Aus Vorstehendem ist ersichtlich, daß die bestmögliche Ausnutzung des Wickelraumes in erster Linie von der Stärke der Umspinnung bzw. Bewicklung der Leiter abhängig ist. Die Zunahme der Leiterisolation kann durch Verwendung verschiedener Fadenstärken stärker oder schwächer gewählt werden. Beispielsweise erhält ein Runddraht von 1,2 mm ∅ im allgemeinen eine 2 × Bw.-Umspinnung mit Fadenstärke Nr. 100. Die Zunahme beträgt 0,26 mm. Liegen die Raumverhältnisse für die Unterbringung der Wicklung in das aktive Eisen ungünstig, d. h. ist wenig Platz in den Nuten vorhanden, so ist es nicht zweckmäßig, die Leiter mit Gewalt in den vorhandenen Wickelraum einzupressen oder die Nutenisolation schwächer zu wählen, als die Betriebsspannung usw. erfordert. Die Betriebstüchtigkeit einer derartigen Wicklung wird zweifellos beeinträchtigt, weil die mechanische Beanspruchung der Umspinnung zu einer Beschädigung (Durchschlag) führen kann.

In solchen und ähnlichen Fällen wählt man zweckmäßig eine 2 × Bw.-Umspinnung mit geringerer Fadenstärke. Unter Beibehalt des Beispieles 1,2 mm Runddraht beträgt die Zunahme mit 160er Baumwolle nur 0,20 mm. Handelt es sich z. B. um die Umwicklung eines Gleichstromankers von 110 auf 440 Volt Spannung bei gleichbleibender Leistung des Motors und unter Beibehalt der Wicklungsart, so beträgt die Leiterzahl bei 440 Volt viermal soviel als bei 110 Volt. Allerdings verringert sich der Querschnitt des Leiters im umgekehrten Verhältnis, wie die Spannungen zueinander. Es darf aber nicht vergessen werden, daß die Nutenisolation und die Isolation zwischen der oberen und unteren Wicklungslage für 440 Volt stärker werden muß als bei 110 Volt. Kurz gesagt, der Nutenfüllfaktor, d. h. das Verhältnis des gesamten Kupferquerschnittes in einer Nute zu dem Nutenquerschnitt, wird in dem vorliegenden Falle bei 440 Volt schlechter, als bei 110 Volt.

Man könnte nun mit Rücksicht auf die Betriebstüchtigkeit der Wicklung den Leiterquerschnitt geringer wählen und die Leistung des Motors herabsetzen. Diesen Weg wird man aber nur in den seltensten Fällen beschreiten können, weil mit der Herabsetzung der Leistung auch der Wert der Maschine herabgesetzt wird.

Wählt man hingegen die Zunahme der Umspinnung des Wickeldrahtes geringer, so wird hierdurch den beengten Raumverhältnissen in geeigneter Weise Rechnung getragen. Es ist selbstverständlich, daß die ganze Wicklung mit hochwertigem Isolierlack imprägniert und im Trockenofen getrocknet werden muß. Der Lack muß in jedem Falle in das Innere der Wicklung eindringen.

Bei Bezug von Dynamodrähten sollte stets die Zunahme der Umspinnung von dem Besteller vorgeschrieben werden. Im allgemeinen wird man mit der Normalzunahme nach Tabelle II auskommen. Es ist aber empfehlenswert, in besonderen Fällen die Zunahme der Umspinnung bzw. die Fadenstärke der Baumwolle nach Maßgabe der Raumverhältnisse festzulegen und bei Auftragserteilung an den Drahtlieferanten hierauf besonders aufmerksam zu machen.

Handelt es sich um Umwicklungen für niedrigere Betriebsspannungen, so wird der Nutenfüllfaktor in der Regel besser, weil die Leiterzahl je Nute geringer wird. Waren ursprünglich mehrere Drähte zu einem Leiter oder waren mehrere Wicklungselemente parallel geschaltet, so kann durch richtige Wahl eines Einfachleiters mit entsprechendem Querschnitt ebenfalls der Nutenfüllfaktor verbessert werden.

Sind beispielsweise bei einem 6poligen Drehstrommotor = 9 Gruppen total, je 3 Gruppen einer Phase parallel geschaltet und ist bei dieser Wicklung der Nutenraum beengt, so kann gelegentlich einer Neuwicklung für gleiche Leistung und Spannung wie bisher ⅓ der Leiterzahl je Nute gewählt werden, wenn der dreifache Leiterquerschnitt und Reihenschaltung der 3 Gruppen einer Phase angewandt wird. In derartigen Fällen ist auf die Nutenform und insbesondere darauf zu achten, ob der stärkere Leiterquerschnitt nicht die praktische Herstellung der Wicklung nachteilig beeinflußt. Wenn beispielsweise die Parallelschaltung der Wicklungselemente (Gruppen) ursprünglich deshalb gewählt wurde, um den Wickeldraht noch durch den Nutenschlitz führen zu können (Einlegewicklung), so wird im allgemeinen bei dreifachem Leiterquerschnitt eine sogenannte Durchzugswicklung erforderlich. Mit Rücksicht auf die höhere Arbeitszeit bei Durchziehwicklungen wird man dann von der Wahl des stärkeren Leiterquerschnittes Abstand nehmen und auf einen besseren Nutenfüllfaktor verzichten.

In Isolierlack getränkte, umsponnene Leiter

Um die mechanische Festigkeit der Isolierfaser und die Isolierfähigkeit der Umspinnung zu erhöhen, werden die mit Baumwolle umhüllten Drähte von den Herstellern vielfach noch mit Isolierlack getränkt. Hierdurch erhöht sich die Zunahme der Isolierung um ca. 10 bis 20 %. Dem hierbei in bezug auf mechanische Festigkeit und Isolierfähigkeit erreichten Vorteil steht der Nachteil gegenüber, daß der mit Isolierlack getränkte Draht spröder ist und sich daher nicht so gut zu Formspulen usw. verarbeiten läßt als ungetränkter Draht.

Mit Seide umsponnene Leiter

Mit Seide umsponnene Drähte werden im allgemeinen nur für Klein- und Kleinstmotoren verwendet. Die Zunahme beträgt bei einfacher Umspinnung etwa 0,04 mm, bei zweifacher Umspinnung ca. 0,07 mm. Diese geringe Zunahme ermöglicht es, eine große Anzahl Leiter in einem relativ kleinen Wickelraum unterzubringen. Ist das Nutenvolumen ursprünglich für Seidendraht bemessen, so kann an Stelle des Seidendrahtes in keinem Falle 2 × Bw. umsponnener Draht verwendet werden. Ist der Nutenraum unter Verwendung von 2 × Bw. umsponnenen Draht beengt, so kann vorteilhaft 2 × S. umsponnener Draht verwendet werden, weil der Nutenfüllfaktor bei Seidendraht erheblich besser ist als bei 2 × Bw. umsponnenen Draht.

Soll z. B. ein normaler 2-PS-Gleichstrommotor, 220 Volt, 1500 n umgewickelt werden in einen 0,5 PS, ca. 560 n, 220 Volt, so wird im Anker die Leiterzahl je Nute ca. 4mal so groß als ursprünglich und ist nur bei Verwendung von 2 × Seide umsponnenem Draht in dem vorhandenen Nutenraum unterzubringen. Die Verwendung von Seidendraht scheitert indessen vielfach an der Kostenfrage.

Emailledrähte[1])

Die Zunahme des Drahtdurchmessers ist bei emaillierten Drähten ganz erheblich geringer als bei umsponnenen Drähten. Sie beträgt ca. 25 % des blanken Drahtdurchmessers bei sehr dünnen Drähten und sinkt bei zunehmendem Drahtdurchmesser auf ca. 9 %.

Mit Baumwolle umsponnene Emailledrähte

Emailledrähte werden auch mit Baumwolle ein- oder zweimal umsponnen, und zwar gewöhnlich mit Fadenstärke Nr. 160. Bei zweifacher Umspinnung beträgt die Zunahme 0,23 bis 0,35 mm. Derartige Drähte werden mit gutem Erfolg da verwendet, wo verhältnismäßig hohe Windungsspannungen vorherrschen und beengte Raumverhältnisse eine stärkere Zunahme der Baumwollumspinnung verbieten.

Mit Jakonettband bewickelte Leiter

Stabwicklungen und Litzenwicklungen mit großem Leiterquerschnitt werden in der Regel mit Leinen- oder Baumwollband bewickelt und in Isolierlack getränkt. Die Bandstärke beträgt 0,15 bis 0,2 mm, so daß bei einfacher Überlappung des Bandes die Zunahme ca. 0,8 mm beträgt.

---

[1]) Näheres über den Werkstoff „Lackdraht" siehe Werkstoffkunde Seite 275. sowie Raskop: „Der Katechismus für die Ankerwickelei", 8. Aufl., S. 240 bis 247, und Raskop: „Isolierlacke", S. 96 bis 119. (Technischer Verlag Herbert Cram. Berlin W 35.)

Wenn die Raumverhältnisse in den Nuten es gestatten, kann bei Instandsetzungen oder Neuwicklungen die Umspinnung oder Umklöppelung des vorgefundenen Wickelmetalls entfernt und durch Bandwicklung ersetzt werden. Derartige Isolierungen haben sich als durchaus betriebstüchtig erwiesen.

Mit Papier umsponnene und umwickelte Leiter

In Ermangelung an Textilien wurden vielfach Drähte verwendet, welche mit Papier umwickelt und einmal mit Baumwolle umsponnen waren. Die Papierisolation hat bei etwa gleicher Stärke eine höhere Isolierfestigkeit als Baumwolle, sie kommt aber nur da in Frage, wo der Draht bei der Wickelarbeit wenig mechanisch beansprucht wird (nicht für Formspulen usw.).

Für die Transformatorenwicklungen verwendet man jedoch auch heute noch vielfach Runddraht mit zwei- oder mehrfacher Papierisolation ohne Baumwollspinnung, und zwar mit sehr gutem Erfolge. Der mit Papier isolierte Draht wird beim Wickeln durch eine Lösung geführt, welche aus hochwertigem (ölbeständigen) Isolierlack und kleinen Teilen Zinkweiß und Bleiglätte besteht. Diese Zinkweißpaste wird von Lackfabriken gebrauchsfertig geliefert. Die fertiggewickelten Spulen werden im Trockenofen getrocknet und sind im erhärteten Zustande außerordentlich widerstandsfähig gegen Formveränderungen.

Abgesehen davon, daß die Papierisolation wesentlich billiger ist, als die Baumwollumspinnung, ist auch, wie schon bemerkt, der Isolationswert des Papiers höher als derjenige der Baumwolle. Die Verwendung der papierisolierten Drähte kommt aber wohl ausschließlich nur für Transformatorenscheibenspulen in Frage.

Bei massiven Stäben für Drehstromläuferwicklungen werden die geraden Teile vor dem Einbau vielfach mit Papier umklebt. Der Papierstreifen ist hierbei gewöhnlich so breit, wie der zu isolierende Teil des Stabes, d. h. der Teil, welcher in der Nute zu liegen kommt. Das zur Verwendung gelangende Papier ist etwa 0,1 bis 0,2 mm stark und wird beim Aufwickeln einseitig mit Isolierlack bestrichen. Die isolierten Stäbe werden im Ofen gut getrocknet und können vor dem Einbau mit Talkum bestrichen werden. Diese Isolation ist mechanisch und elektrisch sehr widerstandsfähig.

B. Die Wahl der Nutenisolation

Die Wandstärke der Nutenisolation hängt nicht allein von der Betriebsspannung der Wicklung, sondern sogar in erster Linie von der mechanischen Beanspruchung durch Druck und Zug ab. Da der aktive Eisenkörper einer elektrischen Maschine aus einzelnen Blechen zusam-

[1]) Siehe auch Fachzeitschrift „Die elektrische Maschine EMA“, Heft 3/1940, Seite 25, Technischer Verlag Herbert Cram, Berlin W 35.

mengesetzt ist, und die einzelnen Nuten gewöhnlich auf einer automatischen Nutenstanze gestanzt werden, so sind kleine Unebenheiten an den Nutenwänden, hervorgerufen durch Gratbildung, Teil- und Schichtfehler, nicht zu vermeiden. Wenn diese Unebenheiten gänzlich durch Nacharbeiten mit der Feile beseitigt werden, so müßte man auf der anderen Seite einen Nachteil in den Kauf nehmen, der dadurch entsteht, daß die einzelnen Bleche durch Feilgrat miteinander verbunden und hierdurch Wirbelströme in dem aktiven Eisen hervorgerufen werden.

Mit Rücksicht auf die unebenen Nutenflächen muß also die Wandstärke der Nutenisolation stärker gewählt werden, als dies bei vollkommen glatten Flächen erforderlich wäre. Die größte Beanspruchung auf Zug erleidet die Nutenisolation an den Stellen, wo die Spule aus der Nute austritt. Um an dieser Stelle Durchschläge zu verhüten, werden die Nutenecken des Ankereisens zweckmäßig mit der Feile abgerundet und dünne Glimmerplättchen zwischen Nutenisolation und Eisen eingeschoben.

Bei Gleichstrommaschinen, deren Klemmenspannung im allgemeinen ja nicht über 500 Volt beträgt, überschreitet die zwischen Wickung und Ankereisen auftretende Spannung nicht 250 Volt (½ der Klemmenspannung). Hieraus ist zu ersehen, daß die Ursache der Durchschläge weniger auf die Höhe der Spannung als auf die mechanische Beanspruchung der Nutenisolation zurückzuführen ist.

Unter Berücksichtigung der beiden Faktoren Spannung und mechanische Beanspruchung hängt die Stärke der Nutenisolation noch von der mechanischen und elektrischen Güte (Durchschlagfestigkeit) der zur Anwendung kommenden Isolierstoffe ab. Um hierüber einen Überblick zu erhalten, sei nachstehende Tabelle angeführt:

Tabelle IV
Durchschlagsfestigkeit verschiedener Isolierstoffe[1])

Material	Stärke	Durchschlag bis ca.
Preßspan	1 mm	2 100 Volt
Mikanit	1 „	15 000 „
Glimmer	1 „	50 000 „
Ölleinen	0,16 mm	7 000 „
Ölleinen	0,20 „	8 500 „
Ölseide	0,10 „	4 000 „
Ölseide	0,14 „	5 000 „
Lackpapier	0,2 „	11 000 „

Die Durchschlagsziffern der vorstehenden Tabelle gelten nur für trockenes Material bester Herkunft.

[1]) Siehe auch Abschnitt: Werkstoffkunde, Seite 266.

Bei den mit Isolierlack imprägnierten Isolierstoffen (Ölleinen, Ölseide) ist die Durchschlagsfestigkeit bei schwarzer Lackfarbe höher als bei gelber Farbe.

Nutenisolation für Spannungen bis 500 Volt

Als Nutenisolation für Gleich- und Wechselstrommaschinen bis 500 Volt Betriebsspannung, wird in der Regel Preßspan in Verbindung mit Ölleinen verwendet.

Preßspan wird aus reinen, starken Fasern, Hanf und Manilahanf hergestellt. Die Oberfläche der Preßspantafeln wird auf Steinglättmaschinen hochglänzend poliert. Das Polieren geschieht mittels eines abgerundeten Achatsteines. Die Hochglanzpolitur des Preßspans erhöht die Durchschlagfestigkeit desselben.

Guter Preßspan darf beim Biegen nicht brüchig werden und soll eine hochglänzende Oberfläche haben. Auch Preßspan ist, wie alle aus Faserstoff hergestellten Materialien, in hohem Grade hygroskopisch und darf daher nur in trockenen, möglichst gleichmäßig temperierten Räumen gelagert werden. Luftfeuchtigkeit wird von Preßspan schnell angezogen und macht denselben unbrauchbar.

Preßspan über 0,5 mm Stärke soll für Nutenisolation nicht verwendet werden, weil die Bruchgefahr an den Biegestellen mit der Stärke des Preßspans zunimmt. Aus diesem Grunde verwendet man stets zwei oder mehrerer Lagen von 0,2 bis 0,3 mm Stärke. Die Durchschlagsfestigkeit derartiger Nutenisolationen wird durch eine Zwischenlage von Ölleinen wesentlich erhöht, zumindest soll an den Enden der Nutenisolation eine Lage Ölleinen eingefügt werden. Die Stärke der Nutenisolation für Betriebsspannung bis 500 Volt kann unter Berücksichtigung der jeweilig vorliegenden Platzverhältnisse in den Nuten nach folgender Tabelle gewählt werden:

Tabelle V

Die Wandstärken der Nutenisolation für Spannungen bis 500 Volt (Preßspan)

Gleichstromanker		Wechselstrom / Drehstrom } Ständer	
Volt	Wandstärke in Millimeter	Volt	Millimeter Wandstärke in
110	2 × 0,2 = 0,4	220/120	2 × 0,3 = 0,6
250	2 × 0,3 = 0,6	380—220	2 × 0,3 1 × Ölleinen = 0,8
500	2 × 0.3 1 × Ölleinen = 0,8	500	2 × 0,3 1 × Ölleinen = 0,8

Bei umlaufenden Wicklungen wird die Isolation zwischen Wicklungen und Eisen durch die Fliehkräfte mechanisch stark beansprucht, und zwar besonders an den Nutenecken. Sind beispielsweise bei einem Gleichstromanker mit Schablonenspulenwicklung die freiliegenden Wickelköpfe nicht genügend durch Bandagen gegen derartige Formveränderungen geschützt, so besteht Durchschlagsgefahr an den Nutenecken.

Die Nutenisolation wird bei offenen Nuten nach Einlegung der Wicklung umgeklappt und durch einen Keil aus Preßspan, Fiber oder Holz nach außen hin abgeschlossen.

Bei Durchzugswicklungen kommen geschlossene Nutenisolationen in Frage, die aus mehreren Lagen dünnen Preßspans, Japanpapiers oder dergleichen hergestellt werden. Die einzelnen Lagen werden beim Wickeln auf einen Profildorn mit dünnem Isolierlack bestrichen.

Nutenisolation für hohe Spannungen

Bei Wicklungen für hohe Spannungen ist die Wandstärke der Nutenisolation nach denselben Gesichtspunkten zu wählen, wie bei den Niederspannungen. Da es sich fast ausschließlich um sogenannte Durchzugswicklungen handelt, so ist die mechanische Beanspruchung der Nutenisolation besonders hoch.

Als Material für die Nutenisolation wird Lackpapier, Mikanit, Glimmer und mit Glimmerplättchen beklebtes Papier (Mikafolio usw.) verwendet. Die Wandstärke richtet sich, unter Berücksichtigung der mechanischen Beanspruchung, der Netzspannung und des Nutenvolumens, nach der Güte des Isoliermaterials und kann nach folgender Tabelle bemessen werden:

Tabelle VI

Wandstärke der Nutenisolation für hohe Betriebsspannungen

Spannung	Material	Wandstärke
1 000 Volt	Lackpapier	1,0 mm
3 000 „	Mikanit	2,0 „
6 000 „	Glimmer	3,0 „
10 000 „	Glimmer	3,5 „

Ab 3000 Volt kommen nur vollkommen geschlossene Nutenisolationen in Frage. Bei 1000 Volt Betriebsspannung kann man die aus mehreren Lackpapierlagen hergestellten Nutenisolationen schlitzen, um den Wickeldraht durch diesen Schlitz in die Nute einbringen zu können. Dieses Verfahren ist aber nur dann anwendbar, wenn der vorhandene Wickelraum in der Nute es gestattet, die geschlitzte Hülse nach Einbringungen der geforderten Leiterzahl gut überlappt luftdicht nach außen abzuschließen. Die bei der Überlappung nicht vermeidbaren Stoßfugen sind mit gutem Isolierlack zu bestreichen und die Lappen mit einem heißen Eisenstab aufeinander festzubacken. Die Nute ist außerdem mit einem gutsitzenden Holzkeil abzuschließen. Wird dieser Abschluß nach außen nicht sehr sorgfältig hergestellt, so besteht Durchschlagsgefahr an dieser Stelle.

Die Herstellung der Nutenisolation aus Mikanitpapier

Bei Durchzugswicklungen für hohe Spannungen wird seitens der Maschinenfabriken fast ausschließlich Mikanit und Glimmer verwendet. Gelegentlich einer dringenden Neuwicklung kommt es im Interesse einer beschleunigten Herstellung der Wicklung vielfach sehr darauf an, die Nutenisolation schnellstens zu ersetzen. Die Werke, welche sich mit der fabrikmäßigen Herstellung der Glimmererzeugnisse befassen, sind erfahrungsgemäß nur ganz selten in der Lage, die benötigten Nutenisolationen sofort ab Lager zu liefern. In der Regel erhält man auf Anfrage die Nachricht, daß das gewünschte Profil leider nicht vorrätig sei, daß die Herstellung besondere Profilwerkzeuge erfordere und mit einer äußersten Lieferzeit von 14 Tagen bis vier Wochen gerechnet werden müsse. Derartige Lieferzeiten kommen aber größtenteils bei Neuwick-

Abb. 30

lungen nicht in Frage. Es handelt sich im allgemeinen um die Neuwicklung von Hochspannungsmotoren, die unter Anspannung aller verfügbaren Kräfte in der denkbar kürzesten Zeit instandgesetzt werden müssen.

Für solche Fälle empfiehlt es sich, Mikanitpapier, d. h. mit Glimmerplättchen beklebtes Japanpapier (im Handel Mikafolio und Mikartafolio genannt) auf Lager zu halten. Die Glimmerplättchen sind gewöhnlich mit Schellack oder Bakelit auf Japanpapier und dergleichen aufgeklebt.

Die Herstellung derartiger Nutenisolationen kann wie folgt geschehen:

Es wird aus Flacheisen ein Profildorn nach Maßgabe der Nutenform abzüglich der Nutenisolation hergestellt (Abb. 30 und 31).

Dieser Dorn muß zweiteilig sein, und beide Teile müssen durch einen einfachen Griff gelöst werden können, damit der Dorn leicht aus der fertigen Hülse ausgestoßen werden kann. Da die Nuten in der Regel eine Form nach Abb. 31 haben, so kann der Dorn auch unter Verwendung eines Rundeisenstabes aus 1,5 bis 2 mm Eisenblech nach Abb. 30 und 32 hergestellt werden. Man spart hierbei die Fräsarbeiten.

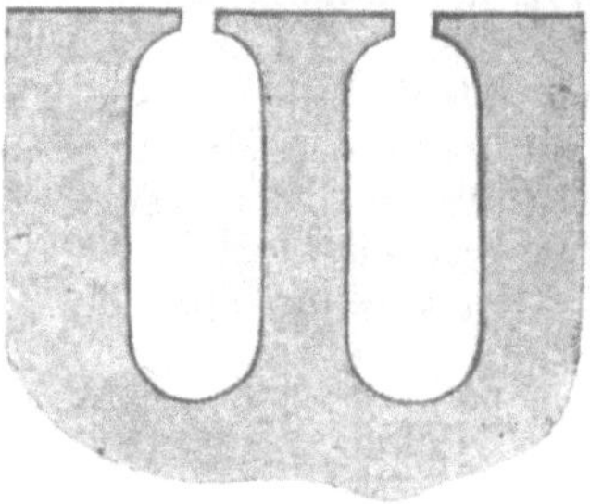

Abb. 31

Die auf Maß geschnittenen Blechstreifen werden im Schraubstock unter Anwendung eines Rundeisenstabes entsprechenden Durchmessers geformt. An beiden Enden, bei längeren Nuten auch in der Mitte, werden zur Erhöhung der Stabilität Profilstücke aus Eisen, Messing oder dergleichen eingesetzt und vernietet. Der Abstand zwischen den beiden Hälften des Profildornes wird durch einen leicht herausnehmbaren Blechstreifen hergestellt. Die beiden Hälften werden durch Prisonstifte oder Schrauben zusammengehalten.

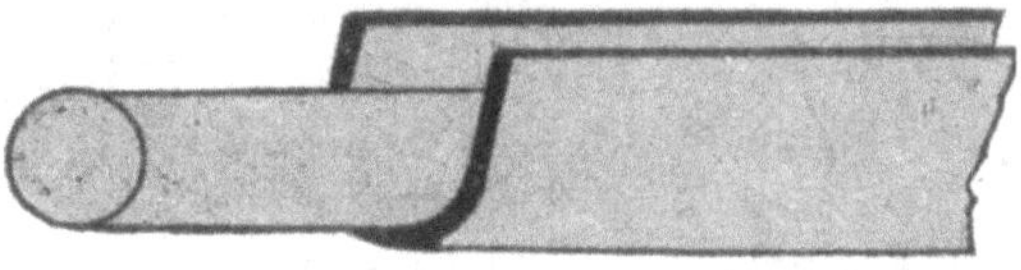

Abb. 32

Der fertige Profilstab wird zweckmäßig zwischen den Körnerspitzen bzw. Spannfutter und Körnerspitze einer Drehbank eingespannt und zunächst durch Versuch die Länge des Mikapapiers für eine Hülse festgestellt. Das Mikapapier wird alsdann sorgfältig lagenweise und glatt auf den Dorn gewickelt. Die aufgewickelten Lagen werden durch eine Bandage aus Jakonettband zusammengehalten. Alsdann wird der Profilstab mit der aufgewickelten Hülse aus den Spitzen der Drehbank entfernt, und nun werden die einzelnen Lagen auf einer erhitzten Eisenplatte (Abb. 34) mittels eines ebenfalls erhitzten Stabes gebacken. An Stelle des erhitzten Stabes kann auch ein elektrisches Bügeleisen verwendet werden. Durch die Hitze wird der Lack zwischen Glimmerplättchen und Papier flüssig und Lage mit Lage fest verbunden. Ist die notwendige Temperatur erreicht, d. h. ist der Lack flüssig geworden, so wird die Form auf einer glatten Eisenfläche (Drehbankbett, Richtplatte), von oben mit Gewicht beschwert, abgeschreckt. Der flüssige

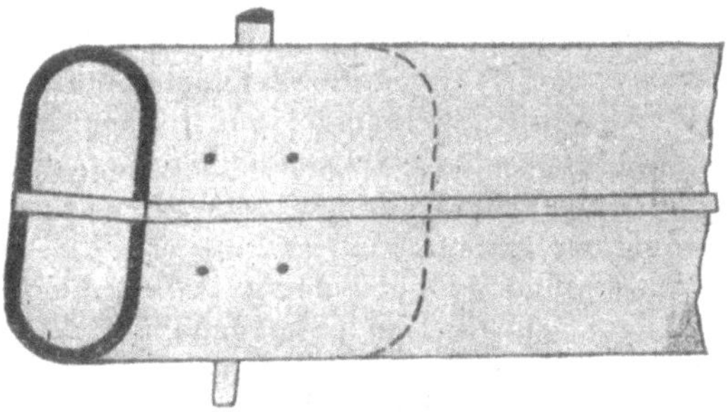

Abb. 33

Lack erkaltet, und man erhält auf diese Art die den Anforderungen gewachsene Nutenisolation.

Die behelfsmäßig aufgebrachte Bandage wird gelöst, die Zwischenlagen zwischen den beiden Hälften des Dornes entfernt und die fertige Hülse abgezogen.

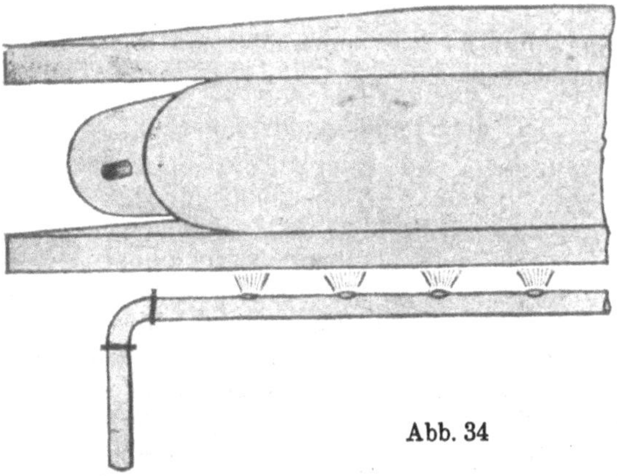

Abb. 34

So einfach der Vorgang erscheint, kommt es doch sehr darauf an, daß das Backen der Hülse mit großer Sorgfalt geschieht. Sind kleine Lufträume zwischen den einzelnen Lagen vorhanden, ist also der Lack nicht restlos flüssig geworden, und sind die einzelnen Lagen nicht gut gebacken, so leidet hierdurch die Stabilität der Hülse und die Durchschlagsfestigkeit. Bei einiger Übung und mit der nötigen Sorgfalt lassen sich auf die beschriebene Art die Nutenisolationen in ganz kurzer Zeit herstellen.

Die Abstände der Wickelköpfe voneinander und gegen Gehäuse

Die Spulenköpfe, d. h. der außerhalb der Nuten liegende Teil der Wicklungselemente, wird bei Betriebsspannungen bis 380 Volt vielfach nur durch eine Kordelbandage zusammengehalten. Findet die Maschine in feuchten oder staubigen Räumen Aufstellung (Landwirtschaft usw.), so werden die Wickelköpfe zweckmäßig mit Jakonettband bewickelt.

Bei Hochspannungsmaschinen werden die einzelnen Teilspulen einer Gruppe mit Ölleinen-Diagonalband und Jakonettband bewickelt oder fabrikmäßig fugenlos mit Mikanit umpreßt.

Der Abstand zwischen den einzelnen Wicklungselementen (Gruppen) und dem Gehäuse soll die in nachstehender Tabelle aufgeführten Werte nicht unterschreiten:

Tabelle VII

Abstände der Wicklungsköpfe gegeneinander und gegen Eisen

Spannungen	Abstand in Milimeter
500 Volt	10 mm
1 000 „	15 „
3 000 „	25 „
6 000 „	30 „
12 000 „	40 „

Bei Hochspannungswicklungen wählt man die Nutenisolation der oberen Wicklungslage länger.

C. Die Ursachen der Durchschläge

In den Abschnitten A und B ist ein kurzer Überblick über die Wahl der Leiterumspinnung und über die Bemessung der Nutenisolation gegeben. Aber auch elektrische Maschinen haben, wie alles andere von Menschenhand geschaffene, eine beschränkte Lebensdauer. Es wurde bereits in Abschnitt B darauf hingewiesen, daß die einzelnen Wicklungselemente der umlaufenden Wicklungen durch die Fliehkraft auf Zug und Reibung beansprucht werden. Durch das wiederholte Anlassen der Läufer wird die Wicklung an den Nutenecken sowie auch innerhalb und außerhalb der Nuten mit der Zeit so angegriffen, daß, je nach Ausführung der Wicklung, früher oder später an einer besonders stark beanspruchten oder schwachen Stelle ein Durchschlag erfolgt. Aber nicht allein durch die Fliehkraft, sondern auch bei Belastungsstößen, werden die einzelnen Leiter der umlaufenden und ruhenden Wicklungen gegeneinander und gegen den Eisenkörper mechanisch beansprucht.

Um die mechanische Beanspruchung durch die vorerwähnten Einflüsse herabzusetzen, müssen bei umlaufenden Wicklungen die außerhalb der Nuten liegenden Teile durch kräftige und richtig angeordnete Bandagen geschützt werden.

Innerhalb der Nuten sollen die Leiter bei umlaufenden und ruhenden Wicklungen so festliegend angeordnet werden, daß ein Verschieben bei Stromdurchgang nicht stattfinden kann. Die ideale Anordnung finden wir bei den gebackenen Spulen[1]), die, auf einer Schablone aufgespult, in Asphalt oder anderer Isoliermasse getränkt, mit Mikanit umpreßt und in geeigneter Eisenform steinhart gebacken werden. Die Anwendung derartiger Spulen kommt aber nur bei Spezialausführungen in Frage. Normalerweise und insbesondere bei Instandsetzungen oder Neuwicklungen, kann man den Erfordernissen in dieser Hinsicht nur durch sorgfältiges Imprägnieren der ganzen Wicklung (auch innerhalb der Nuten) und durch festen Nutenverschluß Rechnung tragen.

Hochspannungswicklungen

Bei Hochspannungswicklungen an Transformatoren, Generatoren und Motoren erfolgen Durchschläge in der Regel in den Eingangsspulen, und zwar durch Spannungswellen, die bei Schaltvorgängen im äußeren Stromkreis auftreten. Aus diesem Grunde müssen die einzelnen Leiter der Eingangsspulen für die volle Netzspannung gegeneinander isoliert werden. Da die Spannungswellen zwischen den Leitern aber nur für kurze Augenblicke auftreten, braucht die Isolation nicht so stark gewählt werden wie zwischen Wicklung und Eisen.

Innerhalb der Nuten sollen Lufträume tunlichst vermieden werden, weil hierin stille Entladungen auftreten, die zur Bildung von Ozon und salpetriger Säure führen und die Isolation, je nach Größe der elektrischen Beanspruchung, in längerer oder kürzerer Zeit zerstören. Die Lufträume lassen sich restlos nur bei gebackenen Formspulen vermeiden.

Der bei Hochspannungsgeneratoren und Motoren verwendete Wickeldraht soll bei Spannungen über 3000 Volt einmal baumwollumsponnen, einmal umklöppelt und mit hochwertigem Isolierlack imprägniert sein, damit die Umspinnung die höchst erreichbare mechanische Festigkeit hat. Der Draht für die Eingangsspulen soll möglichst zweimal baumwollumsponnen, einmal umklöppelt und mit Isolierlack imprägniert sein. Außerdem sind die einzelnen Lagen der Eingangsspulen gegeneinander durch reichliche Zwischenlagen aus Lackpapier oder Mikanit zu isolieren.

Die Durchschlagsfestigkeit der Hochvoltwicklungen bei Transformatoren hängt in erster Linie von der zweckmäßigen Ausführung der Eingangsspulen ab, da diese, wie bereits erwähnt, durch das Eindringen von Spannungswellen besonders gefährdet sind. Weiter spielt die Abstützung der Wicklungen eine außerordentlich wichtige Rolle. Die Hoch- und Niederspannungswicklungen müssen durch geeignete Stütz- und Preßvorrichtungen so festliegend an dem Eisenkern angeordnet

[1]) Siehe Raskop: Isolierlacke, Seite 70, Technischer Verlag Herbert Cram, Berlin W 35.

sein, daß eine Verschiebung einzelner Wicklungselemente bei stoßweiser Belastung und bei Netzkurzschlüssen nicht stattfinden kann. Zur Abstützung verwendet man vielfach zwischen den einzelnen Scheibenspulen der Wicklungen Pertinax und Teakholz mit bestem Erfolge. Das erstere wird aus Seidenpapier und Bakelit unter Hitze und Druck hergestellt, besitzt hohe Durchschlagsfestigkeit und verändert seine Form nicht unter Einfluß von Wärme und Öl. Teakholz (Tectona grandis) kommt aus Ostindien, gehört zur Klasse der sogenannten ringporigen Hölzer und eignet sich in hervorragender Weise für den erwähnten Zweck. Für die Querabstützung und als Distanzstücke zwischen Druckplatten und Wicklung verwendet man fast ausschließlich Weiß- und Rotbuche. Eine zweckmäßige und vollkommene Abstützung der Wicklungen unter Anwendung geeigneter Materialien ist ausschlaggebend für die Betriebstüchtigkeit und Lebensdauer eines Transformators. Leider wird dieser wichtigen Forderung nicht immer entsprochen.

Bei Öltransformatoren kann ungeeignetes, verschmutztes und wasserhaltiges Öl zu Durchschlägen führen. Harzöle kommen heute nicht mehr zur Verwendung. Transformatorenöle sind ihrer Herkunft nach entweder Paraffin- oder Naphthaöle. Die amerikanischen Öle haben Paraffinbasis. Die handelsüblichen Transformatorenöle bestehen gewöhnlich aus einer Mischung beider Sorten.

Bei Instandsetzung und Neuwicklung von Transformatoren soll das alte Öl stets restlos aus dem Ölkessel entfernt und in einer geeigneten Ölreinigungsanlage durch Zentrifugen oder Filterpressen von Wasser, Schlamm oder Faserstoffen befreit werden. Die an Transformatorenöle zu stellenden Anforderungen sind in den vom V.D.E. herausgegebenen Vorschriften für Transformatoren- und Schalteröle zusammengefaßt.

Abb. 35
Fahrbares Öl-Aufbereitungsgerät
7,5 kW Heizleistung

Beim Nachfüllen von Öl in neugewickelten oder instandgesetzten Transformatoren muß auf eine gute Vermischung des alten (vorher gereinigten) und des neuen Öles größte Sorgfalt verwendet werden. Ist die Vermischung der verschiedenen Sorten oder des alten und neuen Öles keine vollkommene, so können im Betriebe physikalische Erscheinungen auftreten, die sich in ähnlicher Weise auswirken, wie das Vorhandensein von Wasser. Sogenannte überraffinierte Öle neigen zur Oxydation in der Baumwollumspinnung der Wicklungen. Hierbei entstehen Säuren, welche die

Baumwollfasern stark angreifen und zur Zerstörung der Umspinnung führen.

Für die Imprägnierung der Transformatorenwicklungen kommen nur hochwertige, ölbeständige Lacke in Frage. Die besten Erzeugnisse sind eben noch gut genug, um den gestellten Anforderungen gerecht werden zu können.

Aus den vorstehenden Ausführungen ist ersichtlich daß die Durchschläge bei elektrischen Maschinen und Transformatoren für hohe Spannungen mannigfache Ursachen haben können. Es ist daher im allgemeinen sehr schwer, bei einem beschädigten Transformator, Motor oder Generator mit Sicherheit die Ursache eines Durchschlages nachträglich festzustellen. Gewöhnlich sind die Wicklungen bei Transformatoren infolge des aufgetretenen Kurzschlusses stark formverändert. An der Kurzschlußstelle selbst ist das Wickelmetall geschmolzen. Tropfen des flüssigen Wickelmetalls hängen zwischen den einzelnen Wicklungselementen. Das Öl ist durch die aufgetretene Stichflamme mit feinen Kupferperlen durchsetzt und chemisch verändert, kurz, unbrauchbar.

Da die primäre Ursache eines Durchschlages sowohl auf äußere atmosphärische Entladungen (Spannungswellen) als auch auf innerhalb des Transformators auftretende Erscheinungen zurückgeführt werden kann, so ist es nur in den seltensten Fällen möglich. den wirklichen Grund des Durchschlages noch nachträglich festzustellen.

Bei Neubau, Instandsetzungen und Neuwicklungen von elektrischen Maschinen und Transformatoren sind daher die große Anzahl der Möglichkeiten, welche die Ursache eines Durchschlages sein können, zu beachten.

Die Wicklungen sind so auszuführen, daß die höchst erreichbare Sicherheit gegen Durchschläge erzielt wird.

Mangelhaft ausgeführte Eingangsspulen als Ursache von Betriebsschäden an Hochspannungsmotoren und Transformatoren[1]

Der größte Teil der Mißerfolge bei Neu- und Umwicklungen von Hochspannungsmotoren und Transformatoren ist erfahrungsgemäß auf mangelhafte oder unsachgemäße Ausführung der Eingangsspulen zurückzuführen. Während die Anforderungen hinsichtlich der Isolation zwischen Wicklung und Eisenkörper in den weitaus meisten Fällen durch Qualität, Wandstärke und Anordnung der gewählten Isolation erfüllt werden, trifft dies bezüglich Gefährdung der Eingangsspulen durch Spannungswellen vielfach aus Unkenntnis oder Fahrlässigkeit nicht zu.

Über die Größe der Spannungswellen, die bei Kurz- und Erdschlüssen im Netz sowie beim Zu- oder Abschalten der Hochspannungsmotoren und Transformatoren auftreten, bestehen auch in Fachkreisen nicht

[1]) Siehe auch Fachzeitschrift „EMA", Heft 6/1942, Seite 57.

immer die richtigen Vorstellungen. Die bei Schaltvorgängen an den Eingangsspulen auftretenden Spannungen können nahezu den doppelten Wert der Betriebsspannung annehmen. Beispielsweise beträgt die Spannung zwischen Anfang und Ende einer Eingangsspule an einem 5000-Volt-Dreiphasenmotor etwa 9000 Volt, zwischen Anfang und Ende der zweiten Spule etwa 4800 Volt, der dritten Spule etwa 2800 Volt usw. Die Größe dieser Spannungswellen kann durch Anordnung von Schutzwiderständen auf etwa ⅓ herabgesetzt werden, so daß bei richtiger Wahl des Widerstandes im vorstehenden Beispiel noch mit Spannungen von etwa 3000 Volt zwischen Anfang und Ende der ersten Spule gerechnet werden kann. Die Notwendigkeit der Schutzwiderstände tritt bei Betrachtung der Spannungswerte deutlich zutage.

Wenn nun berücksichtigt wird, daß eine mit etwa 2 mm Wandstärke hergestellte Mika-Nutenisolation Prüfspannungen bis etwa 36 000 Volt aushält, so ist es erklärlich, daß Durchschläge zwischen Wicklung und Eisen bei Hochspannungsmaschinen ganz erheblich seltener auftreten als zwischen den Lagen der Eingangsspulen, wo mit Rücksicht auf die Raumverhältnisse die Isolierschichten zwischen den Leitern nicht so stark gewählt werden können.

Die oben angeführten Werte der Spannungen, die bei Schaltvorgängen in den Eingangswindungen bzw. zwischen Anfang und Ende der Eingangsspulen auftreten, zeigen bei Gegenüberstellung der Isolationsstärke zwischen den einzelnen Leitern sehr deutlich, daß die Gefahr eines Spannungsüberschlages hier sehr groß ist.

Aus dieser Betrachtung geht hervor, daß marktgängige Dynamodrähte mit zweimaliger Baumwollumspinnung und etwa 0,3 mm Zunahme für die Herstellung der Eingangsspulen nicht in Frage kommen. An dieser Feststellung ändert auch die Tatsache nichts, daß zwei miteinander verdrillte Leiter aus marktgängigem Dynamodraht Prüfspannungen von zirka 2000 bis 3000 Volt aushalten. Die Isolierfestigkeit der Drähte nimmt durch die Bearbeitung beim Wickeln nämlich um mehr als 50 % ab. Die mechanische Beanspruchung des Wickeldrahtes ist aber ganz besonders bei in Nuten eingebetteten Ständerwicklungen (Durchzugswicklungen) erheblich. Hierzu kommt die Schweißabsonderung von den Händen der Wickler, die von der Baumwollumspinnung aufgenommen wird. Durch die vielfache Anwendung von Paraffin oder Talkum als Glätt- und Schlupfmittel, weiter dadurch, daß der Wickeldraht bei Durchzugswicklungen öfter den staubigen Boden berührt, endlich durch Anwendung minderwertiger Lötflußmittel (Lötfett) und durch Feuchtigkeit, die von der Baumwollumspinnung am Lager oder während des Wickesvorganges aufgesogen wird, tritt eine weitere Minderung der Isolierfestigkeit ein.

Bei der Beurteilung der in den meisten Fällen weit überschätzten Isolierfestigkeit der Baumwollumspinnung ist zu berücksichtigen, daß die Baumwolle in erster Linie als Lackträger zu dienen hat. Die Isolierfestigkeit eines mit Baumwolle umsponnenen Kupferleiters nimmt ganz erheblich zu, wenn der Umspinnung im Vakuumofen die Feuchtigkeit entzogen, die Leiter in hochwertigem Isolierlack getränkt und alsdann gut getrocknet werden. Hieraus ergibt sich, daß unimprägnierte, baumwollumsponnene Drähte ebenfalls für Eingangsspulen keine Verwendung finden dürfen. Da bei Ständer-Durchgangswicklungen die Leiterbündel außerhalb einer Nute mit Ölleinen-Diagonalband bewickelt werden, so kann der nach Fertigstellung der Wicklung aufgebrachte Isolierlack nicht in das Innere der Nuten eindringen. Durch einen derartigen „äußerlichen Anstrich" wird die Isolierfestigkeit der umsponnenen Leiter innerhalb der Nuten also nicht erhöht und ist als Schutz gegen Überspannungswellen von vollkommen untergeordneter Bedeutung.

Nach den vorstehenden Betrachtungen und Feststellungen bleibt nun die Frage zu beantworten, in welcher Weise die ersten Windungen bzw. die Eingangsspulen gegen die Einwirkung der Spannungswellen zu schützen sind.

In erster Linie ist die Umspinnung des verwendeten Wickeldrahtes entsprechend stark zu wählen. Die Umklöppelung ist gegen mechanische Beanspruchung widerstandsbfähiger als die Umspinnung. Empfehlenswert ist zweimal baumwollumsponnener und einmal umklöppelter Draht. Der Wickeldraht soll bei Ständerwicklungen grundsätzlich mit hochwertigem Isolierlack imprägniert sein. Bei dringenden Instandsetzungen ist diese Forderung nicht leicht zu erfüllen, da derartig isolierte Dynamodrähte von den Lieferwerken nicht am Lager gehalten, hierfür vielmehr Lieferzeiten von drei bis sechs Wochen verlangt werden. Diese an sich bedauerliche Tatsache darf aber nicht zu dem Entschluß führen, mit Rücksicht auf die Dringlichkeit der Instandsetzung normal umsponnene Dynamodrähte zu verwenden. Verfasser hat in derartigen Fällen zweimal baumwollumsponnenen Draht mit Baumwollhohlschlauch überzogen, die überzogenen einzelnen Drahtlängen in hochwertigem Isolierlack imprägniert und im Ofen getrocknet. Um die hierdurch hervorgerufene erhebliche Verstärkung der Zunahme auszugleichen, wurde die Leiterzahl der Eingangsnuten entsprechend herabgesetzt. Dieses Verfahren hat sich sehr gut bewährt. Es wäre abwegig, die volle Leiterzahl mit Gewalt in den Nutenraum einzuzwingen. Die Gefahr einer Beschädigung der Umspinnung bzw. der Nutenauskleidung würde hierdurch in greifbare Nähe rücken. Innerhalb der Ständernuten sowohl als auch außerhalb sind zwischen den einzelnen Windungslagen Streifen aus Mika, Japanpapier oder geöltem Preßspan einzufügen. Je nach der Güte der verwendeten Isolierstoffe kann die Dicke dieser Zwischenlagen den Raumverhältnissen entsprechend gewählt werden. Die verstärkte Isolierung der Leiter soll in der Regel auf etwa 10 % der Gesamtlänge einer Wicklungsphase durchgeführt werden. Diese Angabe entspricht etwa der Drahtlänge einer Eingangsspule. Insbesondere ist auf sorgfältige Isolierung der ersten Windungen einer Eingangsspule zu achten, da an dieser Stelle z. B. bei einem 5000-Volt-Motor Schaltwellen von etwa 3000 Volt auftreten können.

Sind nun Hochspannungswicklungen unter Beachtung aller Faktoren wirklich fach- und sachgemäß ausgeführt worden, so ist darauf zu achten, daß der erreichte Zustand der Wicklung, insbesondere der Eingangsspulen, nicht durch unsachgemäße Prüfversuche schon vor Inbetriebnahme der Maschine zerstört wird. Die nach den Regeln für Bewertung und Prüfung (REM § 50) vorzunehmende Wicklungsprobe ist mit größter Vorsicht durchzuführen. Wenn eine geeignete Prüfapparatur nicht zur Verfügung steht, so ist es erfahrungsgemäß besser, die Prüfung fortfallen zu lassen als durch Prüfspannungen unbekannter Größe eine an sich gesunde Wicklung zu beschädigen. Bei der Durchschlagsprobe ist die Prüfspannung von 0 bis zum Nennbetrage zu steigern. Mit voller Prüfspannung und durch sogenanntes „Abtippen" können leicht Beschädigungen der Wicklung hervorgerufen werden. Die Prüfspannung soll praktisch sinusförmig, ihre Frequenz gleich Nennfrequenz oder 50 Perioden sein. Die Spannung ist so schnell als möglich auf den jeweils vorgeschriebenen Nennwert zu steigern, und der Nennwert ist während 1 Minute innezuhalten. Gleitfunken dürfen bei Überschreitung der Nennspannung um 25 % nicht auftreten. Wenn berücksichtigt wird, daß bei einer 5000-Volt-Maschine die Prüfspannung nach § 50 der REM etwa 13 000 Volt (2 U + 3000) betragen soll, so wird die Gefahr, durch unsachgemäße Prüfung oder mit mangelhafter Prüfapparatur gesunde Wicklungen zu beschädigen, recht deutlich erkennbar.

Beim Transport der neugewickelten Maschine ist darauf zu achten, daß keine Feuchtigkeit in die Wicklung eindringen kann. Fand der Transport bei regnerischem Wetter statt und ist die Maschine längere Zeit der Luftfeuchtigkeit ausgesetzt gewesen, so ist die Wicklung vor Inbetriebnahme der Maschine sachgemäß zu trocknen.

Bei ölgekühlten Transformatoren besteht die Gefahr der Feuchtigkeitsaufnahme während Transport und Lagerung nicht.

Die Trocknung der Wicklungen am Aufstellungsort der Maschine geschieht zweckmäßig mit Gleich- oder Wechselstrom. Die Hochvoltwicklung hat, an der Leistung der Maschine gemessen, einen relativ geringen Drahtquerschnitt. Steht eine Gleichstromquelle zur Verfügung, so ist die Wicklung mit einer verhältnismäßig geringen Energiemenge auf entsprechende Temperatur zu bringen. Die drei Wicklungsphasen des Ständers werden in Serie und unter Zwischenschaltung eines Widerstandes mit der vorhandenen Gleichstromquelle verbunden. Während der Trockenzeit darf die Maschine nicht ohne Aufsicht sein. Die Temperatur an den Wicklungen ist durch zweckentsprechend angeordnete Thermometer ständig zu kontrollieren und soll sich max. um etwa 80 bis 100

Grad C. bewegen. Reicht die zur Verfügung stehende Gleichspannung nicht aus, um bei Reihenschaltung der drei Phasen eine genügend hohe Temperatur der Wicklung zu erzielen, so sind die Wicklungsphasen evtl. zu zweien parallel oder einzeln an das Gleichstromnetz zu legen und gegebenenfalls die Trocknung abschnittsweise vorzunehmen.

Steht nur Drehstrom 220 oder 380 Volt zur Verfügung, so ist zu versuchen, die Hochspannungsständerwicklung mit Hilfe dieser Spannungen auf Temperatur zu bringen. Die Läuferwicklung ist hier gegebenenfalls durch die Kurzschlußvorrichtung oder durch eine metallische Verbindung der Schleifringe zu schließen. Der Läufer wird so festgelegt, daß eine Drehung desselben nicht möglich ist.

Ist die Stromaufnahme der Ständerwicklung in dieser Schaltung nicht ausreichend, um die notwendige Temperatur zu erzielen, so kann die Wicklung in Dreieck geschaltet werden. Handelt es sich beispielsweise um die Trocknung eines 150-PS-Drehstrommotors 5000 Volt, so wird die Spannung 220 Volt nicht ausreichen, um die gewünschte Temperatur in der Ständerwicklung zu erzielen. Für diese Fälle ist die Verwendung eines Autotransformators zu empfehlen, der übrigens in keiner Instandsetzungswerkstatt fehlen sollte. Mit Hilfe eines derartigen Transformators, der in der Regel für Spannungsentnahme von 110/220/380/500 Volt eingerichtet ist, kommt man in den weitaus meisten Fällen zum Ziel.

Nach dieser kurzen Abschweifung bezüglich der Trocknung von feuchten Wicklungen soll noch auf die Isolation der Wickelköpfe bei Hochspannungsmotoren eingegangen werden. Zur Sicherung gegen Oberflächenleitung werden die Wickelköpfe der Hochspannungs-Ständerwicklungen mit Ölleinen und Jakonettband isoliert. Hierbei ist zu beachten, daß zur Verhinderung der Oberflächenleitung die Kriechwege reichlich bemessen sein müssen. An der Übergangsstelle zwischen Mikahülse und Drahtbündel ist die Bandwicklung so eng und fest auszuführen, daß keine sogenannten Luftpolster entstehen. Die einzelnen Bandlagen sind durch einen starken Überzug aus Isolierlack sowohl gegen Verschiebung als auch gegen Eindringen von Betriebsstaub und Feuchtigkeit in das Nuteninnere zu schützen.

Die bei Drehstrommotoren über 5000 Volt Betriebsspannung innerhalb der Nuten auftretenden Glimmentladungen können ebenfalls zu Betriebsschäden Anlaß geben. Durch die Glimmentladungen bilden sich in der die Leiter umgebenden Luft Ozon und Stickoxyd. Tritt hierzu noch Feuchtigkeit, so entsteht salpetrige Säure. Es ist erklärlich, daß hierdurch die Isolation der Leiter zerstört wird. Die Mikaisolation ist gegen Glimmentladungen unempfindlicher als Lackpapier, Japanpapier usw. Zur Vermeidung von Glimmentladungen ist darauf zu achten, daß die Lufträume zwischen den Leitern innerhalb und außerhalb der Nuten so klein wie möglich gehalten werden.

III. TEIL

Fehlerbestimmungen und Abbau elektrischer Maschinen

Kommt eine beschädigte elektrische Maschine in ein Instandsetzungswerk, so ist für die ordnungsmäßige Instandstzung folgendes von Bedeutung[1]):

Der Tag des Einganges der Maschine wird unter der laufenden Nummer in das Werkstattbuch (siehe Anhang) eingetragen. Die Maschine erhält eine Kommissionsnummer, die durch Anhängezettel jedem. der mit der Ausführung der Instandsetzungsarbeiten zu tun hat, sichtbar gemacht wird.

Nach erfolgter Fehlerbestimmung nach Teil II, III und V wird auf Wunsch des Auftraggebers der Preis und die Lieferfrist der Instandsetzung festgelegt und das Ergebnis in das Werkstattbuch eingetragen. (Muster eines Werkstattbuches siehe Anhang.)

Obgleich die eben erwähnten Eintragungen fast ausschließlich von dem Leiter des Instandsetzungswerkes bzw. von den ihm beigegebenen Hilfskräften ausgeführt werden, sind sie hier erwähnt, damit auch die Werkstattbelegschaft einen Einblick in die Organisation des Werkes erhält.

Nach Durchsicht der übrigen Spalten des Werkstattbuches[2]) ist der Leser von den weiteren Eintragungen unterrichtet.

Für jeden Elektromaschinenbauer, ganz besonders für den Anfänger und den nur vorübergehend mit der Anfertigung von Wicklungen betrauten Betriebsmonteur usw., ist die schriftliche Niederlegung der Schalt- und Wicklungsdaten der beschädigten Maschine unbedingt notwendig[3]).

Vor Beginn des Abbaues der instandsetzungsbedürftigen Maschine ist eine Aufzeichnung des Schaltbildes zu empfehlen. Die Drahtenden sind zweckmäßig durch Anhängen kleiner Papierschilder gleichnamig mit den Anschlußklemmen der Maschine zu bezeichnen.

Durch dieses Verfahren ist ein Prüfen der größtenteils in Rohr liegenden Zuleitungsdrähte beim Anschließen der Maschine nach voll-

---

[1]) Siehe Seite 301 über Werkvertrag.

[2]) Das Werkstattbuch ist durch den Verlag zu beziehen.

[3]) Anschlußschema und Angaben über Schaltung der Wicklung, Drahtstärke. Wickelschritt, Windungszahl usw. siehe auch Teil IV und Seite 113.

zogener Instandsetzung überflüssig. Es wird viel Zeit gespart und die Möglichkeit ausgeschaltet, daß durch falsches Anschließen der wiederhergestellten Maschine eine neue Störung hervorgerufen wird.

Diese Arbeiten sind begreiflicherweise nur möglich, wenn der mit der Instandsetzung beauftragte Elektromaschinenbauer, Monteur usw. die kranke Maschine an Ort und Stelle untersuchen und abbauen kann. In den meisten Fällen wird die nackte Maschine oder nur der beschädigte Teil (Anker, Feldspule usw.) in das Instandsetzungswerk eingesandt. Die Maschine ist in diesem Falle von dem Monteur des Auftraggebers untersucht und abgebaut. Die Verantwortung für den richtigen Aufbau usw. nach vollzogener Instandsetzung hat daher auch der Auftraggeber.

Es ist nach Möglichkeit grundsätzlich anzustreben, daß nicht nur der beschädigte Teil, sondern stets die vollständige Maschine zur Instandsetzung eingesandt wird. Durch ungenügende Fachkenntnisse der Angestellten des Auftraggebers und durch den Bahntransport der sehr empfindlichen Teile der Maschine wird vielfach die ordnungsmäßige Inbetriebnahme derselben verzögert und beeinträchtigt.

Nicht zuletzt können hierdurch Mißverständnisse zwischen Auftraggeber und Instandsetzungswerk entstehen, die unangenehme Folgen zeitigen. Um diese zu vermeiden, empfiehlt es sich, den Auftraggeber stets auf die Notwendigkeit der Einlieferung der vollständigen Maschine aufmerksam zu machen, da im anderen Falle nur die Garantie für den wiederhergestellten Teil, nicht aber für den ordnungsmäßigen Gang der ganzen Maschine übernommen werden kann.

Es ist z. B. möglich, daß der Monteur des Auftraggebers nach flüchtiger Untersuchung der kranken Maschine nur die Ankerwicklung als beschädigt bezeichnet und daher nur den Anker zur Instandsetzung einschickt. Nach Ablieferung des neugewickelten Ankers und Inbetriebnahme der Maschine stellt sich aber heraus, daß eine Feldspule, die Bürstenbolzen oder Verbindungen in der Maschine nicht in Ordnung sind. Ein erneuter Abbau, verbunden mit erheblichem Zeitverlust und sonstigen üblen Begleiterscheinungen ist die natürliche Folge hiervon.

Fehlerbestimmungen

Die Fehlerbestimmungen an kranken elektrischen Maschinen ist eine der wichtigsten Arbeiten in Instandsetzungswerken. Die Grundsätze und die Durchführung der Untersuchung sind in Teil II besprochen und begründet. Aus den dort angeführten Fehlererscheinungen ergibt sich für die allgemeinen Fälle die Bestimmung des Fehlers von selbst.

Der Einfachheit halber sollen die Fehler der kranken elektrischen Maschine in Verbindung mit der Fehlerbestimmung kurz zusammengefaßt hier wiedergegeben werden.

1. Zu den Fehlern an Gleichstrommaschinen zählt in erster Linie das **Verbrennen einer oder mehrerer Ankerspulen,** herbeigeführt durch

Schluß der Kollektorlamellen oder durch Windungsschluß in der Ankerwicklung. Dieser Fehler ist größtenteils auf einen schlecht zusammengefügten Kollektor oder ungeeignetes Isoliermaterial zwischen den Lamellen usw. zurückzuführen.

Abb. 36. Prüfung eines kleinen Maschinen-Ankers mit der tragbaren Anker-Prüfeinrichtung ZK (Werkbild Siemens & Halske)

Nicht selten findet man jedoch auch, daß in den schadhaften Ankerspulen über Kreuz liegende Drähte, die beim Wickeln des Ankers durch zu starkes Einpressen der Spulen in die Ankernuten beschädigt worden sind, die Ursache des Fehlers bilden.

Bei älteren Maschinen findet man noch Kollektoren vor, deren Lamellenisolation mit Preßspan ausgeführt ist. An diesen Kollektoren tritt sehr leicht Schluß zwischen den Lamellen auf. Der Preßspan neigt zur Aufnahme von Flüssigkeiten, die in Gemeinschaft mit dem unvermeidlichen feinen Staub der Kohlenbürsten den Schluß fördern. (Material für Kollektoren siehe Teil IV.)

Über die Behandlung und Untersuchung der Ankerspulen vor dem Einlegen in die Ankernuten gibt Teil IV (Herstellung der Ankerwicklungen) Aufschluß.

Da der vorgenannte Fehler nach außen in den meisten Fällen sichtbar ist, erübrigt sich gewöhnlich die Fehlerbestimmung.

In zweifelhaften Fällen, vorzugsweise wenn die Untersuchung der Maschine außerhalb der Werkstatt vorgenommen wird, empfiehlt sich zur Feststellung von Schluß innerhalb der Ankerwicklung nachstehendes Verfahren:

Die Maschine bleibt mit dem Anlasser und der Stromquelle verbunden. Die Bürsten werden vorher aus den Bürstenhaltern entfernt, so daß jegliche Verbindung des Ankers mit der Stromquelle ausgeschlossen ist. Die Feldwicklung wird durch Einschalten des Anlassers unter Strom gesetzt und der Anker von Hand gedreht.

Läßt sich der Anker ohne erheblichen Kraftaufwand gleichmäßig um seine Achse drehen, so ist die Wicklung frei von Schluß. Dreht sich der Anker stellenweise schwer, stellenweise jedoch leicht, so liegt Schluß in der Wicklung vor.

In verwickelten Fällen ist das Verfahren nach Teil V (Prüfung des Ankers auf Windungsschluß mittels Wechselstrommagnet usw.) anzuwenden.

2. Als zweiter Fehler kommen **Unterbrechungen in der Ankerwicklung** in Frage. Bei Motoren, die während des Betriebes zwei Drehrichtungen unterworfen sind (Kran- und Straßenbahnmotoren), tritt dieser Fehler ganz besonders häufig auf. Bei der Instandsetzung derartiger Motoren prüfe man den festen Sitz des Ankerkörpers und Kollektors auf der Welle. Desgleichen empfiehlt es sich, den unteren Schaltdrähten (siehe auch Teil IV: Schaltungen von Ankerwicklungen) der Ankerwicklung eine feste Unterlage zu geben.

Wenn genügend Platz vorhanden, ist es zweckmäßig, die Schaltlagen durch eine Kordelbandage zu sichern.

Bei verschraubten Kollektoren treten *Unterbrechungen in der Wicklung des Ankers* sehr leicht ein. Gelötete Kollektoren sind betriebssicherer. Bei einer Instandsetzung derartiger Kollektoren ist die Verschraubung nach Möglichkeit durch Verlötung zu ersetzen.

Drahtbrüche in der Wicklung selbst treten selten auf, gewöhnlich liegt die Unterbrechung am Kollektornocken, oder schlechte Lötstellen sind die Ursachen des Fehlers.

Nach außen hin sichtbar sind Schäden dieser Art stets[1]). *Starke Funkenbildung* unter den Bürsten, *eingefressene Isolation* zwischen den Kollektorlamellen zeigen den Fehler sofort an. Die Fehlerbestimmung ist daher sehr einfach (siehe auch Teil II und V).

3. Als dritter Fehler sei **Körperschluß** der Wicklungen genannt. In diesem Falle hat die Wicklung des Ankers, die Wicklung der Feldmagnete, die Bürstenbolzen oder Verbindungsleitungen Berührung mit dem Eisenkörper der Maschine.

---

[1]) Siehe auch Sonderabhandlung über Funkenbildungen an Gleichstrommaschinen Seite 61.

Zur Fehlerbestimmung bedient man sich in und außerhalb der Werkstatt der Prüflampe, des Galvanometers und des Ohmmeters.

Um festzustellen, in welchem Teil der Maschine der Körperschluß liegt, klemmt man die Zuleitungen an den Anschlußklemmen ab, entfernt die Kohlenbürsten aus den Haltern oder unterlegt die Bürsten mit Preßspan, Papier usw., so daß zwischen Bürsten und Kollektor keine leitende Verbindung mehr besteht.

Bei Nebenschlußmotoren entfernt man auch die metallische Verbindung zwischen der Anker- und Magnetklemme des Anschlußkastens (Abb. 6 bis 17).

Alsdann prüft man mit der Prüflampe oder dem Galvanometer die einzelnen Wicklungen, indem man einen Draht des Prüfinstrumentes fest an einen blanken Eisenteil der Maschine legt und mit dem zweiten Draht die Anschlußklemmen kontaktsicher berührt.

Auf diese Art ist schnell und sicher festzustellen, welcher Teil der Maschine beschädigt ist.

Um die Ankerwicklung bzw. den Kollektor auf Körperschluß zu untersuchen, berührt man den einen Draht des Instrumentes mit dem Kollektor. Spricht das Prüfinstrument an, d. h. schlägt die Nadel des Galvanometers aus oder glüht die Prüflampe auf, so ist hiermit die Fehlerquelle festgestellt.

Die Beseitigung dieser Fehler erfordert, soweit Wicklungen dabei in Frage kommen, fast ausnahmslos den Abbau der Maschine und Neuwicklung des Ankers bzw. der Feldmagnetwicklung. Liegt der Körperschluß an den Bürstenbolzen oder Verbindungen der einzelnen Wicklungen, so ist die Instandsetzung verhältnismäßig einfacher.

4. **Windungsschluß in einer oder mehreren Feldspulen** hat zur Folge, daß das magnetische Feld ungleich stark erregt ist. Der Motor läuft gewöhnlich mit erhöhter Tourenzahl und starker Funkenbildung am Kollektor. Die ganze Maschine wird warm.

Ist eine ganze Feldspule infolge Schluß zwischen Anfang und Ende gänzlich ausgeschaltet, so bleibt diese kranke Spule kalt, während die übrigen Spulen eine zu hohe Erwärmung aufweisen.

Um den Fehler bzw. die kranke Feldspule zu bestimmen, trenne man die Spulen unter sich und messe den Ohmschen Widerstand jeder Spule mit einer Meßbrücke oder Ohmmeter. Die kranken Spulen haben geringeren Widerstand als die gesunden. Auch durch Wechselstromspule (siehe Teil V) läßt sich der Fehler bestimmen.

Die übrigen Fehler an Gleichstrommaschinen sind erschöpfend in Teil II und V behandelt.

Notinstandsetzung

Um die unter 1 bis 3 genannten Fehler vorübergehend notdürftig zu beseitigen, verfahre man folgendermaßen:

Zu 1. Die verbrannten Spulen werden von dem Kollektor abgeschaltet und die einzelnen Spulendrähte möglichst aus der Ankerwicklung entfernt. Falls dies nicht angängig, sind die kranken Spulen mittels geeigneter Beißzange zu durchschneiden, so daß durch den Schnitt die Verbindung jeder Spule in sich selbst unterbrochen ist. Die freigewordenen Kollektorlamellen sind durch Verlötung miteinander zu verbinden. Bei der Verlötung ist größte Sorgfalt zu verwenden, damit nicht durch unsachgemäße Verbindung der einzelnen Lamellen gesunde Spulen kurzgeschlossen werden.

Die unterbrochenen Kollektorlamellen durch Verstemmen miteinander zu verbinden ist absolut falsch, da eine größere Instandsetzung des Kollektors später nicht zu vermeiden ist.

Zu 2. Man verfahre im allgemeinen wie zu 1. Die Lamellen, die mit der unterbrochenen Spule verbunden sind, werden durch Verlöten miteinander verbunden. Die Ankerspulen werden von diesen Lamellen vollends abgeschaltet. Ein Zerschneiden der einzelnen Ankerspulen wie unter 1 erübrigt sich.

Falls die Unterbrechung unmittelbar am Kollektornocken liegt, wird in vielen Fällen der abgebrochene Draht zu erreichen sein. Im bejahenden Falle genügt es, den Draht durch Anlöten eines Kupferdrahtes gleichen Querschnittes zu verlängern und erneut in die Lamelle gut einzulöten.

Zu 3. Falls die schadhafte Stelle in der Anker- oder Feldwicklung zu erreichen ist, sind Glimmerstücke oder Preßspan zwischen Wicklung und Eisenkern einzufügen und außerdem die Stelle mit lufttrocknendem Isolierlack zu überstreichen. Sind jedoch durch den Körperschluß schon Drähte der Wicklung selbst verbrannt, so hat diese behelfsmäßige Instandsetzung keine Aussicht auf Erfolg und ist zu unterlassen.

Die **Fehler an Drehstrommaschinen** sind im allgemeinen nicht so mannigfaltig wie bei Gleichstrommaschinen.

1. In 90 von 100 Fällen ist die Ursache der Störung auf schlechte Lagerbeschaffenheit und mangelhafte Ölung zurückzuführen. Der Luftabstand des Läufers (Läufer ist der sich drehende Teil) von dem Ständer (Ständer der feststehende Teil der Maschine) ist aus notwendigen Gründen sehr gering. Ist die Lagerung daher nicht ganz einwandfrei, sind die Lager ausgeschlissen oder läuft bei Weißmetallager infolge mangelhafter Ölung das Lager aus, so schleift der Läufer mit voller Geschwindigkeit gegen das Ständereisen und macht beide Wicklungen in einigen Sekunden unbrauchbar.

Die Bleche des Läufers sowohl, als auch des Ständers werden in die Wicklungen eingedrückt und verursachen Körperschluß beider Wicklungen. (Verhütung siehe Untersuchung, Anhang.) Die Fehlerbestimmung ist in solchen Fällen entsprechend einfach.

2. Als zweiter Fehler bei Drehstrommaschinen käme **Kurzschluß zwischen zwei Phasen** oder **Schluß in den Windungen der Wicklungen** in Frage. In solchen Fällen tritt in den schadhaften Wicklungselementen hohe Erwärmung auf. Die Wicklungen werden heiß. Der Motor brummt stark und nimmt zu hohen Strom auf.

Um den Fehler zu bestimmen, verfahre man folgendermaßen: An dem Klemmbrett der Ständerwicklung entferne man die Verbindungen der Stern- bzw. Dreieckschaltungen, und schalte hierauf den Strom wieder ein. Ist Schluß zwischen zwei Phasen vorhanden, so brummt der Motor jetzt stark, während bei fehlerloser Wicklung die Wicklung nicht geschlossen ist und daher der Motor kein Geräusch von sich gibt. Die Bürsten werden hierbei von den Schleifringen durch Einschieben von Glimmer- oder Preßspanstücke isoliert.

Ist auf diese Weise der Ständer als einwandfrei befunden, so setze man nach vorherigem Abschalten der Stromquelle die Verbindungen am Klemmbrett wieder ein. Hierauf schalte man den Motor erneut ein. Brummt jetzt die Maschine laut, so liegt Windungsschluß in der Ständer- oder Läuferwicklung vor. Läuft der Läufer ohne[1]) Betätigung des Anlassers bei aufliegenden Bürsten an, so liegt Schluß zwischen den Schleifringen oder zwischen den Phasen der Läuferwicklung vor, wahrscheinlich ist auch die Kurzschlußvorrichtung nicht ausgeschaltet. (Bei Motoren mit Kurzschluß- und Bürstenabhebevorrichtung; siehe Schaltungen der Drehstromwicklungen in Teil IV.)

Um die Läuferwicklung auf Phasenschluß zu untersuchen, muß der Läufer ausgebaut werden. Die Schleifringe werden abgezogen und der Stern der Wicklung wird geöffnet.

Alsdann werden die einzelnen freigelegten Phasen mit den Prüfinstrumenten auf gegenseitige metallische Verbindung untersucht.

Windungsschluß in beiden Wicklungen läßt sich mittels Prüfvorrichtung usw., wie im Teil V beschrieben, feststellen; desgleichen auch mit der Meßbrücke.

3. Als dritter Fehler sei **Unterbrechung in den einzelnen Phasen** der Läufer- oder Ständerwicklung erwähnt.

Beschädigte Sicherungen oder Drahtbrüche innerhalb der Wicklung, schlechte Verbindung an den Anschlußklemmen, Unterbrechung im Anlasser, schlechte Verbindung der Kurzschlußvorrichtung, schlechte Bürstenauflage an den Schleifringen usw. sind die Ursache dieses Fehlers.

Ist nur eine Phase unterbrochen, brummt der Motor stark, sind zwei Phasen unterbrochen, gibt der Motor kein Geräusch ab.

Um den Fehler festzustellen, verfahre man wie nachstehend: Man entferne die Verbindungen zwischen den Klemmen und setze hierauf

[1]) Nach den VDE-Vorschriften dürfen Drehstrom-Anlasser keine Nullstellung haben.

den Motor wieder unter Strom. Alsdann nehme man eine Prüflampe und prüfe einzeln die Klemmenspannung zwischen jeder der sechs Klemmen und dem Nulleiter der Erde. Brennt die Lampe an allen sechs Klemmen mit voller Spannung, so liegt die Unterbrechnung nicht in der Ständerwicklung, brennt die Lampe an einer Klemme nicht, so ist eine Sicherung durchgebrannt bzw. die Zuleitung zu der Ständerwicklung ist unterbrochen. Brennt hingegen die Lampe an den Klemmen u, v und w hell, an den Klemmen x, y oder z gar nicht, so liegt die Unterbrechung in der entsprechenden Phase innerhalb der Ständerwicklung.

Ist jedoch nach dieser Prüfung ein Fehler in der Ständerwicklung nicht vorhanden, so mache man den Motor stromlos, setze die Verbindungsstücke am Klemmbrett wieder ein, ziehe alle Schrauben sorgfältig mit dem Schlüssel an und drücke den Hebelschalter wieder auf „eingeschaltet".

Hierauf prüfe man mit der Prüflampe die Spannung zwischen je zwei Schleifringen, und zwar zwischen dem 1. und 2., dem 2. und 3., sowie dem 1. und 3. Schleifring. Brennt die Lampe zwischen je zwei Schleifringen gleich hell, so liegt der Fehler nicht in der Läuferwicklung, brennt jedoch zwischen zwei Schleifringen die Lampe dunkler oder gar nicht, so liegt der Fehler in der Läuferwicklung. Mit einem Voltmeter läßt sich die Messung genauer durchführen.

Bei der Prüfung der Läuferwicklung muß der Anlasser abgeschaltet, die Bürsten unterlegt und die Kurzschlußvorrichtung ausgeschaltet sein.

Ist nach der beschriebenen Untersuchung in beiden Wicklungen keine Unterbrechung festgestellt, so liegt dieselbe wahrscheinlich im Anlasser. Der Anlasser wird daher vom Motor abgeschaltet und untersucht.

Läuft der Motor vorschriftsmäßig an bis zum Einschalten der Kurzschlußvorrichtung, brummt aber nach vollzogener Bürstenabhebung, so hat die Kurzschlußvorrichtung schlechte metallische Verbindung. Die gesamte Vorrichtung muß abgebaut und ausgebessert werden.

4. Läuft der Motor ohne Riemen einwandfrei, brummt jedoch bei aufgelegtem Riemen laut, so sind die Lager wahrscheinlich in der Richtung des Riemenzuges ausgeschlissen, so daß durch den Riemenzug der Läufer an das Ständereisen streift. Vorausgesetzt ist in diesem Falle, daß die Wicklungen bereits nach Prüfung fehlerfrei befunden sind. Die Art des Riemenzuges bezüglich der Zugrichtung zur waagerechten Lage des Motors spielt in diesem verhältnismäßig seltenem Falle eine ausschlaggebende Rolle.

[1]) 5. Bei Drehstrommotoren, deren Läuferwicklung in Gegenschaltung ausgeführt ist, ist die Wicklung auch bei ausgeschaltetem Anlasser geschlossen. Nach Einschalten der Ständerwicklung beginnt schon der

---

[1]) Motoren mit selbsttätiger Gegenschaltung durch Zentrifugalkurzschließer.

Anlauf des Läufers, bis durch Einschalten des Anlassers die volle Umlaufzahl erreicht ist. Bei Fehlerbestimmungen ist auf diese Möglichkeit Obacht zu geben.

6. Bei **Motoren mit Kurzschlußläufer** können die Stäbe der Wicklung mangelhafte Verbindung mit dem Kurzschlußring haben. Der Motor läuft dann mit verminderter Zugkraft und Umlaufzahl, der Läufer wird heiß. Die Stäbe im Läufer müssen vernietet und verlötet sein.

In dem vorstehenden Abschnitt sind die am häufigsten vorkommenden Fehler und deren Bestimmung besprochen und veranschaulicht. Der Inhalt ermöglicht dem in der Praxis stehenden Fachmann, die kranke Gleich- und Drehstrommaschine zu untersuchen und den Fehler festzustellen.

Liegt der Fehler verwickelt, ist z. B. eine Maschine mit mehreren der erwähnten Fehler behaftet, so ist eine planmäßige Untersuchung immer wieder zu empfehlen. Es ist ein Wicklungselement nach dem andern sorgfältig auf seine Beschaffbenheit zu prüfen und dafür Sorge zu tragen, daß die Übersicht nicht verloren geht.

In allen Fällen ist die m e c h a n i s c h e B e s c h a f f e n h e i t d e r M a s c h i n e, d. h. Lagerverhältnisse usw., auf ihren Zustand zu prüfen. Vielfach ist der mechanische Fehler (ausgeschlissene Lager, verbogene Ankerwelle, schlecht ausgewuchtete Anker usw.) die Ursache des Wicklungsschadens. Die Abhilfe dieses Fehlers ist daher Grundbedingung, wird aber leider vielfach zu wenig beachtet.

In allen den angeführten Fällen war unbedingte Voraussetzung, daß die kranke Maschine v o r E i n t r e t e n d e r S t ö r u n g e i n w a n d f r e i gearbeitet hat. Die Maschine war technisch richtig gewickelt, in jeder Weise ohne Konstruktionsfehler und war ihrem Verwendungszweck bezüglich Bauart und Leistung entsprechend gewählt. Die Instandsetzung beschränkt sich daher auf die gebrauchsfähige Wiederherstellung der unbrauchbar gewordenen Teile, so daß die Leistung der Maschine nach vollzogener Instandsetzung den Angaben des Leistungsschildes entspricht.

Daß Maschinen mit K o n s t r u k t i o n s f e h l e r n in des Wortes wahrer Bedeutung in ein Instandsetzungswerk gegeben werden, dürfte kaum vorkommen. Es kann sich wohl um mangelhafte Konstruktion oder minderwertige Ausführung handeln. In Zweifelsfällen ist beim Erbauer solcher Maschinen Nachfrage zu halten oder das Schaltbild anzufordern.

Häufiger kommen aber Fälle vor, daß die zur Untersuchung stehende Maschine bereits von Pfuschern wiederhergestellt worden ist, aber nicht einwandfrei oder gar nicht arbeitet.

Diese Möglichkeit ist, falls Anzeichen hierfür bei der Untersuchung vorhanden sind, in Erwägung zu ziehen. Falsche Schaltung, Wickelschritt, Windungszahl und Drahtquerschnitt weisen in solchen Fällen auf die unsachgemäße Instandsetzung hin.

Die Beurteilung dieser Fehler erfordert natürlich Fachkenntnisse und Erfahrung. In Zweifelsfällen ist ein Schaltbild der Wicklungen bei dem Erbauer einzufordern. Der Praktiker ist nur selten in der Lage, durch Durchrechnung einer derartigen Maschine die Wicklungsdaten zu ermitteln. Es empfiehlt sich deshalb, von jeder Maschine, deren Instandsetzung der Elektromaschinenbauer auszuführen hat, die Wicklungsdaten schriftlich niederzulegen[1]). Durch spätere Vergleiche dieser Daten findet man häufig in dem oben erwähnten Falle eine zufriedenstellende Lösung.

Sonderabhandlung über Funkenbildungen an Gleichstrommaschinen

Die Ursachen und Beseitigung derselben

Es ist eine bekannte Tatsache, daß die Bedingung des funkenfreien Laufes einer Gleichstrommaschine von allen anderen Konstruktionsbedingungen am schwierigsten zu erfüllen ist. In der Kommutierungstheorie wird durch umfangreiche und wertvolle Arbeiten bedeutender Spezialfachleute der Beweis erbracht, daß die Funkenbildung unter den Bürsten im wesentlichen von der Größe der elektromotorischen Kraft der Selbstinduktion (Reaktanzspannung) hervorgerufen wird. Die Reaktanzspannung wird durch Kraftlinienveränderung dadurch hervorgerufen, daß in den jeweils unter den Bürsten kurzgeschlossenen Spulen der Strom eine bestimmte Richtung hat, auf Null sinkt und hierauf in entgegengesetzter Richtung fließt. Einen weiteren Einfluß auf den funkenfreien Lauf hat diejenige elektromotorische Kraft, die durch Bewegung der von den Bürsten kurzgeschlossenen Spulen in dem von den Ankeramperewindungen hervorgerufenen Feld erzeugt wird. Die Stromabnahme an dem Kollektor muß daher an denjenigen Lamellen stattfinden, wo Spulen angeschlossen sind, deren Induktion gleich Null ist. Diese Stelle ist in Abb. 37 veranschaulicht.

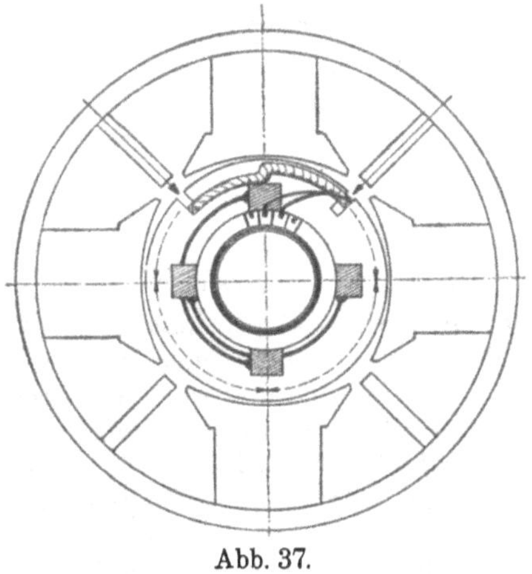

Abb. 37.

Die Einstellung der Bürsten bedeutet daher eine wesentliche Vorbedingung für den geforderten funkenfreien Lauf der Maschine. Ohne auf den theoretischen Vorgang bei der Kommu-

[1]) Siehe Anhang: Werkstattbuch und Werkstattzettel.

tierung weiter einzugehen, sei noch kurz erwähnt, daß die Form der Ankernuten und der Polschuhe, die Unterteilung des Kollektors und die Zahnsättigung im Anker so gehalten werden, daß der Bedingung des funkenfreien Laufes nach bester Möglichkeit entsprochen wird.

Diese konstruktiven Vorzüge müssen bei neuzeitlichen Maschinen als vorhanden vorausgesetzt werden und sollen deshalb nicht weiter erwähnt werden, weil dieselben wegen ihrer Unveränderlichkeit während der Arbeitsleistung der Maschine als Fehlerquelle kaum in Frage kommen.

Für den Instandsetzungsfachmann sind insbesondere diejenigen Ursachen von Interesse und Bedeutung, die bei längerer Betriebszeit durch mechanische oder elektrische Veränderungen des aktiven und passiven Materials oder durch willkürliche Veränderung bestimmter Größen gelegentlich einer Instandsetzung, die Funkenbildung hervorrufen können.

Wie bereits mehrfach erwähnt und in Abb. 37 dargestellt, spielt die Einstellung der Bürsten eine wesentliche Rolle bei dem funkenfreien Lauf der Gleichstrommaschine. Wenn im allgemeinen die günstigste Bürstenstellung durch Markenstrich an der Bürstenbrille gekennzeichnet ist, so bleibt doch zu berücksichtigen, daß in vielen Fällen dieses Merkmal durch äußerliche Beschädigungen verwischt oder aber gar nicht vorhanden gewesen ist. Für solche oder ähnliche Fälle kommt zunächst die bekannte Bedingung in Frage, daß die Bürsten nur mit solchen Ankerspulen in Verbindung stehen dürfen, deren Spulenseiten in der neutralen Zone (Abb. 37) liegen. Es ist bei der Bürsteneinstellung in allen Fällen empfehlenswert, ein Amperemeter in die Hauptleitung einzuschalten und durch Verschieben der Bürsten bei Leerlaufarbeit der Maschine diejenige Stelle zu suchen, wo die Stromaufnahme am geringsten ist. Dieses ist die Stelle, wo praktisch der Bedingung des funkenfreien Laufes entsprochen ist, wenn die wickeltechnischen Verhältnisse richtig gewählt wurden. Die Bürstenstellung ohne Hilfe des Präzisionsamperemeters vorzunehmen, ist deshalb unbedingt verwerflich, weil bei günstigen Kommutierungsverhältnissen auch bei nicht ganz einwandfreier Bürstenstellung ein verhältnismäßig funkenfreier Lauf erzielt werden kann, wobei aber wegen zu hoher Stromaufnahme eine schädliche Wirkung auf den Leistungswert und Erwärmung der Wicklung eintritt. Ist ein Strommesser in die Hauptleitung eingeschaltet, so bietet der Wert des gemessenen Stromes stets einen sicheren Anhalt

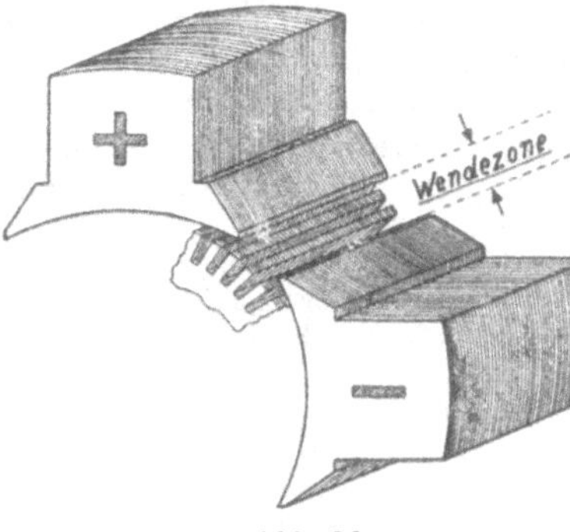

Abb. 38.

dafür, ob die Maschine wickeltechnisch in Ordnung und die Stellung der Bürsten praktisch richtig ist.

Neben der grundsätzlichen Bedingung der technisch richtigen Bürstenstellung können auch eine weitere Anzahl scheinbarer Kleinigkeiten den ursprünglich funkenfreien Lauf ungünstig beeinflussen oder sogar aufheben. Der Instandsetzungsfachmann hat daher bei Auftreten von Funkenbildung am Kollektor vielfach keine leichte Arbeit, die wirkliche Ursache aus der großen Zahl der Möglichkeiten herauszuschälen.

Wenn nicht die am Kollektor sich bildenden Merkmale einen unbedingt sicheren Rückschluß auf die Ursache der Funkenbildung ermöglichen, so ist es immer empfehlenswert, die Maschine zunächt daraufhin zu untersuchen, ob die ursprünglichen Abmessungen des aktiven Eisens sowie die Wickeldaten unverändert und die Bürstenstellung richtig ist.

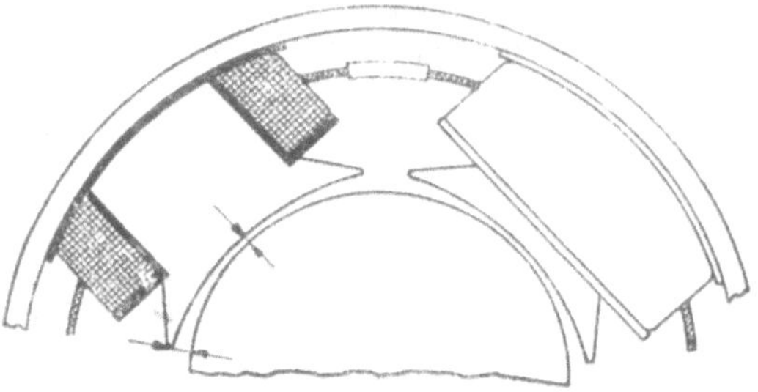

Abb. 39. Luftspalt an den Polschuhkanten größer als in der Mitte.

Ganz besonderer Wert ist hierbei auf die jeweilig vorliegende Wicklungsart und deren wickeltechnische Vorbedingung zu legen. Hat z. B. der Anker eine **mehrpolige Parallelwicklung,** so ist darauf zu achten, daß die bei dieser Wicklung auftretenden Ungleichheiten in den einzelnen Wicklungszweigen durch Ausgleichsverbindungen ausgeglichen sind. **Fehlen diese Ausgleichsleitungen,** so sind die Voraussetzungen für den funkenfreien Lauf, trotz der vielleicht einwandfreien Beschaffenheit der Wicklung und Erfüllung der übrigen Forderungen, nicht restlos erfüllt. Ein funkenfreier Lauf ist somit nicht mit Sicherheit zu erwarten.

Außer den allgemein üblichen und der charakteristischen Eigenschaften nach bekannten Wicklungsarten für Gleichstromanker, die in der Praxis mit Parallel- (Schleifen-) und Reihen- (Serien-) Wicklung bezeichnet werden, kommen für den Instandsetzungsfachmann noch einige **Sonderausführungen** in Frage, die von den Elektromotorenfabriken nur selten angewandt werden und daher weniger bekannt sind.

Wenn der Instandsetzungsfachmann schon aus Gründen der Wirtschaftlichkeit seines Betriebes eine möglichst geringe Anzahl von Arten der Gleichstrom-Ankerwicklungen seitens der Herstellerfirmen angewendet wünscht, so darf nicht vergessen werden, daß die Sonderausführungen, die nachstehend kurz erwähnt werden, vielfach die einzige Möglichkeit zur Herstellung einer wickeltechnisch einwandfreien Wicklung bieten und aus diesem Grunde gerade von dem Instandsetzungsfachmann erhöhtes Interesse erheischen.

Die Kenntnis der Wirkungsweise dieser Wicklungen, die in der Wickeltechnik mit **Reihenparallel-** und **mehrgängigen Parallelwicklungen** bezeichnet werden, ist für den Fachmann schon deshalb wertvoll, weil dieselben **bei Umwicklungen** für andere Spannungen und Drehzahlen derart mit Erfolg angewandt werden können, daß vielfach eine Neuwicklung des Ankers nicht erforderlich, vielmehr nur die Änderung der Schaltung notwendig ist, um den angestrebten Zweck zu erreichen. Von besonderer Bedeutung ist die Kenntnis der Wirkungsweise dieser Wicklungsarten in den nicht seltenen Fällen, wo Maschinen zur Instandsetzung oder Neuwicklung stehen, die diese Wicklung als Ursprungswicklung besitzen, jedoch von Anfang an nicht zur Zufriedenheit arbeiteten, weil die Ausführung derselben schon seitens des Herstellers in nicht wickeltechnisch vollendeter Art durchgeführt wurde.

Die letzteren Fälle bilden häufig die bekannten Schmerzenskinder in den Instandsetzungswerken, weil diese trotz sorgfältigster Herstellung der Wicklung an Hand der ursprünglichen Wickeldaten nicht den funkenlosen Lauf bei allen Belastungen erzielen. Der Grund hierfür ist auf die Tatsache zurückzuführen, daß die Maschine eine Wicklung besitzt, die nicht als wickeltechnisch vollendet angesprochen werden kann (Konstruktionsfehler). Selbstverständlich handelt es sich um Maschinen, die zu einer Zeit erbaut wurden, wo die reichen Erfahrungen, die den Erbauern heute zur Verfügung stehen, noch nicht gesammelt waren. Es kann sich jedoch auch um Maschinen handeln, die gelegentlich einer früheren Neuwicklung nachteilig verändert wurden.

Es sei zunächst erwähnt, daß Gleichstromanker nur dann eine sogenannte Reihenparallel- oder mehrgängige Reihenwicklung erhalten, wenn wegen hoher Ströme die erforderlichen wirksamen Ankerleiter derartige Querschnitte bei Anwendung normaler Wicklungen erhalten würden, die unhandlich für den Wickler wären und ein elektrisch einwandfreies Arbeiten nicht mit Sicherheit erwarten lassen.

Um also der Verwendung starker Leiterquerschnitte usw. aus dem Wege zu gehen, werden die genannten Wicklungsarten angewandt, weil der erforderliche Leiterquerschnitt hierbei durch Parallelschaltung der Wicklungszweige erzielt wird und somit dünnere Querschnitte in Frage kommen. Der erreichte Vorteil wird indessen nur dann wirklich erzielt, wenn die Nachteile, die der Reihenparallel- und mehrgängigen Parallelwicklung anhaften, durch Anwendung von sogenannten **Ausgleichleitungen** aufgehoben werden.

Bei **normalen mehrpoligen Parallelwicklungen** werden fast ausschließlich Ausgleichverbindungen angewandt (siehe Raskop, Katechismus, 8. Aufl.), um die in den einzelnen Wicklungszweigen auftretenden Ungleichheiten in den Polflüssen auszugleichen und aufzuheben. Die Anwendung dieser Verbindung erübrigt sich hingegen bei **normalen Reihenwicklungen,** weil hierbei die etwa auftretenden Ungleichheiten der Polflüsse keinen Einfluß auf die Größe der in einem Wicklungszweige induzierten elektromotorischen Kraft haben.

Die bei **mehrgängigen Parallelwicklungen** erforderlichen Ausgleichverbindungen haben in erster Linie den bereits erwähnten und in dem Werke des Verfassers: Der Katechismus für die Ankerwickelei, ausführlich beschriebenen Zweck. Außerdem haben diese Verbindungen aber noch die Aufgabe, die zwischen zwei aufeinander folgenden Lamellen auftretenden Spannungen der beiden Wicklungsgänge in zwei gleiche Teile zu teilen. Die Anwendung der Ausgleichverbindungen bei **Reihenparallelwicklungen** erfolgt nach den gleichen Gesichtspunkten.

Wenn heute gelegentlich einer Instandsetzung oder Neuwicklung noch Maschinen mit mehrgängigen Parallel- oder Reihenparallelwicklungen — **ohne Ausgleichverbindungen** — vorgefunden werden, so kann diese Tatsache als nicht vollwertige wickeltechnische Ausführung bezeichnet werden, die auf das Alter der Maschine oder auf eine frühere unsachgemäße Instandsetzung zurückzuführen ist. Hier soll nicht unerwähnt bleiben, daß Maschinen mit den genannten Sonderwicklungen vielfach auch ohne Ausgleichverbindungen für eine längere oder kürzere Betriebszeit funkenfrei arbeiten, wenn die mechanische Herstellung des aktiven Materials und die Ausführung der Wicklungen peinlich genau durchgeführt wird. Dieser funkenfreie Lauf ist jedoch nur solange gewährleistet, als die **ursprüngliche Beschaffenheit der Maschine,** insbesondere der mechanische und elektrische Befund derselben, vorhanden ist. Bei Verlagerung des Ankers infolge Lagerverschleiß, bei ungleicher Bürstenqualität, bei teilweise schlecht eingeschliffenen Bürsten, bei ungleicher Bewicklung der Magnetpole infolge Windungs- oder Lagerschlusses usw., kann von einer Veränderung der ursprünglichen Beschaffbenheit gesprochen werden, und in diesen Fällen wird man die Beobachtung machen können, daß die Maschine zu Funkenbildungen neigt. Kommt eine derartige Maschine zur Instandsetzung, so erzielt man nur mit den Ausgleichverbindungen den gewünschten funkenfreien Lauf bei allen Belastungen.

Unter Verzicht auf eingehende Behandlung technischer Einzelheiten sollen der Vollständigkeit und des Zusammenhanges halber die allgemein üblichen Gleichstrom-Ankerwickungen an dieser Stelle kurz erwähnt werden, um hieran anschließend auf die technische Eigenart und auf die praktische Anwendung der Sonderausführung eingehen zu können.

A. Die eingängige Parallelwicklung

Fast sämtliche zweipoligen Gleichstromanker sind mit der eingängigen Parallelwicklung (Schleifenwicklung) ausgerüstet. Die Lamellenzahlen sind in diesen Fällen gleich der Nutenzahlen oder betragen (bei 220—500 Volt) ein 2-, 3- oder mehrfaches der Nutenzahl. Die Nuten- und Lamellenzahl ist fast ausschließlich eine **gerade**, ganze Zahl. Es sei hier, da kaum eine praktische Bedeutung festgestellt werden kann, nur nebenbei erwähnt, daß auch mit ungeraden Nuten- und Lamellenzahlen technisch einwandfreie eingängige Parallelwicklungen hergestellt werden können.

Abb. 40.
Ungekreuzte Parallelwicklung.

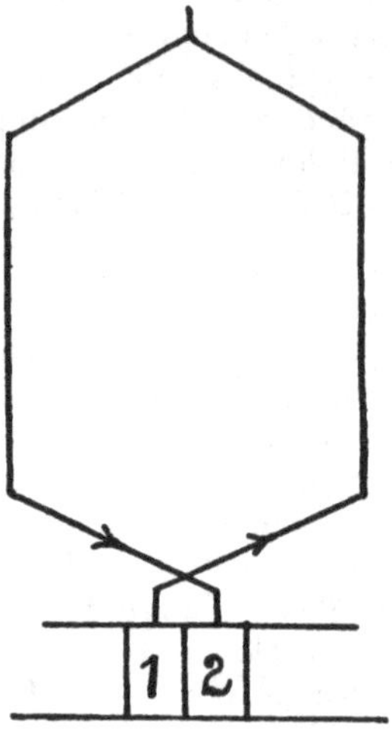

Abb. 41.
Gekreuzte Parallelwicklung.

Der Wickelschritt dieser allgemein üblichen zweipoligen Parallelwicklungen reicht gewöhnlich über die Hälfte des Ankers. Zum Beispiel bei 18 Ankernuten ist der Wickelschritt — Nute 1 in Nute 10 — oder kurz 1 : 10 (Durchmesserwicklung). In manchen Fällen ist der Schritt auch verkürzt, wie dies bei 2poligen Formspulenwicklungen fast ausschließlich der Fall ist, um die Breite des Wickelkopfes auf ein möglichst geringes Maß zu halten und um die Formspulen leichter einbauen zu können.

Der Kollektorschritt ist — Lamelle 1 in Lamelle 2 (Abb. 40) — oder kurz Lamelle 1 : 2, d. h. wenn der Anfang einer Spule in Lamelle 1 liegt, so liegt das Ende derselben Spule in Lamelle 2, rechts oder links daneben.

In dem ersten Falle spricht man von einer **ungekreuzten** eingängigen Parallelwicklung (Abb. 40), im zweiten Falle von einer **gekreuzten** eingängigen Parallelwicklung (Abb. 41). Beide Wicklungen sind anwendbar, ohne die angestrebte Wirkung der Wicklung in irgendeiner Art zu ändern oder zu beeinflussen.

Die ungekreuzten Wicklungen werden seitens der Motorenfabriken fast ausschließlich angewandt. In den Instandsetzungswerken werden hingegen vielfach gekreuzte Wicklungen hergestellt. Diese an sich unwesentliche Änderung hat, wie bereits erwähnt, auf die Wirkungsweise und Betriebssicherheit der Wicklung keinen Einfluß. Die gekreuzte Wicklung erfordert einen etwas größeren Aufwand an Wicklungsmetall (längere Schaltenden), und unter sonst gleichen Verhältnissen hat der Anker mit einer gekreuzten Wicklung (Abb. 41) eine entgegengesetzte Drehrichtung, als dieser mit einer ungekreuzten Wicklung haben würde. (S. a. Funkenbildung an Wendepolmaschinen S. 74.)

Für den Instandsetzungsfachmann haben die **gekreuzten Wicklungen** insofern eine Bedeutung, als bei Instandsetzungen der Wicklung bzw. Ersatz des Kollektors usw. die Herstellung einer ungekreuzten Wicklung immer leicht möglich ist, wenn die bestehenbleibende Ankerwicklung von einer gekreuzten in eine ungekreuzte Wicklung umgeändert werden kann.

Die längeren Schaltenden der gekreuzten Wicklung reichen gewöhnlich auch dann noch für eine ungekreuzte Wicklung, wenn beim Auslöten der Schaltenden einige Drähte unmittelbar am Kollektornocken abbrechen. Abgesehen davon, daß einige Herstellerfirmen aus diesen und anderen Gründen die Schaltenden der ungekreuzten Wicklung in Wellenform verlegen, um evtl. auch bei einer späteren Instandsetzung der Wicklung Arbeitsstoff zur Verfügung zu haben, wäre es für den Instandsetzungsfachmann nicht unerwünscht, wenn grundsätzlich alle Parallelwicklungen gekreuzt hergestellt würden.

Für die mehrpoligen Parallelwicklungen gilt das für zweipolige Wicklungen Gesagte. Mehrpolige, eingängige Parallelwicklungen werden fast ausschließlich in Verbindung mit Ausgleichleitungen hergestellt.

B. Die Reihenwicklung

Die Reihenwicklung wird der vielfachen Vorzüge wegen fast ausschließlich bei allen mittleren mehrpoligen Maschinen angewandt. Nur bei mehrpoligen Gleichstrommaschinen, die für hohe Leistung oder niedrige Betriebsspannung (65 oder 110 Volt) gebaut werden, wählt man aus den bereits erwähnten Gründen die mehrpolige Parallel- oder aber Reihenparallelwicklung.

Normale 4polige Reihenwicklungen erfordern stets eine **ungerade Lamellen- und Spulenzahl.** Es könnte also die ungerade Lamellenzahl im Kollektor in diesem Falle als Erkennungszeichen der 4poligen Reihenwicklung angesprochen werden, wenn nicht, wie später erwähnt werden soll, auch mit **gerader Lamellenzahl** (Sonderausführung) die Herstellung einer 4poligen Reihenwicklung möglich wäre. Im allgemeinen kann jedoch, wenn das Merkmal (auseinandergehende Schaltenden) einer Reihenwicklung vorhanden ist, die ungerade Lamellenzahl als Erkennungszeichen der normalen 4poligen Reihenwicklung betrachtet werden. Dieser Fall ist erwähnt, um zu zeigen, daß die Art einer jeweilig vorliegenden Wicklung im fertigen Zustande **nicht immer an äußerlichen Merkmalen** erkannt werden kann.

Ohne auf die Vorbedingungen für die Ausführbarkeit der normalen Reihenwicklung näher einzugehen, sei erwähnt, daß auch diese gekreuzt und ungekreuzt ausgeführt werden können, ohne die angestrebte Wirkungsweise der Wicklung zu beeinflussen. Zu bemerken ist hierzu allerdings, daß nicht, wie bei Parllelwicklungen (Abb. 40 u. 41), jede Reihenwicklung für beide Fälle ausführbar ist.

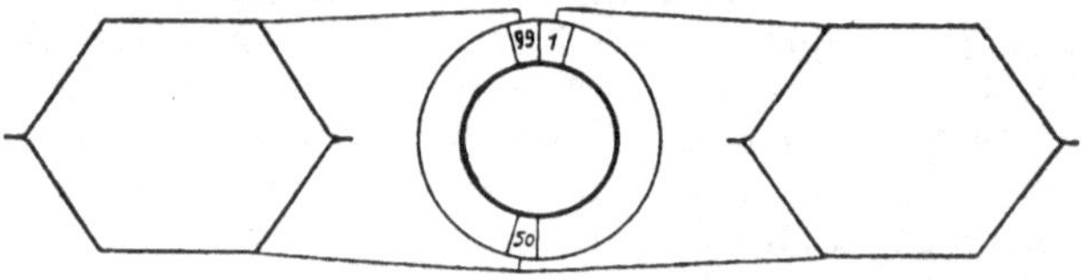

Abb. 42. Ungekreuzte Reihenwicklung.

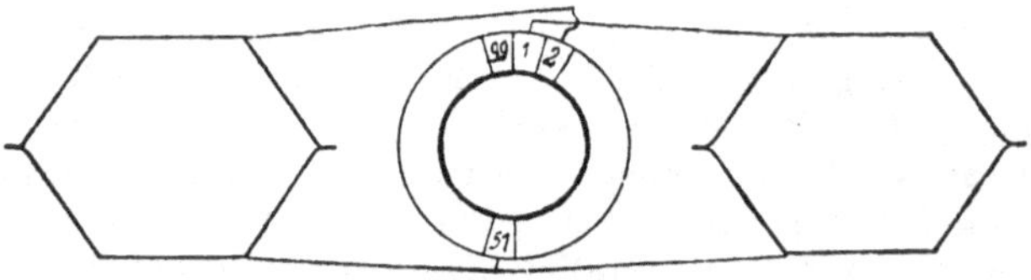

Abb. 43. Gekreuzte Reihenwicklung.

Es sei beispielsweise eine 4polige Reihenwicklung mit 99 Spulen und 99 Lamellen herzustellen. **Der Kollektorschritt** bzw. **die Schrittzahl** findet man aus der bekannten Gleichung:

$$Y_k = \frac{\text{Lamellenzahl} \pm 1}{\text{halbe Polzahl}}$$

Der Buchstabe Y mit dem Index „k" gilt als die Bezeichnung für den Kollektorschritt. Die Lamellenzahl ist 99 und die halbe Polzahl 2. Bei Lamellenzahl + 1 wird der Kollektorschritt bzw. die Schrittzahl = 50. Der Schritt reicht also von Lamelle 1 nach Lamelle 51, und es entsteht eine **gekreuzte Reihenwicklung.** Bei Lamellenzahl — 1 ist die Schrittzahl 49, und es entsteht eine ungekreuzte Reihenwicklung. Die Wicklung ist, wie in den Abb. 42 und 43 dargestellt, gekreuzt und ungekreuzt ausführbar. Von den Herstellerfirmen wird die Wicklung im allgemeinen ungekreuzt ausgeführt (Abb. 42).

In der Praxis wird der Kollektorschritt fast ausschließlich mit der Zahl angegeben, die durch **Addition der gefundenen Schrittzahl und der Lamelle 1** entsteht. Bei 99 Lamellen und **ungekreuzter** Reihenwicklung würde also der Kollektorschritt mit 1 : 50, d. h. Lamelle 1 in 50, angegeben werden. Entsprechend wird auch bei Angabe des Wickelschrittes verfahren.

Bei einer Reihenwicklung werden durch die Art der Schaltung alle Ankerspulen hintereinander geschaltet und erst dann geschlossen, wenn sämtliche Spulen durchlaufen sind. Von Lamelle 99 (in Abb. 42) würde der Verlauf der Wicklung daher nach Lamelle 49 und von hier nach Lamelle 98 einzuzeichnen sein usw., um graphisch nachzuweisen, daß sich die Wicklung bedingungsgemäß schließt. Dieser Nachweis kann natürlich auch rechnerisch erbracht werden, indem, von Lamelle 1 beginnend, jedesmal die Schrittzahl + 49 hinzugezählt wird. Das Ende der 51. Spule muß wieder in Lamelle 1 liegen, um die Bedingung der Reihenwicklung zu erfüllen. Diese Bedingung wird mit der zugehörigen Schrittzahl sowohl bei der ungekreuzten als auch bei der gekreuzten Wicklung des angeführten Beispieles erfüllt, wie leicht durch Aufstellen der Wickeltabellen zu beweisen ist.

Mit dem Vorzeichen — in der Wicklungsformel für Kollektor- und Wickelschritt erhält man eine **ungekreuzte,** mit dem Vorzeichen + eine **gekreuzte** Wicklung.

Während bei ungerader Lamellenzahl eine 4polige Reihenwicklung immer gekreuzt und ungekreuzt ausführbar ist, trifft diese Möglichkeit z. B. bei 6poligen Maschinen nicht zu. Z. B. kann eine 6polige Reihenwicklung mit 122 Spulen und Lamellen nicht ungekreuzt ausgeführt werden, während dieselbe Wicklung mit 124 Spulen und Lamellen nicht gekreuzt ausgeführt werden kann. Im Gegensatz zu den 4poligen Reihenwicklungen, die im allgemeinen, wie schon bemerkt, an der ungraden Lamellenzahl des Kollektors erkannt werden können, trifft diese Regel bei 6poligen Maschinen nicht zu.

Die 6polige Reihenwicklung ist teils **mit gerader,** teils **mit ungerader Lamellenzahl** ausführbar. Ganz gleichgültig, ob die Lamellenzahl gerade oder ungerade ist, kann die 6polige Reihenwicklung in keinem Falle gekreuzt **und** ungekreuzt ausgeführt werden.

Hiermit sind die beiden gebräuchlichsten Wicklungsarten genügend behandelt.

Sonderausführungen

Mit Sonderausführungen mögen diejenigen Wicklungsarten für Gleichstrom bezeichnet werden, die nur selten seitens der Herstellerfirmen zur Anwendung gelangen und nur in Verbindung mit Ausgleichleitungen und solchen Verbindungen, die eine künstliche Schließung der Wicklung zu bewerkstelligen haben, ausgeführt werden können.

Hierunter fallen z. B. nicht solche Reihenwicklungen, die mit einer blinden Spule oder mehreren blinden Spulen hergestellt sind.

Als erste dieser Sonderausführungen sei die

künstlich geschlossene Reihenwicklung[1])

genannt. Die künstlich geschlossene Reihenwicklung wird, um der Bedingung der Reihenwicklung zu entsprechen, „künstlich geschlossen". Dieser künstliche Schluß wird vielfach durch eine Drahtverbindung hinter dem Kollektor herbeigeführt, in manchen Fällen (SSW.-Gl.-Motoren) wird diese Verbindung durch die Bandage des vorderen Wickelkopfes ersetzt. Die 4polige, künstlich geschlossene Reihenwicklung ist zum Unterschied von der normalen Reihenwicklung mit gerader Spulen- und Lamellenzahl herstellbar.

Aus wickeltechnischen Gründen sind die Nutenzahlen der 4poligen Gleichstromanker, die bei der Vorausberechnung für Reihenwicklung bestimmt wurden, mit ungerader Nutenzahl ausgeführt. Viele Firmen, z. B. auch die BEW., führen aber auch aus Gründen der wirtschaftlichen Herstellung, die Gleichstromanker mit gerader Nutenzahl aus, um dieselben für Reihen- und Parallelwicklung benutzen zu können usw. Die Type GM 104, 110 Volt, n = 1600 der SSW., hat 39 Nuten und 78 Lamellen. Insgesamt sind 78 Spulen im Anker vorhanden, der Kollektor hat 78 Lamellen. Jede der 39 Spulen besteht aus 2 Teilspulen.

Eine normale Reihenwicklung an dieser Maschine wäre mit einer **blinden Spule** und 77 Lamellen im Kollektor ausführbar, jedoch kann die Wicklung, wie sie tatsächlich ausgeführt ist, mit 78 Lamellen und 78 Spulen **künstlich geschlossen werden.** SSW. legt die Verbindung, welche den künstlichen Schluß der Wicklung herbeiführt, nicht hinter den Kollektor, sondern benutzt **die Bandage als Verbindungsleitung.** Zwei Schaltenden der Wicklung sind also mit der vorderen Bandage durch Verlötung verbunden.

Ein 4poliger BEW.-Gleichstromanker (440 Volt, 6 PS) hat 28 Nuten im Anker und 113 Lamellen im Kollektor. Die Wicklung ist in Reihenwicklung ausgeführt und künstlich geschlossen. Jede Spule besteht aus 4 Teilspulen, so daß insgesamt **112 Teilspulen,** hingegen **113 Lamellen** vorhanden sind. Der künstliche Schluß dieser Reihenwicklung wird durch eine Verbindung hinter dem Kollektor hergestellt, die von Lamelle 56 nach 112 reicht. In diesen beiden Lamellen liegt nur je **ein oberer bzw. unterer Schaltdraht** und je **ein** Ende der **Verbindung.** Der Kollektorschritt reicht von Lamelle 1 nach Lamelle 57. Die 113. Lamelle ist in dem Kollektor nur eingefügt, um die Verbindungsleitung zweckmäßig hinter dem Kollektor anordnen und mit der Wicklung selbst verbinden zu können.

---

[1]) Siehe auch: Raskop „Das Berechnungsbuch", 6. Aufl., Seite 87.

Die künstlich geschlossenen Reihenwicklungen lassen sich vielfach aus fabrikationstechnischen Gründen nicht vermeiden. Die Wicklungen sind natürlich genau so gut technisch einwandfrei, wie normale Reihenwicklungen.

Reihenparallel-Wicklungen

Die Reihenparallelwicklung unterscheidet sich von der Reihenwicklung durch die Anzahl der parallelen Stromzweige in der Wicklung. Während die Reihenwicklung nur 2 parallelgeschaltete Stromzweige besitzt, ganz gleichgültig, ob die Wicklung 4- oder mehrpolig ist, kann die Reihenparallelwicklung mit 4, 6 und 8 parallelen Ankerstromzweigen hergestellt werden. Im allgemeinen sind diese Wicklungen mit 4 parallelen Stromzweigen entworfen, bei größeren Maschinen auch mit 6 usw.

Wie in der Einleitung dieser Ausführungen bereits erwähnt, finden diese Wicklungen nur da Anwendung, wo hohe Ströme verlangt oder

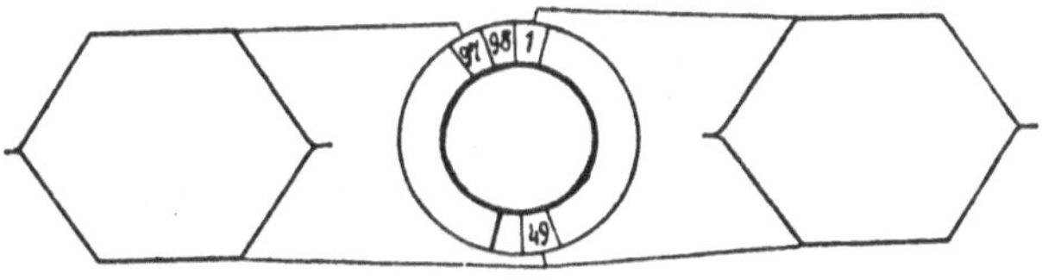

Abb. 44 Reihenparallelwicklung.

bedingt werden und die Ausführung einer Reihenwicklung wegen Unhandlichkeit des Leiterquerschnittes und aus elektrischen Gründen Schwierigkeiten bereiten würde.

Es liegt daher sehr nahe, daß diese Wicklung bei Maschinen mit Betriebsspannungen über 220 Volt und bis zirka 50-PS-Leistung nicht, oder doch nur selten vorgefunden werden, weil bei diesen Maschinen die in einem Ankerleiter fließenden Ströme nicht so hoch sind, daß das Wickelmetall einen unhandlichen Querschnitt annehmen würde. Hingegen findet man die Reihenparallelwicklung bei 65 und 110 Volt Betriebsspannung in vielen Fällen schon bei Leistungen von etwa 20 PS.

Aus bereits schon erwähnten Gründen werden diese Wicklungen in neuerer und neuester Zeit ausschließlich unter Anwendung von Ausgleichverbindungen hergestellt. Diese Ausgleichverbindungen verbinden die verschiedenen Wicklungsgänge miteinander und verhüten so das Bürstenfeuer, welches ohne Ausgleichverbindungen sehr leicht in Erscheinung tritt.

Der Wickel- und Kollektorschritt einer Reihenparallelwicklung berechnet sich unter Berücksichtigung der Zahl der parallel zu schaltenden Stromzweige wie bei Reihenwicklung (s. Raskop, Katechismus, 8. Aufl.).

Die in Abb. 42 dargestellte Reihenwicklung mit 99 Kollektorlamellen ist z. B. mit 98 Lamellen und 98 Teilspulen (1 blind) in eine 4polige Reihenparallelwicklung mit 4 parallelen Ankerstromzweigen ausführbar.

Die Schrittzahl ist 48 (ungekreuzt). Wie in Abb. 44 dargestellt, ist der Verlauf der Wicklung nach Hintereinanderschaltung zweier Spulen nicht in die neben der Ausgangslamelle liegende Lamelle, sondern in die übernächste. Ein Wicklungsgang liegt daher an den Lamellen 1, 3, 5, 7 usw., der andere Wicklungsgang an den Lamellen 2, 4, 6, 8 usw.

Unter Beibehaltung des Beispiels beträgt die Anzahl der wirksamen Ankerleiter nunmehr die Hälfte wie bei der Reihenwicklung. War der Anker ursprünglich für 220 Volt Betriebsspannung, so ist derselbe nunmehr für gleiche Leistung und Drehzahl bei 110 Volt verwendbar.

Die praktischen Fälle kommen im allgemeinen nur bei größeren Maschinen, die dann auch 6- und mehrpolig ausgeführt sind, in Frage. Fehlen an diesen Wicklungen die **Ausgleichverbindungen,** so neigen dieselben zu **Funkenbildungen,** die nach außen hin bei stillstehendem Anker durch abwechselnd eine blanke und eine schwarze Lamelle erkennbar sind, wenn eine 2gängige Wicklung vorliegt.

Die Anbringung von Ausgleichverbindungen setzt bestimmte Bedingungen voraus, die erfüllt sein müssen, um den angestrebten Zweck (Verhinderung der Funkenbildung) erreichen zu können. Z. B. soll die Polpaarzahl durch die halbe Zahl der parallelen Ankerstromzweige = ganze Zahl sein usw. Es ist daher in den Fällen, wo die Wicklung seitens des Konstrukteurs nicht unter Berücksichtigung von Ausgleichverbindungen entworfen sind, sehr schwer, die Maschine zum funkenfreien Gang zu bringen. In der Instandsetzungspraxis kommen derartige Fälle vor. In ganz besonders schwierigen Fällen ist es empfehlenswert, die wickeltechnisch nicht einwandfreie Reihenparallelwicklung in eine Parallelwicklung mit der nötigen Anzahl Ausgleichverbindungen umzurechnen und herzustellen.

Mehrgängige Parallel-Wicklungen

Die zweigängige Parallelwicklung (Abb. 45) wird nur in ganz seltenen Fällen seitens der Erbauer elektrischer Maschinen angewandt. Der praktische Fall bezieht sich fast ausschließlich auf **Niederspannungsdynamomaschinen** mit sehr hohen Stromstärken (5 bis ca 30 Volt, 500 bis ca. 4000 Amp.). Diese Maschinen sind mehrpolig ausgeführt und besitzen je Nute nur 1 bis 2 Ankerleiter in Profillitze oder Profilkupfer.

Die zweigängige (mehr wie zwei Gänge kommen kaum in Frage) Wicklung besteht aus zwei voneinander isoliert liegenden Wicklungssträngen, die durch die Bürsten parallel geschaltet werden.

Wenn schon die normale eingängige, mehrpolige Parallelwicklung ohne Ausgleichleitungen nur ganz **selten funkenfrei arbeitet,** so ist die Gefahr bei zweigängiger Wicklung ganz besonders groß.

Schaltet man eine normale Parallelwicklung anstatt Lamelle 1 in 2. Lamelle 1 in 3, so entsteht diese Wicklung. Der eine Wicklungsstrang liegt dann an den geraden, der andere, an den ungeraden Lamellen. Beide Wicklungsstränge sind bei abgehobenen Bürsten elektrisch nicht verbunden. Funkenbildungen hinterlassen auch hierbei Brandspuren an den übernächsten Lamellen, so daß abwechselnd blanke und schwarze Lamellen festgestellt werden können. Die Funkenbildungen sind fast immer zu beobachten, wenn die Wicklung **ohne** Ausgleichleitungen hergestellt ist. Diese Erscheinung ist also auf eine nicht wickeltechnisch vollendete Ausführung zurückzuführen und nur dann zu beseitigen, wenn die konstruktiven Voraussetzungen für die Anbringung der Ausgleichleitungen bei dieser Wicklungsart gegeben sind.

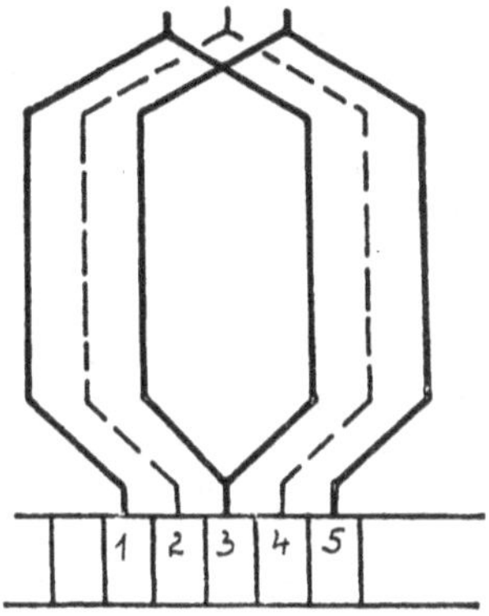

Abb. 45.
Mehrgängige Parallelwicklung (2 Gänge).

Die Ausgleichleitungen an diesen Wicklungen haben einen zweifachen Zweck zu erfüllen, und zwar sollen die bei mehrpoligen Parallelwicklungen auftretenden Ungleichheiten der Polflüsse ausgeglichen und gleichzeitig die beiden Wicklungsstränge dauernd parallel geschaltet werden.

In den Fällen, wo die Voraussetzungen vorhanden sind, wird der angestrebte Zweck mit Verbindungen hinter dem Kollektor erreicht. In den Fällen, wo der Entwurf der Wicklung ungünstig gewählt wurde, müssen auf beiden Seiten der Wicklungen die phasengleichen Punkte verbunden und diese wieder durch besondere Verbindungsleitungen, die in axialer Richtung zwischen Anker und Ankerwelle angeordnet werden, miteinander verbunden sein.

Es sind also in den Fällen, wo Maschinen mit der vorstehend genannten Wicklung wegen Funkenbildung zur Instandsetzung oder Neuwicklung gegeben werden, die konstruktiven Vorbedingungen, die wegen Raummangel an dieser Stelle nicht ausführlich behandelt werden können, zu überprüfen, um festzustellen, welche Art der Ausgleichleitungen zur Unterdrückung der Funkenbildung mit Erfolg angewandt werden können.

Wird eine gegebene normale (eingängige) Parallelwicklung durch die erwähnte Änderung der Schaltung in eine zweigängige Wicklung umgewandelt, so erhält der Anker die Hälfte der ursprünglichen wirksamen Ankerleiter und ist bei gleicher Leistung und Drehzahl für eine Spannung verwendbar, die einhalb der ursprünglichen beträgt.

Die vorstehenden Ausführungen lassen deutlich erkennen, daß eine derartige „Umschaltung" nicht so ohne weiteres möglich ist. Werden die jeweilig vorliegenden Verhältnisse fach- und sachgemäß überprüft und findet man hierbei, daß eine „Umschaltung" bei gleichzeitiger Anwendung der Ausgleichleitungen eine wickeltechnisch vollkommene Wicklung ergibt, so wird man die Umschaltung der „Umwicklung" auf andere Spannung usw. vorziehen.

Der Hauptzweck der Ausführungen ist jedoch derjenige, das Wesen und die Wirkungsweise der besonderen Gleichstromankerwicklungen in großen Zügen zu kennzeichnen, um den Instandsetzungsfachmann, der sich in vielen Fällen die Mühe einer mehrmaligen Neuwicklung macht — ohne zum Ziel zu kommen — mit praktischen Winken an Hand zu gehen. Der Verfasser kann aus seiner Tätigkeit als Sachverständiger eine ganze Anzahl Fälle aufweisen, wo Maschinen mit den angeführten Sonderwicklungen eine längere oder kürzere Zeit einwandfrei arbeiteten und dann plötzlich **zu starken Funkenbildungen neigten.** In vielen Fällen handelte es sich um Maschinen mit Reihenparallelwicklung — ohne Ausgleichverbindungen —, mit Leistungen bis 500 PS. Wenn bei einer derartigen Maschine die Ursache der Funkenbildung nicht richtig erkannt und **durch einen radikalen Eingriff** (Ausgleichverbindungen) beseitigt wird, vielmehr die Instandsetzung nur auf eine sorgfältige Neuwicklung des Ankers, Verlötung der Schaltenden am Kollektor, Abdrehen des Kollektors usw. beschränkt bleibt, so wird man natürlich den gewünschten Zweck nicht oder nur selten erreichen. Die Behandlung derartiger Fälle ist für den theoretisch nicht ganz sattelfesten Fachmann um so schwieriger, weil die in Frage stehende Maschine das Erzeugnis einer Großfirma sein kann, und man daher nicht geneigt ist, an der vollendeten wickeltechnischen Ausführung zu zweifeln. Es kann sich in solchen Fällen allerdings nur um **ältere Ausführungen** handeln, oder die ursprünglich vorhandenen Ausgleichleitungen sind von irgendeiner Hand **entfernt** worden. Hier möge noch eingeschaltet sein, daß insbesondere von kleineren Elektromotorenfabriken noch in neuerer Zeit Niederspannungsdynamomaschinen mit mehrpoligen, zweigängigen Parallelwicklungen — ohne Ausgleichverbindungen — hergestellt werden. Diese Maschinen zeigen fast immer nach längerer oder kürzerer Betriebszeit die erwähnten Fehler.

Funkenbildung an den Wendepolmaschinen

Die normalen Gleichstrommaschinen sind bezüglich der höchstzulässigen Erwärmung und Funkenbildung heute so weit ausgenutzt, daß eine nennenswerte erhöhte Beanspruchung über die Nennleistung der Maschine hinaus sich nicht mit der verlangten Betriebssicherheit und Lebensdauer vereinbaren läßt. Durch Anbringung von Wendepolen kann hingegen eine um ca. 35 % höhere Leistung erzielt werden, wenn die Form und Abmessungen des aktiven Wendepoleisens und die Amperewindungszahlen der Wendepolwicklungen technisch richtig gewählt werden.

„Eine Gleichstrommaschine mit Wendepolen hat einer normalen Gleichstrommaschine gegenüber den Vorteil **höherer Belastbarkeit** bei sonst gleichen Abmessungen des aktiven Materials. Insbesondere ist die Drehzahlregulierung durch Schwächung des Nebenschlußfeldes in weiten Grenzen möglich, ohne daß das Bürstenfeuer bemerkbar wird. Die Vorteile der Wendepolwicklung bezüglich der Kommutierung treten außerdem bei Maschinen mit höherer Ankerdrehzahl besonders deutlich in Erscheinung.

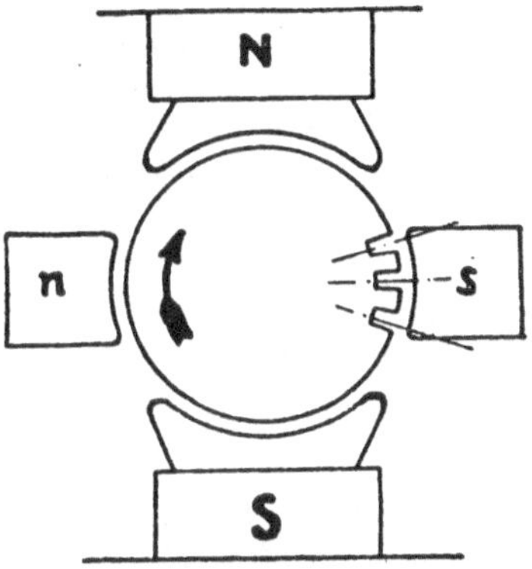

Abb. 46. 2pol. Wendepoldynamo.

Es ist verständlich, daß die großen Vorteile der Wendepole nur dann erreicht werden, wenn die Konstruktionsbedingungen für das aktive Eisenmaterial der Polkerne und der Wicklung selbst restlos erfüllt sind. Die Magnetkerne der zwischen den Hauptpolen angeordneten Wendepole sollen zweckmäßig so breit sein, daß der Polbogen mindestens die

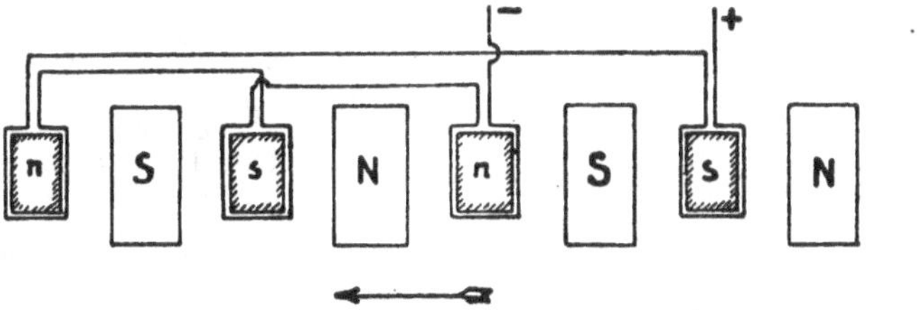

Abb. 47. Schaltbild der Magnet- und Wendepolwicklung, 4polig.

Breite der doppelten Zahnteilung des Ankers hat. Die axiale Länge der Magnetkerne soll möglichst klein und der Luftraum zwischen Wendepol und Anker größer sein als derjenige zwischen Hauptpol und Anker (Abb. 46). Das Verhältnis der Wendepolamperewindungen zu den Ankeramperewindungen soll bei Motoren im Mittel etwa 1,3 und bei Dynamomaschinen 1,4 betragen. Sind diese Verhältnisse ursprünglich nicht genügend groß gewählt, so tritt bei der geringsten Bürstenverschiebung Funkenbildung am Kollektor auf.

Die Schaltung der Wendepole muß nach Abb. 47 so ausgeführt werden, daß die Polarität der Wendepolwicklung gleichmäßig wechselt. Bei einem **Wendepolmotor** muß im Sinne der Drehrichtung des Ankers auf einen Hauptpol ein Wendepol von gleichnamiger Polarität folgen.

Bei einer **Dynamo** hingegen folgt auf einen Hauptpol ein Wendepol ungleichnamiger Polarität (Abb. 48 und 49).

Der Wickelschritt der Ankerwicklung muß gleich der Polteilung sein, weil die Schenkel derjenigen Spulen, die mit den Bürsten in Verbindung stehen, unter den Wendepolen liegen müssen.

Die Kenntnis dieser Konstruktionsbedingungen ist unbedingt erforderlich, um bei etwaig eintretender Funkenbildung Abhilfe schaffen zu können. Es kann bei Wendepolmaschinen bewährter Firmen die Erfüllung dieser Bedingung als selbstverständlich vorausgesetzt werden, so daß von einer Funkenbildung nur dann die Rede sein kann, wenn durch mechanische Veränderungen des aktiven und passiven Materials, durch

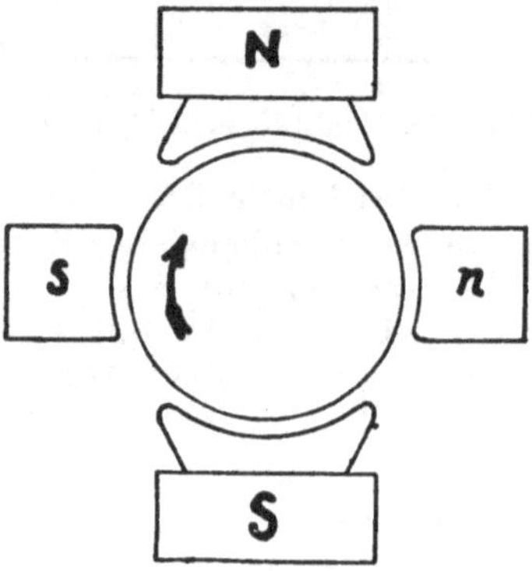

Abb. 48.
Polfolge bei einem 2pol.
Wendepolmotor.

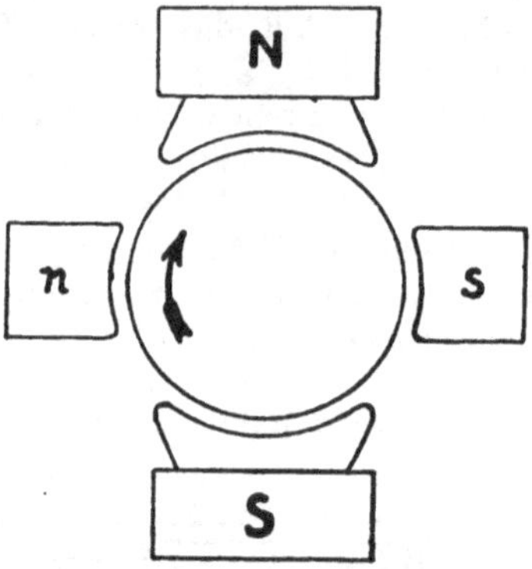

Abb. 49.
Polfolge bei einer 2pol.
Wendepoldynamo.

Schäden an den Wicklungen oder Änderungen der ursprünglichen Schaltung technische Fehler vorhanden sind.

Bei der Instandsetzung einer Wendepolmaschine handelt es sich in den meisten Fällen um Neuwicklung des Ankers. Es ist hierbei durchaus möglich, daß bei den Instandsetzungsarbeiten nichts an der Wendepolwicklung verschaltet, noch die Magnetkerne in eine andere als die ursprüngliche Lage gebracht wurden und trotzdem, nach Fertigstellung der Ankerwicklung und Probelauf der Maschine, eine Funkenbildung unter den Bürsten auftritt.

Man ist in solchen Fällen zu der Annahme geneigt, die Ursache der Funkenbildung sei auf einen Fehler in der Ankerwicklung zurückzuführen, weil die Maschine bis zum Eintritt der Betriebsstörung, die die Neuwicklung des Ankers erforderlich machte, funkenfrei gearbeitet hat und an der Magnetwicklung usw. nichts geändert wurde. Unter der Voraussetzung, daß die Neuwicklung des Ankers auf Grund der ursprünglichen Wickeldaten geschah, insbesondere der Wickelschritt nicht geändert wurde, kann die Ursache der Funkenbildung nur daran liegen, daß der Anker eine andere als die ursprüngliche Drehrichtung erhalten hat. Daß die Bürstenstellung richtig gewählt wurde, darf man wohl annehmen, weil man in allen Fällen die richtige Bürstenstellung durch Einschlagen einer Kennmarke an der Bürstenbrille kennzeichnet oder die Einstellungsarbeit als bekannte Vorbedingung für den funkenfreien Lauf jeder Gleichstrommaschine planmäßig durchführt.

Die Ankerwicklung kann hingegen trotz der technisch richtigen Ausführung und ohne einen Schalt- oder Isolationsfehler zu besitzen, die Ursache der Funkenbildung dadurch abgeben, daß die Wicklung nicht, wie z. B. wie ursprünglich **für Rechtslauf,** sondern **für Linkslauf** hergestellt wurde.

Diese Änderung kann bei Formspulenwicklung durch die Biegung der Spulen hervorgerufen werden. Auch kann die Änderung der Schaltung z. B. eine gekreuzte Wicklung ergeben, die ursprünglich ungekreuzt ausgeführt war oder umgekehrt. Bei Handwicklungen, die ursprünglich im Sinne des Urzeigers hergestellt wurden, bei der Neuwicklung aber im entgegengesetzten Windungssinn gewickelt wurden, tritt ebenfalls diese Veränderung ein.

In allen diesen Fällen hat der Anker trotz der grundsätzlichen Richtigkeit der Wicklung eine Veränderung, die bei ursprünglicher Schaltung des Magnet- und Wendepolfeldes Funkenbildung hervorruft Hier kann nur Abhilfe durch Änderung der Ankerdrehrichtung, durch Vertauschen der beiden Ankerzuleitungen geschaffen werden.

In den meisten Fällen wird man ohne Rückfrage beim Auftraggeber die ursprüngliche Drehrichtung des Ankers nicht feststellen können, wenn überhaupt die geänderte Drehrichtung beim Probelauf der Maschine in der Werkstatt erkannt wird.

Die Ursache der Funkenbildung bei einer instandgesetzten Wendepolmaschine kann auch unter Beibehalt der richtigen Drehrichtung und Schaltung des Magnet- und Wendepolsystems an der Änderung des Wickelschrittes liegen. Bei verhältnismäßig schmalen Wendepolen darf der Wickelschritt nicht kleiner oder größer als die Polteilung sein. Während bei 2poligen Maschinen eine geringe Änderung des Wickelschrittes nicht so leicht durch Funkenbildung in Erscheinung tritt, kann dies bei mehrpoligen Maschinen mit schmaler Wendezone sehr wohl der Fall sein.

Bei mehrpoligen Gleichstrommaschinen, deren Anker in Parallelwicklung hergestellt sind, ist der Vorteil der Wendepolwicklung nur bei gleichzeitiger Anwendung von Ausgleichverbindungen (Äquipotentialverbindungen) erreichbar.

Ist die Wendepolwicklung zwecks Instandsetzung aus dem Magnetgehäuse entfernt worden, so muß auf richtige Polfolge (Abb. 47) der Magnet- und Wendepolwicklung geachtet werden.

Im allgemeinen ist die richtige Schaltung der Wendepole leicht zu prüfen, wenn die Wendepolwicklung gänzlich abgeschaltet und die Maschine als reine Nebenschlußmaschine zum Probelauf (bei Belastung) gebracht wird. Tritt bei dieser Probe keine Funkenbildung auf, so liegt die Ursache an der falschen Schaltung der Wendepole. Ein Verfahren zum Feststellen der Polarität der Magnet- und Wendepolwicklungen ist in Abb. 131 dargestellt und in dem zugehörigen Text erläutert.

Unter keinen Umständen dürfen die Wendepole bei Instandsetzungsarbeiten deshalb gänzlich entfernt werden, weil die Maschine unter Funkenbildung arbeitet. Hier handelt es sich stets um einen Fehler, der bei der erforderlichen Sachkenntnis leicht festgestellt und behoben werden kann.

Zusammenfassung der Ursachen bei Funkenbildungen

Die Funkenbildungen bei Stromwender-Motoren können, allgemein betrachtet, auf folgende Ursachen zurückgeführt werden:

1. Mängel innerhalb der Wicklungen und im aktiven Eisen.
2. Mangelhafter Zustand des Stromwenders.
3. Ungeeignete Beschaffenheit der Bürstenhalter.
4. Ungeeignetes Bürstenmaterial.
5. Betriebsmäßige Überlastung der Maschine.
6. Schwerpunkte innerhalb des Läufers.
7. Mängel in der mechanischen Beschaffenheit im Aufbau (Fundament), oder im Antrieb (Riemen, Kupplung usw.) der Maschine.

Da außerdem in einem gegebenen Falle mehrere Mängel die Ursache der Stromwenderstörung sein können, so besteht kein Zweifel, daß die Fehlerbestimmung und Beseitigung solcher Fehlerquellen umfangreiche Erfahrungen auf diesem Gebiete erfordern. Wenn trotz dieser Erfahrungen mitunter sehr viel Zeit, Geduld und Ausdauer für die Beseitigung von Stromwender-Störungen aufgewandt werden müssen, dann ist dies ein Beweis dafür, daß nur ein planmäßiges Vorgehen den Erfolg sicherstellen kann.

Von diesem Grundsatz ausgehend, sollen die Ursachen der Funkenbildungen nachstehend behandelt werden:

I. Mängel innerhalb der Wicklungen und im aktiven Eisen

a) Ankerwicklungen.

Es ist bekannt, daß mehrpolige Schleifenwicklungen und Reihenparallelwicklungen zu Funkenbildungen neigen, wenn diese Wicklungen nicht mit[1]) Ausgleichsverbindungen oder nicht mit einer genügenden Anzahl solcher Verbindungen ausgerüstet sind. Auch ein falscher Ausgleichsschritt kann als Ursache in Betracht kommen.

---

[1]) Siehe S. 72, desgl. Berechnungsbuch des Ankerwicklers, 6. Aufl. S. 89 bis 96, desgl. Der Katechismus für die Ankerwickelei, 8. Aufl., S. 104.

Außerdem kann aber auch eine zu hohe Stegspannung am Stromwender (zu geringe Unterteilung des Stromwenders), ein falscher Wickelschritt oder eine zu schmale oder ungleiche Wendezone (Abb. 38), sowie eine ungeeignete Zahl und Form der Ankernuten und Ankerzähne der Anlaß zu Störungen erwähnter Art sein.

Derartige Mängel liegen in der Regel in einem mangelhaften Entwurf der Maschine begründet und können vielfach nur unter Aufwand unverhältnismäßig hoher Kosten beseitigt werden.

Fehler dieser Art können aber auch durch eine unsachgemäße Instandsetzung, Neu- oder Umwicklung entstehen, indem die Ausgleichverbindungen teilweise oder gänzlich fortgelassen oder Ausgleichsschritte falsch gewählt werden.

Bei Umwicklungen auf eine höhere Spannung wird oft übersehen, daß die Stegzahl des Stromwenders erhöht werden muß, wenn die Stegspannung durch die Umwicklung den zulässigen Wert überschreitet[1]).

Endlich kann aber auch ein auftretender Wicklungsschaden im Anker (Unterbrechung, Windungs- oder Lagenschluß) den vorher einwandfreien Zustand verändern und als Ursache von Funkenbildung in Frage kommen.

b) W e n d e p o l w i c k l u n g.

Ein ungünstiges Verhältnis zwischen den Ampere-Windungen der Haupt- und Wendepole, eine zu hohe Eisensättigung im Wendepolkern sowie eine falsche Schaltung[2]) der Wendepolwicklung oder ein zu großer bzw. zu kleiner Luftspalt zwischen Anker und Wendepolkern, können die Ursache der Funkenbildung sein.

c) M a g n e t w i c k l u n g.

Seltener ist ein Windungs- oder Lagenschluß in einer oder mehreren Magnetspulen des Nebenschlußfeldes die Ursache von Funkenbildungen. Auf richtige Polfolge ist zu achten.

d) D o p p e l s c h l u ß - W i c k l u n g.

Die Windungsrichtung und die Zahl der Ampere-Windungen einer Doppelschluß-(Compound)-Wicklung können zu Störungen des funkenfreien Laufes einer Stromwendermaschine Veranlassung geben.

II. Mangelhafter Zustand des Stromwenders

Der möglichst funkenfreie Lauf einer Stromwendermaschine setzt eine in jeder Beziehung einwandfreie rohstoffliche und mechanische Beschaffenheit des Stromwenders voraus.

Als Stromwender-Werkstoff kommt in der Regel nur hartgezogenes Elektrolytkupfer in Betracht. Als Isolation zwischen den Stegen hat sich bisher nur Spezial-Mikanit (kein Naturglimmer) für alle Fälle bewährt.

---

[1]) Siehe Raskop, Das Berechnungsbuch des Ankerwicklers, 6. Aufl., S. 104.
[2]) Siehe Seite 75.

Die Pressung der Stege und Stegisolationen zu einem mechanisch festen Körper muß eine möglichst vollkommene sein. Ohne Anwendung hoher Preßdrucke unter Zuhilfenahme mechanischer bzw. hydraulischer Pressen oder warm aufgezogener Schrumpfringe ist der für alle Fälle erforderliche feste Zusammenhalt des Stromwendekörpers nicht zu erreichen.

Das Abdrehen der Stromwender-Lauffläche soll möglichst mit Hilfe eines Abdreh-Diamanten oder hochwertiger Vidia-Stähle, in richtiger Schnittform peinlich sauber geschliffene Spezial-Drehstähle erfolgen.

Die beste Beschaffenheit der Lauffläche wird mit Abdreh-Diamanten erzielt. Die Schnittgeschwindigkeit soll hierbei etwa 60 Meter/Minute, der Verschub je nach den Ansprüchen 0,02—0,05 mm, bei größeren Stromwendern 0,05—0,15 mm je Umdrehung betragen.

Die Lauffläche soll schon durch das Abdrehen so glatt und gleichmäßig sein, daß sich ein Nachschleifen mit Schmirgelleinen, Glaspapier, Schleifscheiben usw. erübrigt. Erfahrungsgemäß wirkt sich der Schleifvorgang in der Regel ungünstig auf die Beschaffenheit der Stromwender-Lauffläche aus. Es dringen kleine, harte Abriebteile des Schleifsteines, Schmirgelleinens oder Glaspapieres in das Kupfer ein, die später im Betrieb den Anlaß zu einer nachteiligen Veränderung der Stromwender und der Bürsten-Lauffläche geben. Weiter besteht durch das Nachschleifen die Gefahr, daß die genaue zylindrische Form der Stromwender-Lauffläche nachteilig verändert wird.

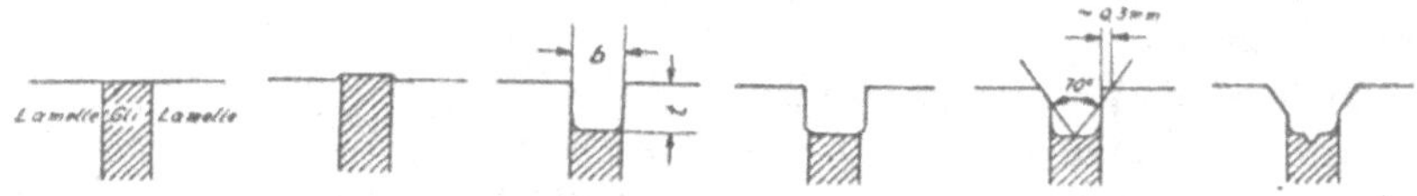

Abb. 50. Abb. 51. Abb. 52. Abb. 53. Abb. 54. Abb. 55.

Das Abdrehen der Stromwender soll nur auf einer einwandfrei gelagerten (Spindelstock), schwingungsfreien Drehbank erfolgen. Größere Stromwender werden mit Hilfe geeigneter Abdreh-Vorrichtungen abgedreht.

Das Entfernen des Mikanits zwischen den Stromwenderstegen

Das sogenannte Auskratzen der Stegisolation ist in vielen Fällen zweckmäßig bzw. notwendig. Es gibt Bürsten, z. B. Naturgraphit- und Edelkohlebürsten, die den Mikanit zwischen den Stegen nicht in dem Maße abschleifen wie das Kupfer. Es entsteht dann nach Ablauf einer gewissen Betriebszeit ein Zustand, der in Abb. 51 dargestellt ist. In solchen Fällen, aber auch dann, wenn dieser Zustand von vornherein erwartet werden kann, wird mit Hilfe geeigneter Werkzeuge die Stegisolation etwa 1 mm tief entfernt.

Die Schnittfläche des hierfür verwendeten Schabewerkzeuges soll etwa 0,2 mm schmaler sein als die Stärke der Stegisolation, damit Fehler gemäß Abb. 53 vermieden werden.

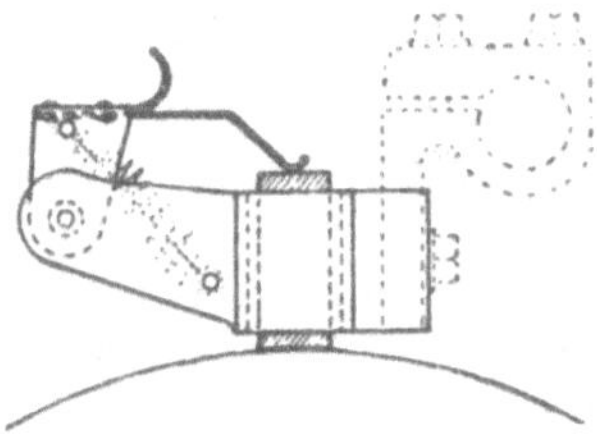

Radialbürstenhalter

Abb. 56 a

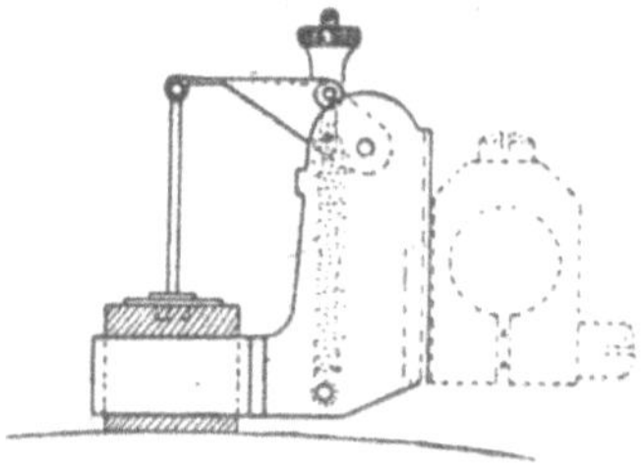

Radialbürstenhalter für hohe Umfangsgeschwindigkeiten

Abb. 56 b

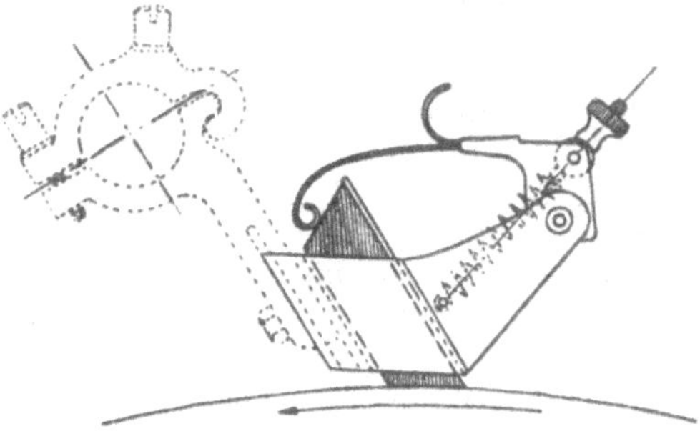

Reaktions-Bürstenhalter

Abb. 56 c

Da sich bei dem Schabevorgang an den oberen Kanten der Kupferstege ein Grat bildet, so muß dieser nach den in Abb. 54 dargestellten Grundsätzen mit Hilfe eines geeigneten Werkzeuges entfernt werden.

Ein zu starkes Abgraten (siehe Abb. 55) ist zu vermeiden, da hierdurch die nutzbare Breite des Steges nachteilig geschmälert wird.

III. Ungeeignete Beschaffenheit oder Anordnung der Bürstenhalter

Der Bürstendruck (Federdruck) darf weder zu hoch noch zu niedrig noch ungleich sein. Desgleichen ist darauf zu achten, daß die Bürsten in den Halterkästen nicht klemmen oder zu viel Spiel aufweisen. Ferner ist darauf zu achten, daß die Winkelstellung der Halter zum

Stromwender der Konstruktion des Halters entspricht. Der Abstand des Halterkastens von der Stromwender-Lauffläche darf nicht zu groß sein.

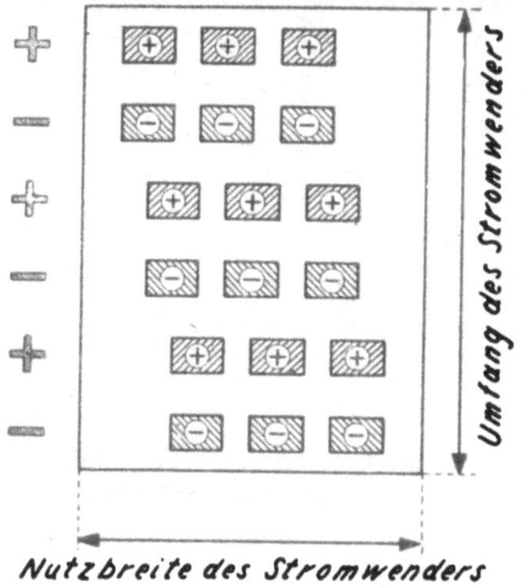

Abb. 57

Die Halter müssen auf dem Haltebolzen so angeordnet sein, daß die Lauffläche des Stromwenders gleichmäßig bestrichen wird. Auf die richtige Polfolge (siehe Abb. 57) ist zu achten.

Die Halter sind weiter so anzuordnen, daß die Kanten der Bürsten parallel zu den Stegkanten stehen. Der Abstand der Halter muß genau gleichmäßig sein und der Polteilung entsprechen. Die Bürsten müssen in der neutralen Zone stehen (Abb. 57).

IV. Ungeeignetes Bürstenmaterial[1])

Welche Bürstenmarke für einen gegebenen Fall die günstigsten Ergebnisse hinsichtlich des funkenfreien Laufes gewährleistet, kann eigentlich nur von Fall zu Fall unter Berücksichtigung aller jeweils zu beachtender Faktoren entschieden werden. In schwierig gelagerten Fällen führt nur ein Ausprobieren zum Ziel.

Ganz allgemein betrachtet, ist für Stromwender mit hohen Dreh zahlen bzw. hohen Umfangsgeschwindigkeiten sowie bei ausgeschabten Stromwendern die Elektrographitkohle zu bevorzugen.

Bei der Übertragung hoher Ströme und bei sehr hohen Umfangsgeschwindigkeiten der Stromwender ist die Hochgraphitkohle geeigneter. So schwierig die richtige Auswahl der Bürsten ist, so wichtig ist dieselbe für den Enderfolg.

Zu beachten ist ferner ein ausreichender Querschnitt der Bürsten. Die zulässig spezifische Strombelastung[2]) ist bei den Bürstenmarken verschieden und soll möglichst nicht überschritten werden.

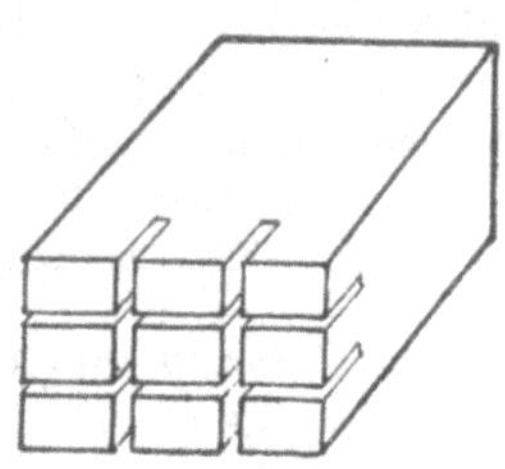
Abb. 58

Der in den Bürsten entstehende Spannungsabfall darf weder zu hoch noch zu niedrig sein, und es ist darauf zu achten daß ein Stromwender nicht mit Bürsten verschiedener Gütewerte bestückt ist. Die Verwendung einer einheitlichen Marke ist unerläßlich. Die Metallarmaturen an den

[1]) Siehe Seite 283.
[2]) Siehe Raskop, Das Berechnungsbuch des Ankerwicklers, 6. Aufl., S. 102

Bürsten müssen elektrisch einwandfrei mit der Bürste und dem Halter verbunden sein.

In schwierigen Fällen hat sich das Schlitzen der Bürsten etwa gemäß Abb. 58 bewährt. Die Stromwendung und die Kühlung wird hierdurch oft wesentlich verbessert.

V. Betriebsmäßige Überlastung der Maschine

Die Einhaltung der schildmäßig zulässigen Belastung ist eine wichtige Voraussetzung für den funkenfreien Lauf der Stromwendermaschinen.

VI. Schwerpunkte innerhalb des Läufers[1])

Die Schwerpunktfreiheit des Läufers ist eine Vorbedingung für den funkenfreien Lauf, die erst in letzter Zeit gebührend beachtet wird. Dieser Bedingung ist nach wie vor die größte Aufmerksamkeit zuzuwenden.

VII. Mängel in der mechanischen Beschaffenheit des Aufbaues (Fundament) oder im Antrieb (Riemen, Kupplung) der Maschine

Ist der Aufbau einer Maschine nicht schwingungsfrei, oder erleidet der Läufer Stöße durch unsachgemäße Riemenverbinder (nur endlos geleimte Riemen verwenden!), sind die Gleitlager ausgeschlissen, oder ein Wälzlager beschädigt, so kann auch hierin die Ursache einer Stromwenderstörung gesucht werden.

VIII. Die verschiedenen Erscheinungen bei der Funkenbildung und ihre Auswirkungen

Das sogenannte Bürstenfeuer tritt je nach der Ursache in verschiedenen Arten in Erscheinung. In Fachkreisen spricht man beispielsweise von einem Perlfeuer, Zungenfeuer, Spritzfeuer, Ziehfeuer oder Grünfeuer.

Es kommt außerdem vor, daß nur einige Bürsten eines Bolzens oder nur die Bürsten eines Teiles der vorhandenen Bürstenreihen feuern. Oftmals wechselt das Bürstenfeuer von einer Bürste oder von einer Bürstenreihe zur anderen. Man beobachtet ferner ein zeitweises Aufglühen einer oder mehrerer Bürsten oder kombinierte Erscheinungen.

Die Auswirkungen dieser verschiedenen Arten von Bürstenfeuer sind entsprechend. In einem Falle verbrennt die Lauffläche des Stromwenders, im anderen Falle zeigen sich regelmäßige oder unregelmäßige Anfleckungen auf der Lauffläche des Stromwenders oder die Bürsten werden sehr heiß, oder es bildet sich ein Kupferansatz an der Lauffläche der Bürsten.

Im Zusammenhang hiermit steht häufig ein zu großer oder unregelmäßiger Bürstenverschleiß, ein hoher Abgang von Bürstenstaub, Zer-

[1]) Siehe Raskop, Der Katechismus für die Ankerwickelei, 8. Aufl., IV. Teil, S. 217.

störungen an den Seitenflächen der Bürsten, ein Kreischen oder Rasseln der Bürsten, Bürstenbrüche, Auslöten der Armaturenlitzen, Brüche im Halterkasten usw. Auf der Stromwender-Lauffläche bilden sich vielfach Riefen, Wellen und sonstige Unregelmäßigkeiten, die ein häufiges Abdrehen oder Ausschaben und somit einen unzulässig hohen Verschleiß des Stromwenders zur Folge haben.

IX. Einen ungefähren Anhalt über die Ursachen der verschiedenen Arten des Bürstenfeuers bietet die nachstehende Zusammenstellung:

a) Perlfeuer — Ursachen:

1. Zu hohe Stromdichte je qcm Bürstenauflagefläche.
2. Verschiedene Bürstenmarken in einer Reihe, oder ungeeignetes Bürstenmaterial.
3. Schlecht eingeschliffene Bürsten.
4. Zu hoher oder ungleicher Bürstendruck.
5. Die Bürsten haben zuviel Spiel im Halterkasten.
6. Zu großer Abstand zwischen Halterkasten und Stromwender.
7. Die Bürstenkanten stehen nicht parallel zur Stegkante.
8. Der Abstand der Bürstenreihen auf dem Umfang des Stromwenders ist nicht gleichmäßig (Polteilung).
9. Die Bürsten stehen nicht in der neutralen Zone.
10. Die Bürsten bedecken zuviel Lamellen (zu breit).
11. Zu hohe Stegspannung (Lamellenspannung).
12. Zu wenig oder zu schwache Ausgleichsverbindungen.
13. Die Wendepole sind nicht richtig justiert.
14. Die Wendezone ist zu schmal.
15. Der Abstand der Polschuhe der Hauptpole zueinander ist ungleich.
16. Siehe Absatz V und VII.

b) Zungenfeuer — Ursachen:

1. Wie Absatz a) Ziffer 1, 2 und 3.
2. Zu geringer Bürstendruck.
3. Zu hoher oder ungleicher Bürstendruck.
4. Wie Absatz a) Ziffer 5.
5. Die Bürste klemmt im Halterkasten.
6. Halter steht im falschen Winkel zum Stromwender.
7. Wie Absatz a) Ziffer 6, 7, 8, 9 und 10.
8. Vorstehende Stegisolation.
9. Unsaubere oder rauhe Stromwender-Oberfläche.
10. Wie Absatz a) Ziffer 11, 12, 13, 14, 15.
11. Windungs- oder Lagenschluß in der Nebenschlußwicklung.
12. Wie Absatz a) Ziffer 16.

c) Spritzfeuer — Ursachen:

1. Wie Absatz a) Ziffer 1.
2. Zu hoher Spannungsabfall in der Bürste (zu hartes Material).
3. Wie Absatz a) Ziffer 2.
4. Die Bürsten haben zu geringen oder ungleichen Bürstendruck.
5. Wie Absatz a) Ziffer 5, 6, 8 und 9.
6. Der Stromwender ist unrund (exzentrisch), die Lauffläche ist uneben.
7. Die Stegisolation steht über der Lauffläche.
8. Die Oberfläche des Stromwenders ist verschmutzt.
9. Der Anker ist nicht ausgewuchtet.
10. Wie Absatz a) Ziffer 11, 12, 13.
11. Die Wendepole sind falsch geschaltet (falsche Polfolge).
12. Wie Absatz a) Ziffer 14, 15.
13. Windungs- oder Lagenschluß in der Nebenschlußwicklung.
14. Wie Absatz a) Ziffer V und VII.

d) Ziehfeuer (Rundfeuer) — Ursachen:

1. Zu hohe Polierfähigkeit der Bürsten (zu weich oder ungeeignete Marke).
2. Fettige Bürsten (Öl haftet an den Bürsten).
3. Vorstehende Stegisolation.
4. Verschmutzte Stromwender-Oberfläche.

e) Grünfeuer — Ursachen:

1. Zu geringer Bürstendruck.
2. Bürsten sitzen zu lose oder klemmen im Halter.
3. Schlechte Lötstellen in der Ankerwicklung.
4. Vorstehende Stegisolation.
5. Anker ist nicht ausgewuchtet.
6. Wie Absatz a) Ziffer 13.
7. Wendepole sind nicht richtig geschaltet.
8. Wie Absatz a) Ziffer 16.

Einige Beispiele aus der Praxis

Nr. 1. 20-PS-Gleichstrom-Nebenschlußmotor, 440 Volt, n = 1230, 2polig (viereckige ältere Type), ursprünglich mit Metallbürsten ausgerüstet.

a) Grund der Instandsetzung: Die Ankerwicklung ist beschädigt. Die Nebenschlußwicklung hat Eisenschluß. Im Kollektor sind mehrere Fahnen ausgelötet. Der Kollektor ist durch Funkenbildung stark angegriffen.

b) Beseitigung: Der Anker und die Magnetspulen werden an Hand der beim Abbau vorgefundenen Daten neu gewickelt. Die Kollektorfahnen werden ausnahmslos durch verzinnte Kupferfahnen ersetzt. Die Ankerwicklung wird am Kollektor durchaus kontaktsicher eingelötet. Die Metallblätterbürsten werden durch Kohlebürsten ersetzt und gleichzeitig andere Bürstenhalter angebracht. Der Kollektor wird auf der Drehbank abgedreht.

c) **Fehlererscheinung:** Nach Zusammenbau und Prüfung der Maschine zeigt sich bei normaler Stromaufnahme merkbare Funkenbildung am Kollektor. Bei Belastung erhöht sich diese Funkenbildung nicht. auch dann nicht, wenn zeitweise eine der 2 Bürsten eines Poles abgehoben wird. Der Motor wird, da kein Fehler gefunden werden kann, in Betrieb genommen und arbeitet 8 Tage unter Volast, allerdings bei Funkenbildung am Kollektor. Der Auftraggeber beanstandet die ausgeführte Arbeit und stellt die Maschine dem Instandsetzungswerk zur Verfügung.

d) **Untersuchungsergebnis:** Der Kollektor zeigt regelmäßige Brandspuren, die sich an zwei Stellen, etwa auf ein Drittel des Kollektorumfanges besonders deutlich hervorheben. Die Lötstellen sind kontaktsicher, im Anker ist keine Unterbrechnung vorhanden. Die Magnetspulen sind richtig geschaltet, eine Spule hat jedoch einen etwas höheren Widerstand als die andere. Die Differenz der aufgenommenen Spannung beträgt 20 Volt. Die Bürstenstellung ist richtig. Die Stromaufnahme bei Leerlauf beträgt ca. 3 Ampere. Die Wicklungen sind vollständig frei von jeglichem Schluß. Die Ankerwicklung hat einen kleinen Schwerpunkt, der aber durch Anbringen eines Gegengewichtes ausgeglichen wird. Der Kollektor wird nicht als unrund befunden. Die Glimmerlamellen stehen stellenweise etwas über der Laufflächе des Kollektors vor (Naturglimmer verwendet). Der Bürstenquerschnitt beträgt je Pol 6 qcm (bei einer Belastung von 38,5 Ampere unter Vollast), das Bürstenmaterial wird als geeignet befunden.

e) **Beseitigung der vorgefundenen Fehler:** Die ungleiche Bewicklung der Magnetspulen kann nach sachlicher Erwägung nicht die eigentliche Ursache der Funkenbildung sein, weil die Maschine 2polig ausgeführt ist und daher nicht unter Wicklungen der Gruppe 2 fällt. Trotzdem werden auf der einen Spule noch einige Windungen aufgewickelt und die Spulen mittels Meßbrücke genau abgestimmt.

Der Kollektor wird erneut sorgfältig abgedreht und der Glimmer zwischen den Lamellen einige Millimeter tief ausgeschabt (siehe R a s k o p , Der Katechismus für die Ankerwickelei).

Die Bürsten werden sauber eingeschliffen und der Federdruck verstärkt.

f) **Erneute Prüfung:** Die Maschine zeigt bei der Probe unverändert die alte Funkenbildung. Die Kohlenbürsten werden hierauf entfernt und durch Metallbürsten ersetzt, aber ohne Erfolg. Alsdann wurden die

Kohlenbürsten mit einer Beilage, bestehend aus einigen dünnen Metallblättern, der ursprünglichen Bürste aufgebracht. Hierauf verschwindet die Funkenbildung solange, bis die Metallblättchen abgenutzt sind.

g) Untersuchungsergebnis des Verfassers. Die Maschine ist wickeltechnisch in Ordnung. Bei Auslaufen des Ankers nach Abschalten der Netzspannung macht sich eine geringe, kaum sichtbare wellenförmige Bewegung der Bürsten bemerkbar, die auf einen unrunden Kollektor schließen läßt. Die Funkenbildung wird durch die zu große Ausladung der Bürstenhalter (Abb. 59) wesentlich begünstigt. Die Konstruktion der Bürstenhalter ist unzweckmäßig.

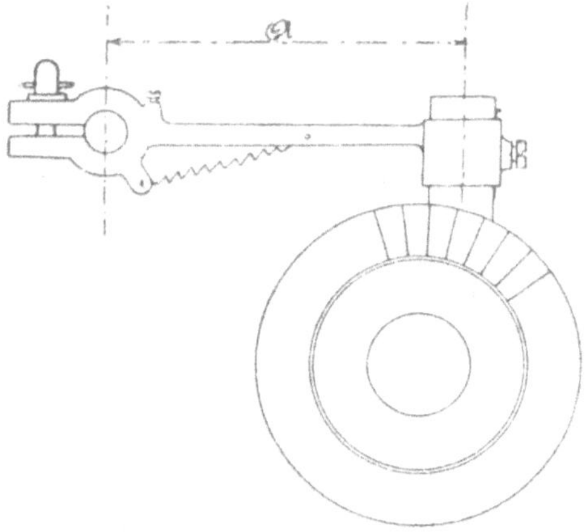

Abb. 59.
Ungeeigneter Bürstenhalter.

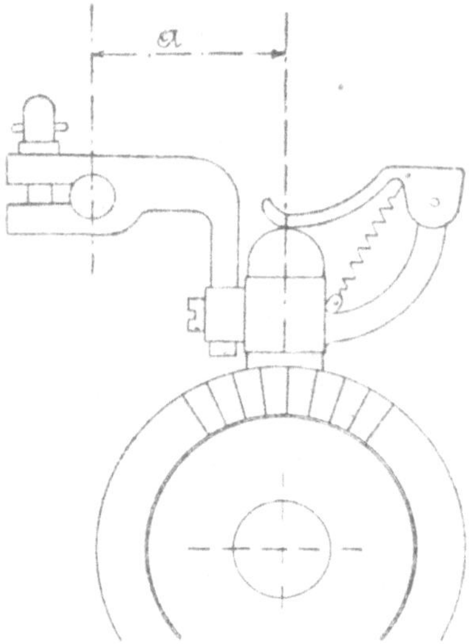

Abb. 60.
Geeigneter Bürstenhalter.

h) Ein Abdrehen des Kollektors verspricht nicht den gewünschten Erfolg, weil die Ankerwelle an zwei verschiedenen Stellen leicht verbogen und die Körnerlöcher in der Welle beschädigt sind. In Anbetracht des Alters der Maschine hält man den Ersatz der Ankerwelle nicht für zweckmäßig und entschließt sich zunächst, die Bürstenhalter Abb. 59 durch solche nach Abb. 60 zu ersetzen.

Hierauf arbeitet die Maschine funkenfrei bei Vollast, trotzdem der Kollektor die schwachen exzentrischen Bewegungen aufweist. Der Kollektor wurde dann mit Hilfe einer Vorrichtung in den Gehäuselagern abgeschliffen, und die Maschine hat hierauf keine Störungen mehr gezeigt. Die große Ausladung der Bürstenhalter und die unzweckmäßige

Federung derselben förderten die Funkenbildung dadurch, daß die Bürsten der schwachen exzentrischen Bewegung des Kollektors nicht in geeigneter Weise folgen konnten. Die starre Anordnung der Bürstenhalter (Abb. 60) und die vorzügliche Federung derselben machten es möglich, daß die Bürsten der wellenförmigen Bewegung des Kollektors gut folgen und somit die Funkenbildung hintanhalten kann.

i) Schlußfolgerung: Mit der Wahl der Bürstenhalter sowie mit der Wahl der Bürsten bezüglich Material und Härtegrad soll man sich stets an die Angaben des Fabrikanten halten.

Nr. 2. Gleichstrom-Dynamo, 15 kW, 220 Volt, Fab. Lahmeyer DEW, 52 Nuten im Anker, 104 Lamellen im Kollektor, eingängige 4polige Parallelwicklung (siehe Ziffer 1 der Gruppe 2).

a) Grund der Instandsetzung: Die Wicklung hat sich infolge Zerreißens der Bandage aus den Nuten gehoben und ist vollständig unbrauchbar. Der Kollektor zeigt starke Brandspuren. Die Schaltung der hinter dem Kollektor liegenden Ausgleichverbindungen ist nicht mehr festzustellen, desgleichen weder die Anzahl noch der Schritt dieser Verbindungen.

b) Beseitigung des Schadens: Die Wicklung wird erneuert, die Ausgleichverbindungen werden wieder hergestellt.

c) Fehlererscheinung: Beim Probelauf werden 4 Ankerspulen warm, die sich gegenüberliegen. Hierauf werden die Ausgleichverbindungen gänzlich entfernt.

d) Erneute Prüfung: Die Spulen bleiben sämtlich kalt, hingegen tritt **Bürstenfeuer** auf.

e) Untersuchungsergebnis des Verfassers: Die Ankerwicklung ist in Ordnung, der Kollektor schlußfrei. Hingegen war der Potentialschritt nicht richtig gewählt, so daß einige Ankerspulen durch die Ausgleichverbindungen kurzgeschlossen wurden.

Bei 104 Lamellen beträgt der Potentialschritt 104 : 2 = 52. Lamelle 1 wird also mit Lamelle 53 durch eine Ausgleichverbindung verbunden. Es ist nicht erforderlich, daß alle phasengleichen Punkte der Ankerwicklung durch Ausgleichverbindungen verbunden werden, vielmehr genügt es, wenn ein Teil derselben verbunden wird. Es wurde hierauf jede 4. Lamelle mit der 52 Lamellen weiter liegenden Lamelle verbunden:

Lamelle 1 mit Lamelle 53,
Lamelle 4 mit Lamelle 56,
Lamelle 7 mit Lamelle 59 usw. bis Lamelle 49 mit 101.

Nach Herstellung dieser Verbindungen wurden die ungleichen Polflüsse in den 4 Ankerzweigen in geeigneter Weise ausgeglichen, und die Maschine hat dann auch einwandfrei gearbeitet.

Nr. 3. Gleichstrom-Dynamo, 220 Volt, 500 Ampere, 500 n, Fab. SSW, Modell A 100. Kollektor 194 Lamellen, Reihenparallelwicklung, Kollektorschritt 1 in 65; 6poliger nutenloser Anker (Oberflächenwicklung).

a) Grund der Instandsetzung: Die Maschine ist bereits mehrfach wegen Funkenbildung und beschädigter Wicklungselemente instandgesetzt worden, jedoch zeigt sich stets wieder nach verhältnismäßig kurzer Betriebszeit eine merkbare Funkenbildung, die zunächst an sechs über den Umfang des Kollektors verteilten Stellen den Kollektor angreift und dann sehr bald die ganze Lauffläche mit Brandspuren überdeckt.

Nach der letzten Instandsetzung (Neuwicklung des Ankers usw.) arbeitete die Maschine bei der Probe funkenfrei. Der Leerlaufstrom wurde mit 25 Ampere ermittelt. Bei der Prüfung an Ort und Stelle leistete die Dynamo ohne Anstände 250 bis 300 Ampere.

b) Fehlererscheinung: Nach 12stündiger Betriebszeit, bei einer Stromabgabe von ca. 300 Ampere, tritt wieder Funkenbildung ein. Jede 2. Lamelle bleibt blank, während der übrige Teil Brandspuren zeigt. Die Funkenbildung wird so stark, daß die Maschine stillgesetzt werden muß.

c) Untersuchungsergebnis des Verfassers: Die Wicklungen sind an sich in Ordnung. Es handelt sich um eine 6polige Reihenparallelwicklung im Anker, ohne Ausgleichverbindungen (siehe Ziff. 2 der Gruppe 2). Der Entwurf der Wicklung seitens des Erbauers ist insofern unglücklich, als die konstruktiven Vorbedingungen für die Anbringung einer regelrechten Ausgleichwicklung **nicht vorhanden** sind. Es steht somit fest, daß die Maschine (ältere Type der SSW) auch ursprünglich keine Ausgleichverbindungen besessen hat. Daß die Maschine ursprünglich funkenfrei gearbeitet hat, steht außer Frage, da die SSW keine Maschine abliefert, die nicht eine Dauerprobe auf dem Prüfstand ausgehalten hat. Wie lange dieser funkenfreie Lauf währte, kann nicht mit Sicherheit festgestellt werden. Die Funkenbildung hängt mit einer Veränderung der ursprünglichen mechanischen und wahrscheinlich auch elektrischen Beschaffenheit der Maschine zusammen, die nur durch Anbringung von Ausgleichverbindungen oder Umänderung der Reihenparallel- in eine Parallelwicklung behoben werden kann.

Da die Maschine dringend benötigt wird und nach Möglichkeit Kosten gespart werden sollen, so wurden probeweise die beiden voneinander getrennt liegenden Teilwicklungen des Ankers durch folgende drei Verbindungen parallel geschaltet:

Lamelle 1 mit Lamelle 66,
Lamelle 65 mit Lamelle 130,
Lamelle 129 mit Lamelle 194.

d) Erneute Prüfung: Die Maschine arbeitet bei Vollast vollkommen funkenfrei. Trotzdem wurden hierauf noch weitere Verbindungen hergestellt mit dem Erfolge, daß die Maschine nunmehr zur vollsten Zufriedenheit des Auftraggebers arbeitete.

Nr. 4. Niederspannungs-Dynamo, 4polig, ca. 30 Volt, ca. 350 Ampere, runde Type, ohne Wendepole, Anker zweigängige Parallelwicklung (8 parallele Stromzweige).

a) Grund der Instandsetzung: Die Maschine hat eine Zeitlang funkenfrei gearbeitet, allerdings wurde hierbei nur die Hälfte der Nennleistung verlangt. Nach längerer Betriebszeit tritt Funkenbildung ein. (Je eine schwarze und blanke Lamelle, an dem ganzen Kollektorumfang symmetrisch verteilt, zeigen deutlich, daß die Ursache unter Gruppe 2 Ziff. 3 zu suchen ist.) Die Lauffläche des Kollektors nimmt eine derartige Beschaffenheit an, daß der Kollektor abgedreht werden muß. Nach dem Abdrehen erregt sich die Maschine wieder ordnungsmäßig, was bei dem rauhen Kollektor nicht immer der Fall war. Nach kurzer Zeit tritt jedoch wieder Funkenbildung ein, und auch die Erregung der Maschine macht Schwierigkeiten. Das Abdrehen wird nun mehrere Male in entsprechenden Zeitabständen wiederholt, bis der Kollektor ersetzt werden muß. Der Erbauer der Maschine (eine Leipziger Firma) wird gebeten, die Maschine an Ort und Stelle zu untersuchen, sobald dieselbe mit einem neuen Kollektor ausgerüstet ist. Obgleich die Instandsetzung in der vollkommensten praktischen Weise durchgeführt wurde, zeigte sich schon nach kurzer Zeit der alte Fehler wieder. Der Erbauer der Maschine untersucht dieselbe, kann jedoch nur einen einwandfreien Befund der Wicklung und die Tatsache feststellen, daß die Maschine auf dem Prüfstand sowohl als auch nach Ablieferung funkenfrei gearbeitet hat.

Infolge Erweiterung des Betriebes soll die Maschine aber die volle Nennleistung hergeben. Das Abdrehen des Kollektors brachte allerdings bisher immer einen vorübergehenden Erfolg bei Halblast. Bei Vollast feuert die Maschine jedoch auch bei sauberem Kollektor.

b) Untersuchungsergebnisse des Verfassers: Es handelt sich um eine normale, 4polige Nebenschlußdynamo, runde Bauart. Die Abmessungen des mechanisch und elektrisch beanspruchten Materials stimmen für die geforderte Nennleistung. Der Anker hat 56 Nuten, pro Nute 2 Leiter aus Runddraht. Der Kollektor hat 56 Lamellen. Der Wickel- und Kollektorschritt ist richtig, der Befund der Wicklungen einwandfrei, soweit Windungs- oder Lagenschluß usw. in Frage kommen. Die Kollektorlamellen sind abwechselnd blank und schwarz. Die Wicklung des Ankers ist eine zweigängige Parallelwicklung, Kollektorschritt 1 : 3. Ausgleichverbindungen sind nicht vorhanden.

Wenn schon eingängige, mehrpolige Parallelwicklungen nur ganz selten — ohne Ausgleichverbindungen — einen funkenfreien Lauf garantieren, so trifft dies ganz besonders bei mehrgängigen, mehrpoligen

Parallelwicklungen zu. Die Wicklung ist daher seitens des Erbauers schon nicht den Erfordernissen entsprechend hergestellt worden. Der Entwurf der Wicklung bezüglich Spulenzahl ist nicht für Ausgleichverbindungen vorgesehen.

c) Abhilfe und erneute Prüfung: Um Ausgleichverbindungen an dieser Ankerwicklung anbringen zu können, die 1. etwaig auftretende Ungleichheiten in den Polflüssen, 2. Verschiedenheiten in den beiden voneinander getrennt liegenden Wicklungsgängen ausgleichen, mußte

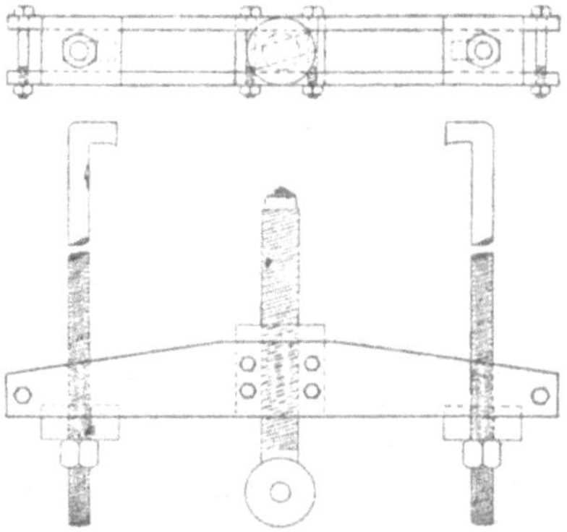

Abb. 61. Abziehvorrichtung für Riemenscheiben.

die Spulenzahl von 56 auf 54 vermindert werden. Zwei Spulen wurden alsdann in der Ankerwicklung blind gelegt, die Lamellenzahl auf 54 vermindert und hinter dem Kollektor, an jeder 2. Lamelle Ausgleichverbindungen angebracht. Es wurden verbunden:

Lamelle 1 mit Lamelle 28,
Lamelle 3 mit Lamelle 30 usw.

Nach Fertigstellung der Maschine und längerer Betriebszeit unter Vollast, polierte sich der Kollektor. Es trat nicht die geringste Funkenbildung auf. Die Umänderung der Wicklung wurde seitens des Auftraggebers als voller Erfolg bestätigt insofern, daß dieselbe, entgegen der ursprünglichen Arbeitsweise, nunmehr zur vollsten Zufriedenheit die geforderte Nennleistung bei vollständig funkenfreiem Lauf hergibt.

Der Abbau der kranken Maschine

Nachdem die kranke Maschine untersucht und der Fehler derselben festgestellt ist, müssen die unbrauchbaren Teile zwecks Instandsetzung freigelegt werden. Vor Beginn des Abbaues sorge man für geeignete Werkzeuge und Behälter, um Schrauben, Keile usw. ohne Beschädigungen zu lösen und sorgfältig aufbewahrt zur Seite stellen zu können.

Schrauben, Keile und die übrigen kleinen Teile einer Maschine werden nach vollzogenem Abbau zweckmäßig in ein schließbares Kästchen untergebracht und die Zugehörigkeit dieser Teile durch Aufschrift kenntlich gemacht. Durch diese Vorsicht erspart man später viel Zeit Arbeit und Geld.

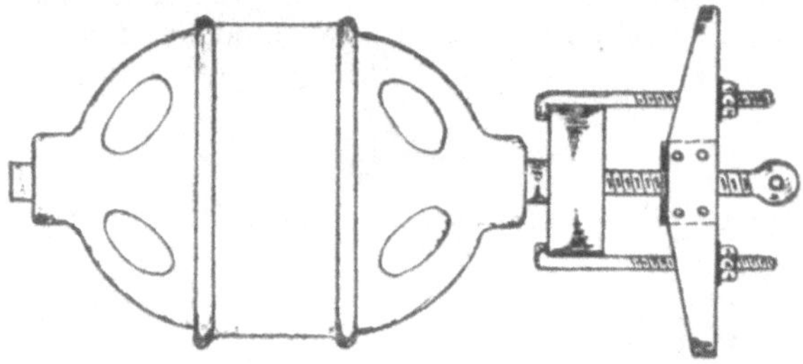

Abb. 62. Gebrauch der Abziehvorrichtung für Riemenscheiben.

Das Abziehen der Riemenscheiben und Kupplungen geschieht am schnellsten und sichersten mit einer A b z i e h v o r r i c h t u n g (Abb.61).

Eine derartige Vorrichtung ist gar nicht genug zu empfehlen. Sie ist ohne jede Schwierigkeit herzustellen, kann aber auch fertig bezogen werden. Den Gebrauch dieser Vorrichtung zeigt Abb. 62.

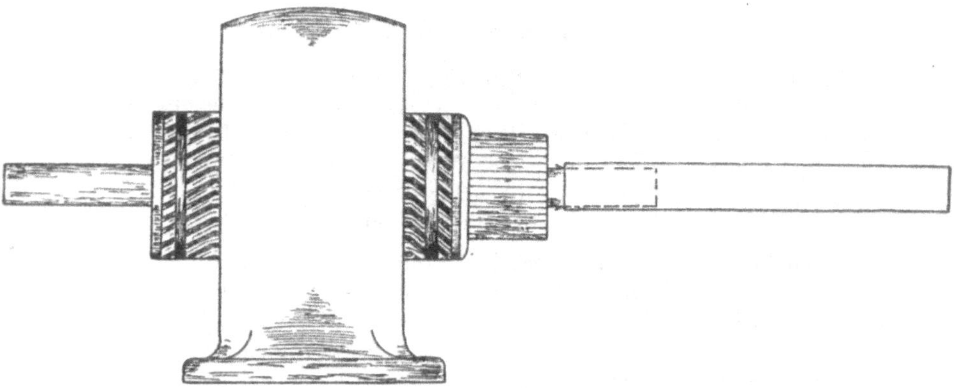

Abb. 63. Ausbauen eines Ankers mittels eines auf den Wellenstumpf aufgeschobenen Rohres.

Bei festsitzenden Riemenscheiben usw. ist dies Abziehverfahren jedem anderen unbedingt vorzuziehen. Mit Hammer und Meißel wird viel zu leicht der größtenteils dünne Kranz der Scheibe zerschlagen oder die Ankerwelle verbogen. Auch Brüche der Lagerschilder rücken hierbei in den Bereich der Möglichkeit.

Es gehört nicht zur Seltenheit, daß durch unsachgemäßen Abbau einer beschädigten Maschine der Umfang der Instandsetzung gewaltig vergrößert wird.

Nachdem die Scheibe bzw. Kupplung von der Welle entfernt ist, werden die Schrauben der Lagerschilder oder Lagerböcke herausgeschraubt und sorgfältig in einem Kästchen untergebracht. Die Lagerschilder werden durch Zahlen oder Buchstaben gezeichnet, damit bei dem späteren Zusammenschrauben der Maschine keine Verwechslung derselben vorkommen kann.

Bei Drehstrommotoren, die eine Kurzschluß- und Bürstenabhebevorrichtung besitzen, ist in den meisten Fällen der Abbau dieser Vorrichtungen mit der Abnahme des Lagerschildes an der Schleifringseite des Motors verbunden. Da die Konstruktion der Vorrichtung im Prinzip wohl gleich, in der Arbeitsweise jedoch ganz verschieden ist,

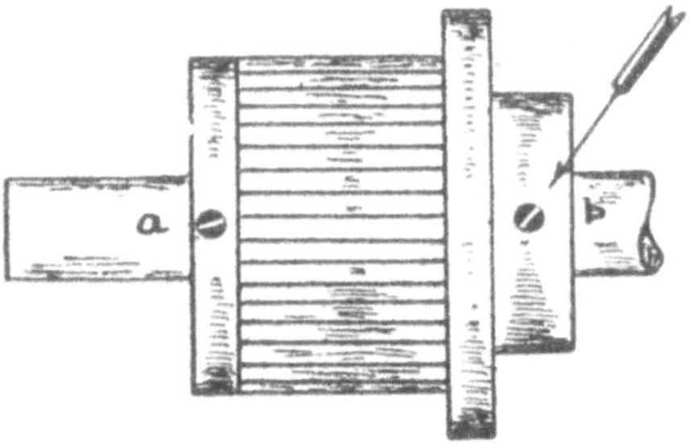

Abb. 64. Kollektor mit verschiedener Anordnung der Arretierungsschrauben.

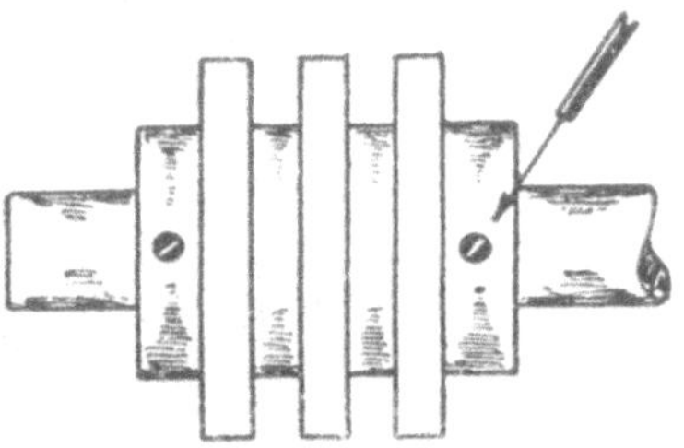

Abb. 65. Schleifringkopf mit verschiedener Anordnung der Arretierungsschrauben.

so ist vor dem Abbau derselben die mechanische Arbeitsweise eingehend zu studieren. Es wird hierdurch ein unbeschädigter Abbau gewährleistet und der spätere betriebssichere Aufbau sichergestellt.

Bei Gleichstrommotoren ist bei der Abnahme des Lagerschildes an der Kollektorseite zu beachten, daß die Verbindungsleitungen zwischen Bürstenhalter und Anschlußklemmen vorher zu lösen sind. Falls hierbei aus irgendeinem Grunde die Bürstenbrille voraussichtlich aus ihrer betriebsfertigen Stellung kommen sollte, ist darauf zu achten, daß Markenstriche eingeschlagen werden, falls solche nicht schon vorhanden sind.

Falls die Ankerwelle an der Riemenscheibenseite keinen verjüngten Wellenstumpf hat, daß also der Durchmesser der Welle an der Lagerstelle und am Wellenstumpf gleich groß ist, muß etwa vorhandener Grat an der Keilnute mit einer Schlichtfeile entfernt werden. Es soll hierdurch eine Beschädigung der Lager vermieden werden. Das Öl ist aus den Ölkammern der Lagerschilder abzulassen.

Nach Abnahme der beiden Lagerschilder wird der Anker aus dem Gehäuse entfernt. Die Lagerstellen werden von Öl befreit und der Wellenstumpf an der Kollektor- bzw. Schleifringseite durch Aufschieben eines Rohres, welches mit einer Preßspanhülle ausgelegt ist, verlängert (Abb. 63). — Die auf diese Weise hergestellte künstliche Verlängerung der Ankerwelle ermöglicht das Ausbauen des Ankers ohne erheblichen Kraftaufwand und verhindert auch die Beschädigung der empfindlichen Wicklung.

Bei größeren Maschinen muß der Anker mit Hilfe eines Kranes oder Flaschenzuges ausgebaut werden. Es ist hierbei größtenteils genügend geschultes Personal zur Stelle, welches mit derartigen Arbeiten vertraut ist.

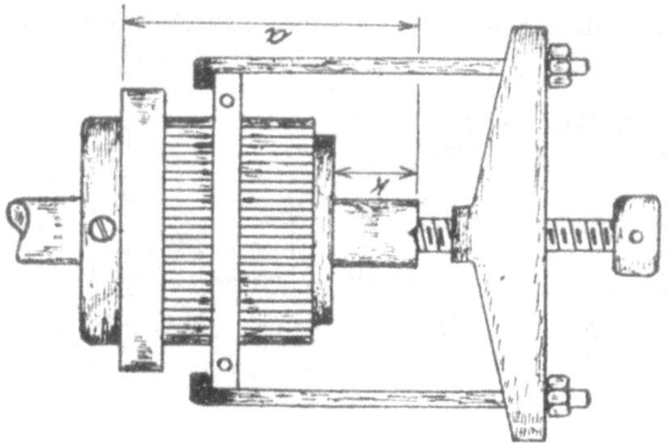

Abb. 66. Abziehen eines Kollektors unter Verwendung der Scheibenabziehvorrichtung.

Der Anker wird auf Holzböcke in einer Höhe gelagert, die dem Ankerwickler in stehender Haltung bequemes Arbeiten ermöglicht.

Muß der Kollektor oder der Schleifringkopf zwecks der vorzunehmenden Instandsetzung von der Welle abgezogen werden, so ist hierfür wieder die bereits erwähnte Abziehvorrichtung nach Möglichkeit zu verwenden. Bevor jedoch die Vorrichtung angesetzt wird, müssen die Arretierungsschrauben, die oftmals sehr versteckt sitzen, gelöst werden. Die Arretierungsschraube hat den Zweck, eine Verschiebung des Kollektors bzw. Schleifringkopfes in axialer Richtung zu verhindern. Die Körnerspitze der Schraube sitzt daher einige Millimeter tief in der Ankerwelle. Die Entfernung derselben ist Grundbedingung für einwandfreien Abbau. Der Sitz der Schraube ist verschiedenartig angeordnet. Bei einigen Erzeugnissen fehlt sie gänzlich.

Abb. 64 und 65 zeigen die Anordnung bei Kollektoren und Schleifringköpfen wie sie im allgemeinen üblich ist.

Ist bei Gleichstrommaschinen die Schraube in Stellung b angeordnet, so ist vielfach die Entfernung der Ankerwicklung notwendig, um die Arretierungsschraube zu lösen und hierauf den Kollektor abziehen zu können.

Läßt sich die Abziehvorrichtung nicht hinter dem Kollektor ansetzen, so empfiehlt es sich, ein Schnellband aus Flacheisen (Abb. 66) um den Kollektor zu spannen. Bei besonders festem Sitz ist der ganze Kollektor mit der Lötlampe zu erwärmen.

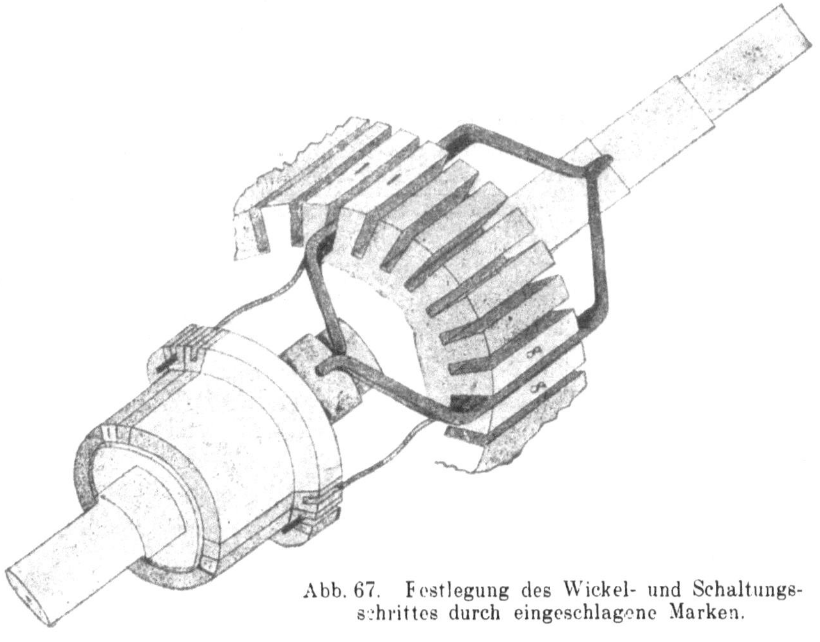

Abb. 67. Festlegung des Wickel- und Schaltungsschrittes durch eingeschlagene Marken.

Vor dem Abziehen des Kollektors sind die Maße a und b in Millimeter schriftlich niederzulegen, wenn die Arbeitsstellung des Kollektors auf der Ankerwelle nicht schon durch einen Wellenansatz oder Körnerloch der Arretierungsschraube gekennzeichnet ist. Die Schaltenden der Wicklung werden vor dem Abbau des Kollektors aus den Lamellen mittels Lötkolben losgelötet und sorgfältig zurückgebogen.

Die Lage eines Anfanges und Endes einer Ankerspule im Kollektor ist mittels Körner oder Zahlen zu zeichnen (Abb. 67). Die Zeichen sind so anzubringen, daß auch der Wickelschritt hierdurch gekennzeichnet ist.

Aus diesen Merkmalen ergibt sich später die Schaltung und der Wickelschritt des Ankers von selbst.

Falls die Entfernung der Ankerwicklung aus dem Ankerkörper erforderlich ist, sind die Bandagen abzunehmen und hierauf die einzelnen Ankerspulen aus den Nuten zu entfernen.

Bei Stab- und Formspulenwicklung ist hierbei der Gebrauch zweckmäßig geformter Spulenheber zu empfehlen.

Die Spulenheber sind aus Werkzeugstahl gefertigt, die Arbeitsflächen derselben sind sauber poliert und haben keine scharfen Kanten. Abb. 68 zeigt Spulenheber und den Gebrauch derselben.

Ist eine Beschädigung der Ankerspulen unter allen Umständen zu vermeiden, soll etwa die Wicklung wieder benutzt werden, so muß zwischen Spulenheber und Spule ein Preßspanstreifen zwischengelegt werden[1]).

Sitzen die Spulen besonders fest in den Ankernuten, z. B. infolge Platzmangel oder des verwendeten Isolierlackes, so ist der ganze Körper

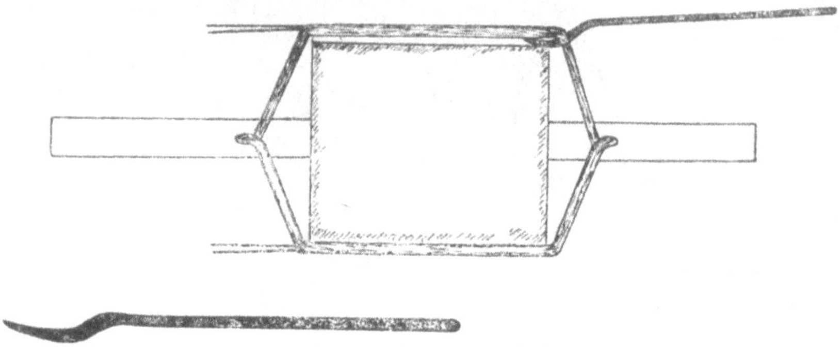

Abb. 68. Spulenheber und der Gebrauch desselben bei dem Abbau einer Formspulenwicklung.

im Trockenofen zu erwärmen. Dieses Verfahren findet auch sinngemäß bei Drehstromwicklungen Anwendung.

Bei Entfernung der Wicklung ist die Drahtstärke und die Windungszahl pro Spule oder Nute festzustellen und schriftlich niederzulegen. Das Gesamtgewicht der Wicklung ist ebenfalls festzustellen und zu buchen.

Bei dem Abbau einer Feldspule[2]) ist die Windungsrichtung der Wicklung, ob im Sinne des Uhrzeigers, oder im entgegengesetzten zu ermitteln und die Schaltweise des Anfanges und Endes der Wicklung festzulegen.

[1]) Siehe auch „Formspulenwicklung“, S. 123.
[2]) Siehe Abb. 127 und 131.

Der Abbau der Drehstrommaschinen erfordert den vorstehenden Ausführungen entsprechende Maßnahmen. Die angeführten Hilfsmittel werden sinngemäß angewandt.

Bei Drehstromläufer mit Stabwicklung ist die Entfernung der Kupferstäbe aus den Nuten vorzugsweise bei durch Lager-

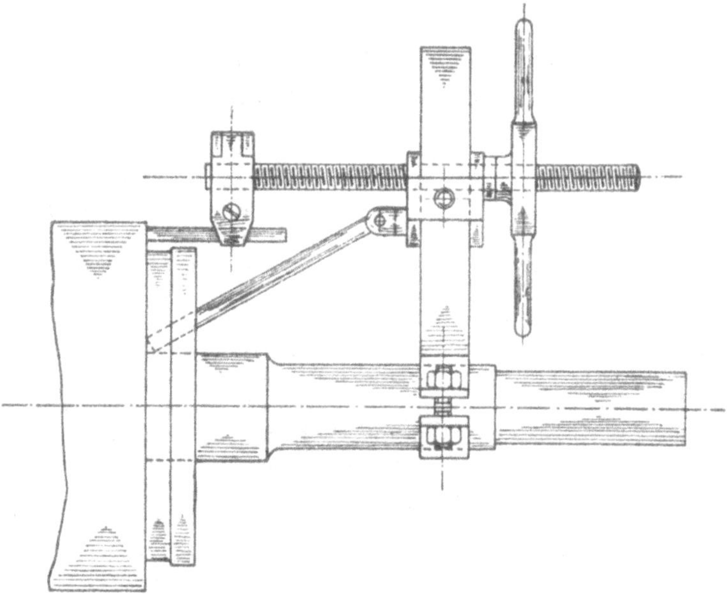

Abb. 69. Vorrichtung zum Abbau von Stabwicklungen bei Drehstromläufer.

beschädigungen entstandene Wicklungsschäden schwierig. Abb. 69 zeigt eine Vorrichtung von K. Grote, Beckum i. W., die eine mühelose beschleunigte und unbeschädigte Entfernung der Stabwicklung aus den Ankernuten ermöglicht.

IV. TEIL

Die Herstellung von Wicklungen an Gleich- und Drehstrommaschinen in Instandsetzungswerken

Allgemeines

Bei der Herstellung von Wicklungen in Instandsetzungswerken handelt es sich im wesentlichen um die Wiederherstellung einzelner Wicklungselemente oder vollständiger Wicklungen, die nach Art, Form und Umfang der ursprünglichen Wicklung gleich sind. Da es sich im allgemeinen nur um eine Nachbildung der bereits vorhandenen Wicklung handelt, fällt auch mehr oder weniger die Berechnung, die beim Neubau elektrischer Maschinen von wesentlicher Bedeutung ist, fort.

Umwicklungen für andere Spannungen und Drehzahlen kommen in den letzten Jahren immer seltener vor. Es handelt sich, wie gesagt, fast ausschließlich um Instandsetzung und Neuwicklung.

Praktisch betrachtet, besteht zwischen der Herstellung von Wicklungen in Instandsetzungswerken und in Motorenfabriken kein Unterschied. Zu beachten wäre nur, daß die Motorenfabriken über vorzüglich durchgearbeitete Maschinen und Hilfsmittel zur Herstellung von Wicklungen verfügen, während man sich in Instandsetzungswerken auf die gebräuchlichsten Maschinen und Behelfe beschränken muß.

Da die Motorenfabriken nur bestimmte Typen von Maschinen bauen, so ergibt sich hieraus die Möglichkeit, ja sogar die Bedingung für das Vorhandensein leistungsfähiger Spezialmaschinen, die aber in einem Instandsetzungswerk fortfallen, da hier die Wicklungen sämtlicher Gattungen, Stromarten und Spannungen angefertigt werden müssen.

Maschinen zur Herstellung von Wicklungen bestimmter Art und Größe können nur in solchen Instandsetzungswerken angeschafft werden, die nur ein bestimmtes Erzeugnis verwenden, z. B. bei Hochbahnen, Straßenbahnen und Hüttenwerke. In den privaten Unternehmungen muß von derartigen Anschaffungen gewöhnlich Abstand genommen werden.

Die nachstehenden Ausführungen über die Herstellung von Wicklungen sind unter Berücksichtigung der vorerwähnten Tatsachen zusammengestellt. Da, wo die Spezialmaschinen fehlen, setzt die geübte praktische Hand des Elektromaschinenbauers ein, so daß letzten Endes diese Wicklung der auf Spezialmaschinen hergestellten in keiner Weise nachsteht.

Es darf hier nicht unerwähnt bleiben, daß von dem Elektromaschinenbauer im Instandsetzungswerk bedeutend umfangreichere Fachkenntnisse und Erfahrungen verlangt werden als in Motorenfabriken. Die schablonenmäßige Teilherstellung fällt in Instandsetzungswerken ganz oder wenigstens teilweise fort. Hier muß der Elektromaschinenbauer gegebenenfalls den Spulenmacher, Löter, Zusammenbauer, Dreher, Schlosser und Prüfmonteur ersetzen. Nur in umfangreichen Unternehmungen lassen sich auch hier diese Arbeiten teilen.

Hauptbedingung bei Neuwicklungen und Instandsetzung ist in allen Fällen schnellste Lieferung und unbedingt sicheres Arbeiten der wiederhergestellten Maschine.

Um diese Bedingungen erfüllen zu können, sind in erster Linie geübte tüchtige Arbeitskräfte erforderlich, die neben einer ausreichenden Praxis im allgemeinen Maschinenbau umfassende Kenntnisse und Erfahrungen in der Anfertigung von Wicklungen sämtlicher Gattungen, Spannungen und Stromarten besitzen (siehe Teil I).

Außerdem ist ein Lager in den gangbaren Abmessungen von Dynamodrähten, und zwar von 0,1 bis 5 mm Durchmesser, unbedingt erforderlich. In manchen Fällen ist es auch möglich, gewisse Sorten Profildrähte auf Lager zu halten.

Die Maschinen mit Profildrahtwicklungen werden immer seltener. Der Einfachheit halber wendet man fast ausschließlich Runddraht- und Stabwicklungen an.

In solchen Fällen, wo Anker mit Profildrahtwicklung in ein Instandsetzungswerk gegeben werden und der Profildraht nicht so schnell wie erforderlich beschafft werden kann, empfiehlt es sich, zur Beschleunigung der Fertigstellung der Instandsetzung, den Querschnitt des Profildrahtes in Runddraht gleichen oder ähnlichen Querschnittes an Hand von Tabellen umzurechnen. Vorausgesetzt ist hierbei jedoch, daß die Raumverhältnisse und die Form der Ankernuten die Ausführung der Wicklung in Runddraht zulassen. Der für Wicklungen benutzte Draht ist zweimal mit Baumwolle oder Seide umsponnen. Nur einmal mit den gleichen Stoffen umsponnene Drähte sind für Ankerwicklungen ungeeignet.

Sollten beengte Raumverhältnisse in den Ankernuten (z. B. bei Umwicklungen) zur Verwendung von nur einmal umsponnenen Drahtes verleiten und den Gebrauch zweimal umsponnenen Drahtes gänzlich unmöglich machen, so ist der Draht unter allen Umständen vor der Verarbeitung mit gutem Isolierlack zu lackieren. Ganz besonders sorgfältige Behandlung bei der Verarbeitung ist Grundbedingung.

Bei Spannungen über 220 Volt ist unbedingt von der Verwendung nur einmal umsponnenen Drahtes abzuraten.

Isolierstoffe[1])

Als Isolierstoffe bei der Herstellung von Ankerwicklungen kommen nur die besten von den guten Qualitäten in Frage. Rohe und geölte **Preßspäne, Ölseide, Ölleinen, Leinenband, Ölleinenband, Glimmer** und **Mikanit** werden mit gutem Erfolg verwandt. Als Nutenisolation kommt fast ausschließlich Preßspan in Verbindung mit Ölleinen in Frage. Bei Spannungen bis 220 Volt genügt Preßspan. Es ist aber zu empfehlen, die Nutenisolation aus zwei oder drei dünnen Lagen herzustellen. Die Isolation ist in diesem Zustand schmiegsamer und reißt an den Ecken nicht so leicht ein.

Bei Spannungen über 220 Volt ist stets in den Nuten außer Preßspan auch Ölleinen zu verwenden. Im äußersten Falle genügt neben Preßspan eine Einlage von Ölleinen an den Ecken des Ankerkernes, weil an diesen Stellen die Durchschlagsgefahr gegen den Eisenkörper am größten ist.

Formspulen und Ankerstäbe werden mit Leinenband isoliert. Das hier zur Verwendung kommende Band soll nicht zu dick und muß in Breiten von 10 bis 30 mm vorrätig sein.

Lötstellen innerhalb der Wicklungen werden mit Ölband und mit Leinenband isoliert.

Die Verwendung von Glimmer als Ankernutenisolation ist nur gerechtfertigt bei Hochspannungsmaschinen.

Im allgemeinen verwendet man nur für Kollektorisolationen Glimmer und künstliche Glimmergebilde (Mikanit). (Siehe Bau von Kollektoren.)

Bei der Wahl und Anwendung der oben angeführten Isolierstoffe ist zu beachten, daß die jeweilig vorhandene Spannung das Maß und die Art der Isolation bestimmt. Es ist vorzugsweise bei Gleichstromankern besondere Sorgfalt auf die Isolation derjenigen Stellen innerhalb der Wicklung zu legen, wo die volle Betriebsspannung zwischen den einzelnen Wicklungselementen auftritt.

Elektro-Isolierlacke

Ihre Bedeutung und Anwendung im Elektromaschinenbau

Das Sondergebiet der Imprägnierung von Wicklungen elektrischer Maschinen ist für den neuzeitlichen Elektromaschinenbau so wichtig — aber auch so vielgestaltig — und umfangreich, daß an dieser Stelle nur ein allgemeiner Hinweis gegeben werden kann.

Gemäß der „Fachlichen Vorschriften zur Regelung des Lehrlingswesens im Elektromaschinenbauer-Handwerk", S. 20, Absatz 3 „Wickelei", Unterabsatz b, hat der Prüfling ausreichende Kenntnisse über die

[1]) Siehe auch „Die Ursachen der Durchschläge usw.", S. 32.
Siehe auch Seite 266, „Werkstoffkunde".

Eigenschaften und Gütewerte der üblichen Imprägnier- und Überzugslacke sowie über die fach- und sachgemäße Imprägnierung und Trocknung der Wicklungen nachzuweisen.

Erhöhte Forderungen dieser Art sind auch in den „Fachlichen Vorschriften für die Meisterprüfung im Elektromaschinenbauer-Handwerk", S. 12, Absatz 12 und S. 19, Absatz „Werkstoffkunde" enthalten.

Damit ist die Wichtigkeit des Stoffgebietes klar gekennzeichnet.

Das Gebiet der Isolierlacke und im unlöslichen Zusammenhang hiermit die Imprägnier- und Trockenanlagen sowie die Anwendungs- und Prüfmethoden sind in den vom Verfasser herausgegebenen Fachbüchern:

1. **Isolierlacke,** deren Eigenschaften und Anwendung in der Elektrotechnik, insbesondere im Elektromaschinenbau, Technischer Verlag Herbert Cram, Berlin W 35, Genthiner Str. 13 (1938),
2. Katechismus für die Ankerwickelei, 8. Aufl., S. 54 bis 66 (Verlag wie vor)

erschöpfend behandelt und durch zahlreiche Abbildungen erläutert. Ergänzend hierzu wird auf die laufenden Veröffentlichungen in der vom Verfasser herausgegebenen Fachzeitschrift „Die elektrische Maschine" (Technischer Verlag Herbert Cram, Berlin W 35, Genthiner Str. 13) hingewiesen und besonders auf die Vorteile der „Programmgesteuerten elektrischen Trockenöfen" aufmerksam gemacht (siehe „EMA" Heft 2, 1942).

Das Vakuum-Imprägnierverfahren im neuzeitlichen Elektromaschinenbau

Im Rahmen der Bestrebungen, die Ausrüstung der Elektromaschinenbaubetriebe den derzeitigen Werkstoffen, sowie dem neuesten Stand der Technik und der Erfahrungen anzugleichen, haben die Vakuum-Imprägnieranlagen in jüngster Zeit in den Kreisen der Elektromaschinenbauer erhöhte Beachtung und Bedeutung gefunden.

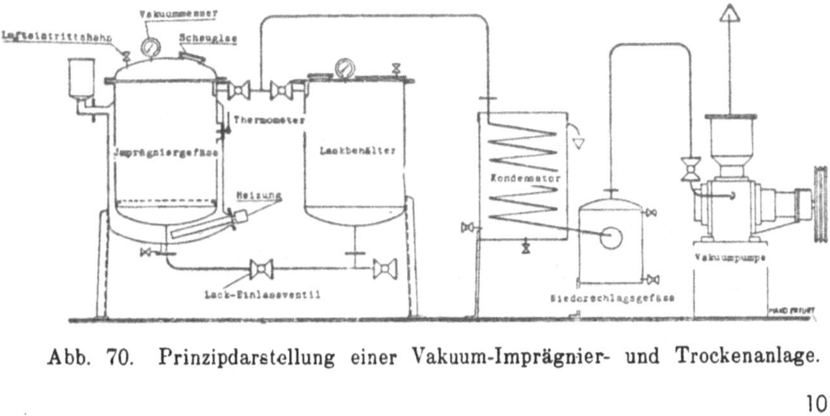

Abb. 70. Prinzipdarstellung einer Vakuum-Imprägnier- und Trockenanlage.

. Fortlaufende Anfragen, die dem Verfasser zugehen, lassen es ratsam erscheinen, die mit der Anschaffung und Anwendung von Vakuum-Imprägnieranlagen zusammenhängenden Fragen nachstehend ausführlich zu behandeln.

Die Imprägnierung und Trocknung von Wicklungen an elektrischen Maschinen umfaßt Fragen, die einerseits mit der Entwicklung auf dem Gebiete der Isolierlacke, -- andererseits aber auch mit dem Begriff „Leistungssteigerung" und nicht zuletzt mit dem Wunsch nach Produktionssteigerung im ursächlichen Zusammenhang stehen. Darüber hinaus bedeutet die Vakuum-Imprägnierung für viele Elektromaschinenbauer ein neues, in den Einzelheiten bisher nicht ausreichend bekanntes Arbeitsverfahren.

Soweit es sich um die Anwendung neuzeitlicher, vielfach auch durch Verwendung von Kunstharzen auf den Markt gekommener Isolierlacke handelt, ist es verständlich, daß vereinzelt in den Verbraucherkreisen vorübergehende Anwendungsschwierigkeiten in Erscheinung treten. Auf der Suche nach einem Ausweg aus solchen vorübergehenden Schwierigkeiten entsteht oft der Wunsch nach einem Vakuum-Imprägnieranlage. In derartigen Fällen können Enttäuschungen eintreten, weil die Ursache der Schwierigkeiten billigerweise nicht durch das Vakuum-Imprägnierverfahren beseitigt werden kann.

Von diesen Ausnahmefällen abgesehen, bietet das Vakuum-Imprägnierverfahren dem Elektromaschinenbauer erhebliche Vorteile, wenn der Anschaffung eine sorgfältige Überprüfung und Beachtung aller einschlägigen Fachfragen vorausgegangen ist, und die Anwendung des Verfahrens fach- und sachgemäß erfolgt.

I. Es herrscht zunächst keine einheitliche und sachliche Auffassung über den Begriff: Vakuum-Imprägnier- und Trockenanlage.

Auf die Belange des Elektromaschinenbaues bezogen, liegt der eigentlichen Sinn und Zweck einer solchen Anlage in den Möglichkeiten:

a) mit Hilfe eines Vakuums die Feuchtigkeit aus den Wicklungskörpern schnell und möglichst restlos zu entfernen,

b) die Wicklungen möglichst vollkommen mit einem hochwertigen Tränk-Isolierlack zu durchdringen,

c) nach erfolgter Durchtränkung die flüchtigen Stoffe des Tränklackes schnell und möglichst restlos aus den Wicklungen wieder zu entfernen.

Diese 3 Vorgänge umfassen den Begriff Vakuum-Vortrocknung und Vakuum-Imprägnierung, d. h. die Trocknung unter Vakuum bezieht sich ausschließlich auf die Vortrocknung (Entziehung der Feuchtigkeit unter Wärme und Vakuum). Für die Trocknung der in Isolierlack getränkten Wicklungskörper kommt nur Luftsauerstoff und Wärme in Betracht, — also kein Vakuum.

d) Ist der Imprägnierkessel der Vakuum-Anlage mit einer Heizung versehen, dann spricht man von einer „Vakuum-Imprägnier- u n d Trockenanlage".

Der ursprüngliche Zweck, den Imprägnierkessel mit einer Heizung zu versehen, war der, die Trocknung gleichzeitig unter Vakuum und Wärme durchführen zu können. Diese Anlagen waren aber nicht für den Elektromaschinenbau, sondern für Zwecke bestimmt, wo es sich fast ausschließlich um die Entziehung von wässriger Feuchtigkeit (z. B. aus Holz, Stein, Mineralien, Papier usw.) handelte.

II. In Unkenntnis der physikalischen und chemischen Vorgänge bei der Trocknung von Öl-Isolierlacken, wurde vielfach das Vakuum-Trockenverfahren auch bei frisch imprägnierten Wicklungen im Elektromaschinenbau angewandt. Es ist nicht verwunderlich, daß hierbei hinsichtlich der Trockenzeiten und der nicht erzielten Tiefentrocknung schwere Enttäuschungen hingenommen werden mußten. Die Ursache hierfür liegt jedoch nicht in der Vakuumanlage, sondern darin, daß Öl-Isolierlacke in einem luftverdünnten Raum überhaupt nicht trocknen können. Es fehlt hier das für die Filmbildung und Trocknung wichtigste Element, nämlich der Sauerstoff.

Andererseits hat in jüngster Zeit die Erkenntnis Platz gegriffen, daß z. B. härtbare Kunstharz-Isolierlacke für die Trocknung keiner Sauerstoffzufuhr bedürfen. Im Hinblick auf die chemischen Vorgänge bei der Trocknung härtbarer Kunstharz-Isolierlacke wäre es jedoch irrig anzunehmen, daß die Trocknung solcher Lacke unter Vakuum geschehen könne bzw. daß diese Trockenmethode hier Vorteile biete. Das ist nicht der Fall. Indessen bieten die härtbaren Kunstharzlacke hinsichtlich des zeitlichen Verlaufes und der angestrebten Tiefentrocknung große Vorteile.

III. Außer den gütemäßigen Vorteilen, die eine Vakuum-Imprägnieranlage dem Elektromaschinenbauer gemäß Ziffber I a—c bietet, ist der geringere Zeitaufwand für den Imprägnier- und Trockenvorgang von wirtschaftlicher Bedeutung. Der Faktor „Zeit" steht bei der Reihenherstellung elektrischer Maschinen vielfach sogar im Vordergrund des Interesses, z. B. in den Fällen, wo die Fertigung am laufenden Band erfolgt. Hier kann die Abkürzung des Imprägnier- und Trockenverfahrens um 1 bis 2 h schon einen erheblichen Einfluß auf die Steigerung der Kapazität haben, und hier tritt auch wieder der härtbare Kunstharz-Isolierlack vorteilhaft in Erscheinung.

IV. Bei Lackdrahtwicklungen spielen alle die Möglichkeiten eine wichtige Rolle, die eine Herabsetzung der Ausfallquote bieten.

Erfahrungsgemäß entfallen etwa 95 % der Ausfälle auf Anlösungsschäden, die durch die anlösende Wirkung der Tränklacke herorgerufen werden. Alle z. Zt. auf dem Markt befindlichen Lackdrähte erfahren in erhitztem Tränklack eine mehr oder weniger starke Quellung und Erweichung der Lackschicht, die durch die Lösungs- und Verdünnungsmittel im Zusammenhang mit deren zeitlichen Einwirkung hervorgerufen wird.

Es ist daher erklärlich, daß eine unter Vakuum beschleunigt durchgeführte Entziehung der flüchtigen Isolierlackstoffe aus den Wicklungen, die Gefahr der Anlösungsrückschläge herabsetzt.

V. Nach diesen allgemeinen Hinweisen wird nachstehend auf nähere Einzelheiten eingegangen, die bei der Auswahl und Anwendung von Vakuum-Imprägnieranlagen von Bedeutung sind. Es wird hierbei ein Beispiel über den Ablauf eines Vakuum-Impärgniervorganges im Elektromaschinenbau vorangestellt, und in bezifferten Anmerkungen zu den einzelnen Phasen des Verfahrens Erklärungen gegeben.

Grundsätzlich ist vor Anschaffung einer Vakuum-Imprägnieranlage eine eingehende Fühlungnahme zwischen dem Hersteller der Anlage, dem Isolierlacklieferanten und dem Besteller dringend anzuraten. Es kommt hierbei darauf an, daß spezielle Fachwissen und Können des Vakuum-Fachmannes mit den Fachkenntnissen und Erfahrungen des Isolierlackspezialisten vereinigt zum Nutzen und Wohle des Dritten, nämlich des Elektromaschinenbauers, zum Einsatz zu bringen.

Der Ablauf einer Vakuum-Imprägnierung

1. Werkstücke sorgfältig in den Imprägnierbehälter einordnen.
2. Imprägnierbehälter schließen. Dichtungsschraube anziehen.
3. Bei heizbaren Imprägnierbehältern die Heizung einschalten.
4. Vakuumpumpe in Betrieb setzen und Imprägnierbehälter evakuieren. Feuchtigkeit entziehen und vortrocknen.
5. Nach beendigter Vortrocknung (Ziffer 3—4) die Vortrockentemperatur auf etwa 40 Grad C herabsetzen. Dann das Ventil zwischen Vakuumpumpe und Imprägnierkessel schließen. Vakuumpumpe stillsetzen.
6. Das Ventil zwischen dem Tränklackbehälter und dem Imprägnierkessel allmählich (Schaumbildung verhüten!) öffnen und den Tränklack in das Imprägniergefäß einsaugen. Durch einen Blick in das Schauglas überzeugen, daß der Tränklack sämtliche Werkstücke im Imprägnierkessel überdeckt. Ventil zwischen Tränklackkessel und Imprägnierbehälter schließen.
7. Imprägniervorgang bei Lackdrahtwicklungen nur wenige Minuten, bei Wicklungen aus umsponnenen Drähten auf etwa 10 bis 15 Min., notfalls länger ausdehnen.
8. Durch Öffnen des am Imprägnierkessel angeordneten Lufteintritthahnes das Vakuum auf Null herabsetzen. Den normalen Luftdruck einige Minuten auf den Lackspiegel wirken lassen.

9. Das zwischen Tränklackbehälter und Imprägnierkessel angeordnete Ventil öffnen. Tränklack in den Tränklackbehälter (notfalls durch Luftdruck) zurückfließen lassen. Abwarten, bis der überflüssige Lack aus den Wicklungskörpern abgetropft und aus dem Imprägnierbehälter auch diese Lackreste entfernt sind.

10. Ventil zwischen Tränklack- und Imprägnierkessel schließen. Lufteintrittshahn am oberen Teil des Imprägnierbehälters schließen.

11. Vakuumpumpe in Betrieb setzen, Heizung einschalten, Lösungs- und Verdünnungsmittel aus den Wicklungen und dem Imprägnierbehälter saugen. Vorgang solange ausdehnen, bis im Niederschlagsgefäß sich kein Niederschlag mehr bildet.

12. Lufteintrittshahn am oberen Teil des Imprägnierkessels öffnen, Frischluft in den Imprägnierbehälter fördern. Tiefentrocknung der Werkstücke durchführen.

Wichtige Anmerkungen zu Ziffer 1 bis 12

Zu Ziffer 1:

a) Die Werkstücke werden zweckmäßig auf Horden etagenweise so neben- und übereinander angeordnet, daß der Nutzraum des Imprägnierkessels bestmöglichst ausgenutzt, und die Beschickung sowie die Entleerung desselben bei geringstem Arbeitszeitaufwand und ohne evtl. Beschädigung der Wicklungen möglich ist.

b) Die geeignete, konstruktive Auslegung der Beschickungshorden (oder Beschickungswagen) ist für den wirtschaftlichen und störungslosen Verlauf des Imprägnier- und Trockenvorganges sehr wichtig. Es ist besonders darauf zu achten, daß der überschüssige Tränklack nach Beendigung des Imprägniervorganges (Abtropfen) sich nicht an irgendeiner Stelle ansammelt und hier als Lackpfütze in dem Imprägnierkessel verbleibt. Bei Verwendung von Beschickungswagen oder Behälter muß der Boden trichterförmig ausgebildet und mit einem Ablaßhahn versehen sein.

c) Verbleiben in dem Imprägnierkessel flüssige Lackrückstände, dann kann der Trockenvorgang ernsthaft gestört werden.

Zu Ziffer 2:

Bei guter Auflage der Dichtungsflächen und einwandfreier Beschaffenheit des Dichtungswerkstoffes genügt ein geringes Anziehen der Dichtungsschrauben. Es ist aber darauf zu achten, daß die außerdem in Frage kommenden Teile der Anlage (z. B. Ventile, Hähne, Rohrleitungen, Flanschen usw.) stets gut abgedichtet sind. Man erkennt dies daran, daß bei stillgesetzter Vakuumpumpe das im Imprägnierkessel erreichte Vakuum längere Zeit konstant bleibt.

Zu Ziffer 3:

a) Ist der Imprägnierkessel gleichzeitig für die Trocknung ausgelegt, also mit einer elektrischen Heizung versehen, dann muß dieselbe so angeordnet sein, daß die entflammbaren, flüchtigen Bestandteile des Tränklackes nicht unmittelbar mit dem Heizdraht der Heizelemente in Berührung kommen und auch keine unzulässigen Temperaturen an dem Schutzmantel der Heizelemente entstehen können. (Vorschrift der Gewerbepolizei für Lack-Trockenanlagen, Trockenöfen usw.)

b) Die Einstell-, Regelbarkeit und Begrenzung der Temperaturhöhe muß durch Einordnung einer entsprechenden, möglichst selbsttätig arbeitenden Apparatur gewährleistet sein.

c) Bei Verwendung härtbarer Kunstharzlacke ist das Einhalten der vom Isolierlacklieferanten vorgeschriebenen Nenn-Trockentemperatur und Trockenzeit von ausschlaggebender Bedeutung für den vollen Erfolg. Die sogenannte Härtetemperatur muß am Werkstück oder in unmittelbarer Nähe der Werkstücke gemessen werden.

d) Da außerdem nur durch die zuverlässige Temperaturmessung am Werkstück die kürzeste und günstigste Trockenzeit für den Gesamtverlauf der Trocknung festgestellt werden kann, so empfiehlt sich hier die Temperaturmessung nach dem Widerstandsverfahren (siehe VDE 0530 XII/37 REM § 34, Berechnung der Wicklungswärme aus der Widerstandszunahme). Eine derartige Meßeinrichtung kann ohne Schwierigkeiten und ohne große Kosten in jede Trockenanlage eingebaut werden. Sie besteht im wesentlichen aus der wärmebeständig isolierten Meßleitung und einem Ohmmesser, dessen Skala zweckmäßig in Celsiusgrade geeicht ist.

e) Bei der Vortrocknung (Entziehung der Feuchtigkeit) genügt für normale Fälle eine Temperatur von 70 bis 80 Grad C.

f) Die Herabsetzung dieser Temperatur vor dem Einlassen des Tränklackes in den Imprägnierkessel, ist mit Rücksicht auf die Erhaltung der Lackgütewerte, bei Lackdrahtwicklung aber auch wegen der Anlösegefahr, — wichtig.

g) Bei Anwendung härtbarer Kunstharzisolierlacke ist darauf zu achten, daß die Rohrleitungen und Ventile zwischen dem Tränklackbehälter und Imprägnierkessel keine Temperaturen annehmen, die eine Aushärtung zurückgebliebener Lackreste zur Folge haben können.

Es kann sonst der Fall eintreten, daß sich die Ventile festsetzen und unbrauchbar werden.

h) Im übrigen ist grundsätzlich zu beachten, daß ausgehärtete Kunstharzlacke in keinem Lösungsmittel löslich sind.

i) Da Isolierlacke ausnahmslos als schlechte Wärmeleiter anzusehen sind, so ist es ratsam, die Heizelemente in dem Imprägnierkessel so anzuordnen, daß diese während des Imprägniervorganges nicht unmittelbar mit dem Tränklack in Berührung kommen. Durch Bildung einer starken Lackhaut auf den Heizkörpern wird der Wirkungsgrad der Heizung u. U. erheblich herabgesetzt bzw. die Nenntemperatur im Trockenraum nicht mehr erreicht.

k) Die an den Beschickungshorden und sonstigen Teilen innerhalb des Imprägnierkessels in den unlöslichen (C) Zustand übergegangenen, härtbaren Kunstharzlacke werden, — sofern hierzu aus irgendeinem Grunde Veranlassung besteht, zweckmäßig mit einer Flamme (Lötlampe, Schweißbrenner) oder durch anderweitiges Erhitzen (Verkohlen) entfernt. Andere Möglichkeiten bestehen nicht.

Öllackhäute können in aggressiven Lösemitteln (z. B. Benzol, Aceton) oder in Kalilauge aufgeweicht und anschließend mittels Spachtel und dergl. von Eisenteilen entfernt werden.

Zu Ziffer 4:

a) Das Inbetriebsetzen und Warten der Vakuumpumpen soll stets nach Anleitung des Lieferanten erfolgen. Die Vakuumpumpen sind in ihrer konstruktiven Auslegung sowie in der Funktion sehr verschieden und bedürfen je für sich einer besonderen Behandlung. (Bedienungsvorschrift gegebenenfalls vom Lieferanten anfordern.)

b) Für die im Elektromaschinenbau normalerweise vorliegenden Fälle genügt erfahrungsgemäß ein Vakuum von etwa 50 bis 60 cm. In schwierigen Fällen ein solches von etwa 70 cm und in Ausnahmefällen (z. B. lagenweise, auf Isolierkörper mit Papierdurchschuß hergestellte Wicklungen) das praktisch erreichbare Höchstvakuum.

c) Bei der sogenannten Vortrocknung handelt es sich bekanntlich um die Entziehung der Feuchtigkeit aus den Wicklungskörpern. Da Wasser bei geringerem Luftdruck als etwa 736 mm schon unterhalb von 100 Grad C beschleunigt siedet, so genügt während der Vortrocknung eine Temperatur von etwa 60 bis 70 Grad C. Die Vortrocknung kann als beendet gelten, wenn im Niederschlagsgefäß keine Wassertropfen mehr abgeschieden werden.

Zu Ziffer 5:

Betr. Herabsetzung der Vortrocken-Temperatur von etwa 60 bis 70 Grad auf etwa 30 bis 40 Grad C siehe Anmerkung zu Ziffer 3.

Zu Ziffer 6:

a) Das Einlassen des Tränklackes in den Imprägnierbehälter ist ganz besonders bei Lacken mit leichtflüssigen Lösungs- und Verdünnungsmitteln (z. B. alkoholhaltigen Kunstharzlacken und Celluloselacken) vielfach von einer unerwünschten Schaumbildung begleitet. Die Schaumbildung ist um so lebhafter, je schneller das Lack-Einlaßventil geöffnet wird. Mit der allmählichen Füllung des Imprägnierbehälters nimmt der Grad der Schaumbildung ab und verschwindet bei ausreichender Füllung gänzlich. Diese ist erreicht, wenn die im Imprägnierkessel eingeordneten Werkstücke mit Tränklack gut überdeckt sind.

b) Bei dem Einsaugevorgang muß das Ventil zwischen Vakuumpumpe und Imprägnierkessel geschlossen, und die Pumpe außer Betrieb sein. Bleibt die Pumpe im Betrieb und das Ventil geöffnet, dann werden aus dem in den Imprägnierbehälter einströmenden Tränklack unnötig erhebliche Mengen Lösungs- und Verdünnungsmittel abgesaugt, und in der Regel auch im Abscheidegefäß niedergeschlagen. Da die abgeschiedenen Lösungs- und Verdünnungsmittel nicht ohne vorherige Aufbereitung wieder als Isolierlack-Verdünnungsmittel verwendet werden können, so ist dieser Hinweis wichtig.

c) Bei Anwendung von ölgefüllten Kreisel-Vakuumpumpen gelangen die Lacklösungs- und Verdünnungsmittel in das Innere der Vakuumpumpe und vermischen sich mit dem Öl, wenn die Pumpe während des Lackeinlasses in Betrieb und das Absperrventil zwischen Pumpe und Imprägnierkessel offen bleibt. Das Öl wird hierdurch flüchtig und entweicht z. T. aus der Vakuumpumpe. Hierdurch kann die Vakuum-Leistung der Pumpe herabgesetzt werden.

d) In gegebenen Fällen kann man den Tränklackbehälter so anordnen, daß der Lack durch natürliches Gefälle in den Imprägnierbehälter fließt. Das Entfernen des Tränklackes aus dem Imprägnierbehälter muß dann durch Anwendung von Druck geschehen.

Zu Ziffer 7:

a) Da bei Lackdrahtwicklungen keine aufsaugfähigen Umspinnstoffe innerhalb der Wicklung vorhanden sind, und der größte Teil der Wicklungen an elektrischen Maschinen im sogenannten Träufelverfahren hergestellt werden, so verbleiben innerhalb der Wicklungen (z. B. in den Nuten des aktiven Eisens) reichlich freie Räume, in welche der Tränklack sehr leicht und schnell eindringen kann. Es genügt für solche Fälle ein relativ geringes Vakuum und eine kurze Imprägnierzeit (3 bis 5 Minuten), um diese Art Wicklungen mit Tränklack auszufüllen.

Die Tränkzeit soll auch schon deswegen auf ein Minimum beschränkt werden, weil bei den derzeit üblichen Lackdrähten in der Regel bei längerer Einwirkung mit einer Anlösung der Lackschicht und mit Anlösungsrückschlägen gerechnet werden muß.

b) Bei Wicklungen aus umsponnenen Drähten fällt die Anlösungsgefahr fort. Hier sind auch innerhalb der einzelnen Wicklungselemente Umspinnstoffe vorhanden, deren Durchtränkung eine längere Zeit erfordert.

Zu Ziffer 8:

a) Nach dem Tränkvorgang gemäß Ziffber 7 soll das Vakuum zum Zweck des Druckausgleiches und zusätzlicher Durchtränkung auf Null herabgesetzt werden.

b) In manchen Fällen wendet man nach Ablauf des Vorganges gemäß Ziffer 8 noch zusätzlich das Druckverfahren an.

Bei Lackdrahtwicklungen an elektrischen Maschinen ist die Anwendung des Druckverfahrens nicht nur überflüssig, sondern das Verfahren birgt auch die Gefahr, daß Druckschäden (Windungs- und Lagenschluß) innerhalb der Wicklungen entstehen.

In besonders gelagerten Fällen kann man aber das Druckverfahren aussichtsreich anwenden. Es empfiehlt sich dann mit Stickstoffgas zu arbeiten, weil bei Anwendung von Preßluft immerhin eine gewisse Explosionsgefahr besteht.

Zu Ziffer 9:

Siehe Anmerkung zu Ziffer 1, Absatz c.

Zu Ziffer 11:

a) Das Absaugen der Tränklack-Lösungs- und Verdünnungsmittel beschleunigt naturgemäß den Trockenvorgang und ermöglicht die Rückgewinnung eines Teiles der flüchtigen Lackbestandteile.

b) Bei Lackdrahtwicklungen ist das beschleunigte Entfernen der flüchtigen Lackbestandteile deswegen besonders wichtig, weil diese eine Quellung und Erweichung der Drahtschicht verursachen. Die Anlösungsgefahr und damit die Gefahr der Rückschläge infolge Anlösungsschäden kann durch diesen Vorgang erheblich herabgesetzt werden.

Zu Ziffer 12:

a) Bei Anwendung von Öllacken ist eine Trocknung unter Vakuum deswegen nicht durchführbar, weil diese Lacke nur unter Zuführung einer ausreichenden Sauerstoffmenge trocknen können. Eine Filmbildung, ganz besonders aber eine Tiefentrocknung, ist bei Öllacken nur durch Sauerstoffzufuhr erreichbar.

b) Bei härtbaren Kunstharz-Isolierlacken ist eine Trocknung (Aushärtung) unter Vakuum nicht empfehlenswert, weil hierbei eine nachteilige Porenbildung in dem Lackfilm entstehen kann. Andererseits ist die Trocknung der härtbaren Kunstharzlacke nicht von der Sauerstoffzufuhr abhängig. Die Trocknung (Härtung) dieser Lacke erfolgt lediglich durch den Einfluß von Wärme.

c) Gemäß Anmerkung zu Ziffer 12, Absatz a und b hat die Trocknung unter Vakuum für den Elektromaschinenbau keine Bedeutung, wenn es sich um die Trocknung der in Isolierlack getränkten Wicklungen und Wicklungskörper handelt.

Bei bereits ordnungsmäßig in Isolierlack imprägnierten und getrockneten Wicklungskörpern kann das Trocknen unter Vakuum in Betracht kommen, wenn es sich um eine nachträgliche Entziehung von Feuchtigkeit handelt, z. B. dann, wenn eine Wicklung durch Hochwasser oder dergl. feucht geworden ist.

d) Bei der Zuführung von Frischluft während der Trocknung (siehe Absatz a) ist die Anwendung eines Ansaug-Filters mit eingebauter Heizpatrone empfehlenswert.

Die Trockenluft soll möglichst staubfrei, feuchtigkeitsfrei und angewärmt in den Imprägnierkessel gelangen.

Der mengenmäßige Bedarf an Frischluft ist bei fetten Öllacken recht erheblich. Es wird sich in gegebenen Fällen empfehlen, die erforderliche Frischluftmenge durch Inbetriebsetzen der Vakuumpumpe (Einsaugen) oder durch Anbau eines Druckventilators mit Regulierschieber (Einblasen) in den Trockenraum sicherzustellen.

Die Anfertigung von Gleichstrom-Ankerwicklungen

Die Herstellung von Wicklungen an Gleichstromankern erfordert im allgemeinen mehr Geschicklichkeit als die Herstellung von Drehstromwicklungen. Die Ausführung dieser Wicklungen ist sehr mannigfaltig, sie werden ohne jede Vorrichtung nur von Hand oder mittels geeigneter Vorrichtungen und Hilfsmittel als Formspulen oder Stabwicklung hergestellt.

Die **Handwicklungen** kommen heute fast nur noch bei zweipoligen Maschinen in Frage. Für mehr als zwei Pole werden die Wicklungen fast stets in Formspulen oder Stabwicklungen ausgeführt.

Die Wirkungsweise dieser drei Wicklungsarten ist prinzipiell gleich. Es kann also eine vorhandene Handwicklung durch Formspulenwicklung ersetzt werden und umgekehrt. Vorausgesetzt, daß die Ausführung des Ankers hierbei keine Schwierigkeiten bereitet.

Grundsätzliche Bedingung für das einwandfreie Arbeiten einer Ankerwicklung ist die technisch richtige Ausführung derselben.

Um diesen Begriff verständlich zu machen, sei erwähnt: Jede elektrische Maschine besitzt die beiden Hauptteile: Anker und Magnetsystem. In dem Anker findet die Umsetzung der Leistung statt, und zwar wird bei einer Dynamo mechanische Leistung in elektrische und umgekehrt bei einem Motor elektrische in mechanische Leistung umgewandelt.

Die Umwandlung der Leistung findet dadurch statt, daß in den Drähten der Ankerwicklung eine elektromotorische Kraft erzeugt wird.

Bei Gleichstrommaschinen geschieht dies durch Drehung des Ankers bei stillstehendem Feld. Bei Dreh- und Wechselstrommaschinen durch Drehung des Magnetfeldes bei stillstehendem Anker.

Die Größe der in einem Anker erzeugten elektromotorischen Kraft ist abhängig von der Feldstärke, der Anzahl der Ankerwindungen und der Umdrehungen des Ankers sowie von der Schaltung der einzelnen Ankerdrähte.

Soll eine elektrische Maschine für eine bestimmte Leistung berechnet werden, so muß der Erbauer für die eben angeführten Einzelheiten bestimmte Zahlen ermitteln.

Die einzelnen Ankerspulen erhalten somit eine bestimmte Windungszahl, der Ankerdraht einen bestimmten Querschnitt, die Wicklung eine bestimmte Schaltung usw. Wird nun bei einer Instandsetzung eine dieser Größen verändert, z. B. wird ein kleinerer Querschnitt des Ankerdrahtes gewählt, so ändert sich folgerichtig auch die Leistung der Maschine. Erhält der Anker weniger Drahtwindungen, so erhöht sich auch bei einem Motor die Umdrehungszahl. Bei

Abb. 70 a. Maschinelle Bewicklung von Kleinankern.

einer Dynamo wird bei gleicher Umdrehungszahl des Ankers nicht mehr die erforderliche Spannung erreicht. Wird das Feld geschwächt, macht der Anker des Motors höhere Umdrehungen, wird es verstärkt, läuft der Anker langsamer.

Durch Änderung der Schaltung einer Ankerwicklung kann die Leistung der Maschine erheblich vermindert oder erhöht werden.

Der Ankerwickler in einem Instandsetzungswerk hat daher besonderen Wert auf die Aufzeichnungen der Wicklungsdaten zu legen, damit nach vollzogener Instandsetzung die Leistung der Maschine der ursprünglichen Leistung entspricht.

Es ist festzustellen[1]):

1. Schaltung der Ankerwicklung. } Abb. 67.
2. Wickelschritt der Ankerwicklung. } Abb. 67.
3. Anzahl der Ankerspulen.
4. Anzahl der Windungen einer Ankerspule.
5. Drahtstärke ohne und mit Isolation.

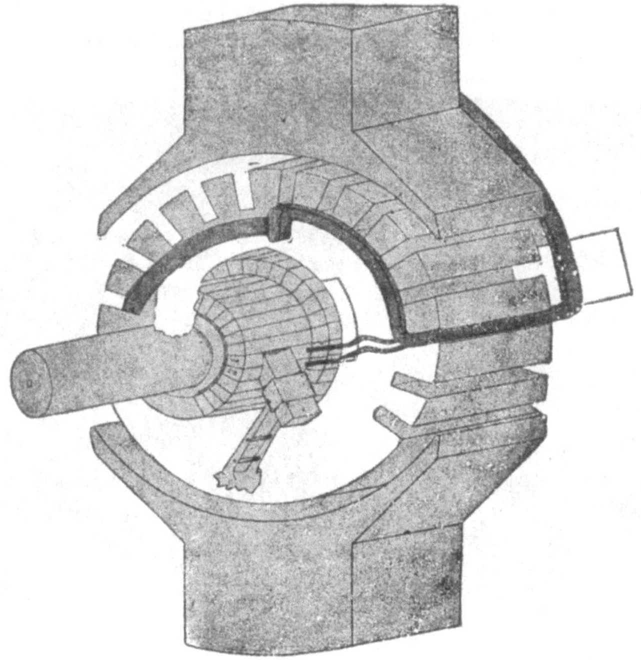

Abb. 71. Die Stellung der Bürsten bei Gleichstrommaschinen.

6. Gesamtgewicht der Wicklung.
7. Stellung der Bürsten (Abb. 37 u. 71).
8. Anzahl der Windungen einer Feldspule.
9. Gewicht einer Feldspule.
10. Drahtstärke einer Feldspule.
11. Schaltung der Feldspulen (siehe auch unter Abbau).

Auf Grund dieser Aufzeichnungen ist die ordnungsmäßige Wiederherstellung der Wicklungen für allgemeine Fälle gewährleistet.

---

[1]) Siehe auch Anhang: Werkstattzettel.

Schaltungen

Innerhalb einer Ankerwicklung sind die einzelnen Wicklungselemente (Spulen) hintereinander oder parallel geschaltet. Die Art jeder Schaltung ist bei der Vorausberechnung einer Gleichstrommaschine, wie schon bemerkt, festgelegt. Die Verlegung der einzelnen Schaltenden von der Ankernute bis zur Kollektorlamelle betrachtet, entspricht der Art der gewählten Schaltung und der Stellung der Bürsten auf dem Kollektor. Mithin kann unter Beibehalt der Schaltart die Verlegung der Schaltenden geändert werden, wenn die Bürstenbrille eine entsprechende Verschiebung der Bürsten auf den Umfang des Kollektors ermöglicht

Als Grundsatz für die Stellung der Bürsten gilt: Die Bürsten dürfen nur mit solchen Ankerspulen in Verbindung stehen, die sich jeweils zwischen den Polschuhen der Feldkerne (in der neutralen Zone) befinden.

In der Abb. 71 ist eine 2polige Gleichstrommaschine dargestellt. Die in dem Anker eingezeichnete Spule (Formspule) liegt mit den beiden Spulenseiten in der neutralen Zone, der Anfang der Spule liegt in Lamelle 1 und das Ende in Lamelle 2 (eingängige Parallelwicklung). Die Schaltenden sind in Verlängerung der Ankernute (gerade) verlegt und die Bürstenstellung ist so gewählt, daß nur solche Spulen mit den Bürsten in Verbindung kommen können, die sich augenblicklich in der neutralen Zone befinden.

Aus der Darstellung ist ersichtlich, daß die Schaltenden unter Beibehaltung der Schaltart (Parallelwicklung) ganz beliebig verlegt werden konnen, wenn die Bürsten verstellbar sind. Stellt man sich vor, daß der Anker in der gezeichneten Stellung verbleibt, die Bürsten jedoch um einige Lamellen nach links verstellt werden, so ist zu ersehen, daß den eingangs erwähnten Forderungen wieder entsprochen ist, wenn die Schaltenden verlängert und in denjenigen Lamellen eingestemmt werden, die von der Bürste bedeckt sind.

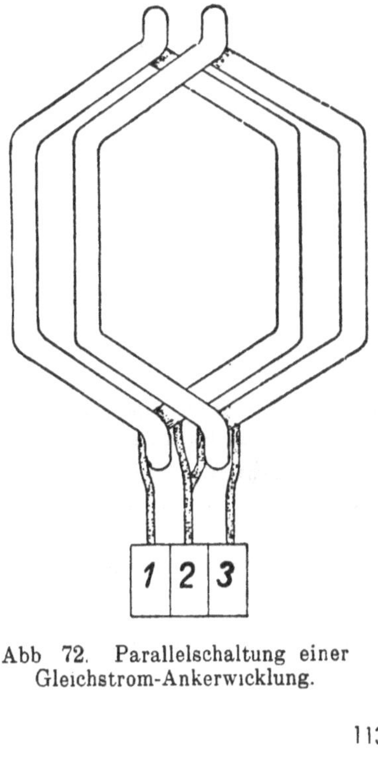

Abb 72. Parallelschaltung einer Gleichstrom-Ankerwicklung.

Die Verlegung der Schaltenden muß vorzugsweise bei *Maschinen mit unverschiebbaren Bürsten* genau beachtet werden. Als Hilfsmittel für unbedingte Erfüllung dieser Forderung dient Abb. 71. Vorausgestzt muß allerdings auch hier werden, daß die Wicklung vor Eintritt der Störung, die die Instandsetzung bedingte, technisch richtig geschaltet war (siehe Teil V). Um dies festzustellen, empfiehlt es sich, die Verlegung der Schaltdrähte entsprechend der Stellung der Bürsten, vor dem Abbau zu untersuchen.

Nach Art der Schaltungen für Gleichstromanker unterscheidet man **Parallel-, Reihen- und Reihenparallelschaltungen.**

Die Bezeichnung dieser Schaltungen[1]) entspricht der Art der jeweils vorliegenden Ankerwicklung. Abb. 72 zeigt die gebräuchlichste Schal-

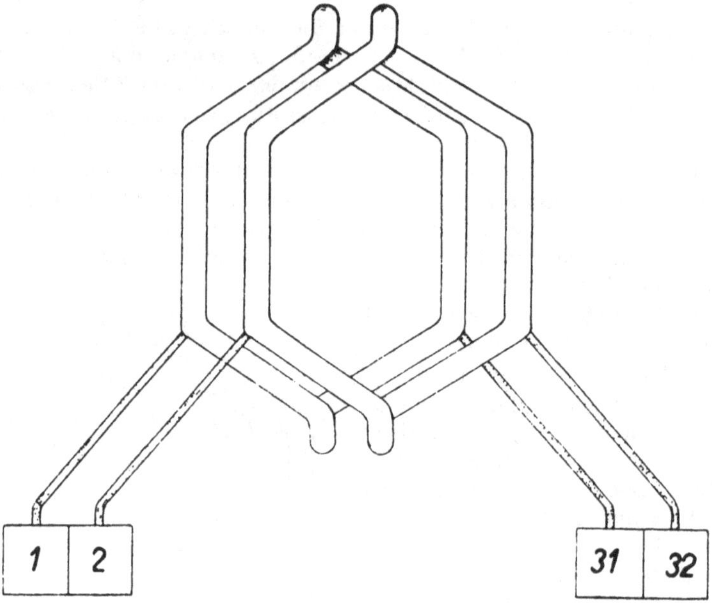

Abb. 73. Reihenschaltung einer Gleichstrom-Ankerwicklung.

tung bei 2poligen Ankern. Die Wicklung ist eine Parallel- oder Schleifenwicklung.

Für mehr als 2polige Maschinen kommen die **Reihen- oder Serienschaltungen** in Frage. Der Verlauf einer Reihenschaltung ist in Abb. 73 angegeben.

Von Lamelle 1 beginnend verläuft die Wicklung durch Nute 1 und 13 zur Lamelle 31. Von Lamelle 31 ab ist die eingezeichnete Spule mit

[1]) Siehe auch Sonderabhandlung über Funkenbildungen an Gleichstrommaschinen.

derjenigen Spule in der Ankerwicklung verbunden, die entsprechend der Polzahl der Maschine unter dem gleichnamigen Felde liegt.

Die Reihenparallelschaltung[1]) ist auch stets Reihenschaltung. Die Wicklung ist jedoch so geschaltet, daß zwei oder mehrere voneinander getrennte Stromkreise entstehen, die durch die Bürsten parallel geschaltet werden. Die schematische Darstellung entspricht der Abb. 73.

Reihenparallelschaltungen werden nur selten, und zwar nur bei Maschinen mit hohen Stromstärken angewandt.

Die wenigen Worte über die Bezeichnungen und die Art der Schaltungen mögen dem Ankerwickler als kurze Inkenntnissetzung dienen.

Es handelt sich ja auch beim Schalten der fertiggestellten Wicklungen um eine Nachbildung der ursprünglichen Schaltung, deren technische Richtigkeit im allgemeinen als selbstverständlich angesehen werden kann. In zweifelhaften Fällen ist ein Schaltbild bei dem Erbauer der Maschine einzufordern bzw. die Wicklung ist nach den Angaben des Leistungsschildes von einem Ingenieur nachzurechnen und die wirklichen Daten zu ermitteln.

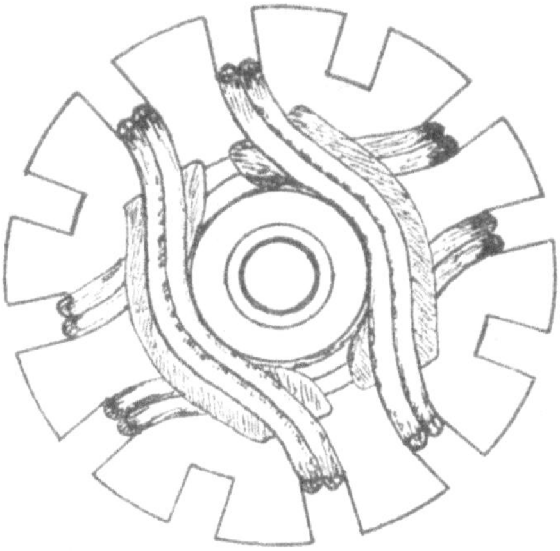

Abb. 74. Anordnung der Spulen auf den Stirnflächen eines Gleichstromankers mit Handwicklung.

Handwicklungen

Die vorzugsweise bei 2poligen Maschinen vorkommenden Handwicklungen zeigen die Abb. 74, 75 und 76. Bei der Ausführung Abb. 74 sind vier Spulen eingezeichnet. Der Wickelschritt ist 1 : 6. Da bei dieser

[1]) Siehe auch Sonderabhandlung über Funkenbildungen an Gleichstrommaschinen.

Art von Wicklung sich je zwei Spulenpaare auf den Stirnseiten des Ankers überkreuzen, so ist an diesen Stellen eine der Betriebsspannung des Ankers entsprechende Isolation zwischenzufügen (Abb. 74).

Die Wicklung hat dieselbe Wirkung wie diejenigen in Abb. 75 und 76 dargestellten. Es kann also jede der drei Wicklungsarten, ohne die Wirkungsweise der Maschine wesentlich zu beeinflussen, zur Anwendung gebracht werden.

Bei der Ausführung von Handwicklungen ist Bedacht darauf zu nehmen, welche der drei angeführten Arten am leichtesten und schnellsten so herzustellen ist, daß die Wicklungsköpfe auf den Stirnflächen des Ankers eine gleichmäßige Form erhalten und der vorhandene Platz am besten ausgenutzt ist.

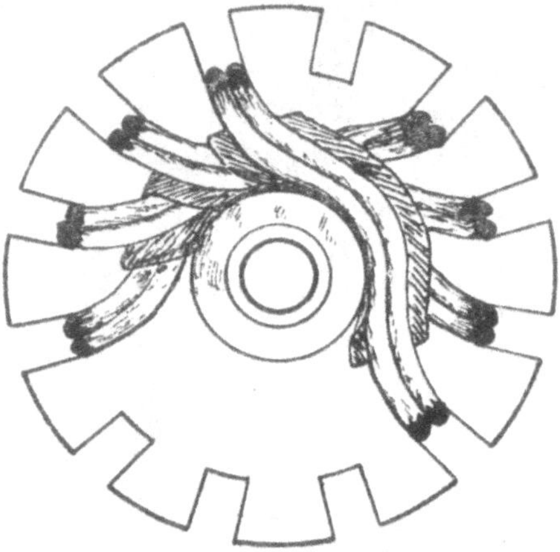

Abb. 75. Anordnung der Spulen auf den Stirnflächen eines Gleichstromankers mit Handwicklung.

Hat der Anker verhältnismäßig große Stirnflächen und sind die zwischen zwei Nuten liegenden Zähne breiter als die Nuten, so ist die Wicklungsart Abb. 75 stets zu empfehlen..

Die Wicklung hat den Vorteil, daß die Isolation zwischen jeder Spule auf den Stirnflächen nur aus dünnem Papier zu bestehen braucht, da zwischen je zwei Spulen nicht die Betriebsspannung, sondern nur ein Bruchteil derselben auftritt. Außerdem können die Spulen fortlaufend eingewickelt werden, so daß nach fertiggestellter Wicklung sämtliche Spulen bereits hintereinandergeschaltet sind.

Dieser letzte Vorteil fällt bei der Art Abb. 76 jedoch wieder fort.

Hier ist beim Wickeln jedesmal eine Nute im Anker überschlagen, so daß jede Spule nach dem Einwickeln abgeschnitten werden muß.

Nach Fertigstellung der Wicklung müssen die Spulen hintereinandergeschaltet werden. Diese letzte Art wird vornehmlich da angewandt, wo begrenzte Raumverhältnisse die Herstellung eines gleichmäßigen Wickelkopfes behindern. Die Isolationen zwischen den Spulen müssen auch hier wieder entsprechend der Betriebsspannung gewählt werden, da sich Spulen, die volle Spannung führen, kreuzen.

Bei den Arten Abb. 74 und 76 empfiehlt es sich, die Anfänge und Enden jeder Spule mit Farbstifte zu bezeichnen, um spätere Schaltfehler zu verhindern. Das Ende einer Spule ist mit dem Anfang der nächstliegenden Spule zu verbinden.

Die praktische Arbeit ist bei den drei angeführten Wicklungsarten gleich.

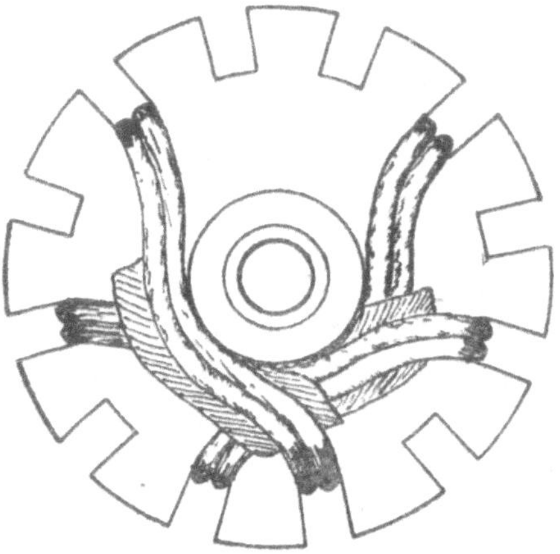

Abb. 76. Anordnung der Spulen auf den Stirnflächen eines Gleichstromankers mit Handwicklung.

Die Nuten des Ankers werden durch Preßspan oder auch durch Ölleinen isoliert, ebenso werden Preßspanscheiben so auf die Stirnflächen des Ankers gelegt, daß eine metallische Berührung der Wicklung mit dem Eisenkörper des Ankers ausgeschlossen ist.

Derjenige Teil der Ankerwelle, der als Wicklungsträger benutzt wird, muß ebenfalls durch Preßspan und Leinenband isoliert werden.

Der **Wicklungsschritt** bei 2poligen Maschinen ist im allgemeinen: Nutenzahl geteilt durch Polzahl. Hat ein Anker also 40 Nuten, so ist der Wicklungsschritt 40 : 2 = 20, also 1 : 20. Nach Abb. 67 verfahren, ist eine Ausrechnung des Wickelschrittes überflüssig.

Nach sorgfältiger Isolation des Ankerkörpers und Feststellung des Wickelschrittes kann mit dem Wickeln begonnen werden.

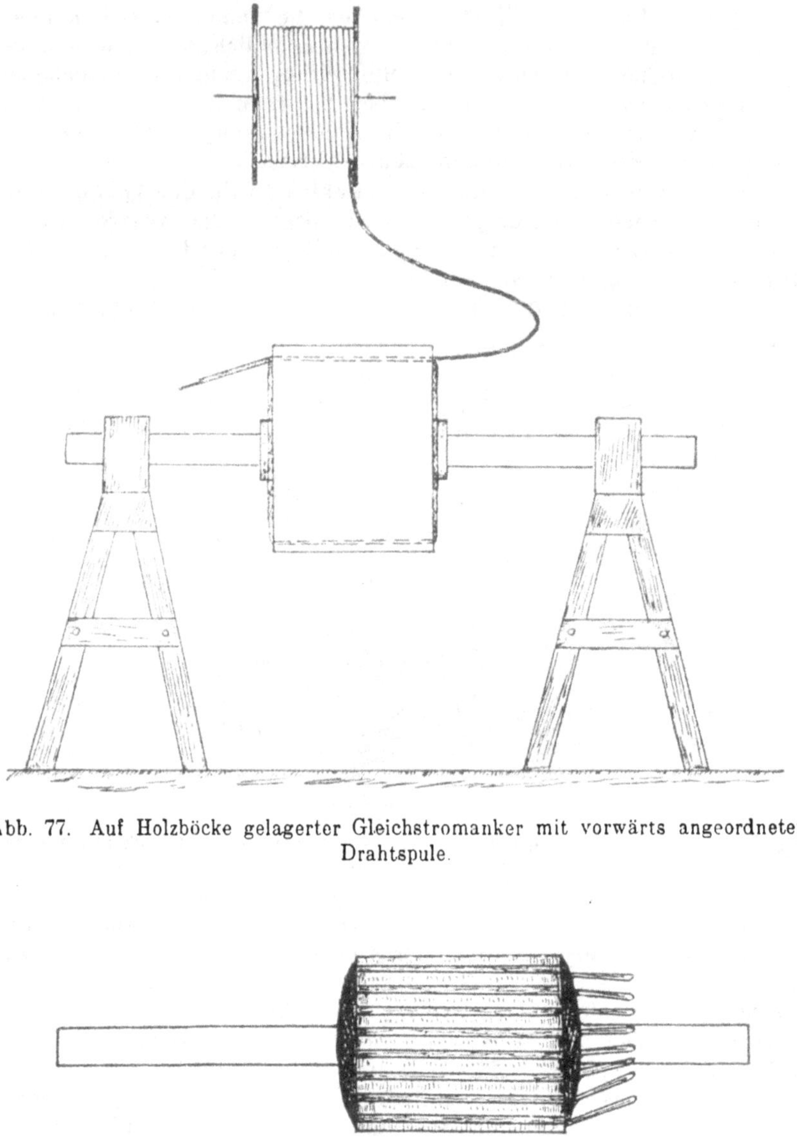

Abb. 77. Auf Holzböcke gelagerter Gleichstromanker mit vorwärts angeordneter Drahtspule.

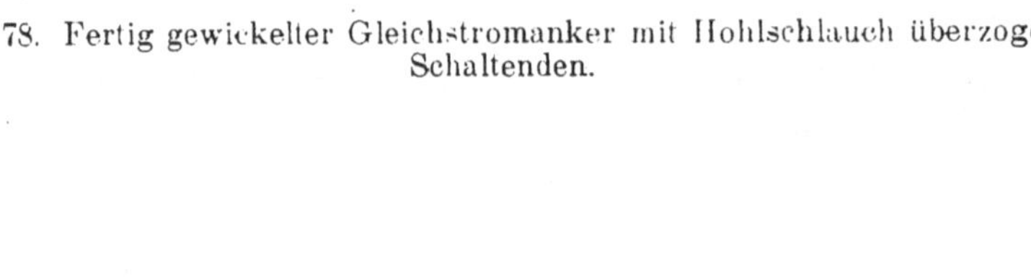

Abb. 78. Fertig gewickelter Gleichstromanker mit Hohlschlauch überzogenen Schaltenden.

Nach Art Abb. 74 würde z. B. folgendermaßen verfahren werden. Der isolierte Ankerkörper liegt auf Holzböcke so hoch, daß der Hersteller in stehender Haltung arbeiten kann. Die Kollektorseite zeigt stets nach links. Vorwärts des Ankers befindet sich auf einer leicht drehbaren Haspel der Wickeldraht (Abb. 77).

Der Anfang ist 2 bis 3 cm länger gewählt, als voraussichtlich erforderlich ist und mit Glanzgarnstrumpf überzogen. Im Sinne des Uhrzeigers (nach rechts) wird jede einzelne Windung sorgfältig in die Ankernute untergebracht. Ist die erforderliche Windungszahl eingewickelt, wird das Ende der Spule vor die nächstliegende Ankernute (vorwärts) gelegt, die Länge A abgemessen, der Draht zu einer Schlaufe gebogen und in die leere Nute zurückgeführt. Die auf diese Weise (siehe Abb. 78) zusammengebrachten Drähte werden mit einer Flachzange so

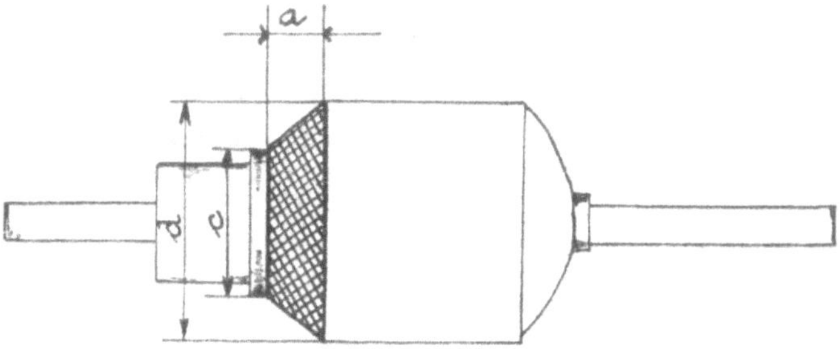

Abb. 79. Das Abgreifen der Maße für den Ausschnitt eines Preßspanstreifens als Schaltunterlage.

zusammengedrückt, daß ein Glanzgarnstrumpf (Hohlschlauch aus Baumwolle) übergezogen werden kann.

Nun wird die zweite Spule, wie aus Abb. 74 ersichtlich, eingewickelt, und so fort, bis sämtliche Nuten vollgewickelt sind. Da in jeder Nute zwei Spulenhälften liegen — (gewissermaßen eine obere und eine untere Lage) —, so ist zwischen den beiden Lagen gute Isolation, und zwar in den Nuten Preßspanstreifen, außerhalb der Nuten möglichst Nessel oder Ölleinen einzufügen. Zwischen den beiden Lagen besteht volle Betriebsspannung.

Nach Fertigstellung der Wicklung werden die mit Glanzgarnstrümpfen überzogenen Schaltenden gerade gerichtet, alsdann der Anker so gedreht, daß der Hersteller vor dem Kollektor steht.

Um den Schaltdrähten eine gleichmäßige Lage zu geben, ist der Raum zwischen Anker und Kollektor durch einen Preßspanstreifen aus-

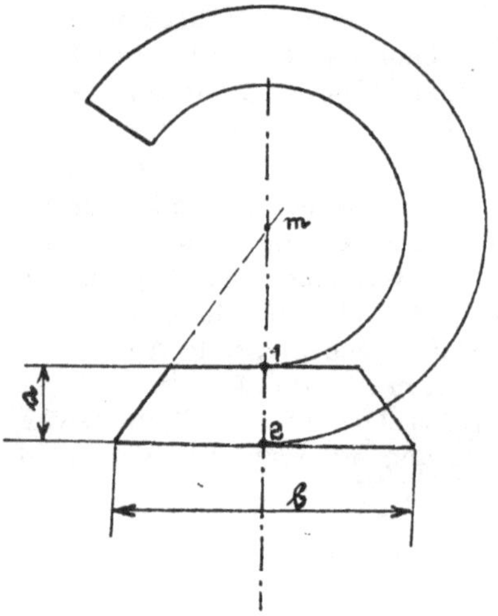

Abb. 80. Das Aufzeichnen der aus Abb. 79 entnommenen Maße auf eine Preßspantafel

zukleiden. Auf dem kegelförmig geschnittenen Preßspanstreifen werden dann die Schaltenden so gelagert, daß dieselben einerseits von der Wicklung isoliert liegen und andererseits die Schaltung zentriert auf dem Anker untergebracht ist.

Um den erforderlichen Preßspanstreifen sofort in der gewünschten Form zu erhalten, sei nachstehend ein Verfahren angegeben:

In Abb. 79 ist der zu bedeckende Teil schraffiert gezeichnet und durch die Abmessungen a, b und c gekennzeichnet. Diese Maße werden dem fertiggewickelten Anker mittels Tasterzirkel entnommen und auf einer Preßspantafel aufgetragen (Abb. 80).

Alsdann werden die Seiten des so aufgezeichneten abgestumpften Kegels mit einem Lineal soweit verlängert, daß ein Schnittpunkt mit der senkrechten Mittellinie erreicht wird. In diesem Schnittpunkt „m" wird ein Zirkel eingesetzt und um die Punkte 1 und 2 Kreisbogen geschlagen. Die durch die Kreisbogen begrenzte Fläche wird ausgeschnitten und ist dann sofort zu verwenden.

Überschlagwicklungen

Die Überschlagwicklung ist auch Handwicklung. Sie unterscheidet sich von den bisher genannten Wicklungen dadurch, daß die Ankerdrähte nicht auf den Stirnflächen des Ankers, sondern auf einen Wicklungsträger, wie dies bei Mantelwicklungen üblich ist, angeordnet sind.

Diese Wicklungsart hat den Vorteil, daß die Arbeit, die bei der Herstellung der Formspulen aufgewendet wird, wegfällt. Andererseits tritt der Nachteil hervor, daß bei Beschädigung einer Ankerspule die ganze Wicklung unbrauchbar ist, da einzelne Spulen nicht ersetzt werden können. Auch läßt sich die Wicklung nur bei solchen Ankern verwenden, deren Windungszahl pro Spule nicht zu hoch (also etwa 2—4 Wdg.) ist.

Die praktische Arbeit bei der Herstellung der Wicklung ist etwa folgende:

Die erforderliche Drahtzahl wird unter Zugabe von 10 bis 15 cm in Spulenlänge abgeschnitten. Auf den Wellenenden des Ankers werden zur Verlängerung mit Preßspan ausgelegte Rohre aufgeschoben und der Anker auf Böcke gelagert.

Alsdann werden der Reihe nach sämtliche Spulen in die mit Isolation ausgelegten Ankernuten eingelegt, die Anfänge in den Kollektor

Abb. 81. Gleichstromanker mit Überschlagwicklung.

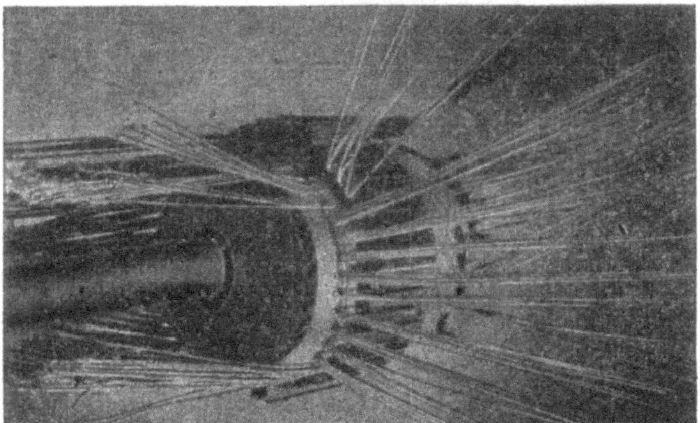

Abb. 82. Gleichstromanker mit Überschlagwicklung.

eingestemmt und die freiliegenden Enden an dem aufgeschobenen Gasrohr befestigt.

Die Verlegung der Anfänge (Schaltenden) entspricht der Stellung der Bürsten (Abb. 37) und der Wicklungsart (Parallel- oder Reihenwicklung).

Sind sämtliche Drähte dem halben Wickelschritt entsprechend gebogen auf dem Spulenträger untergebracht, so wird die ganze Drahtlage mit Leinenband bewickelt und die freiliegenden Drahtenden dem halben Wickelschritt entsprechend übergeklappt und gebogen. Nach Biegung eines jeden Drahtes wird derselbe in die entsprechende Nute gelegt und gleichzeitig dann auf der anderen Ankerseite dem halben Wicklungsschritt entsprechend gebogen. Sind auch hier wiederum sämtliche Drähte untergebracht, so wird die ganze Drahtlage wieder mit Leinenband umwickelt und der Überschlag, wie schon erwähnt, hergestellt. Die Enden werden nach fertiggestellter Wicklung dem Kollektorschritt entsprechend in den Kollektor eingestemmt.

Abb. 83. Gleichstromanker mit Überschlagwicklung.

Bei der Wickelarbeit kann man auch den Kollektor von der Ankerwelle entfernen und die Schaltung nach fertiggestellter Wicklung herstellen.

Für jede Windung einer Spule entsteht eine Drahtlage (Etage). Um diese Drahtlagen zu verdecken, kann man bei Beginn der Wickelarbeit die S p u l e n a n f ä n g e eine Überschlaglänge an der dem Kollektor entgegengesetzten Seite überstehen lassen und diesen Überschlag zuletzt, d. h. nach Fertigstellung der übrigen Etagen, durchführen. In den Abb. 81, 82 und 83 ist entsprechend verfahren worden.

Zwischen jeder Etage besteht Betriebsspannung. Es muß also auch in den Nuten zwischen jeder Drahtlage gute Isolation (Preßspan) eingefügt werden.

Die zu einer Spule gehörenden Drähte können am Wickelkopf mit Leinenband umwickelt werden. Die Wicklung entspricht dann der Darstellung Abb. 81. Wenn man aus der Überschlagwickung eine fertige Spule herausnehmen könnte, so würde diese Spule die Form Abb. 72 haben.

Zum Abschneiden der überstehenden Nutenisolation bedient man sich eines Isolationsschneiders, Abb. 81. Dieses Werkzeug ist aus Stahl gefertigt und besitzt an der Schneide einen keilförmigen Einschnitt.

Überschlagwicklungen werden heute von keiner Motorenfabrik mehr hergestellt. Die Vorteile der Formspulenwicklung haben diese Wicklungsart vollständig verdrängt. Nur in Instandsetzungswerken, und auch nur hier in besonderen Fällen, führt man diese Wicklung noch aus.

Formspulenwicklungen

a) Mantelwicklung

Bei den neueren Gleichstrommaschinen ist die Formspulenwicklung fast ausschließlich angewandt. Ursprünglich hatte man hierbei wohl die Absicht, die Herstellungskosten des Ankers zu verringern. Die Hauptvorteile dieser Wicklungsart sind aber darin zu suchen, daß die Wicklung bei eintretender Störung einzelner Elemente verhältnismäßig leicht wieder hergestellt werden kann. Man darf sich in diesem Punkte allerdings keinen zu großen Hoffnungen hingeben. Wenn nämlich berücksichtigt wird, daß auch bei einer Instandsetzung derartiger Wicklungen sämtliche Schaltenden aus dem Kollektor ausgelötet und gewöhnlich die Hälfte der Spulen aus den Ankernuten entfernt werden müssen, so ist die Aussicht auf unbeschädigte Entfernung der gesunden, also noch brauchbaren Spulen aus dem Anker, gering. Ist die Wicklung außerdem mit ungeeignetem, harten Isolierlack lackiert und ist in den Nuten wenig Platz vorhanden gewesen, so ist gänzliche Neuwicklung des Ankers immer das Richtige.

Zu den angeführten Vorzügen gehört weiter die Tatsache, daß die Formspulenwicklung elektrisch besser arbeitet, weil alle Spulen gleich sind, die Isolierung der Spulen bedeutend besser und zuverlässiger ist und die Wicklung besser gelüftet liegt als die Handwicklung.

Unter Formspulenwicklung im engeren Sinne versteht man die Herstellung der Ankerspulen aus Drähten, welche vor dem Einlegen in die Ankernuten fertig gebogen und isoliert werden.

Für die Herstellung dieser Spulen bedient man sich geeigneter Schablonen aus Holz bzw. Metall oder eigens zu diesem Zweck hergestellter Spezialmaschinen.

Wie im Anfange des Teils IV schon bemerkt, kommen Spezialmaschinen in Instandsetzungswerken kaum oder nur bedingt in Frage.

Eine verhältnismäßig praktische und billige Maschine zur Anfertigung von Formspulen in verschiedenen Größen zeigt Abb. 84. Durch

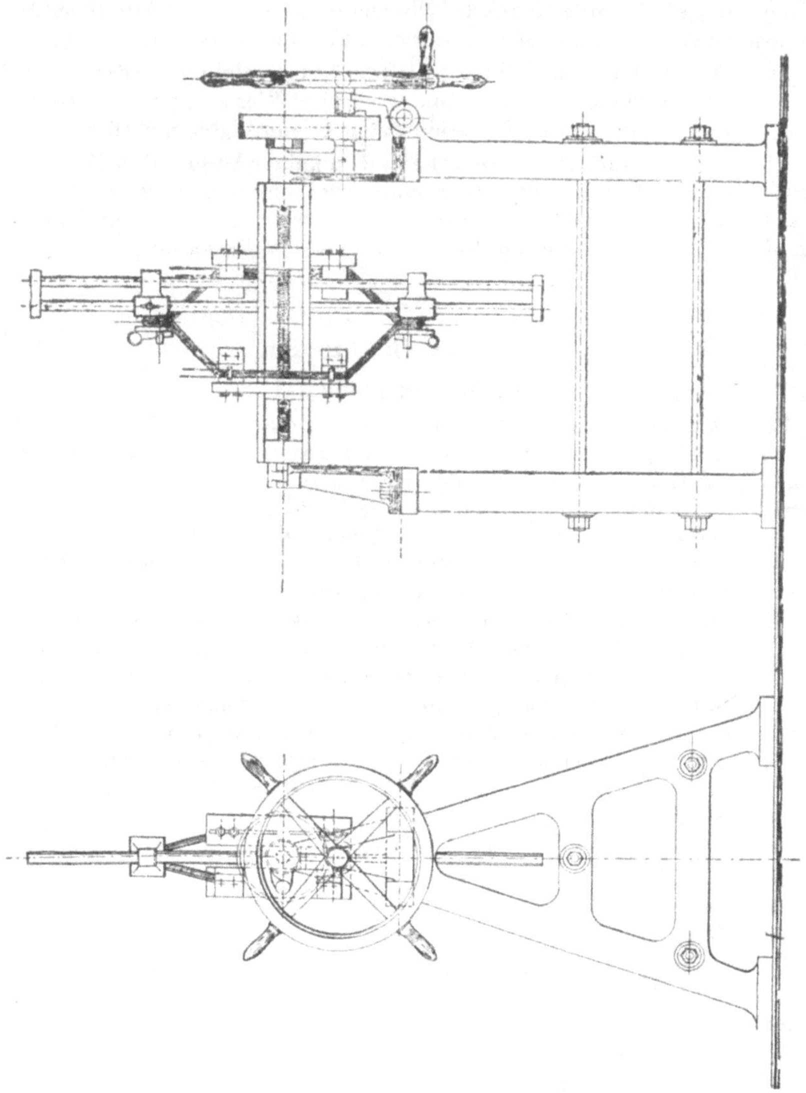

Abb. 84. Ankerspulen-Wickelmaschine, D.R.G.M.

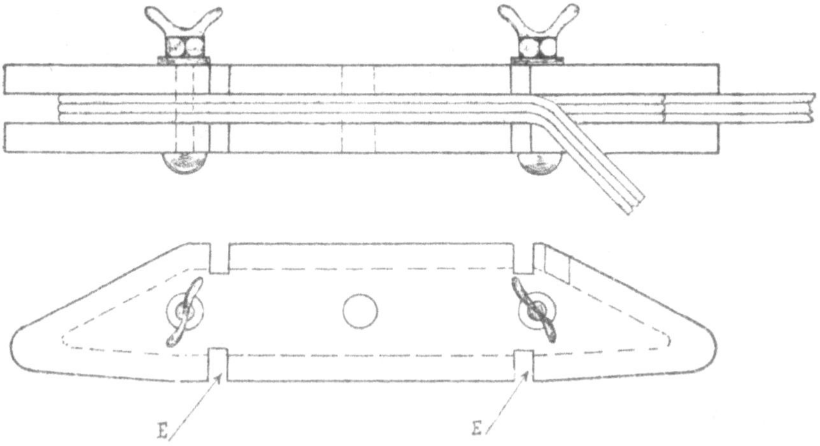

Abb. 85. Zweiteilige Holzschablone zur Anfertigung von Formspulen für Gleichstromanker.

Auswechseln bestimmter Teile an dieser Maschine können verschiedene Größen von Ankerspulen hierauf angefertigt werden. Die Spulen werden

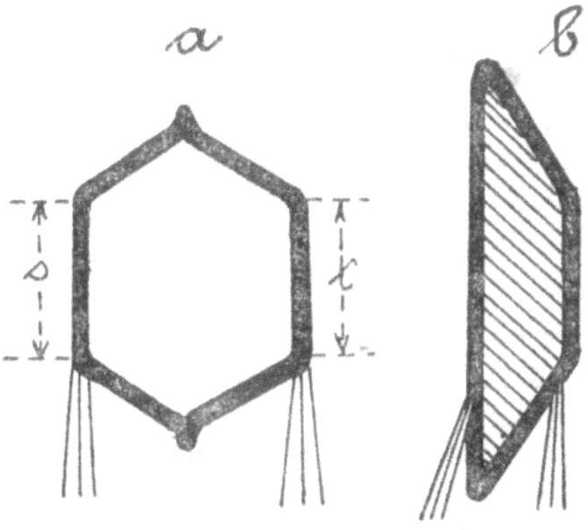

Abb. 86. Ermittelung der Abmessungen für die Zwischenlage der Holzschablone.

zunächst wie auf der Schere (Abb. 97) gewickelt und hierauf durch Betätigung des Handrades dem Wickelschritt entsprechend aufgezogen. Die so entstandenen Spulen haben den Vorzug, alle gleiche Form zu haben.

Durch die vielseitige Verwendung dieser Maschine ist die Anschaffung derselben empfehlenswert. Der Begriff „Spezialmaschinen" in vorerwähntem Sinne trifft hier nicht zu.

Ist eine derartige Maschine nicht vorhanden, so kommt für die Herstellung bestimmter Formspulen die H o l z s c h a b l o n e in Frage. Es ist dies ein altbekanntes, bewährtes und billiges Hilfsmittel, dessen Anfertigung sehr einfach ist. Abb. 85 zeigt eine Holzschablone in zwei Ansichten. Die Seitenteile sind aus trockenem Buchenholz, die Zwischenlage aus Fibre oder Metall hergestellt. Diese Schablone ist zweiteilig und wird durch zwei Flügelschrauben zusammengehalten (Abb. 85).

Die Einschnitte „E" müssen reichlich breit und so tief sein, daß bequem Bindedrähte oder Bindfäden unter die fertiggewickelte Spule eingeschoben werden können.

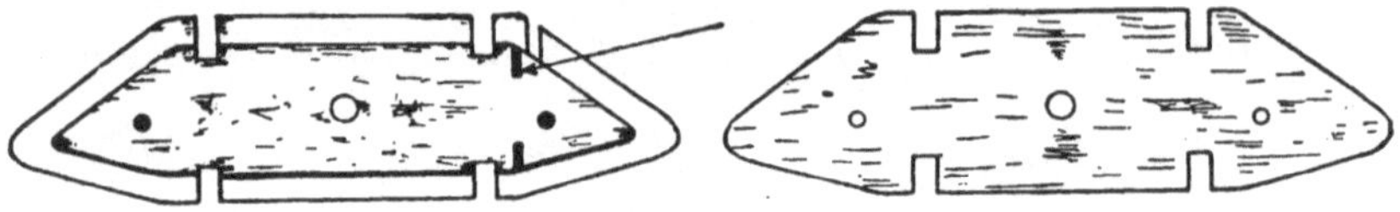

Abb. 87. Geöffnete Holzschablone mit eingezeichneten Markenstrichen.

Um bei der Herstellung solcher Schablonen Zeitverluste zu vermeiden, empfiehlt es sich, die Seitenteile in gehobeltem Zustande für die etwa vorkommenden Größen vorrätig zu halten.

Mit der Zeit sammelt sich der Bestand der Schablonen zu einem Umfang an, der Neuanfertigungen nicht mehr erfordert. Die Seitenteile sind stets für mehrere Spulengrößen durch Vertiefung der Einschnitte zu verwenden. Die Zwischenlagen jedoch ändern sich je nach Spulenbreite und nach den übrigen Abmessungen, die im allgemeinen durch eine Spule von der beschädigten Wicklung gegeben sind.

Um die Maße für die Zwischenlagen zu erhalten, verfahre man zweckmäßig folgendermaßen:

Aus der beschädigten Ankerwicklung wird eine möglichst gut erhaltene Spule sorgfältig entfernt. Die so erhaltene Spule hat die Form a in Abb. 86. Die Spule ist von oben gesehen gezeichnet und diejenigen Teile, die in den Ankernuten untergebracht sind, sind mit den Buchstaben „s" und „t" gekennzeichnet. Der Teil „s" wird zwischen den Backen eines Schraubstockes gespannt und hierauf der Teil „t" soweit nach links gedrückt, bis beide Teile übereinanderstehen. Hierauf wird die Spule aus dem Schraubstock genommen und auf einer gehobelten Holzfläche mittels Holzhammers so gerichtet, daß Form „b" in Abb. 86 entsteht. Form „b" stellt die Spule in der Seitenansicht dar.

Wenn man jetzt die Bandumwicklung entfernen und die Drähte der Spule abwickeln würde, so hätte man die Anfertigung der Spule in umgekehrter Reihenfolge durchgeführt.

Die Spule bleibt jedoch in Form „b", sie wird auf einen Preßspanstreifen gelegt und mit Hilfe eines Bleistiftes derjenige Teil nachgezeichnet, der schraffiert in Abb. 86 angedeutet ist.

Die so entstandene Figur wird mit Hilfe eines Lineals und Bleistiftes in ihrer Gesamtform verbessert, d. h. die Umgrenzungslinien werden gerade nachgezogen, so daß eine gleichmäßige Figur entsteht. Diese Form, die der Zwischenlage der Schablone entspricht, wird ausgeschnitten, auf ein gehobeltes Brett aus Hartholz (Fibre usw.) gelegt und die Form mittels Bleistift oder Reißnadel übertragen. Die Stärke der Zwischenlage richtet sich nach der Anzahl der nebeneinanderliegenden Drähte und ist tunlichst mit einem Mikrometer festzustellen.

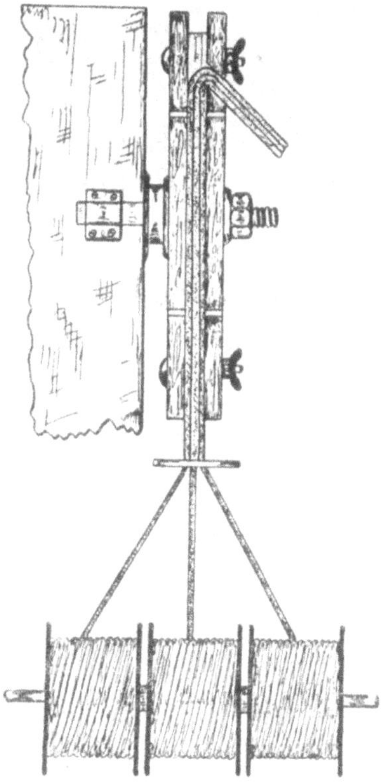

Abb. 88. Der Gebrauch der zweiteiligen Holzschablone mit Anordnung der Drahtrollen.

Nach Bearbeitung der Zwischenlage mit Säge, Raspel, Feile und Glaspapier, werden die in Abb. 87 erkennbaren Löcher eingebohrt. Hierauf wird die Schablone zusammengesetzt und die Einschnitte ausgesägt.

Nach Fertigstellung der Schablone in der vorbeschriebenen Weise wird dieselbe wieder geöffnet. Die Zwischenlage wird nun mit dünnen Drahtstiften auf einen Seitenteil festgenagelt (vorzugsweise müssen die Ecken fest aufliegen), sodann werden durch Auflegen der Musterspule diejenigen Stellen eingezeichnet, wo die Schaltenden (Anfänge und Enden) aus der Bandumwicklung heraustreten. Diese beiden Stellen werden später auf jeder Spule angezeichnet, und zwar b e v o r die Spule aus der Schablone genommen wird. Die so gebrauchsfertige Schablone würde geöffnet der Darstellung in Abb. 87 entsprechen. Der Gebrauch der Schablone ist aus Abb. 88 zu ersehen.

Die Schablone wird, wie in der Abbildung gezeichnet, auf einen Gewindedorn geschoben, der an der Werkbank befestigt ist. Zwischen Werkbank und Schablone muß durch Zwischenlage eines Rohrstückes ein Abstand geschaffen werden, durch eine Schraubenmutter mit Unterlegscheibe wird die seitliche Bewegung begrenzt.

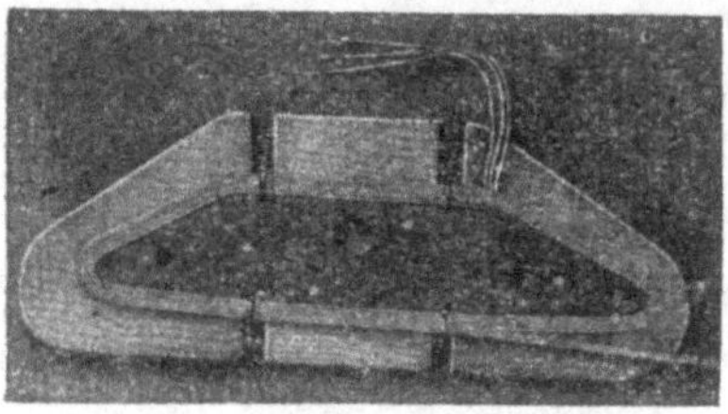

Abb. 89. Anker-Formspule in der geöffneten Schablone.

Rückwärts der Drehrichtung sind die Drahtspulen je nach Bedarf zu zweien, dreien, vieren usw. angeordnet. Die Anordnung der Drahtspulen sowohl als auch die Befestigung der Schablone kann beliebig anders gewählt werden, je nach den Platzverhältnissen und den zur Verfügung stehenden Geräten.

Abb. 89 zeigt eine auf die beschriebene Art entstandene Ankerspule in der geöffneten Schablone. Um der Spule einen Zusammenhalt zu geben, sind durch die hierfür vorgesehenen Einschnitte dünne Kupferdrähte geschlungen und mit einer Flachzange verdrillt.

Mittels weichen Bleistiftes sind die Markenstriche, die bei Besprechung der Abb. 87 genannt wurden, auf die fertig gewickelte Spule

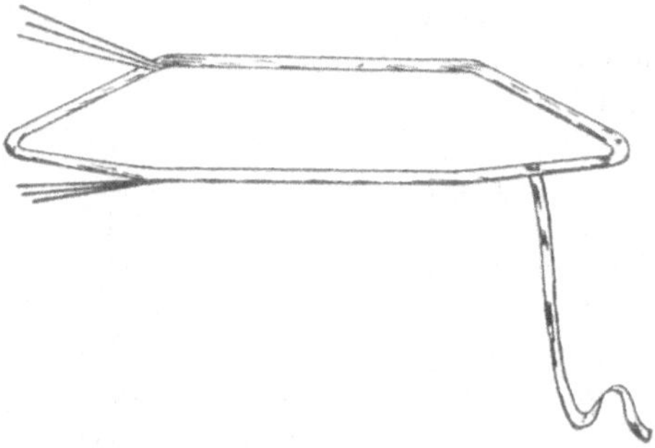

Abb. 90. Ausgangsstelle für die Bewicklung einer Formspule mit Leinenband.

übertragen. Die Schaltenden (Anfänge und Enden) sind durch Glanzgarnstrümpfe besonders gut isoliert.

Die Spule wird in diesem Zustande mittels angeschärften Fibrekeiles aus der Schablone entfernt und mit Leinenband umwickelt. Vor der Bandumwicklung die Spulen in Isolierlack zu tränken, hat sich in Instandsetzungswerken nicht einstimmig als zweckmäßig erwiesen, da die Baumwolle der isolierten Drähte bei der weiteren Verarbeitung der Spulen in ungetränktem Zustande gegen Druck widerstandfähiger ist.

Bei der Umwicklung der Spulen mit Leinenband ist darauf zu achten, daß die Glanzgarnstrümpfe etwa ½ cm fest mit eingewickelt werden. Die aufgezeichneten Markenstriche müssen hierbei genau beachtet werden, damit der Austritt der Schaltenden aus der Umwicklung bei allen Spulen gleichmäßig ist.

Die Längen der Schaltenden und Glanzgarnstrümpfe sind jeweils von der Musterspule unter Zugabe von 3 bis 4 cm zu ermitteln. Um die gewünschte Gleichmäßigkeit in den erwähnten Längen zu erhalten, sind aus Preßspanstreifen entsprechende Schablonen auszuschneiden, mit deren Hilfe dem Bedürfnis leicht Rechnung getragen wird.

Es ist zu empfehlen, stets erst nur zwei Spulen fertig zu wickeln, dieselben gebrauchsfertig zu formen und in die Nuten einzupassen.

Sind auf diese Weise die erhaltenen Abmessungen der Spulen als gebrauchsfähig geprüft, so steht der weiteren Anfertigung nichts mehr im Wege. Die Prüfung soll sich nicht nur darauf erstrecken, ob die Spulen in dem Raum der Ankernuten untergebracht werden können, auch die Länge der Schaltenden und Glanzgarnstrümpfe, die Stärke der Nutenisolation und der Zwischenlagen sollen festgestellt werden, damit eine störungslose Fertigstellung der Wicklung im weiteren Verlauf gewährleistet ist.

Abb. 91. Anordnung der Klebestellen der Bandumwicklung.

Die Umwicklung der in vorstehender Weise fertiggestellten Spulen mit Leinenband verlangt besondere Sorgfalt.

Es ist zunächst nicht gleichgültig, an welcher Stelle die Umwicklung begonnen wird. Weiter ist darauf zu achten, daß nur eine Bandlänge, soweit es eben mit der Spulengröße vereinbart werden kann, benutzt wird. Nicht zuletzt ist es von wesentlicher Bedeutung, daß vorzugsweise an den Stellen der Spule, die später in die Ankernuten zu liegen kommen, das Leinenband nicht mehr als zweimal um die Spule gewickelt wird.

Die ordnungsmäßige Umwicklung einer Spule soll folgendermaßen vor sich gehen:

In sitzender Haltung wird die Spule, mit den Schaltenden nach links zeigend, über den Schoß gehalten. Hierauf wird das auf Maß geschnittene Leinenband am Anfang mit Klebelack dünn bestrichen und an den Teil der Spule angesetzt, der später außerhalb des Ankerkörpers in die untere Lage der Wicklung zu liegen kommt.

Um diese Stelle näher kenntlich zu machen, ist der Arbeit vorgegriffen und die fertige Spule in Abb. 91 dargestellt. Die fragliche Stelle ist der Deutlichkeit halber schwarz ausgefüllt.

Wie aus der Abbildung ersichtlich, kommt dieser Teil der Spule später außerhalb der Nuten und in die untere Lage der Wicklung zu liegen. Es soll durch diese Anordnung verhindert werden, daß das Ende des Leinenbandes, welches nach beendeter Umwicklung der Spule an der Ausgangsstelle angeklebt wird, sich bei der späteren Arbeitsleistung des Ankers lösen kann.

Auch schon beim Wickeln des Ankers, wenn die Ankerspulen von Hand nachgeformt und in die Ankernuten gedrückt werden, macht sich der Vorteil dieser Anordnung bemerkbar. Die Klebestellen werden durch den seitlichen Druck der benachbarten Spule mit festgehalten und liegen da, wo der Hersteller die Spule nur einmal bearbeitet.

Nach dem Ankleben des Anfanges nach Abb. 90 wird das Leinenband grundsätzlich nach rechts so um die Spule gewickelt, daß sich die Bandlage auf die Hälfte des Bandes deckt.

Hierdurch wird vermieden, daß die Bandumwicklung ungleich dick wird, welches beim Einlegen der Spule in die Ankernute nachteilig wirken würde.

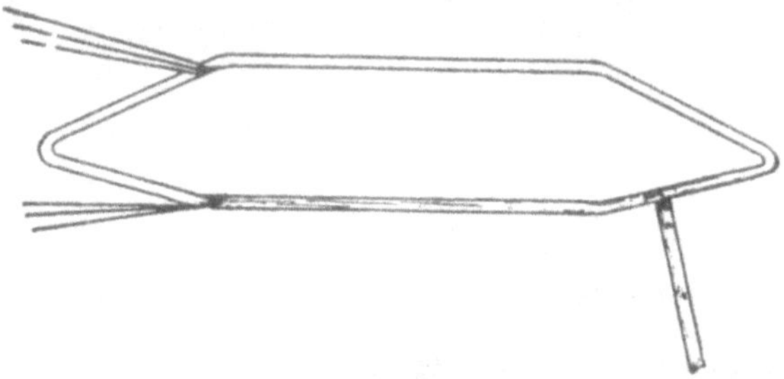

Abb. 92. Bewicklung einer Formspule mit Leinenband.

Die Spule wird bei dieser Arbeit mit der linken Hand zwischen Daumen (oben) und Zeigefinger (unten) so gehalten, daß die einzelnen Drahtlagen unmittelbar vor der Bewicklung durch Druck der beiden Finger vor Verschiebung gesichert sind.

Daumen und Zeigefinger folgen der fortschreitenden Bewicklung, die Spule dreht sich langsam mit.

Beim Lösen der Bindedrähte sind Beschädigungen der Spulendrähte durch sorgfältige Arbeit zu vermeiden.

Die Isolation der einzelnen Drähte ist während der Umwicklung stets auf Beschädigung zu prüfen, auch auf etwaige Überkreuzungen einzelner Drähte ist zu achten. Falls sich die Überkreuzungen nicht beheben lassen, ist die Spule von der weiteren Verarbeitung auszuschalten und zurückzulegen. Sie kann später abgewickelt und nach sorgfältiger Glättung der Drähte nochmals in der Schablone aufgespult werden. Im anderen Falle ist von einer Verwendung abzusehen.

Wird bei der Bewicklung die Stelle erreicht, die durch Markenstrich (siehe Abb. 87) kenntlich gemacht ist, so muß man sich überzeugen, daß die Glanzgarnstrümpfe etwa ½ cm über den Strich hinausgehen, damit eine gleichmäßige feste Lage der Strümpfe und folgerichtig auch ein gleichmäßiger Austritt der Schaltenden aus der Umwicklung erreicht wird.

Die Strümpfe der oberen Schaltenden müssen besonders fest liegen, weil dieselben während des Wickelvorganges und bei dem späteren Betriebe des Ankers besonders beansprucht werden.

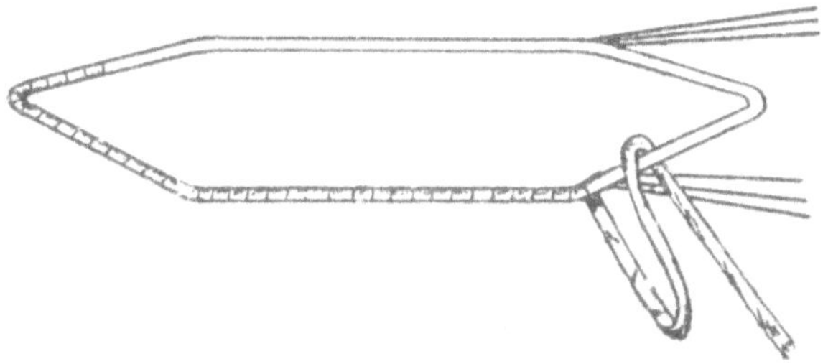

Abb. 93. Festlegung der Schaltenden bei Formspulen.

Um die gewünschte feste Lage zu erreichen, ist das Leinenband an dieser Stelle zunächst zwischen den Schaltenden und der Spule (Abb. 93) und dann nochmals in fortschreitendem Sinne über die bereits bedeckte Marke zu wickeln. Bei den unteren Schaltdrähten kann von dieser Vorsichtsmaßregel abgesehen werden.

Abb. 94. Abschneiden der Bandlängen für die Bewicklung der Formspulen mit Leinenband.

Um einen möglichst **g e r i n g e n A b f a l l d e s L e i n e n b a n d e s** zu erreichen, ist die erforderliche Länge genau festzustellen. Dies geschieht in einfacher Weise dadurch, daß man zunächst ein Band in der ungefähr 3½fachen Länge der ganzen Spule von der Rolle abschneidet und dieses Maß durch Kreidestriche auf der Werkbank markiert. Falls sich diese Länge als zu kurz oder zu lang ergibt, wird das Maß entsprechend verbessert.

Diese richtige Bandlänge wird durch Änderung der Markenstriche vermerkt. Alsdann werden zwei Nägel an den bezeichneten Stellen in die Werkbank nicht zu tief eingeschlagen (Abb. 94) und das Band um die Nägel ½mal soviel geschlungen, als Spulen vorhanden sind. Hierauf wird ein Nagel entfernt und die Bandlagen durchschnitten, dasselbe geschieht mit dem zweiten Nagel, so daß nach Durchschneiden der beiden

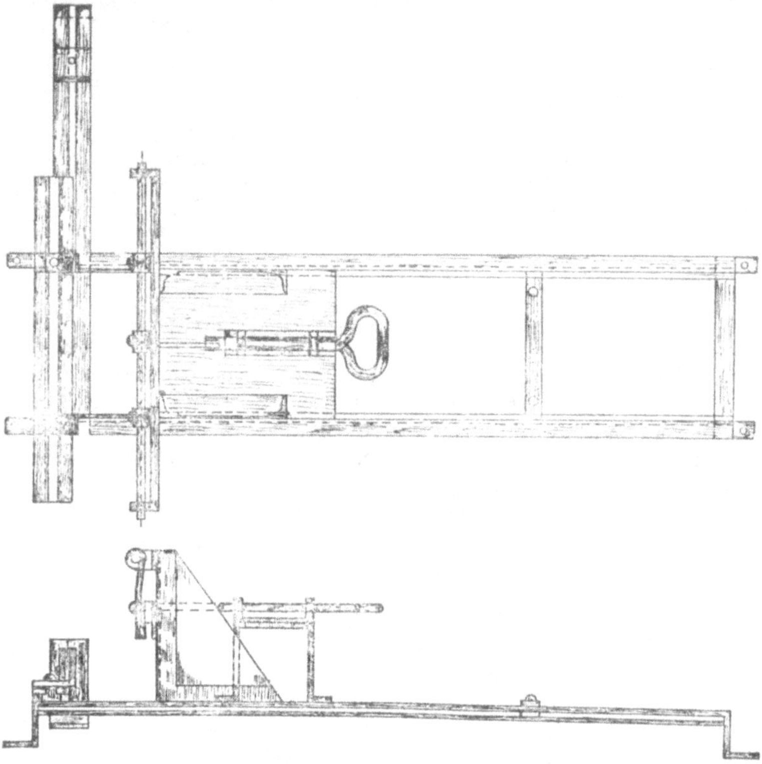

Abb. 95. Aufziehvorrichtung für Formspulen.

Bandlagen die gewünschte Anzahl und Längen der erforderlichen Bänder vorhanden ist.

Man hat schon früher die Umwicklung der Formspulen mit eigens zu diesem Zwecke hergestellten Maschinen bewerkstelligen wollen, jedoch hat keine dieser Maschinen die praktische Hand ersetzen können.

Mit dem vorstehend besprochenen Vorgang sind die Spulen in der Form, wie sie die Schablone verlassen haben, mit Leinenband umwickelt worden. In dieser Form können die Spulen jedoch noch nicht in die Ankernuten gelegt werden, es muß jetzt noch die gebrauchsfertige Spulenform durch geeignete einfache Hilfsmittel erreicht werden.

Abb. 95 zeigt eine Spulenziehvorrichtung in einfacher und praktischer Ausführung.

Die Vorrichtung besitzt die Vorteile, daß durch verstellbare Anordnung der einzelnen Formteile fast sämtliche Spulengrößen verarbeitet werden können und daß alle Spulen die gleiche Form erhalten.

Im äußersten Falle kann dieselbe Arbeit mit zwei zu diesem Zweck angefertigten Hölzern (Abb. 96) im Schraubstock ausgeführt werden.

In diesem Falle muß aber jede einzelne Spule vorher mit Bleistift gezeichnet werden, damit eine gleichmäßige Form entsteht. Die Länge

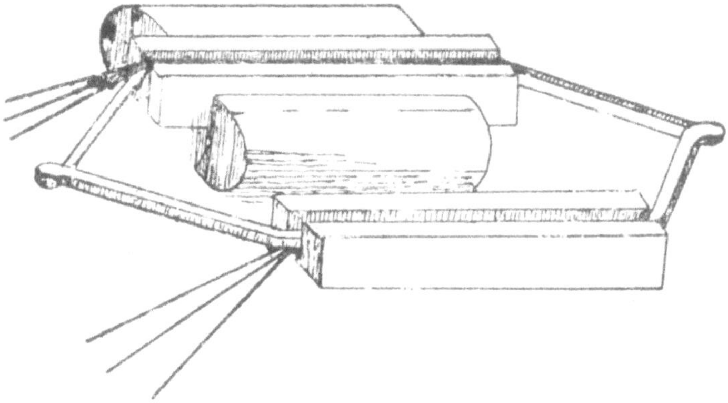

Abb. 96. Gebrauch der Ziehhölzer beim Aufziehen der Formspulen im Schraubstock.

der Ziehhölzer entspricht der Breite des Ankerkernes unter Zugabe von ca. 10 bis 20 mm, je nachdem wie der Platz für die Breite des Wickelkopfes vorgesehen ist. Im allgemeinen ist dieses Maß durch die der beschädigten Wicklung entnommenen Musterspule ja gegeben. Die auf diese Weise erhaltenen Spulenformen müssen natürlich durch entsprechende Nachhilfe mit der Hand mittels geeigneter Zangen verbessert werden. Bei einiger Übung und Formensinn sind diese behelfsmäßigen Mittel durchaus anwendbar.

Vorbereitung der Schaltenden

Nachdem sämtliche Spulen gebrauchsfertig geformt sind, werden die Schaltenden derselben verschiedenfarbig gezeichnet, um bei der später auszuführenden Schaltung Verwechslungen in der Reihenfolge zu vermeiden.

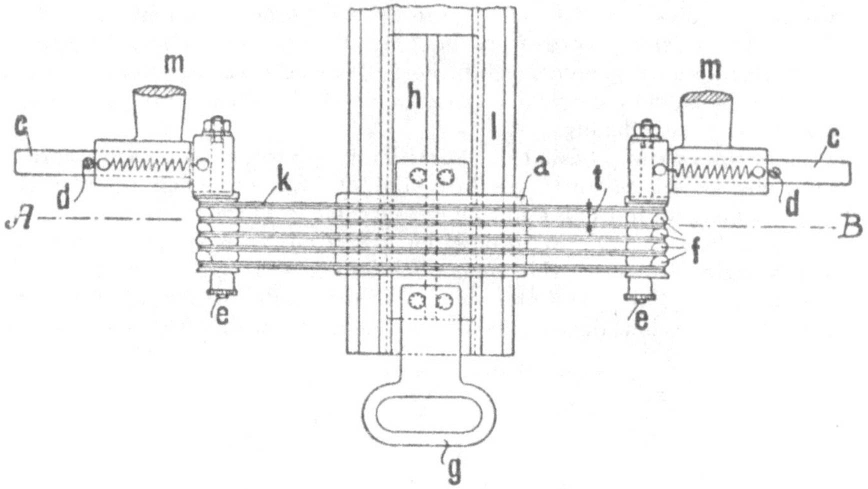

Abb. 97. Wickelgerät für Mehrfachspulen gleicher Weite nach BBC-Baden.

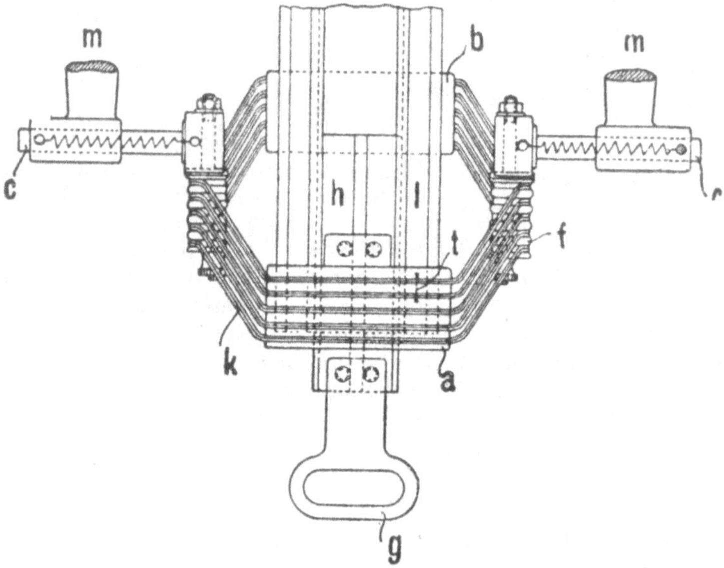

Abb. 97 a. Wickelgerät für Mehrfachspulen gleicher Weite nach BBC-Baden

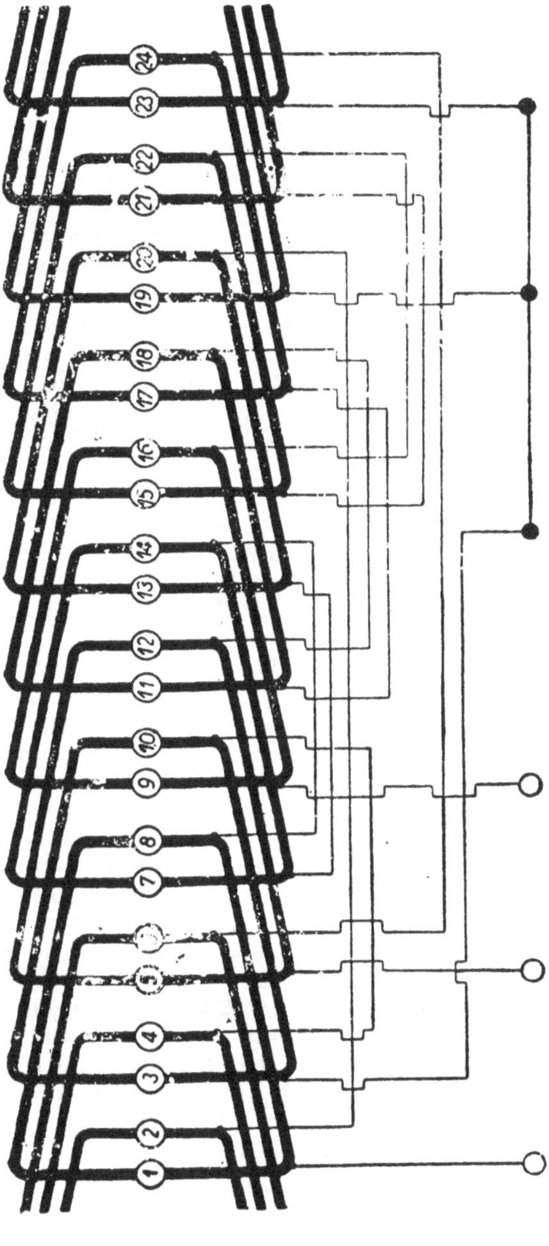

Abb 98. 4polige Dreiphasen-Einschicht-Träufelwicklung, 24 Nuten.

Die Schaltenden werden zu diesem Zwecke gerade gerichtet, etwa 1 cm lang abisoliert und voneinander abgebogen. Alsdann wird die Reihenfolge der einzelnen Drähte mittels Probierlampe oder Galvanometer nach Abb. 99 und 100 kontrolliert und nötigenfalls berichtigt.

Die Reihenfolge muß so geordnet sein, daß die Anfänge 1, 2, 3 usw. mit den Enden 1, 2, 3 usw. übereinstimmen. Ist dies geschehen, so werden die Glanzgarnstrümpfe mit Farbstifte in der Weise gefärbt, daß je ein Anfang und das hierzu gehörende Ende dieselbe Farbe erhält.

Durch diese kleine Arbeit werden später Schaltfehler mit ziemlicher Sicherheit vermieden und die Fertigstellung der Schaltung wesentlich beschleunigt.

Geübte Elektro-Maschinenbauer können bei der Schaltarbeit noch Zeitersparnis erzielen, wenn die unteren Schaltenden bei der eben erwähnten Arbeit gleichzeitig auf Maß abisoliert werden.

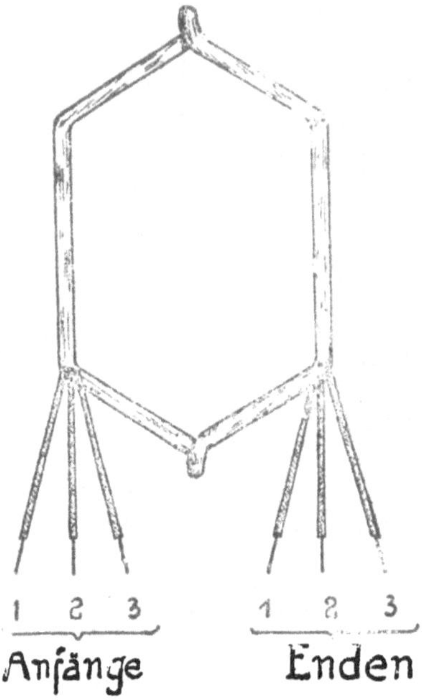

Abb. 99. Die Anordnung der Schaltenden bei Formspulen.

Zu diesem Zwecke wird eine Spule in den Anker eingelegt, der Kollektorschritt abgezählt (siehe Abb. 67 und 71) und die unteren Schaltenden in die Schlitze der Lamellen nach Entfernung der Umspinnung untergebracht.

Dieses so erhaltene Maß wird durch einen hierzu vorbereiteten Preßspanstreifen auf die übrigen Spulen übertragen, sämtliche unteren Schaltdrähte werden abisoliert und die freigewordenen Drähte blank gemacht, besser noch, verzinnt.

Die Glanzgarnstrümpfe läßt man zweckmäßig etwa 1 cm länger, um bei später auftretenden Verschiedenheiten in den Längen der Drähte noch Isolation zur Verfügung zu haben.

Über die weitere Wickelarbeit soll später gesprochen werden, da zunächst noch andere Formspulenarten behandelt werden müssen.

b) Stirnwicklung

Die unter a) besprochene Formspulenwicklung ist die gebräuchlichste Art. Gleichstromanker mit Stirnwicklungen werden in der heutigen Zeit fast gar nicht mehr gebaut. Ältere Gleichstrommotorentypen der AEG., der früheren Union Elektr. Gesellschaft Berlin, der Schuckertwerke Nürnberg usw. haben teilweise Stirnwicklungen im Anker. Diese Motoren sind für Straßen- und Grubenbahnantrieb usw. gebaut und größtenteils daher als Hauptstrommotoren ausgeführt. Aber auch Nebenschlußmotoren für allgemeinen Verwendungszweck können mit dieser Wicklungsart ausgestattet sein, man findet dieselben nur seltener.

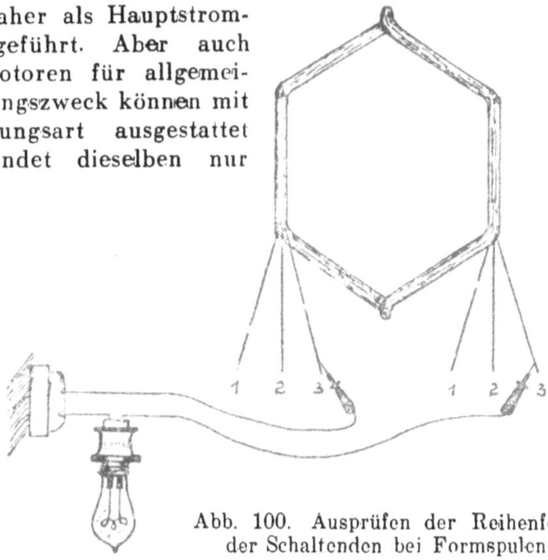

Abb. 100. Ausprüfen der Reihenfolge der Schaltenden bei Formspulen.

Die Eigenart der Stirnwicklung (Abb. 101) besteht darin, daß die Spulenschenkel nicht in achsialer Verlängerung des Ankerkernes angeordnet sind, wie bei der Mantelwicklung, vielmehr sind die Spulenschenkel a, b nach Evolenten gebogen und auf den Stirnflächen des Ankers untergebracht. Die Herstellung dieser Spulen ist ungleich schwieriger als diejenigen für Mantelwicklungen.

Die Motorenfabriken besitzen hierfür besondere Hilfsmaschinen und Formen aus Metall oder Holz. Da diese Wicklungsart heute nur noch selten vorkommt, so ist es nicht möglich, hierfür Spezialmaschinen oder teure Schablonen anzuschaffen, die Unkosten hierfür würden sonst unverhältnismäßig hoch werden.

Eine einfache und billige Herstellungsart ist in Abb. 102, 103 und 104 dargestellt.

Aus der beschädigten Wicklung wird eine möglichst guterhaltene Spule entfernt. Diese Spule hat die Form wie Abb. 101. Die nach unten gebogenen Schenkel werden hochgebogen (siehe Abb. 102, Seitenansicht der Spule) und die ganze Spule nach Abb. 103 geformt.

Alsdann wird eine Holzschablone nach dieser Form angefertigt und die Spulen, wie schon bei der Herstellung der Mantelwicklung erwähnt, aufgespult. Nach Umwicklung der Spulen mit Leinenband werden die

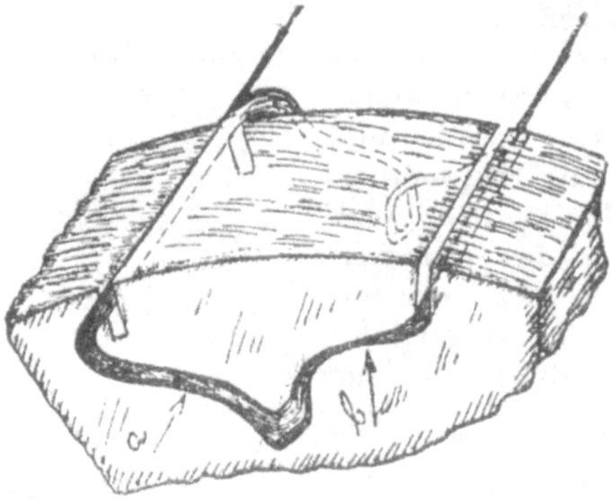

Abb. 101. Formspule einer Stirnwicklung für Gleichstromanker.

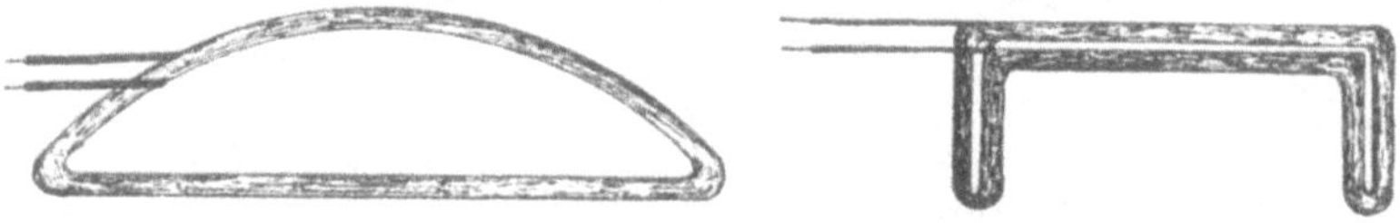

Abb. 102 und 103. Die Herstellung einer Formspule für Stirnwicklung.

Biegestellen an derselben mit Bleistift angezeichnet und auf einer Schablone Abb. 104 nach der Form der Abb. 103 gebogen.

Zunächst wird die Spule geschickt von Hand in die Öffnung (S) der Schablone gedrückt, hierauf die Hebel eingesetzt und die Schenkel nach unten gezogen.

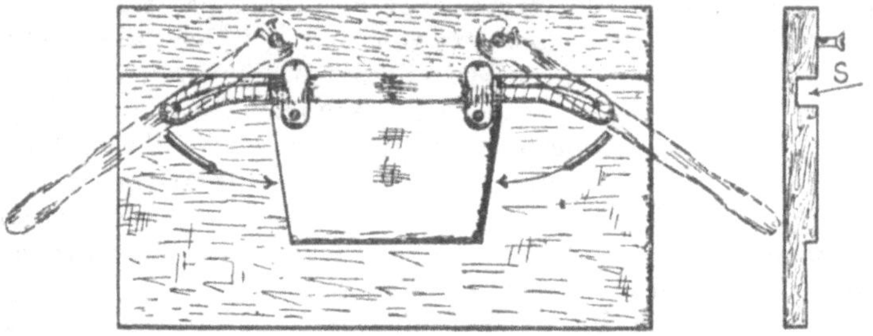

Abb. 104. Spulenschablone zum Biegen der Formspulen für Stirnwicklung.

Aus dieser Form wird die Spule von Hand nach Abb. 101 gebogen, so daß wenigstens ungefähr diese Form erzielt wird. Später, wenn die Spule in die Ankernuten gelegt wird, kann die Gesamtform, wie gewünscht und erforderlich, mit geeigneten Holz- oder Fibrekeilen verbessert werden. Die Herstellung der Spulen und der Wicklung erfordert allerdings Geschick und sorgfältige Arbeit. Bei einiger Übung erhält man aber vollkommen zufriedenstellende Ergebnisse.

Auch auf andere Art und Weise lassen sich die Stirnwicklungen ausführen; der Übersicht halber ist auch hier nur die einfachste und billigste Art angegeben.

Wenn man von unbedeutenden Abarten der hier bisher erwähnten Wicklungen absieht, so wären hiermit die Hand- und Formspulenwicklungen besprochen.

Größere Gleichstrommaschinen sind im allgemeinen mehr als zweipolig ausgeführt und mit einer der erwähnten Wicklungen versehen. Werden die Querschnitte der Ankerdrähte aber zu stark, so wendet man anstatt der Formspule die Stabwicklung an.

Stabwicklung

Bei der Stabwicklung besteht in der Regel jede Spule nur aus einer Windung. Die Anfertigung der Wicklung ist verhältnismäßig einfach.

Die einzelnen Biegungen, die an jedem Stab vorgenommen werden müssen, sind in Abb. 105 und 106 dargestellt.

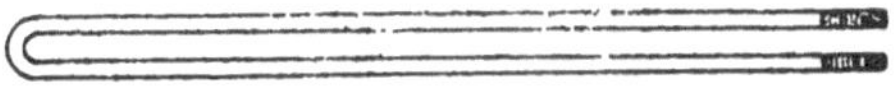

Abb. 105. Ankerstab nach der ersten Biegung.

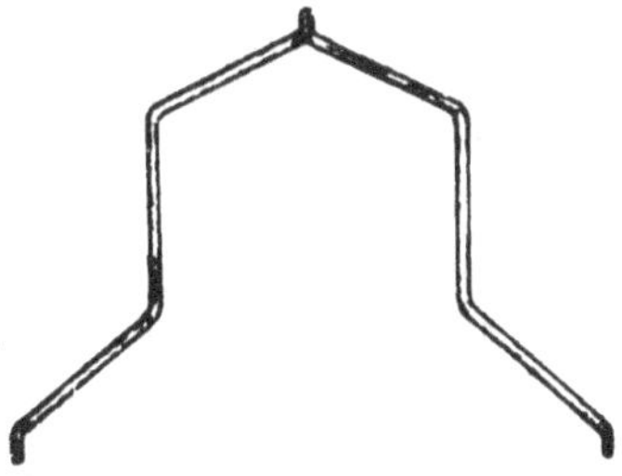

Abb. 106. Fertig gebogener Ankerstab für Gleichstromwicklungen.

Zunächst werden sämtliche Stäbe auf Maß abgeschnitten und die Enden lang genug verzinnt. Das Verzinnen geschieht zweckmäßig im Zinnbade, welches mit der Lötlampe oder auf dem Schmiedefeuer flüssig gehalten wird. Falls hierbei Lötwasser verwendet wird, müssen die verzinnten Stellen in klarem Wasser abgewaschen und gut getrocknet werden.

Hierauf werden die Stäbe am einfachsten auf einer aus Winkeleisen hergestellten Vorrichtung (Abb. 107) in Form Abb. 105 gebogen. Dies geschieht in der Weise, daß der eine Schenkel der Vorrichtung in den Schraubstock gespannt wird. Der Stab oder auch mehrere Stäbe zugleich werden hinter dem Zapfen der eingesetzten Mutterschraube geschoben, worauf das zweite Winkeleisen aufgelegt und die Mutter angezogen wird.

An den Biegestellen sind einige Tropfen Öl zu bringen, damit die Reibung vermindert und ein Zerreißen der Stäbe verhütet wird.

Der bewegliche Schenkel der Vorrichtung wird nunmehr um 180° in der Pfeilrichtung gedreht und die Stäbe nach dieser Bewegung aus der Vorrichtung entfernt.

Die weiteren Biegungen, die aus Abb. 106 zu ersehen sind, werden im Schraubstock oder auf einer geeigneten Vorrichtung gebogen, wobei

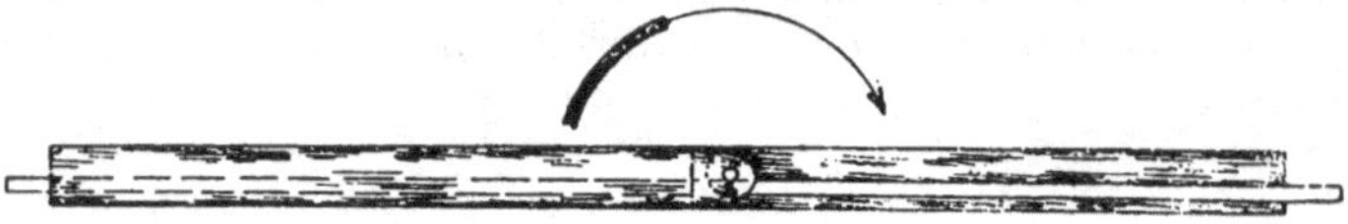

Abb. 107. Aus Winkeleisen hergestellte Biegevorrichtung für Ankerstäbe.

die einzelnen Abmessungen von einem Stab aus der beschädigten Wicklung entnommen werden können.

Da im allgemeinen die Stabwicklungen eine fast unbegrenzte Lebensdauer haben, Instandsetzungen daher verhältnismäßig selten sind, so wird man mit den eben erwähnten Vorrichtungen eine Instandsetzung durchführen können.

Bei gänzlicher Neuwicklung eines Stabankers bzw. da, wo öfter Stabwicklungen auszuführen sind, empfiehlt sich die Anschaffung der Stabbiegevorrichtungen, die in Abb. 108 und 109 abgebildet sind.

Die Vorrichtungen sind für verschiedene Größen durch verstellbare Anordnungen der einzelnen Teile zu verwenden.

Die in der beschriebenen Weise angefertigten Stäbe haben noch nicht die gebrauchsfertige Form. Es ist zu berücksichtigen, daß dieselben in einen mit Nuten versehenen, zylindrischen Körper eingelegt werden sollen.

Die Form der Stäbe würde aber nur dann genügen, wenn die Ankernuten in einer Ebene — also in einem mit Nuten versehenen rechteckigen Körper, untergebracht werden sollten.

Da dieses nicht der Fall ist, so muß jeder Stab nochmals geformt werden, damit ein störungsloses Einbauen derselben in die Ankernuten möglich ist.

Um dies zu erreichen, sind die außerhalb der Ankernuten liegenden Teile a, b, c, d (Abb. 110) in einer der Rundung des Wicklungsträgers entsprechenden Holzform mit Hilfe eines Hammers nachzurichten (Abb.111).

Die beiden seitlichen Teile des Stabes, die in die Nuten eingebaut werden sollen, müssen bei dem gebrauchsfertig geformten Stab so stehen, daß ihre Verlängerung den Mittelpunkt der Achse treffen würde.

Auf die Erfüllung dieser Bedingung muß unbedingt Wert gelegt werden, da sonst beim Einbauen der Stäbe die Isolation sehr leicht zerstört wird.

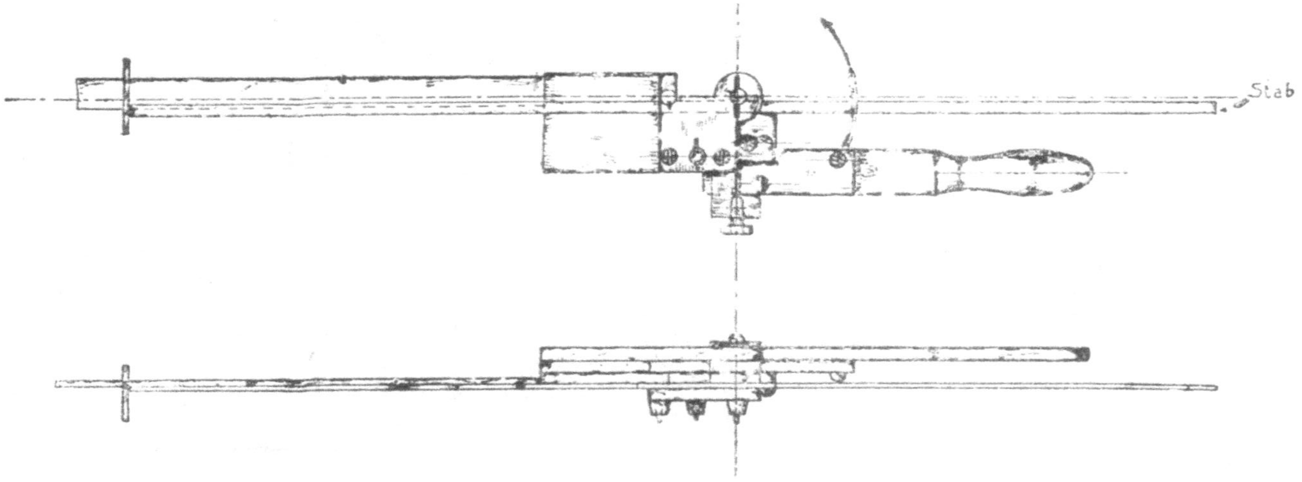

Abb. 108 Stabbiegevorrichtung für die Ankerstäbe, nach Abb. 105 zu biegen.

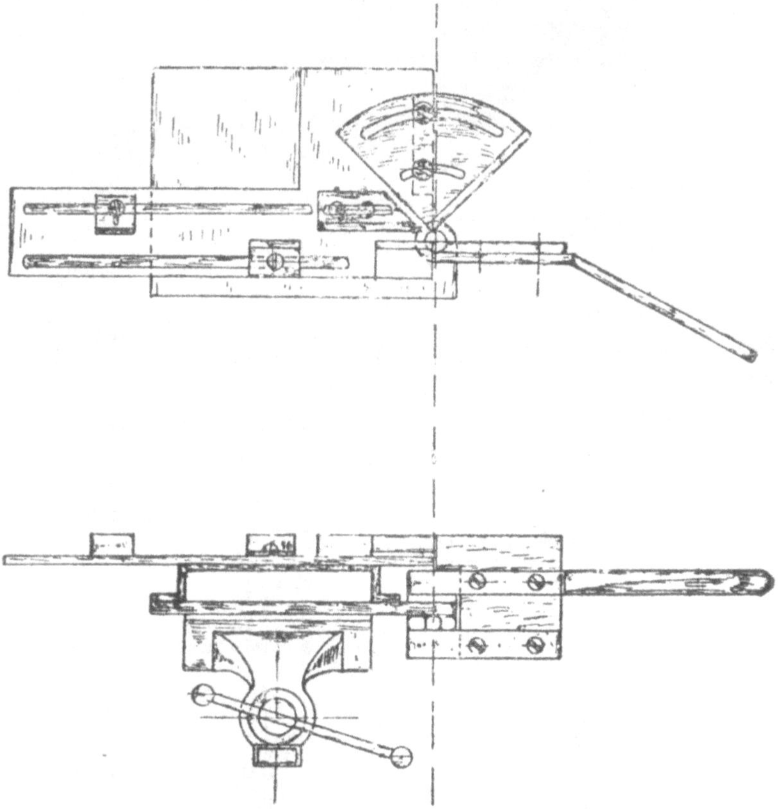

Abb. 109. Stabbiegevorrichtung für die Ankerstäbe, nach Abb. 106 zu biegen.

Nach gebrauchsfertiger Biegung der Stäbe werden dieselben mit Leinenband umwickelt. Zum Unterschied der vorgenannten Formspulen verwendet man bei Stäben zwei Bandlängen. Von beiden Enden aus werden die Bänder so um den Stab gewickelt, daß die Klebestelle wieder da zu liegen kommt, wie in Abb. 91 angegeben ist.

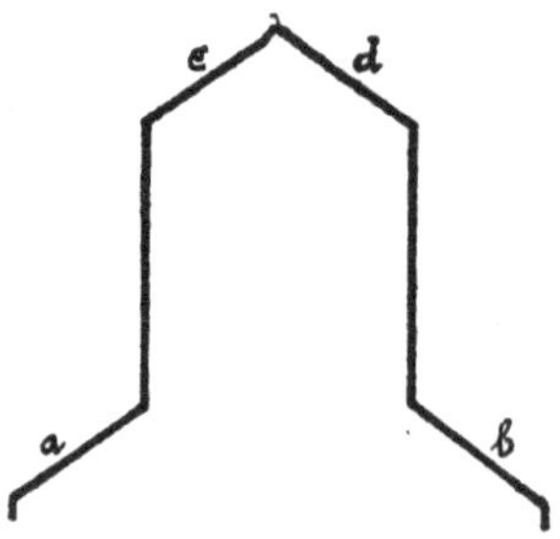

Abb. 110. Ankerstab.

Schaltfehler durch Vertauschen der einzelnen Stäbe sind bei Stabwicklungen ausgeschlossen. Wenn der Kollektorschritt richtig nach Abb. 67 angezeichnet ist, kann die Schaltung nie mit einem technischen Fehler behaftet sein.

Stabwicklungen können sowohl in Reihen- als auch in Parallelschaltung (siehe Tafeln Wickelschema) ausgeführt sein. Die Form der Stäbe ist dann entsprechend.

Die in dem vorstehenden Abschnitt erwähnten Wicklungen stellen die gebräuchlichsten Arten bei Gleichstromankern dar. Es soll hier nicht unerwähnt bleiben, daß die Ankerwicklungen der ein- und mehrphasigen

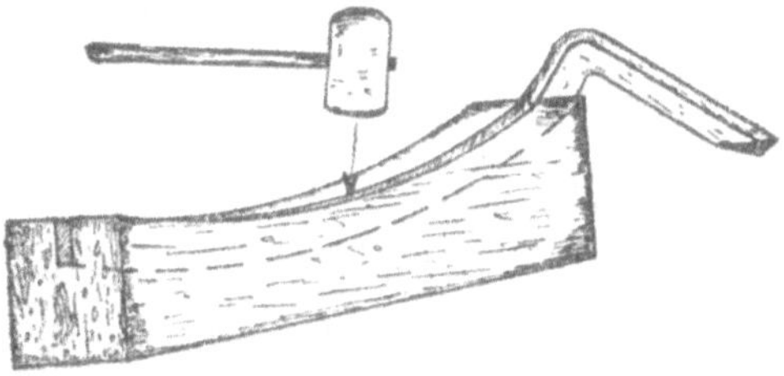

Abb. 111. Holzform zum Biegen von Ankerstäben für Gleichstromwicklungen.

Wechselstrom-Kollektormotoren

auf dieselbe Art und mit denselben Vorrichtungen hergestellt werden.

Für die mit Stabwicklung ausgestatteten Läufer der

Drehstrommotoren

gilt das für Gleichstrom-Stabanker Gesagte.

Die Herstellung dieser Stabwicklungen[1]) unterscheidet sich nur unwesentlich von den Stabwicklungen bei Gleichstromankern. Die Hintereinanderschaltung der einzelnen Stäbe innerhalb der Wicklung ist selbstverständlich anderen Grundsätzen unterworfen und unterscheidet sich folgerichtig auch wesentlich von Gleichstromschaltungen.

Näheres über die Schaltungen der Drehstromwicklungen ist unter Herstellung der „Drehstromwicklungen" gesagt.

Nach Fertigstellung der jeweilig vorliegenden Wicklung ist der Anker und Kollektor für die Aufnahme der Wicklung herzurichten. Zunächst ist der Kollektor zu prüfen, ob die einzelnen Lamellen gegenseitig und gegen den Ankerkörper gut isoliert sind.

Geschah die Neuwicklung des Ankers auf Grund verbrannter Ankerspulen, so ist sehr wahrscheinlich, daß die Ursache dieser Beschädigung Schluß zwischen zwei oder mehreren Kollektorlamellen ist. Diese Fehlerquelle muß natürlich beseitigt werden.

Der Kollektor wird daher mit einer Prüflampe, besser jedoch mit einem Galvanometer auf gegenseitigen Schluß untersucht und die Schlußstellen durch Auswechseln der schadhaften Glimmerlamellen beseitigt.

[1]) Siehe Raskop: Das Berechnungsbuch des Elektromaschinenbauer-Handwerkers.

Falls die zwischen den Lamellen und der Kollektorbuchse eingefügten Manschetten aus Glimmer oder Preßspan als schadhaft vorgefunden werden, müssen dieselben ebenfalls ausgewechselt werden, damit auf alle Fälle der Kollektor in einwandfreien Zustand gesetzt ist.

Die Schlitze in den einzelnen Lamellen werden zweckmäßig mit einer Metallsäge ausgesägt, so daß Zinnreste und etwa vorhandene Oxyde entfernt sind. Die Breite und Tiefe der Schlitze richtet sich nach der Anzahl der etwa neben- und übereinanderliegenden Schaltdrähte in einer Lamelle.

Der feste Sitz des Kollektors auf der Ankerwelle muß vorzugsweise bei Kran- und Straßenbahnmotoren usw. stets geprüft werden. Diese Motoren sind im Betriebe zwei Drehrichtungen unterworfen. Sitzt der Kollektor bei solchen Motoren nicht fest auf der Ankerwelle, so besteht die Gefahr, daß die Schaltdrähte der Wicklung infolge der seitlichen Zugbeanspruchung, die durch Verschiebung des Kollektors während der Umsteuerung hervorgerufen wird, unmittelbar am Kollektor abbrechen. Weiter wird durch losen Sitz des Kollektors Feuern der Bürsten und andere Störungen hervorgerufen.

Auf die Wichtigkeit des gutbefestigten Kollektors kann gar nicht genug aufmerksam gemacht werden.

Auch der feste Sitz des Ankerkörpers auf der Ankerwelle ist von gleicher Bedeutung. Alle diese Kleinigkeiten erfordern unbedingte Aufmerksamkeit, damit ein einwandfreies Arbeiten des wiederhergestellten Ankers nicht in Frage gestellt ist.

Die Ankernuten müssen von jeglichem Grat und etwa zurückgebliebenen Isolationsresten befreit werden.

Die Stärke der Nutenisolation muß so gewählt sein, daß die Ankerspulen festliegen. Ein zu starkes Einpressen der Spulen in die Nuten ist wegen der Gefahr einer Isolationsbeschädigung zu vermeiden. Werden die Nuten durch die Ankerspulen nicht ganz ausgefüllt, so sind Preßspanstreifen unter, über und zwischen den Spulen einzufügen.

Das Einlegen der einzelnen Spulen geschieht in umgekehrter Weise wie die Entfernung der Spulen bei dem Abbau der Wicklung.

Die Spule wird von Hand in die mit Isolation ausgelegte Ankernute gedrückt und mit einem Fibrekeil und Hammer durch vorsichtiges, nicht zu starkes Klopfen in die endgültige Lage gebracht.

Empfehlenswert ist, die unteren Schaltdrähte jeder Spule sofort zu schalten, d. h. die unteren Schaltenden in die Kollektorlamellen einzustemmen (Abb. 112).

Unmittelbar am Kollektor werden die Schaltdrähte durch Zwischenlage eines Leinenbandstreifens nochmals besonders gut voneinander isoliert.

Zwischen der oberen und unteren Lage der Wicklung tritt bei Arbeitsleistung der Maschine die volle Betriebsspannung auf. Es ist mit

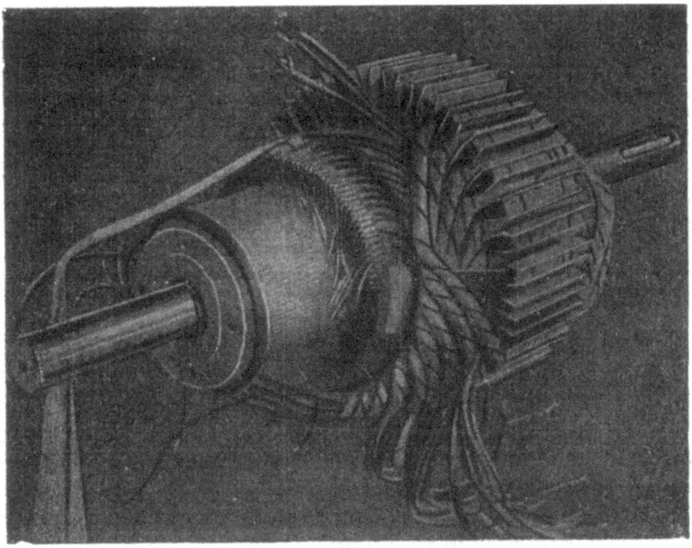

Abb. 112. Das Einlegen der Formspulen in einen Gleichstromanker. (Die unteren Schaltdrähte sind in den Kollektor eingestemmt.)

besonderer Sorgfalt darauf zu achten, daß an diesen Stellen entsprechend gute Isolation eingefügt wird.

Sind sämtliche Spulen in dem Ankerkörper untergebracht, so werden die oberen Schaltenden der Wicklung nach Abzählen des Kollektorschrittes ebenfalls in die Lamellen eingestemmt. Die zur Verwendung kommenden Stemmer müssen an beiden Ecken abgerundet sein, damit die Drähte nicht zerschlagen und somit spätere Drahtbrüche vermieden werden.

Nach Beendigung dieser Arbeiten werden die Schaltenden in die Kollektorlamellen eingelötet. Die überstehenden Drähte werden mittels eines kleinen scharfen Meißels abgschlagen und sauber befeilt, so daß auch die Umgebung der Lötstellen frei von Schmutz und Oxyden ist.

Beim Löten des Kollektors muß der Anker stets schräg gelagert werden, damit das fließende Zinn nicht hinten ablaufen und in die Wicklung eindringen kann (Abb. 113).

Als Lötmittel dürfen nur möglichst säurefreie verwendet werden. Lötwasser ist unter allen Umständen von jeglicher Verwendung hierbei auszuschließen.

Auch die angeblich säurefreien Lötmittel enthalten mehr oder weniger Säure. Es ist daher zu empfehlen, die Lötstellen nach beendigter Lötung mit Benzin abzuwischen.

Die Wicklung wird hierauf durch Bandagen aus Stahldraht in ihrer Lage gesichert. Der zur Verwendung kommende Stahldraht muß verzinnt sein, damit die einzelnen Lagen schnell und sauber miteinander durch Verlötung verbunden werden können. Die Isolation zwischen

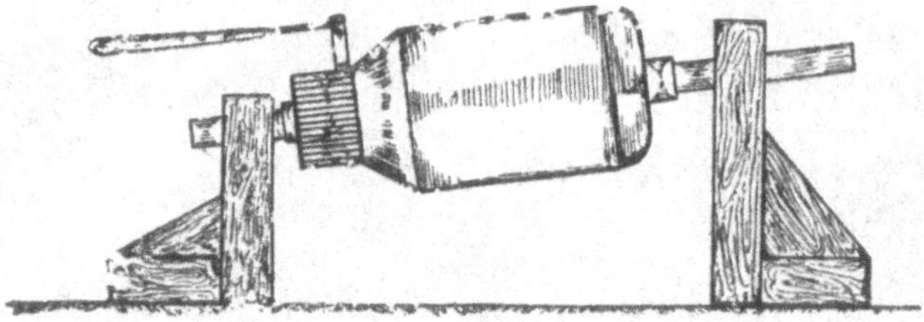

Abb. 113. Schräg gelagerter Gleichstromanker beim Löten

Bandagen und Wicklung muß reichlich stark und aus gutem Material (Glimmer, Preßspan usw.) gewählt werden.

Der Anker kommt hierauf in den Trockenofen zur Erwärmung und wird im Anschluß hieran in Isolierlack getränkt.

Abdrehen von Kollektoren

Das Abdrehen der Kollektoren geschieht im allgemeinen zwischen den Körnerspitzen der Drehbank. Bei größeren Gleichstrommaschinen bzw. Wechselstrom-Kollektormotoren verwendet man zu diesem Zweck eine elektrisch angetriebene Schleifmaschine.

Für den ersteren Fall ist es von Wichtigkeit, daß vor Beginn der Dreharbeit, die Ankerwelle auf zentrischen Lauf beobachtet wird[1]). Vielfach sind die Körnerlöcher in der Ankerwelle durch Stoß oder Schlag beschädigt, so daß hierdurch die Welle schlägt und ein ordnungsmäßiges Abdrehen unmöglich gemacht wird.

Auch kann die Ankerwelle an den Lagerstellen verbogen sein, welches die gleichen Folgen zeitigen würde.

In beiden Fällen ist erst unbedingt Abhilfe zu schaffen, soweit diese Fehler nicht schon bei dem Abbau erkannt und beseitigt sind.

Die Dreharbeit darf nur mit sauber geschliffenen scharfen Stählen durchgeführt werden, und zwar nimmt man zweckmäßig zum Vordrehen einen Stahl mit scharfer Spitze, damit die teilweise harten Glimmerlamellen glatt mit abgedreht werden.

Die Umfangsgeschwindigkeit der Drehfläche soll hierbei nicht zu groß und der Vorschub des Meißels nicht zu grob sein.

---

[1]) Siehe Sonderabhandlung über Funkenbildungen.

Zum Nachschlichten muß ebenfalls ein geeigneter scharfer Meißel benutzt werden, damit die gedrehte Fläche ohne Gebrauch der Feile schon sauber glatt ist. Nach Möglichkeit ist überhaupt keine Feile zu verwenden, hingegen steht dem Gebrauch von Karborundumpapier zum Nachschlichten nichts im Wege. Die letzte Politur erreicht man mit feinem Karborundumpapier unter Zugabe einiger Tropfen einwandfreien Öles.

Nach dem Abdrehen ist der Kollektor sorgfältig auf Lamellenschluß zu untersuchen, etwaige Kupferspäne oder Zinnreste sind mittels kleiner Feile oder Reißnadel zu entfernen.

Die Lagerstellen an der Ankerwelle sind nach beendigter Dreharbeit von Isolierlack usw. zu befreien. Falls erforderlich, sind dieselben mit feinem Schmirgelleinen zu glätten und hierauf mit Öl zu bestreichen.

Der Ankerkern ist von etwa anhaftenden erstarrten Lacktropfen zu säubern.

Die Anfertigung von Kollektoren

Der jede Gleichstrommaschine kennzeichnende Kollektor besteht aus einer Anzahl Metallsektoren, die untereinander und gegen den Ankerkörper isoliert, auf der Ankerwelle befestigt sind.

Durch die zweckmäßige Ausführung der Kollektorbuchse wird der schwalbenschwanzartig ausgedrehte Lamellenkörper zusammengehalten (Abb. 114).

Die Kollektorbuchsen bestehen aus dem zylindrischen Teil mit angegossenem Preßring, dem lose auf diesen Teil aufgeschobenen Druckring und aus einer zylindrischen Mutter.

Während die erstgenannten Teile fast ausschließlich in Maschinenguß ausgeführt sind, werden die Muttern zweckmäßig aus Stahl angefertigt.

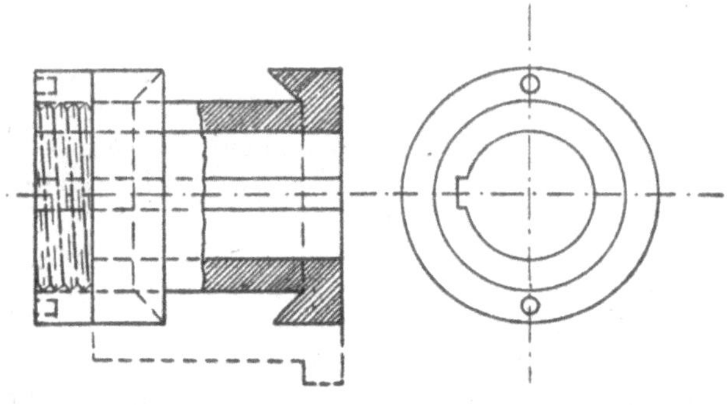

Abb. 114. Kollektorbuchse mit Preßring und zylindrischer Mutter.

Außer dieser Befestigungsart des Lamellenkörpers auf der Kollektorbuchse, soll nachstehend noch ein älteres Verfahren angegeben werden.

Im Prinzip weicht diese Art von der ersteren dadurch ab, daß der durch isoliert aufgezogene Schrumpfringe befestigte Lamellenkörper schon als fester Körper auf der Kollektorbuchse aufgeschoben und durch eine Mutter gehalten wird.

Abb. 115 zeigt den durch Schrumpfringe zusammengehaltenen Lamellenkörper und die Kollektorbuchse. Beide Teile werden durch Glimmer oder Preßspan voneinander isoliert.

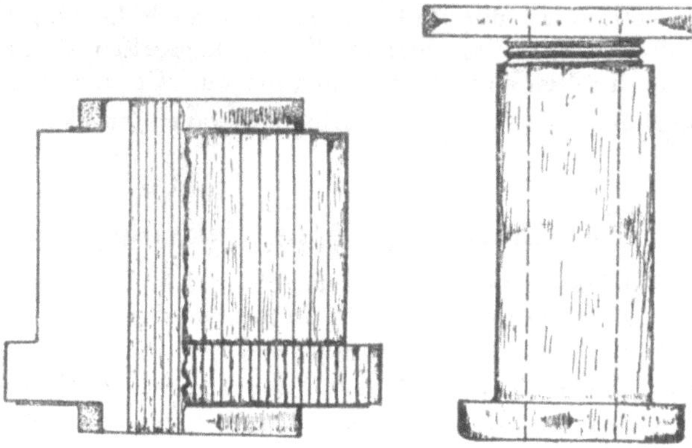

Abb. 115. Lamellenkörper und Kollektorbuchse.

Das in Abb. 114 veranschaulichte Befestigungsverfahren ist dieser Art entschieden vorzuziehen.

Die Lamellen der Kollektoren an den modernen Maschinen bestehen aus hartgezogenem Kupfer. Bei älteren Maschinen findet man auch noch Kollektoren, deren Lamellen aus Rotguß oder Bronze gefertigt sind.

Die hartgezogenen Kupferlamellen werden mittels Zieheisen in langen Stangen von trapezförmigem Querschnitt gezogen.

Die Anzahl und Breite der einzelnen Lamellen richtet sich nach der Wicklungsart des Ankers und ist von der Anzahl der Spulen und dem Durchmesser des Kollektors abhängig.

Die Isolierschichten zwischen den Lamellen bestehen aus künstlichen Glimmergebilden (Mikanit). Andere Isolationsmaterialien, wie Preßspan, Fibre, Asbest usw., sind nicht zu empfehlen.

Es möge hierzu noch bemerkt sein, daß Glimmer ein Material von ganz vorzüglich isolierender Eigenschaft bezüglich seiner Härte schwankenden Werten unterworfen ist.

Man stellt bei der Verwendung von Glimmer die Forderung an das Material, daß es etwa denselben Härtegrad besitzt wie das Lamellenkupfer. Die Erfüllung dieser Forderung ist nicht leicht. Man ist daher dazu übergegangen, auch Glimmergebilde zu verwenden, die einen geringeren Härtegrad besitzen als die Kupferlamellen.

In allen Fällen muß man mit der Möglichkeit rechnen, daß trotz sorgfältiger Auswahl des Materials, Glimmersegmente von verschiedenen Härtegraden, und zwar auch von solchen, die härter als das Lamellenkupfer sind, zur Verwendung kommen.

Die Folge hiervon wird sein, daß nach einiger Betriebszeit diese harten Glimmersegmente über der Lauffläche des Kollektors hervorragen, weil das Kupfer schneller abgeschliffen wird als der Glimmer. Es tritt dann starke Funkenbildung am Kollektor auf, durch die das Kupfer sehr schnell angegriffen wird.

Abschmirgeln des Kollektors beseitigt diesen Fehler fast nie. Hingegen hat es sich als zweckmäßig erwiesen, den Kollektor sauber abzudrehen und hierauf den Glimmer einige Millimeter tief mit Hilfe geeigneter Schaber auszukratzen[1]).

Die Siemens-Schuckertwerke bauen Kollektoren, die durch Entfernung der Glimmersegmente bis auf ca. 5 mm Tiefe der eben erwähnten Erscheinung vorbeugen.

Bei der Neuanfertigung von Kollektoren in Instandsetzungswerken handelt es sich gewöhnlich nur um Ersatz des Lamellenkörpers.

Da es sich hierbei nicht nur um eine Nachbildung eines bereits vorhandenen Elementes handelt, so soll nachstehend die höchst einfache Berechnung, die zur Festlegung des trapezförmigen Querschnittes einer Lamelle benötigt wird, ausführlich beschrieben werden.

Der abgeschlissene Lamellenkörper des Kollektors wird durch Bindedrähte, die um den Umfang desselben geschlungen und verdrillt sind, zusammengehalten. Hierauf wird die Gewindemutter gelöst und die Buchse aus dem Lamellenkörper entfernt. Abb. 116 zeigt den freigelegten Lamellenkörper, die Kollektorbuchse ist entfernt.

Das Maß „b" wird mit einem Lochtaster gemessen, von dem erhaltenen Maß werden ca. 5 mm abgezogen. Die Maße „d" und „l" werden ebenfalls mit Taster ermittelt und hierauf zu „d" und „l" ca. 5 mm hinzugezählt.

Die Verbesserung der Maße um ca. 5 mm wird aus dem Grunde vorgenommen, weil bei den späteren Dreharbeiten Arbeitsstoff vorhanden sein muß. Das Maß „d" ist gewöhnlich nach dem abgeschlissenen Lamellenkörper zu ermitteln. Im anderen Falle wählt man diese Abmessung so, daß die Lauffläche des Kollektors etwa 10 bis 15 mm über die Buchse ragt.

---

[1]) Siehe auch Raskop, Katechismus.

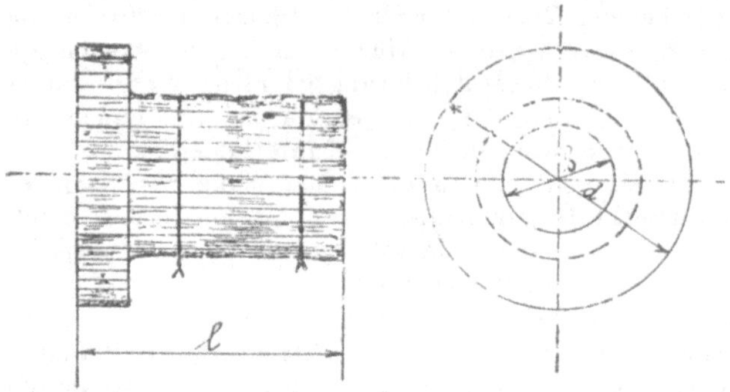

Abb. 116. Abgreifen der Grundmaße zur Berechnung der Kollektorlamellen.

Um die nun folgende Berechnung leicht verständlich zu machen, soll ein Beispiel angeführt werden.

Anzahl der Lamellen ist	=	54	siehe Abb. 116.
Maß „d" „	=	156 mm	
„ „b" „	=	44 „	
„ „l" „	=	80 „	

Zunächst muß der **Kreisumfang** der Durchmesser „d" und „b" festgestellt werden.

Es wäre demnach: $d \cdot \pi$[1]), d. h.

Durchmesser · 3,1416 = 156 · 3,1416,
außerdem b · π = 44 · 3,1416.

Diese Multiplikation auszurechnen erübrigt sich durch den Gebrauch der Tabelle (siehe Anhang). Man sucht also in der Tabelle Spalte 1 die Zahl 156, geht von hier aus in waagerechter Richtung bis Spalte 5 und findet hier die Aufgabe bereits gelöst.

In gleicher Weise findet man die Lösung 44 · 3,1416.

Die gesuchten Kreisumfänge sind demnach

$$b \cdot \pi = 138{,}23,$$
$$d \cdot \pi = 490{,}09.$$

Hierauf werden die so ermittelten Maße durch die Anzahl der Lamellen geteilt:

1. 138,23 : 54 = 2,56,
2. 490,09 : 54 = 9,07.

Es ist demnach:

Maß a = 9,07 mm		siehe Abb. 117.
„ b_1 = 2,56 „		
„ c = 36 „		

---

[1]) π ist der griechische Buchstabe pi und entspricht der Verhältniszahl = 3,1416.

Das Maß „c" erhält man, wenn man den inneren von dem äußeren Durchmesser (siehe Abb. 117) abzieht und durch die Zahl 2 teilt. Es ist demnach

$$\frac{156 - 44}{2} = 56 \text{ mm}.$$

Die Abmessungen a, b und c in Abb. 117 sind jedoch noch nicht endgültig. Es muß ja berücksichtigt werden, daß zwischen den Lamellen noch I s o l a t i o n e n eingefügt werden sollen. Die Stärke dieser Isolation ist von den Maßen „a" und „b" noch abzuziehen. Die Stärke der Glimmerisolationen beträgt gewöhnlich 0,8 mm. Von „a" und „b_1" ist also noch 0,8 mm abzuziehen:

$$a = 9{,}07 - 0{,}8 = 8{,}27 \text{ mm}$$
$$b_1 = 2{,}56 - 0{,}8 = 1{,}76 \text{ „}$$
$$c = 56 \text{ „}$$

Die endgültigen Maße für den in Abb. 117 gezeichneten trapezförmigen Querschnitt der Kupferlamellen eines Kollektors mit den in Abb. 116 angegebenen Abmessungen wären also

$$a = 8{,}27 \text{ mm}$$
$$b_1 = 1{,}76 \text{ „}$$
$$c = 56 \text{ „}$$
$$l = 80 \text{ „}$$

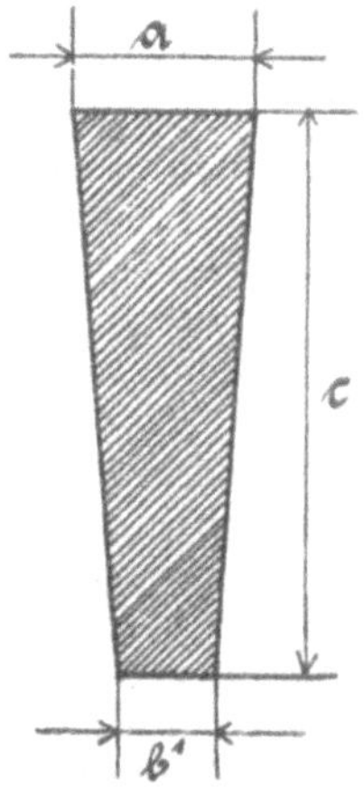

Abb. 117. Querschnitt einer Kollektorlamelle.

Nach diesen Angaben stellt das Kupferwerk die Lamellen ohne Rückfragen fertig.

Die Werke, die sich mit der Anfertigung von gezogenen Kupferlamellen befassen, besitzen einen Vorrat an Zieheisen für normale Abmessungen der Lamellen. Es kommt jedoch vor, daß für die in Auftrag gegebenen Lamellen ein genau passendes Zieheisen fehlt. In solchen Fällen wird man gewöhnlich genötigt sein, die Kosten eines neuanzufertigenden Zieheisens zu tragen. Dem Anfänger sei von dem Gebrauch eines ä h n l i c h e n Zieheisens abgeraten.

Gewöhnlich teilen die Kupferwerke dem Besteller mit, daß ein Zieheisen nicht in der erforderlichen Ausführung vorhanden ist, vielmehr sei ein solches in den Abmessungen „x" usw. vorhanden.

Es ist ja nicht ausgeschlossen, daß in manchen Fällen ein derartiges Eisen benutzt werden kann. Die Beurteilung über die Gebrauchsfähigkeit ist aber nicht so einfach. Jedenfalls besteht die Gefahr, daß der Lamellenkörper durch die ungenaue Form der Lamellen nicht fest genug zusammengepreßt werden kann und daß die Abmessungen „d" und „b" (Abb. 116) kleiner oder größer werden können.

Um diese unerwünschten Möglichkeiten auszuschalten, bezahle man die Anfertigung des erforderlichen Zieheisens. Diese Kosten werden durch den störungslosen Verlauf des Kollektorbaues, sowie der sauberen Arbeit entschieden wettgemacht.

Der Zusammenbau des Lamellenkörpers

Nach Eingang der gezogenen Kupferlamellen werden dieselben von Grat befreit und festgestellt, ob etwa eine oder mehrere Lamellen beim Abschneiden mit der Kreissäge verbogen worden sind. Im bejahenden Falle sind diese Lamellen auf einer Richtplatte genau auszurichten.

Der Zusammenbau des Kollektors erfolgt auf einer sauberen Richtplatte. In einem gedrehten Eisenring werden die Lamellen so eingesetzt, daß abwechselnd eine Kupferlamelle und eine Glimmerisolation eingefügt werden.

Sind sämtliche Lamellen in dem Ring untergebracht, so ist nochmals die erforderliche Anzahl festzustellen und hierauf ein Schellband oder mehrere Kupferdrähte um den Lamellenkörper zu legen.

Alsdann werden die einzelnen Lamellen senkrecht zur Richtplattenoberfläche ausgerichtet und die Lage der Glimmerlamellen verbessert.

Die erforderliche Festigkeit des Lamellenkörpers wird durch Aufpressen von Schrumpfringen erreicht. Die Schrumpfringe werden aus vierkantigen Eisen geschweißt. Die lichte Weite derselben wird um einige Millimeter kleiner als der mit Taster gemessene Durchmesser des Körpers, auf der Drehbank ausgedreht. Um das Aufpressen des Ringes zu ermöglichen, wird eine Kante des Ringes (siehe Abb. 118) abgerundet. Das Aufpressen der Ringe geschieht am besten mittels einer hydraulischen Presse oder Spindelpresse. Mit zwei Ringen ist gewöhnlich die erforderliche Festigkeit erreicht, so daß der Lamellenkörper nunmehr auf der Drehbank bearbeitet werden kann (Abb. 120).

Der letzte Schrumpfring ist rotwarm aufzuziehen, damit eine besonders gute Festigkeit des Kollektors erreicht, gleichzeitig aber auch die zwischen der Mika-Isolation befindlichen Lackreste verflüssigt und ausgetrieben werden.

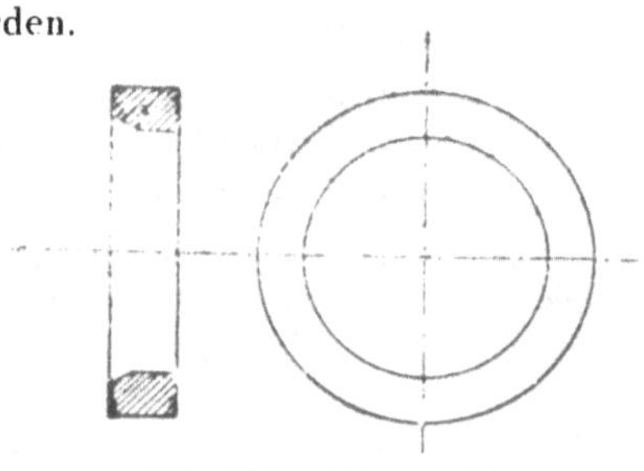

Abb. 118. Schrumpfring.

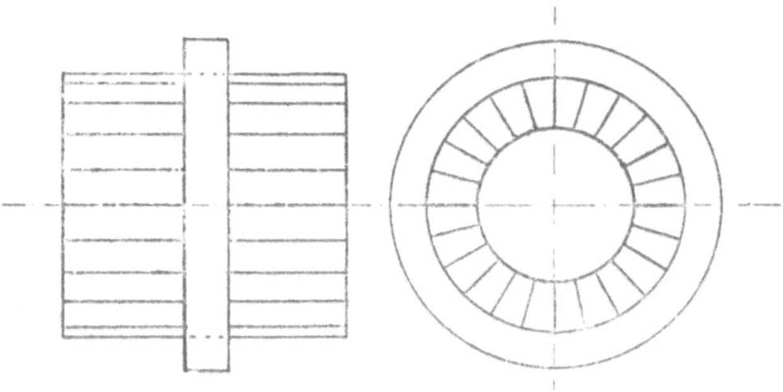

Abb. 119. Zusammengepreßter Lamellenkörper.

Das Ausdrehen des Lamellenkörpers

Der zusammengepreßte Lamellenkörper wird in das Drehbankfutter gespannt und ausgerichtet. Mit einem scharfen Bohrstahl wird zunächst die Bohrung auf das erforderliche Maß ausgedreht. Die weitere Verarbeitung geschieht zweckmäßig mit Hilfe einer Schablone, die man nach den Druckflächen der Kollektorbuchse unter Berücksichtigung der erforderlichen Isolierschichten anfertigt.

Die Schablone stellt man aus Schwarzblech von 1 bis 2 mm Stärke her. Aus Abb. 120 ist zu ersehen, wie die Form der Schablone genommen wird. Die erforderlichen Maße können aus dem alten Lamellenkörper oder von der Kollektorbuchse abgegriffen werden.

Der in Abb. 120 schraffierte Teil muß aus dem Lamellenkörper herausgedreht werden.

Nachdem die Dreharbeiten beendet sind, werden die bearbeiteten Flächen mit feinkörniger Schmirgelleinwand geglättet. Da Kupfer bei der Bearbeitung mit dem Drehstahl leicht reißt, so ist es nicht ausgeschlossen, daß sich zwischen den einzelnen Lamellen Schlußstellen bilden. Aus diesem Grunde ist der Lamellenkörper nach der Bearbeitung sorgfältig zu untersuchen.

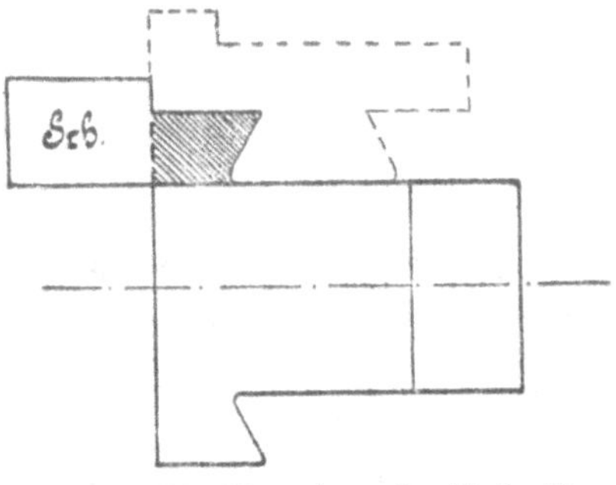

Abb. 120. Entnahme der Maße für die schwalbenschwanzartige Ausdrehung des Lamellenkörpers.

Bevor der Körper auf der Kollektorbuchse befestigt wird, ist jeglicher Metallstaub aus demselben und von der Richtplatte mittels Blasebalg zu entfernen.

Nachdem der Kollektor gut isoliert zusammengebaut ist, wird der Schrumpfring abgedrückt. Alsdann wird der Kollektor auf einen Dorn getrieben, worauf die äußeren Flächen bearbeitet werden.

Die zur Aufnahme der Schaltdrähte erforderlichen Schlitze werden nach Beendigung der Dreharbeiten auf Spezialmaschinen, mittels Fräser auf der Drehbank, oder mit der Metallsäge ausgeführt. Ist der Kollektor soweit fertiggestellt, so wird derselbe gesäubert und mittels Prüflampe auf etwaigen Lamellen- oder Körperschluß untersucht. Nach ordnungsmäßigem Befund kann der Kollektor als betriebstüchtig auf der Ankerwelle befestigt werden.

Bei größeren Maschinen wendet man Kollektoren mit sogenannten Fahnen an. Die letzteren bestehen aus Kupferblech und werden vielfach vor dem Zusammenbau des Lamellenkörpers in die Lamellen eingesetzt, vernietet und gelötet (Abb. 121 und 122).

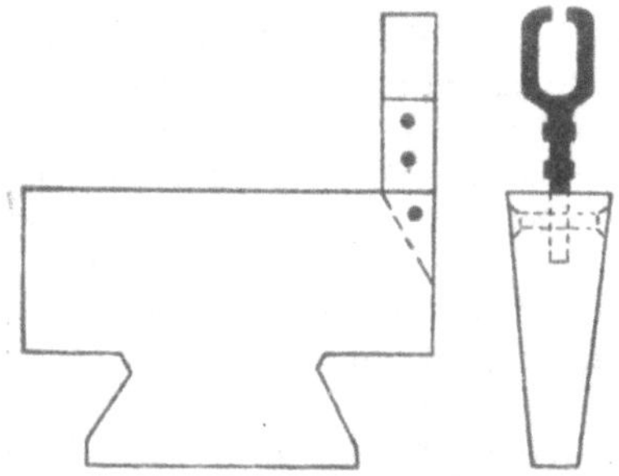

Abb. 121. Kollektorlamelle mit eingesetzer Fahne.

Abb. 122. Kollektor mit Fahnen.

Die Verlötung ist wegen des sicheren Kontaktes sehr wichtig und geschicht in den meisten Fällen mit Schlaglot. Nach dem Verlöten werden die Lamellen von den etwa entstandenen Unebenheiten auf den Anlageflächen befreit, worauf mit der schon beschriebenen Verarbeitung begonnen werden kann.

Nach erfolgter Fertigstellung des Ankers wird die Lauffläche des Kollektors nochmals durch einen feinen Span abgedreht und mit Karborundumpapier feinster Körnung poliert.

Ein tadellos bearbeiteter Kollektor ist eine der ersten Bedingungen für den funkenfreien Lauf der Maschine.

Die Anfertigung von Feldspulen

Die Feldspulen der Gleichstrommaschinen lassen sich im allgemeinen auf recht einfache Art herstellen.

Bedingung ist in allen Fällen, daß bei der Anfertigung im Instandsetzungswerk der richtige *Drahtquerschnitt* und die *erforderliche Windungszahl* gewählt wird.

Beide Größen können fast ausnahmslos der beschädigten Spule entnommen werden. *Fehlen die Angaben* durch vollständige Vernichtung der Spulen, so sind die erforderlichen Daten von dem Erbauer einzuholen oder durch Berechnung von einem Ingenieur zu ermitteln.

Bei älteren Maschinentypen sind die Drahtlagen der Feldspulen auf Kästen aus Zink oder Messingblech gewickelt. Die gebrauchsfähige Wiederherstellung derartiger Spulen beschränkt sich daher auf den Ersatz der Drahtwindungen.

Die Feldspulen der modernen Maschinen werden im allgemeinen auf Holzschablonen hergestellt. Abb. 123 zeigt eine derartige Schablone. Dieselbe besteht aus zwei Seitenteilen und einer Zwischenlage.

Die *Seitenteile* werden so groß gewählt, daß *mehrere Spulengrößen* auf der Schablone angefertigt werden können. Das hierzu benutzte Holz muß trocken, gehobelt und ca. 15 bis 20 mm dick sein. Die *Zwischenlage* entspricht der Form des Polkernes unter Zugabe der erforderlichen Isolationsschicht. Die Abmessungen „b" und „s" in Abb. 123 werden der beschädigten Spule entnommen. Um ein störungsloses Entfernen der fertigen Spule aus der Schablone sicherzustellen, wird die Zwischenlage *zweiteilig* hergestellt. Zwischen beiden Lagen wird außerdem ein etwa 1 bis 2 mm starker Preßspanstreifen eingefügt, nach dessen späterer Entfernung die Zwischenlage mühelos der fertigen Spule entnommen werden kann.

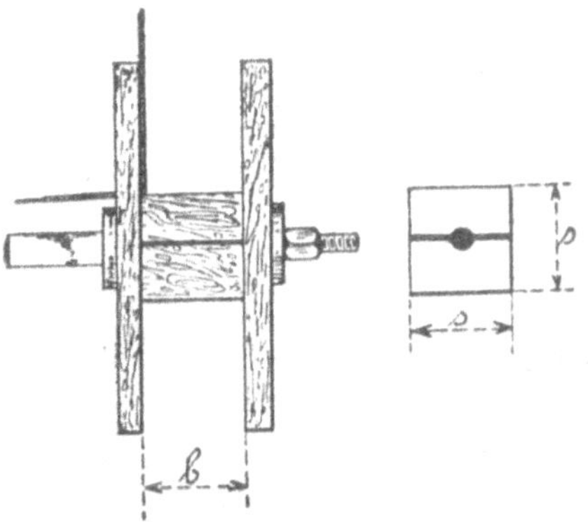

Abb. 123. Holzschablone zur Herstellung von Feldspulen für Gleichstrommaschinen.

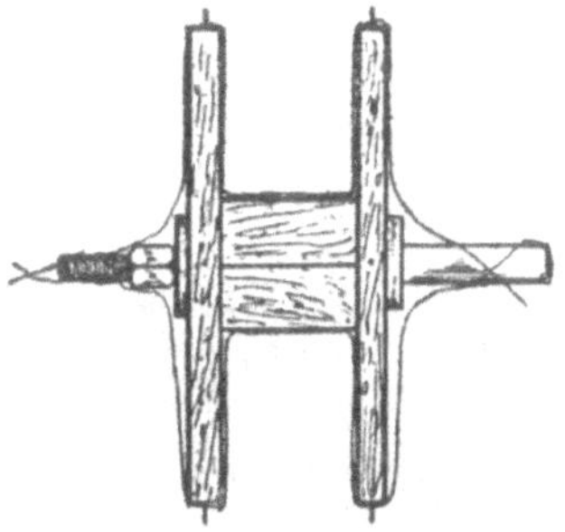

Abb. 124. Anordnung der Leinenbänder bei der Herstellung der Feldspulen.

Ein Seitenteil wird in Höhe der Zwischenlage *durchgebohrt*, um den Anfang des Drahtes festlegen zu können.

Die Schablone wird in eine S p u l e n w i c k e l m a s c h i n e oder in die D r e h b a n k gespannt. Beide Vorrichtungen müssen mit Drehzahlmesser ausgerüstet sein, damit ein Zählen der Drahtwindungen durch den Hersteller erübrigt wird.

Damit die einzelnen Drahtlagen bei der Entnahme der fertiggewickelten Spule aus der Schablone nicht verschoben werden, sind Leinenbänder vorgesehen, die jedesmal nach einigen Drahtlagen von rechts nach links und umgekehrt umgeschlagen werden. Abb. 124 zeigt die Anordnung dieser Bänder. Die Länge derselben ist reichlich bemessen, die freiliegenden Enden sind bei dem Wickelvorgang über spitze Drahtstifte gezogen und um die Haltebolzen der Schablone geschlungen.

Abb. 125. Befestigung des Schaltendes einer Feldspule mittels Bandschlaufe.

Ist die erforderliche Windungszahl erreicht, welches auf dem Drehzahlmesser festgestellt werden kann, so wird die Spule aus der Schablone entfernt und an vier Stellen mit Leinenband oder Bindfaden gebunden.

Bei größeren Spulen und stärkeren Drähten wird das Ende des Drahtes durch untergelegte Schlaufen aus Leinenband befestigt. Am Schluß wird der Draht durch die Schlaufe gesteckt, worauf die Schlaufe mittels Flachzange angezogen wird (Abb. 125).

Falls Platz vorhanden, empfiehlt es sich, zwischen den einzelnen Drahtlagen dünne Isolation zwischenzulegen. Da die Anfänge und Enden der Feldspulen bei der weiteren Verarbeitung häufig gebogen und auf Zug beansprucht werden, so sind vorzugsweise bei Spulen mit dünnen Drähten m e h r a d r i g e K u p f e r l i t z e n , mit guter Isolation versehen, anzulöten.

Die Ausführung des Anfanges einer Spule ist besonders zu beachten. Der Anfang kreuzt gewöhnlich sämtliche Drahtlagen der Feldspule. Eine reichliche, zweckentsprechend eingefügte Isolation muß diese Stelle, die am meisten gegen Durchschlagen gefährdet ist, sichern (Abb. 126).

Da sämtliche Spulen in derselben Drehrichtung aufgespult werden, empfiehlt es sich zum Zwecke einer einwandfreien Hintereinanderschaltung innerhalb des Gehäuses, Anfang und Ende jeder zweiten Spule nach Abb. 127 anzuordnen.

A n f a n g der Spule 1 muß mit dem A n f a n g der Spule 2 verbunden werden. Die Spule 2 würde im Gehäuse so liegen, daß die jetzt oben liegende Seite dem Anker zugekehrt wäre.

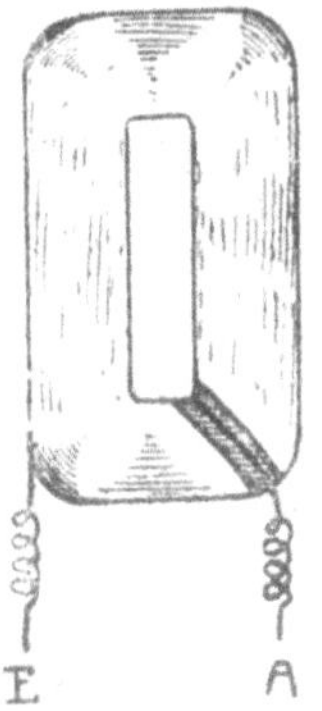

Abb. 126. Isolation eines Anfanges bei Feldspulen.

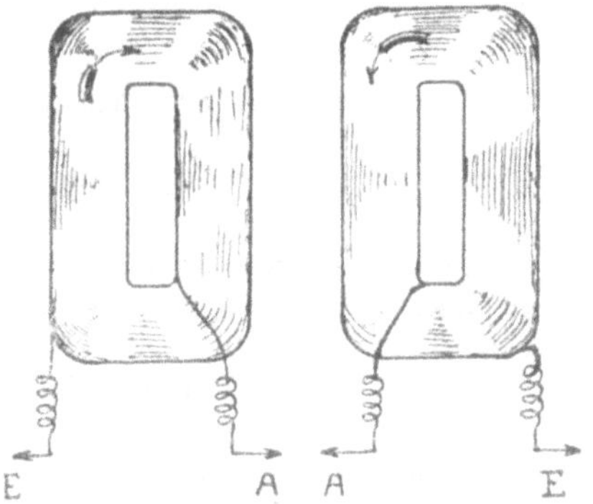

Abb. 127. Anordnung der Schaltenden bei Feldspulen.

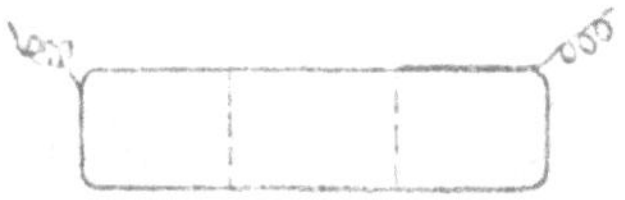

Abb. 128.

Abb. 129.

Feldspulenform für runde Maschinentypen.

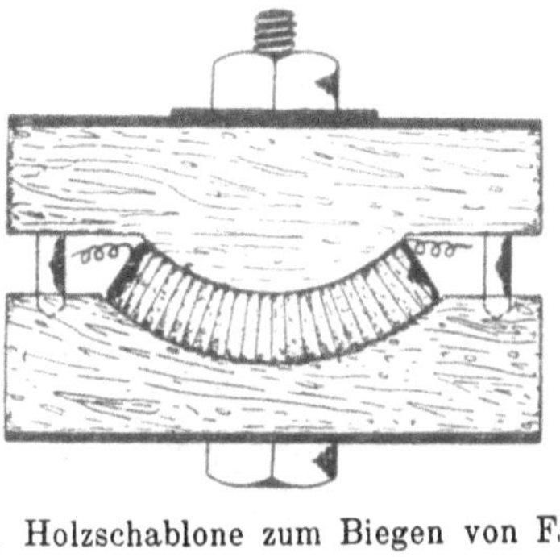

Abb. 130. Holzschablone zum Biegen von Feldspulen.

Nach Bewicklung der Feldspulen mit Leinen- und Ölband werden dieselben in das Gehäuse eingebaut. An den Druckstellen werden Glimmer- oder Preßspanstreifen zwischengefügt.

Die Feldspulen werden zweckmäßig vor der Bewicklung in Isolierlack getränkt. Es empfiehlt sich aber, vor der Lackierung die Spulen in das Gehäuse einzupassen und die eventuell nötige Verbesserung der Gesamtform auszuführen.

Die Feldspulen der 2poligen runden Maschinentypen müssen z. B. in den meisten Fällen aus Abb. 128 in Abb. 129 geformt werden.

Dies geschieht auf einer Schablone, wie sie in Abb. 130 dargestellt wird.

Verfahren zur Feststellung der Polfolge

Bei der Fehlerbestimmung sowohl als auch gelegentlich des Ersatzes einer oder mehrerer Magnetspulen kommt es häufig darauf an, durch geeignete Messung festzustellen, ob die Polfolge der Magnete richtig ist, d. h. die Polarität der aufeinanderfolgenden Spulen richtig wechselt. Wenn sämtliche Feldspulen neugewickelt werden, so erübrigt sich eine derartige Messung, wenn die Schaltenden nach Abb. 127 angeordnet wurden.

In allen Zweifelsfällen über die Richtigkeit der Polfolge bietet der mechanisch einwandfrei ausgeführte Polsucher (Kompaß) eine Handhabe, die Polfolge der Spulen festzustellen. In Abb. 131 ist das aufgeschnittene Gehäuse eines 4poligen Gleichstrommotors und die Anwendung drei verschiedener Verfahren zur Feststellung der Polfolge dargestellt.

Ist der Motor betriebsfertig zusammengebaut, so bringt man durch eine Ventilationsöffnung des Lagerschildes einen Eisenstab bis an den Polkern (Mitte). Der Kompaß wird hierauf, wie in Abb. 131 dargestellt, in waagerechter Haltung an die Spitze des Eisens geführt und die Polarität der Spule somit festgestellt.

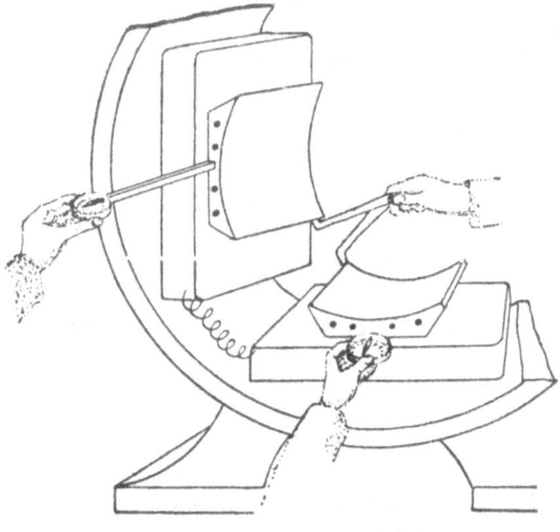

Abb. 131. Feststellen der Polfolge.

Bei abgenommenen Lagerschildern kann man auch den Kompaß direkt an die Mitte der Magnetspule bringen. Die Nadel des Instrumentes muß hierbei stets parallel mit der Ankerwelle (waagerecht) liegen.

Ist kein Kompaß zur Hand, so kann man mit Hilfe eines Lochtasters nach Abb. 131 in der Weise die Polfolge feststellen, daß der eine Schenkel des Tasters fest an die Spitze des einen Polkernes, der andere Schenkel hingegen sorgfältig an die nebenliegende Spitze des folgenden Polkernes gebracht wird. Bei richtiger Polfolge fühlt man in den Fingerspitzen die anziehende Bewegung des freien Schenkels. Folgt hingegen ein gleichnamiger Pol, so ist diese Erscheinung nicht festzustellen. Bei Wendepol- und den übrigen Maschinen mit gemischten Magnetwicklungen empfiehlt es sich, jede Wicklung getrennt zu messen. Die übrigen Wicklungen bleiben während der Meßarbeit stromlos.

Die Herstellung der Wicklungen an Drehstrommotoren

Hinsichtlich der Wicklungsarten unterscheidet man im wesentlichen:

a) Einschicht-Wicklungen mit Spulen ungleicher Weite (normale Gruppenwicklungen).

b) Einschicht-Wicklungen mit Spulen gleicher Weite (Formspulenwicklungen mit einer Spulenseite je Nute)[1].

c) Zweischichten-Wicklungen mit Spulen ungleicher Weite (Gruppenwicklungen mit zwei Spulenseiten je Nute)[2].

d) Zweischichten-Wicklungen mit Spulen gleicher Weite (Formspulenwicklungen mit zwei Spulenseiten je Nute)[3].

In Abb. 132 und 132 a ist eine Wicklung gemäß a), in Abb. 133 und 133 a eine Formspulen(Träufel-)Wicklung gemäß b), in Abb. 134 eine Zweischichten-Wicklung gemäß c) und in Abb. 135 und 135 a eine solche gemäß d) dargestellt.

Die Wicklungsarten nach c und d werden bevorzugt auch für polumschaltbare Drehstrommotoren verwendet. (Hierüber siehe auch Raskop, Der Katechismus für die Ankerwickelei, 8. Aufl., S. 171 bis 186.)

Neuerdings stehen die sogenannten Träufelwicklungen im Vordergrund des Interesses, indessen nehmen die altbewährten Einleg-Handwicklungen (Abb. 132 a) in den Instandsetzungswerkstätten immer noch einen bevorzugten Platz ein.

Die Wicklungen an Drehstrommotoren werden in Instandsetzungswerken fast ausschließlich von Hand hergestellt. Die hierbei erforderliche Fertigkeit stellt an den Hersteller nicht so große Ansprüche wie bei der Fertigung von Gleichstromwicklungen.

---

[1]) Siehe auch Raskop, Der Katechismus, 8. Aufl., S. 156 bis 162.
[2]) Siehe auch Raskop, Der Katechismus, 8. Aufl., S. 180, Abb. 119.
[3]) Siehe auch Raskop, Der Katechismus, 8. Aufl., S. 162 bis 171.

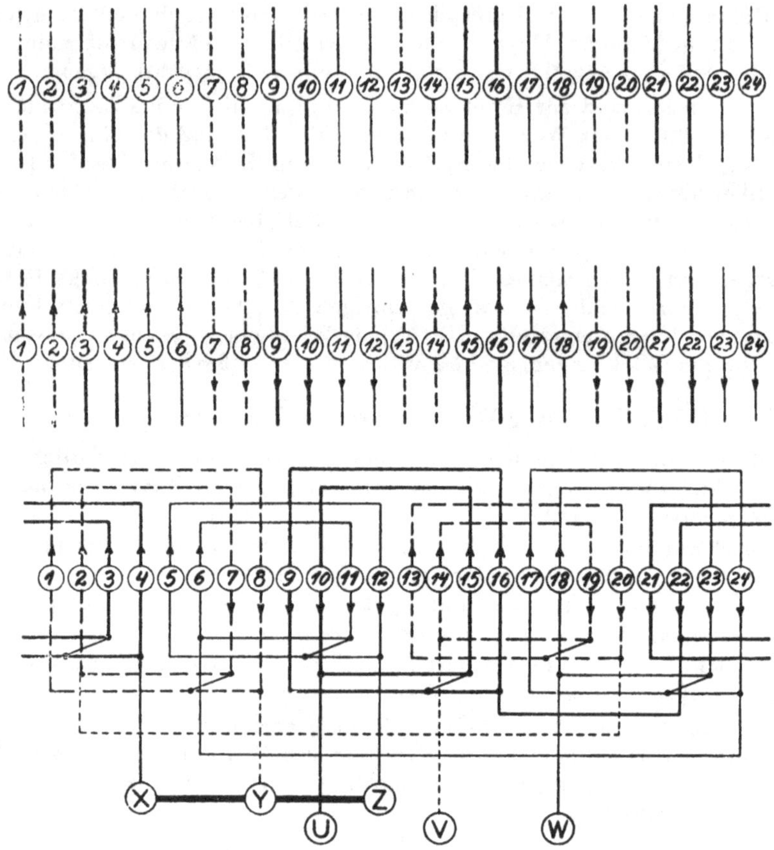

Abb. 132. Dreiphasen-Einschicht-Gruppenwicklung 4polig, 24 Nuten, mit Spulen ungleicher Weite.

Mit Ausnahme der in Frage kommenden[1]) Stabwicklungen, die vorzugsweise bei Drehstromläufern von ca. 10 PS angewandt werden, handelt es sich im allgemeinen um eine fast rein mechanische Einfädelung der Drähte in die ganz oder halbgeschlossenen Nuten des Ständers oder Läufers.

Trotz dieser verhältnismäßig einfachen Arbeit muß immer wieder auf größte Sorgfalt bei jedem Handgriff hingewiesen werden. Wenn im allgemeinen bei Drehstrommaschinen von einer geringeren Empfindlichkeit gesprochen werden kann als bei Gleichstrommaschi-

[1]) Siehe auch Raskop, 5 × 2 Schaltbilder für Drehstromläufer mit Stabwicklung.

nen, so ist unter keinen Umständen hieraus zu folgern, daß bei der Herstellung der Wicklungen ein geringerer Aufwand an Sorgfalt und Kenntnissen gerechtfertigt wäre.

Die praktische Arbeit bei der Herstellung der Wicklungen an Läufer und Ständer ist, soweit es sich um Drahtwicklungen handelt, gleich.

Man kann in beiden Fällen von drei getrennten Wicklungen sprechen, die gewöhnlich in dem Nullpunkt (Stern) geschlossen werden. Diese drei Wicklungen findet man sowohl im Läufer als auch im Ständer. Jede Wicklung besteht aus einer Anzahl Wicklungselemente, die hintereinander oder parallel geschaltet sind.

Abb. 132 a. Dreiphasen-Einschichtwicklung (Handwicklung) mit Spulen ungleicher Weite.

Während bei Gleichstromwicklungen von Spulen gesprochen ist, sollen diese Wicklungselemente mit Gruppen bezeichnet werden.

Die Anzahl der Gruppen in einer Ständer- oder Läuferwicklung ist abhängig von der Polzahl der Maschine. Da bei Drehstrommaschinen die Umdrehungszahl des Läufers wiederum abhängig von der Polzahl der Maschine und der Anzahl der Polwechsel in der Sekunde (Frequenz) ist, so ergibt sich ein bestimmter Zusammenhang zwischen diesen Größen, durch den der Elektromaschinenbauer äußerst wesentliche Feststellungen machen kann. Es ist zunächst wichtig zu wissen, daß normale Drehstrommaschinen nur mit ganz bestimmten Umdrehungszahlen ausgeführt werden. Der Übersichtlichkeit halber soll nachstehend eine kurze Tabelle über die Polzahl, Frequenz und Umdrehungszahl der gebräuchlichsten Motortypen angeführt werden. In der Spalte 4 ist die Anzahl der Gruppen in der Ständer- bzw. Läuferwicklung angegeben, so daß die Folgerung, die aus den eben angeführten Größen gezogen werden kann, ersichtlich gemacht ist.

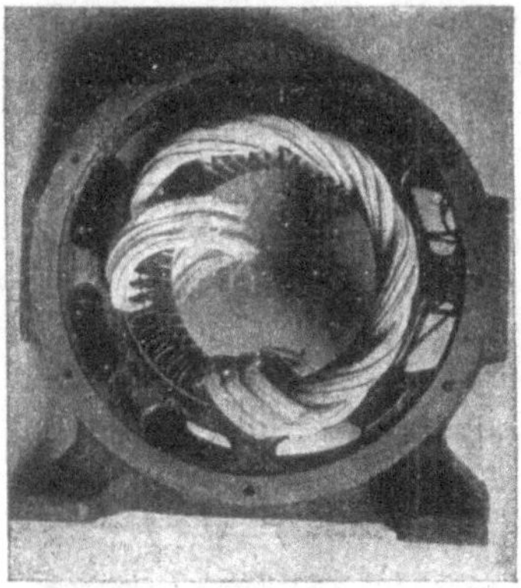

Abb. 133 und 133 a. Einschicht-Formspulenwicklung mit Spulen gleicher Weite.

Perioden, Frequenz	Polzahl	Umdrehungen ca.	Anzahl der Gruppen in der Wicklung
1	2	3	4
50	2	3000	6
50	4	1500	6
50	6	1000	9
50	8	750	12
50	10	600	15

Es soll hier nicht unerwähnt bleiben, daß die Umdrehungszahlen der Drehstrommaschinen infolge der Belastung, der Ausführung der Maschine und des verwendeten Materials kleinen

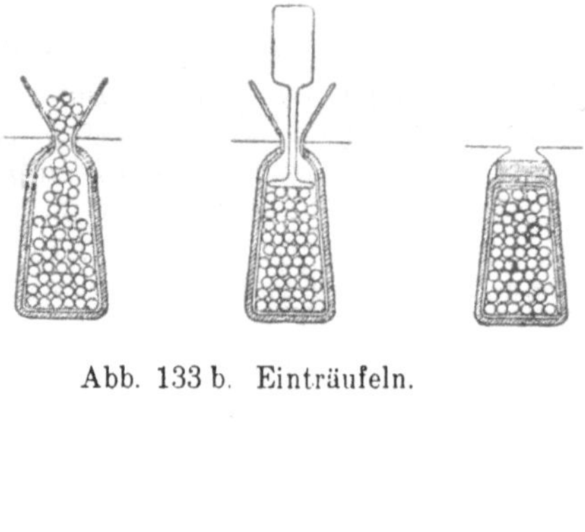

Abb. 133 b. Einträufeln.

Schwankungen nach unten unterworfen sind. Z. B. findet man sehr häufig auf den Leistungsschildern anstatt 1500 Umdr. nur 1450 oder anstatt 1000 Umdr. nur 950 usw. Im allgemeinen gelten diese Zahlen für die vollbelastete Maschine, während bei Leerlauf die in der Tabelle eingesetzten Zahlen angenommen werden können.

Man kann also aus der Gruppenzahl ohne weiteres die Umdrehungszahl der Maschine erkennen und umgekehrt. Anderseits

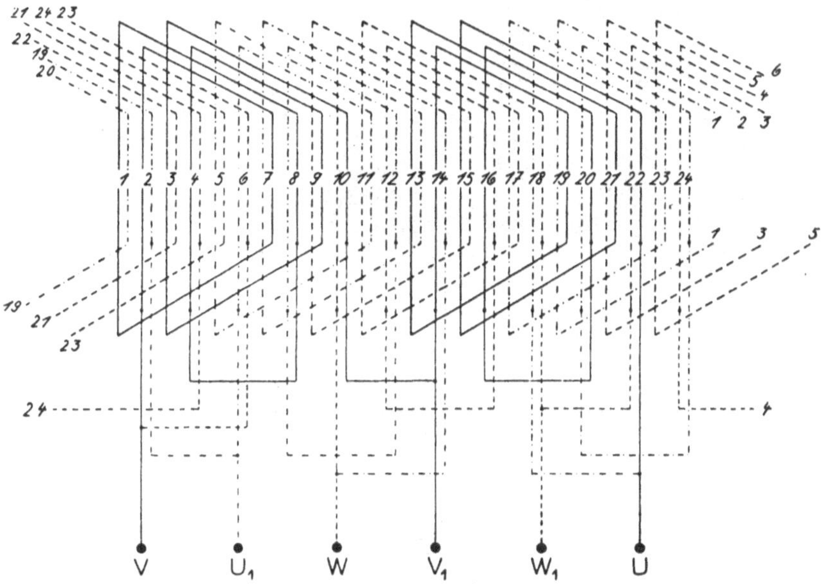

Abb. 134. Polumschaltbare Drehstrom-Zweischichtenwicklung mit Spulen ungleicher Weite 2/4 Pole. 24 Nuten, Wickelschritt 1 : 8/2 : 7 Dahlander-Schaltung.

läßt sich auch nach der Polzahl die Anzahl der Gruppen und die Umdrehungszahl feststellen.

Hierbei ist allerdings zu berücksichtigen, daß eine 2polige Maschine sechs Gruppen hat, die aber anders angeordnet und geschaltet sind als die sechs Gruppen bei einer 4poligen Maschine.

Die Kenntnis des aus der Tabelle ersichtlichen Zusammenhanges ist für den Elektromaschinenbauer in dem Falle wertvoll, wenn die Wicklungsdaten einer Maschine durch teilweise oder gänzliche Vernichtung der Wicklung von der instandsetzungsbedürftigen Maschine nicht entnommen werden können.

Auch wenn eine Formspulenwicklung im Ständer oder Läufer durch eine einfache Gruppenwicklung ersetzt werden soll, leistet die Tabelle gut Dienste.

Abb. 135. Dreiphasen-Zweischichten-Wicklungen (Werkbild SSW).

Abb. 135 a. Drehstrom-Zweischichten-Formspulenwicklung
4 polig, 36 Nuten, Wickelschritt 1:10

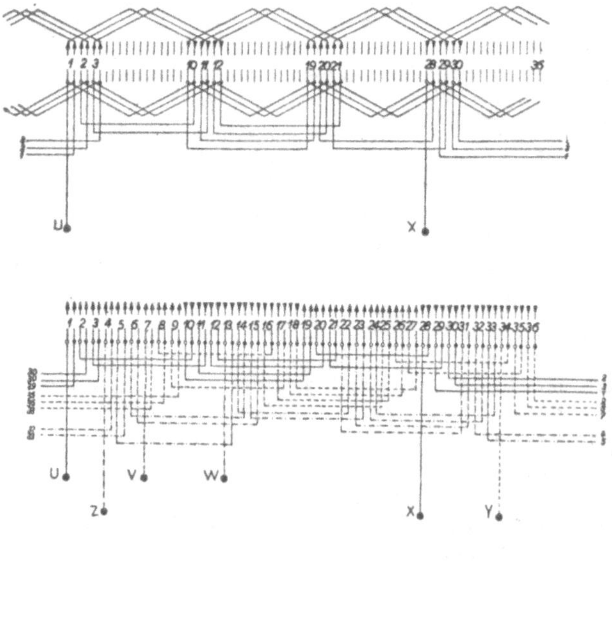

An der Formspulenwicklung ist ohne Kenntnis des Wickel-Schaltbildes nicht ohne weiteres die Umdrehungszahl usw. der Maschine zu erkennen. Ist das Leistungsschild aber vorhanden, so kann von der Umdrehungszahl auf die Polzahl geschlossen und somit auch die Anzahl der Gruppen festgelegt werden.

Soll also z. B. eine Drehstrommaschine der Deutschen Elektrizitätswerke Aachen bei einer Neuwicklung des Ständers nicht in der Original-Formspulenwicklung, sondern aus irgendeinem Grunde in einfacher Gruppenwicklung ausgeführt werden, so genügt die Angabe der Umdrehungszahl der Maschine, die Windungszahl pro Nute, der Drahtquerschnitt und die Schaltung. Die Anzahl der Gruppen ergibt sich hierbei aus der Umdrehungszahl. Die übrigen Daten werden der beschädigten Wicklung entnommen.

Die Polzahl einer Drehstrommaschine ist gleich zwei Drittel der Gruppenzahl. Hat eine Maschine in der Ständer- bzw. Läuferwicklung neun Gruppen, so ist die Polzahl $\frac{9 \cdot 2}{3} = 6$, sind 15 Gruppen vorhanden, so ist die Polzahl $\frac{15 \cdot 2}{3} = 10$ usw.

Beträgt die Drehzahl des Läufers einer Drehstrommaschine 1000 Umdr. in der Minute, so hat die Ständer- bzw. Läuferwicklung neun Gruppen, ist die Umdrehungszahl 1500, so sind sechs Gruppen vorhanden usw.

Hierbei ist gleichgültig, ob auf eine Gruppe 4, 6, 8 oder 10 Nuten entfallen.

Dieser kurze Abschnitt sei der Wichtigkeit halber der eigentlichen Abhandlung vorausgeschickt.

Ständerwicklung

Die bei der Herstellung einer Ständerwicklung benutzten einfachen Hilfsmittel sind in ihrer gebräuchlichsten Form in Abb. 136 dargestellt[1]).

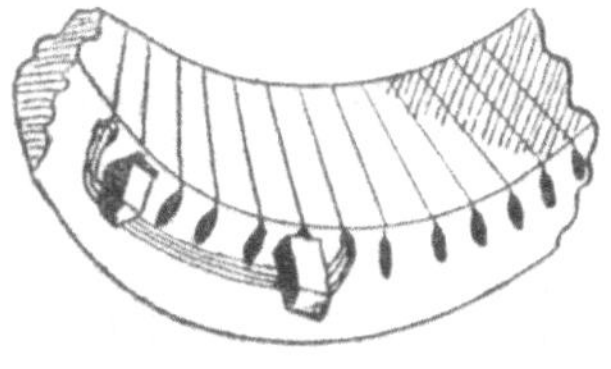

Abb. 136. Anordnung der Holzkeile bei Ständer mit halbgeschlossenen Nuten.

Es handelt sich hier um einen Ständer mit halbgeschlossenen Nuten, so daß die einzelnen Drähte von oben in die Nuten gelegt werden können.

Auf beiden Seiten des Ständereisens sind Holzkeile so in die Nuten eingeschoben, daß die einzelnen Windungen um diese Keile gelegt werden können.

Zwischen den Holzkeilen werden jedesmal so viel Nuten freigelassen, daß

[1]) Siehe auch Raskop, Katechismus, S. 20 und 21.

je eine Hälfte von zwei oberen Gruppen noch eingewickelt werden können.

Die Holzkeile besitzen eine der Nutenöffnung entsprechende Form. Diese Hilfsmittel haben den Vorteil, daß der jeweils eingewickelte Draht seine Lage in der Nute nicht mehr verändern kann, weil die Keile jeder Bewegung Widerstand entgegensetzen.

Die Wicklung muß so angeordnet sein, daß die obere Gruppe die Drähte der unteren Gruppe nicht berührt.

Beim Einwickeln der Drähte in einem Ständer mit halbgeschlossenen Nuten lagert man das Gehäuse so hoch, daß der Wickler in stehender Haltung bequem arbeiten kann.

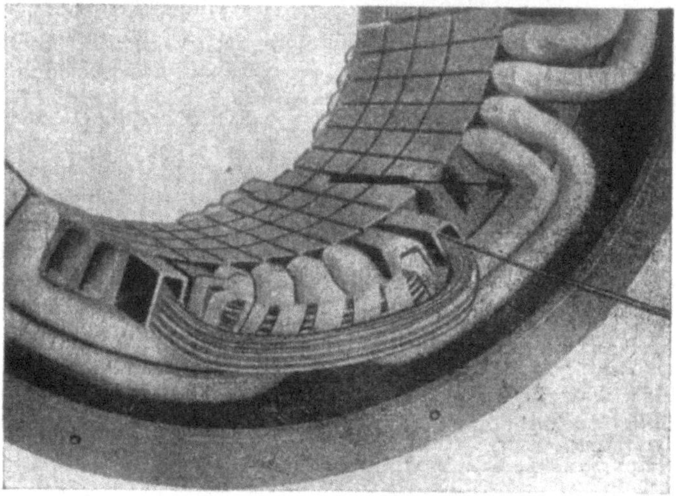

Abb. 137. Drehstrom-Ständer mit eingewickelten Gruppen.

Falls zwei Arbeitskräfte zur Verfügung stehen, ist es empfehlenswert, das Gehäuse tiefer zu lagern, so daß die Wickler in sitzender Haltung arbeiten können, ohne ihren Platz hierbei verlassen zu müssen. Jeder Wickler arbeitet dann an einer Gehäuseseite. Die Arbeit wird hierdurch entsprechend erleichtert und beschleunigt.

Die einzelnen Gruppen erhalten die in Abb. 137 dargestellte Form. Jeder Draht muß von Hand entsprechend gebogen werden. Beim Biegen der ersten Drähte einer Gruppe ist auf den zur Verfügung stehenden Platz Rücksicht zu nehmen. Da die Platzverhältnisse bei allen Maschinen verschieden sind, empfiehlt es sich, bei dem Abbau der beschädigten Wicklung die Lage einer Gruppe festzustellen und die eventuell beschränkten Platzverhältnisse für die Neuwicklung vorzumerken.

Nach Fertigstellung einer Gruppe sind stets beide Lagerschilder aufzupassen und festzustellen, ob die Drahtwindungen einen entsprechenden Abstand von dem Eisenkörper haben.

Etwaige Formverbesserungen sind gegebenenfalls vorzunehmen und beim Einwickeln der zweiten Gruppe zu berücksichtigen.

Überkreuzungen innerhalb der Nuten sind tunlichst zu vermeiden. Im allgemeinen ist der Platz so bemessen, daß die erforderliche Anzahl der Drahtwindungen nur dann in einer Nute untergebracht werden können, wenn jeder Draht sauber geradegerichtet eingelegt wird und Überkreuzungen vermieden werden.

Läßt der Wickler es an der nötigen Sorgfalt fehlen, so bereitet das Einlegen der letzten Drähte in einer Nute große Schwierigkeiten und stellt außerdem ein betriebssicheres Arbeiten der Wicklung in Frage, da Beschädigungen der Isolation hierbei nicht zu vermeiden sind.

Sind die Raumverhältnisse in den Nuten schon bei dem Abbau der beschädigten Wicklung als beengt erkannt, so empfiehlt es sich, vor Beginn der Wickelarbeit die erforderliche Anzahl Drähte für eine Nute in Nutenlänge abzuschneiden und in die Nute einzupassen.

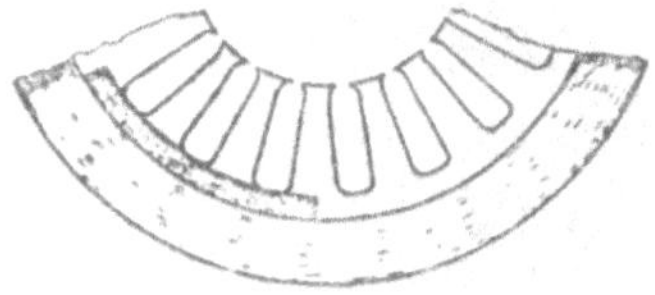

Abb. 138. Drehstrom-Ständer zur Aufnahme der Wicklung vorbereitet

Etwaige Unstimmigkeiten in der Stärke der Drahtumspinnung oder der Nutenisolation werden hierdurch frühzeitig erkannt und können entsprechend berücksichtigt oder geändert werden.

Die in der Gehäusewicklung unten liegenden Gruppen erhalten eine nach dem äußeren Durchmesser des Ständers zeigende Kröpfung.

Um an der in Abb. 137 mit einem Pfeil bezeichneten Stelle ein Einreißen der Nutenisolation zu vermeiden, ist eine aus mehreren Preßspanstreifen hergestellte Zwischenlage herzustellen und nach Abb. 138 einzufügen.

Diese Zwischenlage wird nach beendigter Wickelarbeit an einer Gruppe entfernt, so daß auch an dieser Stelle der erforderliche Abstand zwischen Wicklung und Eisenkörper vorhanden ist.

Sind in einer Nute die erforderlichen Windungen eingewickelt, so werden die überstehenden Kanten der Isolation nach innen umgebogen und die Nuten durch einen Holz- oder Fibrekeil geschlossen.

Um beim Eintreiben der Keile in die Nuten die Drahtwindungen vor Beschädigung der Isolation zu schützen, ist ein Preßspanstreifen in Nutenbreite zwischen Keil und Wicklung einzulegen.

Die Drahtbündel jeder Nute werden hierauf im allgemeinen mit Leinenband umwickelt. Das Zwischenfädeln des Leinenbandes zwischen

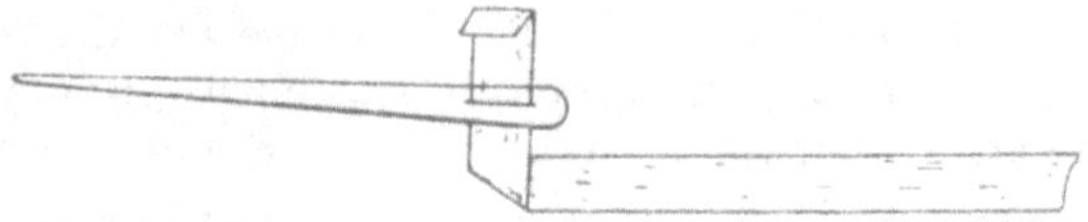

Abb. 139. Nadel aus Preßspan mit eingefädeltem Leinenbandstreifen.

und um die einzelnen Drahtlagen geschieht zweckmäßig mit einer aus Preßspan zugeschnittenen Nadel (Abb. 139).

Anfang und Ende jeder Gruppe ist durch Bewicklung mit Ölleinenband besonders gut zu isolieren.

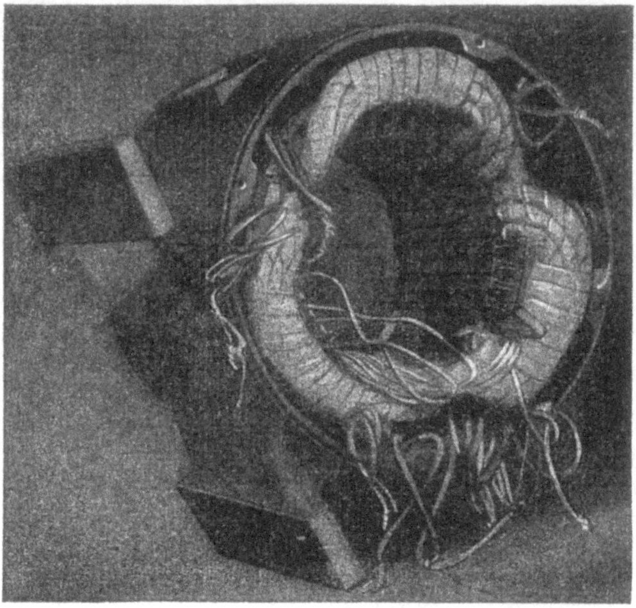

Abb. 140. Drehstrom-Ständer mit drei eingewickelten unteren Gruppen und eine im Entstehen begriffene obere Gruppe.

Die Fertigstellung der oberen Gruppen einer Ständerwicklung geschieht in der vorbeschriebenen Weise. Um den einzelnen Drähten einer Nute während der Wickelarbeit einen Halt zu geben, sind schräg geschnittne Holzkeile zu verwenden.

Die Anordnung dieser Holzkeile zeigt Abb. 140[1]).

[1]) Siehe auch Raskop, Katechismus, 8. Aufl., S. 17 und 18.

Ständer mit geschlossenen Nuten

Bei Ständern mit geschlossenen Nuten müssen die Drähte auf eine umständliche Art in die Nuten hineingefädelt werden (Abb. 137).

Um Lötstellen innerhalb der Wicklung tunlichst zu vermeiden, wählt man die Länge des Wickeldrahtes so, daß eine Gruppe hiermit eingewickelt werden kann. Entfallen auf eine Gruppe jedoch so viele Windungen, daß die Drahtenden zu lang werden (z.B. bei Hochspannungs-

Abb. 141 Wickelvorrichtung nach Maschinenfabrik Oerlikon.

motoren), so sind Lötstellen innerhalb der Wicklung nicht zu umgehen und daher die Drahtlänge einer Gruppe entsprechend zu teilen.

An dieser Stelle sei auf größte Sorgfalt bei der Herstellung der Lötverbindungen[1]) hingewiesen.

Schlechte Lötstellen stellen den betriebssicheren Gang der Maschine in Frage und führen mit der Zeit stets zu Störungen kleineren oder größeren Umfanges.

[1]) Neuerdings werden die Verbindungen auch im Schweißverfahren hergestellt.

Ist die Wicklung einer Drehstrommaschine mit einem derartigen Fehler behaftet, so brummt der Motor auffällig laut.

Bei vorgeschrittener Oxydation der zusammengefügten Wickeldrähte an der Lötstelle erwärmt sich diese stark. Schaltet man ein Amperemeter zwischen jede Phase der Wicklung, so zeigt die Nadel des Instruments gewöhnlich einen schwankenden Ausschlag.

Der Unterschied der von dem Instrument angezeigten Werte ist um so größer, je mangelhafter der Kontakt an der Lötstelle ist.

Wenn innerhalb der Wicklung viele Lötstellen liegen, so ist die Festlegung der beschädigten Stelle folgerichtig sehr schwierig.

In vielen Fällen wird man gezwungen sein, mehrere Gruppen, eventuell sogar die ganze Wicklung, abzuwickeln, um den Fehler zu beheben.

Bei der Fehlerbestimmung dieser Art trennt man zweckmäßig die einzelnen Gruppen voneinander und belastet jede einzelne Gruppe durch Zwischenschalten eines Widerstandes mit einem dem Querschnitt des Drahtes entsprechenden Stromwert.

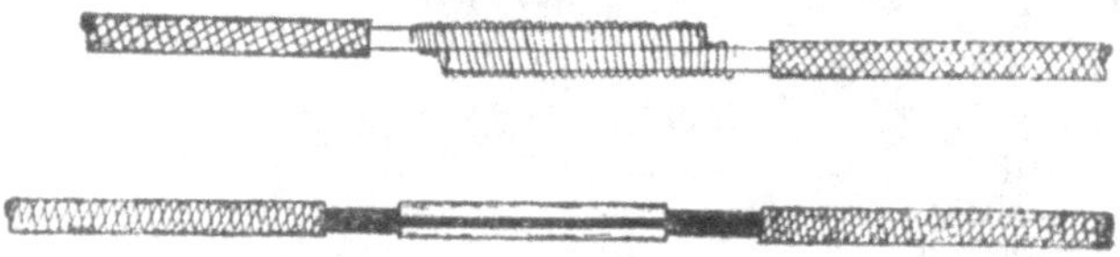

Abb. 142 und 143. Lötverbindungen bei Drehstromwicklungen.

Hierbei ist ein Amperemeter einzuschalten und die Nadel des Instrumentes längere Zeit zu beobachten, ob der Ausschlag schwankt oder die Stromaufnahme bei einer oder mehreren Gruppen kleiner ist als normal. In diesem Falle wird der Fehler innerhalb dieser Gruppen liegen.

Auch mit einer Meßbrücke lassen sich etwaige mangelhafte Lötstellen innerhalb der Wicklung feststellen, indem man den Widerstand jeder Gruppe genau ermittelt. Unter der Voraussetzung, daß sämtliche Gruppen die gleiche Drahtlänge haben, muß der Widerstand in allen Gruppen gleich groß sein.

Sind innerhalb einer Gruppe eine oder mehrere schlechte Lötstellen vorhanden, so wird man einen höheren als normalen Widerstand ermitteln.

Ist die Wicklung jedoch unsachgemäß ausgeführt, sind z.B. die Drahtlängen der einzelnen Gruppen verschieden, oder hat der benutzte Wickeldraht verschiedenem Querschnitt, so ist die Feststellung der schlechten Lötstellen mit Hilfe der Meßbrücke unsicher oder sogar unmöglich.

Vielfach zeigt sich aber auch ein derartiger Fehler nach außen durch starke Erwärmung und durch Vernichtung der Isolation infolge Funkenbildung an der schlechten Lötstelle.

Durch diesen kurzen Hinweis ist die erforderliche Sorgfalt bei der Herstellung von Lötstellen wohl begründet.

Die Abb. 142 und 143 zeigen zwei bewährte Arten von Lötverbindungen an Drehstromwicklungen.

In Abb. 142 sind die blanken Drahtenden sauber von Niederschlägen befreit, übereinandergelegt, mit blankem Kupferdraht eng bewickelt und gelötet. Diese Verbindungsart hat den Vorzug, daß man das Eindringen des flüssigen Lötzinnes nach vollzogener Lötung feststellen kann.

In Abb. 143 sind die blanken Drahtenden in ein geschlitztes Kupferröhrchen geschoben und miteinander verlötet. Die Wandung dieser Röhrchen darf nicht zu dünn sein, um ein Zerbrechen der Lötstellen bei späterer Biegung der Drähte zu vermeiden.

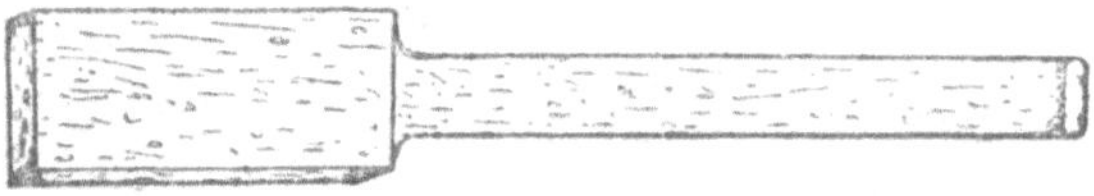

Abb. 144. Profilstab aus Hartholz als Hilfsmittel bei der Herstellung von Nutenisolationen.

Geschlossene Kupferröhrchen sind von der Verwendung grundsätzlich auszuschließen, da eine Kontrolle über die Kontaktsicherheit der Lötstelle nach vollzogener Lötung nicht möglich ist.

Diese letzte Art der Lötverbindung nimmt weniger Platz in Anspruch als die in Abb. 142 dargestellte.

Wenn innerhalb einer Gruppe mehrere Lötstellen hergestellt werden müssen und der Raum für die Aufnahme der Wicklung beengt ist, so wird man diese Art vorziehen.

Für die bei der Hintereinander- oder Parallelschaltung der einzelnen Gruppen vorkommenden Lötstellen ist das Verfahren in Abb. 142 entschieden vorzuziehen. Bei guter Lötung ist unbedingte Kontaktsicherheit gewährleistet. Die Lötstellen sind mit Ölleinen und Leinenband zu isolieren.

Für die Nutenisolation bei Ständern mit geschlossenen Nuten werden Mikanitröhren (bei Hochspannungsmotoren) oder aus mehreren dünnen Preßspanlagen hergestellte Hülsen verwandt.

Die Herstellung der Mikanitröhren muß in der Regel Spezialfabriken überlassen bleiben. In eiligen Fällen können Mikanitröhren nach einem auf Seite 49 beschriebenen Verfahren in eigener Werkstatt gefertigt werden. Die Firma Meirowsky in Köln-Porz fertigt Mikanitröhren in jeder Form und für jede Spannung an.

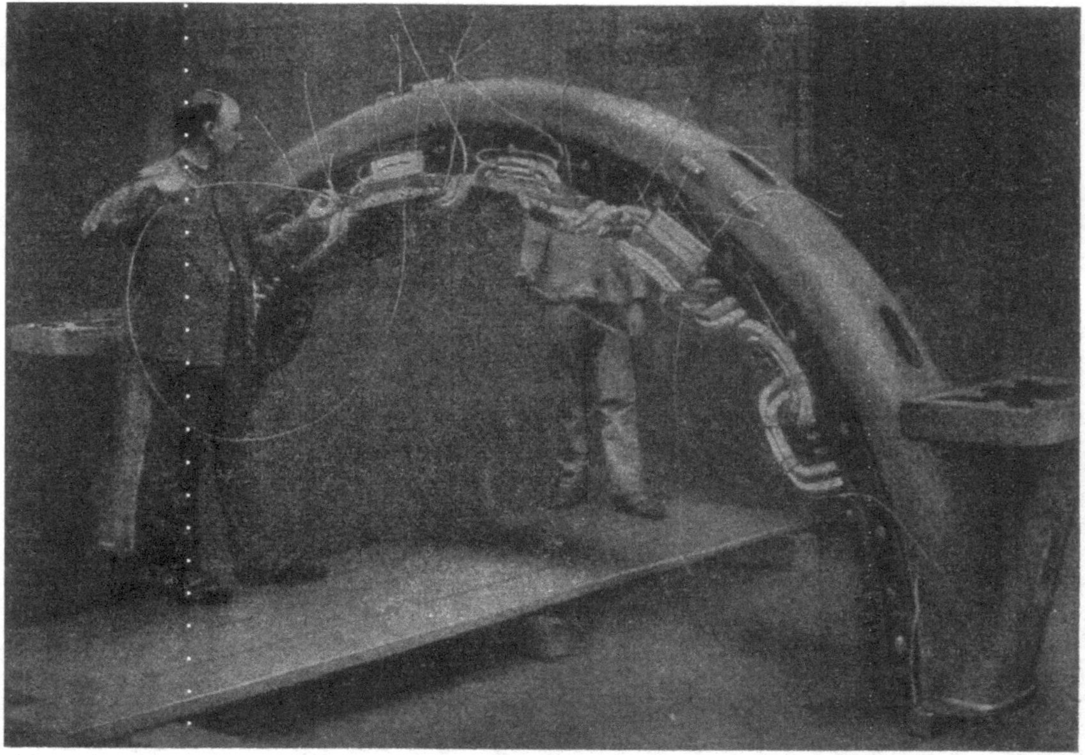

Abb. 145. Einfädeln der Wickeldrähte bei einem Hochspannungs-Motor.

Die Preßspanisolationen für geschlossene Nuten werden mit Hilfe eines Holzdornes, der das Profil der Nutenöffnung hat, hergestellt. Der Dorn muß um die Isolationsstärke dünner sein als die Nutenöffnung. Abb. 144 zeigt einen derartigen Holzdorn.

Der auf Maß abgeschnittene Preßspanstreifen wird fest um den Dorn gewickelt und der Dorn mit der Isolation hierauf in die Nuten geschoben. Je nach der Betriebsspannung der Maschine kann auch Preßspan mit Ölleinen zusammen mehrere Male um den Dorn gewickelt werden. Es ist jedoch darauf zu achten, daß das Ölleinen in der lichten Öffnung und an der äußeren Wandung fortgelassen wird, um ein

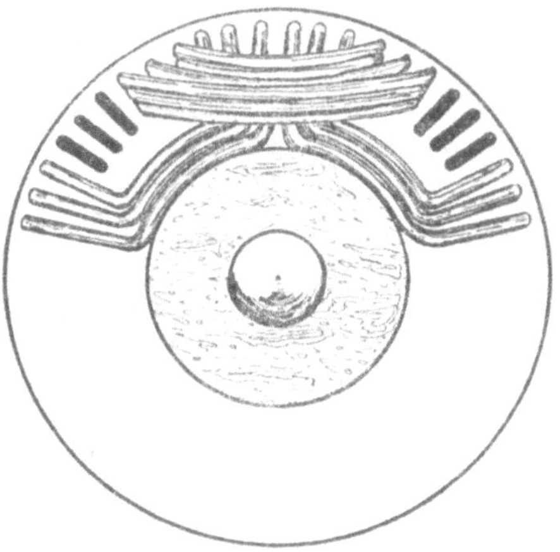

Abb. 146. Stirnseite eines Drehstrom-Läufers mit eingewickelten Gruppen.

störungsloses Einschieben der Isolation in die Nuten und das Einfädeln der Wickeldrähte in die Isolierhülse zu ermöglichen.

Die einzelnen Preßspanlagen können auch noch mit lufttrocknendem Isolierlack aufeinandergeklebt werden.

Diejenigen Nuten, die zu einer Gruppe gehören, werden nach Einfügen der Isolierhülse mit einer den Windungen entsprechenden Anzahl von blanken Drähten aus Eisen, Stahl oder Messing gefüllt.

Der Durchmesser dieser Drähte, die in der Ankerwickelei auch Nadeln genannt werden, muß so groß sein wie der Wickeldraht mit der Umspinnung.

Der Wickeldraht wird etwa in Nutenlänge am Anfang abisoliert und die Enden der Umspinnung doppelt geknotet. Alsdann wird jedesmal eine Nadel aus der Nute entfernt und der Wickeldraht nachgeschoben.

Um eine gleichmäßige Form der Gruppen zu erhalten, ist die Verwendung der in Abb. 140[1]) erwähnten Holzkeile zu empfehlen.

Geübte Wickler können gewöhnlich ohne weitere Hilfsmittel durch geschickte Biegung der einzelnen Drahtwindungen diese gleichmäßige Form erreichen.

Bei der Herstellung der Wicklungen an Einphasen-Wechselstrommaschinen findet das Gesagte sinngemäß Anwendung. Sämtliche Gruppen der Ständerwicklung werden im Sinne des Uhrzeigers eingewickelt, und zwar zuerst die unteren und hieran anschließend die oberen Gruppen.

Läuferwicklungen

Die Herstellung der Drahtwicklungen an Läufern mit halbgeschlossenen Nuten und vollständig geschlossenen Nuten entspricht der Wickelarbeit bei Ständerwicklungen in gleicher Ausführung.

Neben einer gleichmäßigen Anordnung der einzelnen Gruppen auf den Stirnseiten des Läufers ist besonderer Wert auf die zentrische Lagerung und gute Befestigung der Wicklung zu legen.

Die zentrische Lagerung der Gruppen auf den Stirnseiten des Läufers wird durch zylindrische Holzscheiben, die auf die Läuferwelle aufgeschoben werden, erreicht.

Abb. 146 zeigt die Anordnung dieser Scheiben. Während bei Ständerwicklungen stets mit dem Einwickeln der Drähte in die beiden innen liegenden Nuten begonnen wurde, ist es bei der Herstellung der Läuferwicklungen umgekehrt.

Bei jeder Gruppe werden hier zuerst die beiden außen liegenden Nuten vollgewickelt. Die Drähte der nächsten Nuten werden, wie in Abb. 146 ersichtlich, auf die bereits fertiggewickelten Lagen angeordnet.

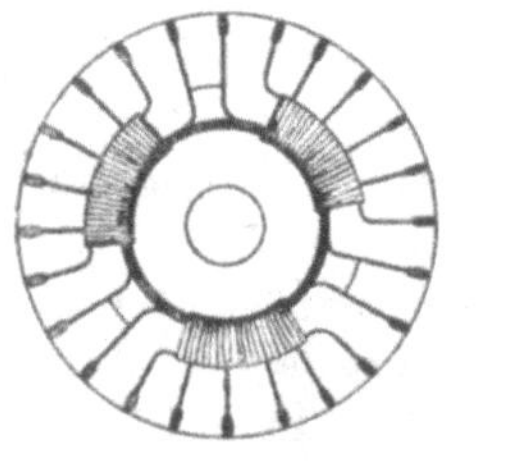

Abb. 147. Befestigung der Läuferwicklung durch isolierten Metallring mit Bandagen.

Nach Fertigstellung der unteren Gruppen werden dieselben eventuell mit Leinenband umbandelt und hierauf die oberen Gruppen eingewickelt.

Die Holzscheiben werden zwecks Bewicklung der unteren Gruppen abgezogen und nach vollendeter Arbeit wieder eingefügt.

Nach beendigter Wickelarbeit werden mit Leinenband isolierte Eisenringe in die kreisrunde Öffnung der Wicklung eingesetzt und die oberen Gruppen mit Draht- oder Kordelbandagen hieran befestigt (Abb. 147).

Die Befestigung der einzelnen Gruppen

[1]) Siehe auch Raskop, Katechismus, 8. Aufl., S. 17 und 18.

ist unbedingt erforderlich, um bei Arbeitsleistung des Läufers ein Heben der Wicklungen durch die Fliehkraft zu verhindern.

Falls Drahtbandagen angewandt werden, müssen dieselben gut gelötet sein. Für reichliche Isolation (Preßspan usw.) zwischen Bandage und Wicklung ist stets Sorge zu tragen.

Abb. 148. Drehstromläufer Stabwicklung (Werkbild BBC).

Die verkettete Zweiphasen-Wicklung bei Drehstromläufer

Eine Sonderheit bei Drehstrommotoren mit Schleifringanker stellt die verkettete Zweiphasen-Läuferwicklung dar. Es handelt sich hier um normale Drehstrommotoren, deren Läuferwicklung nicht in normaler Dreiphasenwicklung, sondern in Zweiphasenwicklung ausgeführt ist.

Wie in Abb. 149 dargestellt, besteht diese Wicklung aus zwei Wicklungssträngen. Jeder Strang wird aus der Hälfte der jeweilig in Frage kommenden Gruppen derart gebildet, daß die untere Lage der Wicklung fortlaufend hintereinandergeschaltet und mit der oberen Lage entsprechend verfahren wird. Nach Hintereinanderschaltung der vorhandenen Gruppen verbleiben insgesamt 2 Anfänge und 2 Enden, die nach Abb. 149 mit den 3 Schleifringen verbunden werden. An dem mittleren

Schleifring liegen 2 Schaltenden, während an den beiden äußeren nur je ein Schaltende der Wicklung angeschlossen wird.

Zum Anlassen derartiger Läufer ist ein Anlasser erforderlich, der nach Abb. 149 nur 2 Widerstandsphasen und somit 2 Kontaktreihen besitzt. Der mittlere Schleifring des Läufers wird durch eine Verbindungsleitung, die den doppelten Querschnitt der beiden äußeren Verbindungsleitungen erhält, mit dem Anlaßhebel verbunden, während die beiden

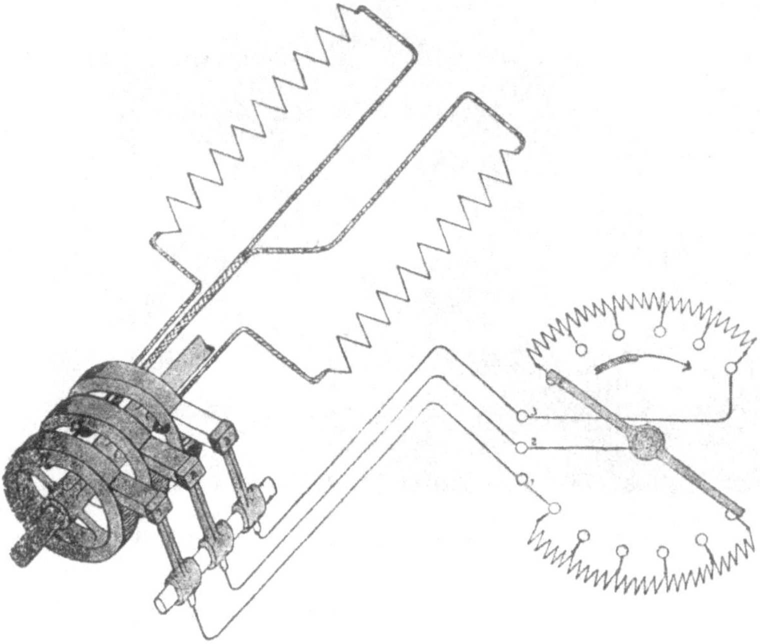

Abb. 149. Drehstromläufer mit verketteter Zweiphasenwicklung.

äußeren Schleifringe nach Abb. 149 mit den Widerstandselementen des Anlassers verbunden werden. Ein derartiger Anlasser kann natürlich auch aus einem normalen Dreiphasenanlasser hergestellt werden, wenn die 3. Reihe der Widerstandselemente entfernt und die 3. Kontaktreihe durch einen Kupferdraht kurzgeschlossen wird. Diese Kontaktreihe des Anlassers wird mit dem Anlaßhebel metallisch verbunden und die Verbindung mit den Schleifringen nach Abb. 149 ausgeführt.

Die Zweiphasenwicklung hat insofern für den Instandsetzungsfachmann eine große Bedeutung, als z. B. bei Umwicklungen auf andere

Drehzahlen vielfach nur diese Wicklung angewandt werden kann, wenn die Nutenzahl des Läufers die Herstellung einer Dreiphasenwicklung ausschließt. Soll z. B. ein Drehstromläufer mit 48 Nuten von einer Drehzahl = 1500 in 1000 Umdrehungen pro Minute umgewickelt werden, so ist hiermit der praktische Fall gegeben, wo die Zweiphasenwicklung mit Erfolg hergestellt werden kann. Die bei 1000 Umdrehungen in Frage

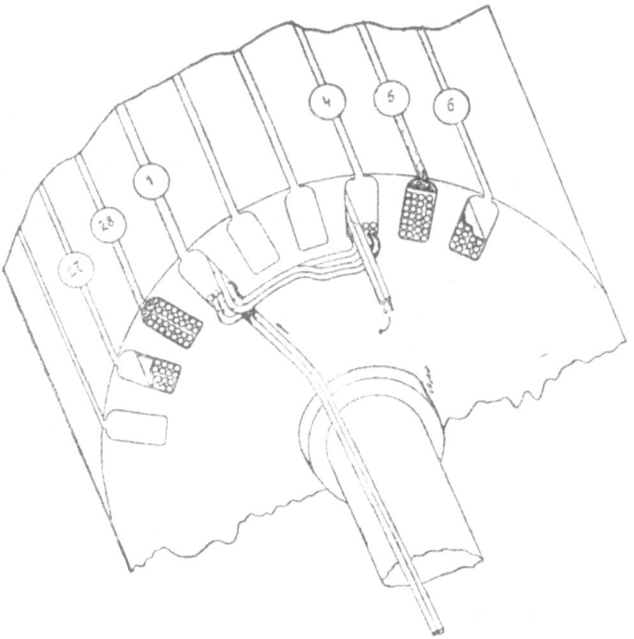

Abb. 150. Verteilung der Windungen einer unteren Gruppe auf die in Frage kommenden Läufernuten.

kommenden 9 Gruppen der Dreiphasenwicklung lassen sich nicht auf die vorhandenen 48 Nuten gleichmäßig verteilen. Auch die Herstellung einer sogenannten Dreiphasen-Bruchlochwicklung ist im diesem Falle nicht angängig.

Die Verteilung der Gruppen der Zweiphasenwicklung kann vielfach nicht derart erfolgen, daß eine sogenannte Ganzlochwicklung entsteht. In sehr vielen Fällen wird ein Teil der Läufernuten von 2 verschiedenen Gruppen gefüllt, so daß von einer Zweiphasen-Bruchlochwicklung gesprochen werden kann.

Eine derartige Wicklung kommt in Frage, wenn ein Läufer mit 60 Nuten für 1000 Umdrehungen in Zweiphasenwicklung ausgeführt werden soll. Die hier in Frage kommenden 12 Gruppen werden in 2 Wicklungssträngen zu je 6 oberen und 6 unteren Gruppen angeordnet. Jede Gruppe belegt rechts 2½ und links 2½ Nuten. Die nach Fertigstellung einer Gruppe halbgefüllten Nuten werden durch die nebenliegenden Gruppen gefüllt.

Die praktische Herstellung der Wicklung geschieht derart, daß zunächst der untere Wicklungsstrang und hierauf anschließend der obere Wicklungsstrang hergestellt wird. Die Windungsrichtung der nebeneinanderliegenden, zu einem Wicklungsstrang gehörenden Gruppen ist abwechselnd rechts und links herum. Wird die Anfangsgruppe rechts herum eingewickelt, so wird die 2. Gruppe links herum, die 3. wieder rechts und die 4. wieder links herum eingewickelt usw. Hierbei wird nach Fertigstellung einer Gruppe nicht der Wickeldraht abgeschnitten. sondern die nächstfolgende Gruppe in derjenigen Läufernute beginnend — ohne Unterbrechnug — weiter gewickelt, daß der entgegengesetzte Windungssinn erzielt wird.

Die AEG Berlin wendet die Zweiphasen-Bruchlochwicklung bei den Läufern der Drehstrommotoren Type D 50/4 und bei mehreren anderen Typen an, wenn diese Motoren mit Schleifringläufer ausgerüstet werden.

Der Läufer der Type D 50/4 hat 28 Nuten. Die Drehzahl desselben beträgt bei 50 Perioden 1500 i. d. Minute (Leerlauf). Die Wicklung ist 4polig. Insgesamt sind 8 Gruppen, und zwar 4 untere und 4 obere vorhanden. Je 4 Gruppen sind zu einem Wicklungsstrang hintereinander geschaltet und nach Abb. 149 mit den Schleifringen verbunden. In jeder Nute liegen 2 × 14 Windungen = 28 Drähte, also 2 Drähte parallel.

In Abb. 150 ist ein Teil des fraglichen Ankers dargestellt. Die Verteilung der Windungen einer unteren Gruppe auf die in Frage kommenden Nuten ist aus der Darstellung zu ersehen. Die gesamte Anordnung des unteren Wicklungsstranges und die Schaltung der unteren Gruppen zeigt das Schema Abb. 151. Die nach Fertigstellung des unteren Wicklungsstranges noch nicht gefüllten Nuten werden durch die Gruppen des oberen Wicklungsstranges gefüllt. Durch die äußerst sinnreiche Verteilung der Windungen auf die Nuten wird erreicht, daß in jedem Wicklungsstrange die gleiche Anzahl Windungen in Reihe geschaltet sind.

Die Verteilung der Windungen der unteren Gruppen ist:

Anfang 1.

Nute	1	nach	4,	je	Nute	4 × 2	Drähte
„	28	„	5,	„	„	14 × 2	„
„	27	„	6,	„	„	7 × 2	„

1. Gruppe rechts herum

Nute 11 nach 8, je Nute 4 × 2 Drähte
„ 12 „ 7, „ „ 14 × 2 „
„ 13 „ 6, „ „ 7 × 2 „

2. Gruppe links herum

Das aus Nute 6 kommende Ende der 1. Gruppe wird, wie bereits erwähnt, nicht abgeschnitten, sondern in Nute 11 geführt und von dieser Nute aus die 2. Gruppe so eingewickelt, wie vorstehend in dem Verteilungsschema angegeben. Die anderen unteren Gruppen werden entsprechend fertiggestellt.

Die Windungen des oberen Wicklungsstranges verteilen sich auf:
Anfang 1.
Nute 4 nach 8, je Nute 10 × 2 Drähte
„ 3 „ 9, „ „ 14 × 2 „

1. obere Gruppe rechts herum.

Die übrigen Gruppen des oberen Wicklungsstranges werden entsprechend auf die in Frage kommenden Nuten verteilt.

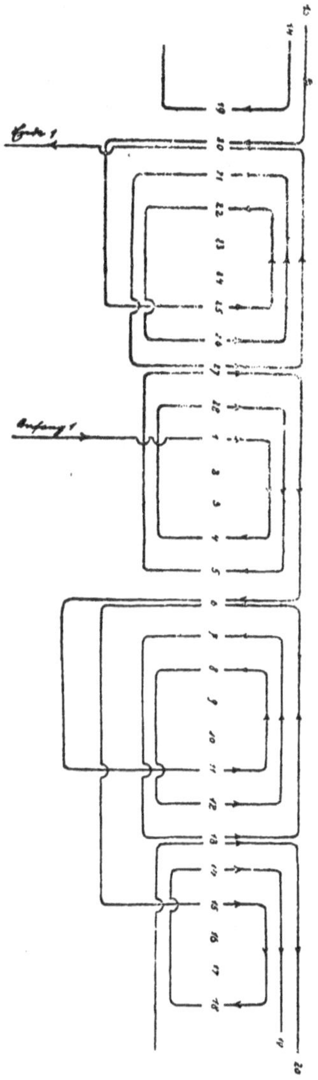

Abb. 151. Schaltbild des unteren Wicklungsstranges.

Stabwicklungen[1])

Auch bei Drehstrommaschinen haben die Stabwicklungen unter günstigen Verhältnissen eine lange Lebensdauer.

Ständerwicklungen werden selten in Stabwicklung ausgeführt, hingegen findet man bei Läufern sehr häufig diese Wicklungsart.

Im allgemeinen lassen sich bei Instandsetzungen an Stabwicklungen die Stäbe ganz oder teilweise wieder verwenden.

Die Wicklung wird an der Schleifringseite geöffnet, die Hülsen, die die untere mit der oberen Stablage verbinden, werden abgelötet, die Stäbe in Verlängerung der Nuten geradegebogen und aus den Nuten entfernt.

[1]) Wickeltabellen hierüber siehe Raskop, Das Berechnungsbuch des Elektromaschinenbauer-Handwerkers, 6. Auflage.

Abb. 152. Kupferstab aus der Läuferwicklung eines Drehstrommotors.

Die Anwendung der in Abb. 69 dargestellten Vorrichtung ist hierbei zu empfehlen.

Um eine mühelose Fertigstellung der Wicklung zu gewährleisten, empfiehlt es sich, die Nuten des Läufers mit Zahlen fortlaufend zu bezeichnen.

Die in der betreffenden Nute eingebetteten Stäbe werden ebenfalls mit entsprechenden Zahlen versehen. Die obere Lage ist von der unteren Lage nach Entfernung aus den Nuten abzusondern und in Bündeln von etwa 10 Stäben zusammenzubinden.

Die Biegung der Stäbe an der Riemenscheibenseite des Läufers bleibt bestehen, so daß die aus den Nuten entfernten Stäbe die Form Abb. 152 haben.

Die freigelegten Stäbe werden von der Isolation befreit und auf einer Richtplatte geradegerichtet. Alsdann werden die Lötstellen mittels Lötlampe gesäubert und die Stäbe unter Verwendung einer Bandlänge mit Leinenband bewickelt.

Die Isolationen für die Nuten werden auf die unter „Ständerwicklungen" beschriebene Art angefertigt und in die Nuten eingefügt.

Falls einige Stäbe zerstört oder die gesamte Wicklung unbrauchbar ist, bedient man sich für die Neuanfertigung der Stäbe der in Abb. 108 und 109 abgebildeten Biegevorrichtungen.

Einzelne Stäbe lassen sich auch im Schraubstock gebrauchsfertig biegen.

Die Herstellung der Wicklung geschieht folgendermaßen: Die bewickelten Stäbe werden mit Paraffin oder Talkum eingerieben. Mit Nr. 1 begonnen, werden sämtliche unteren Stäbe der Reihe nach in die Nuten eingefügt. Alsdann wird über jeden Stab innerhalb der Nuten ein Preßspanstreifen gelegt und die oberen Stäbe in gleicher Weise in die Nuten untergebracht. Zwischen der oberen und unteren Stablage werden eventuell Preßspanstreifen so zwischengefügt, daß eine Berührung der Stäbe nicht möglich ist. Falls erforderlich, kann auch die untere Lage der Stäbe, vor dem Einbau der oberen Stäbe, mit einer Kordelbandage befestigt werden.

Alsdann werden die von Zinnresten befreiten Hülsen über die gebogenen Stäbe geschoben und die Wicklung ausgerichtet.

Die Biegung der Stäbe an der Schalt- bzw. Schleifringseite des Läufers geschieht mit Hilfe einer Gabel und eines Hebels.

Die Gabel wird am Austritt der Stäbe aus den Nuten über beide Stäbe geschoben, jeder Stab einzeln mit dem Hebel gefaßt und winkelig gebogen. In der Abb. 153 sind die beiden erwähnten Hilfsmittel und die Anwendung derselben dargestellt.

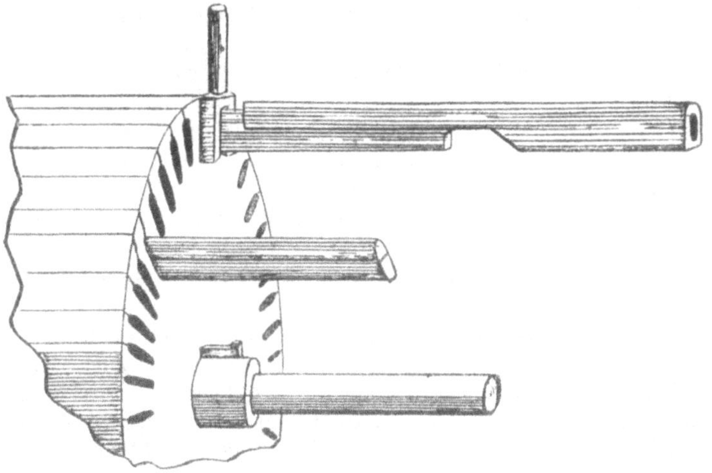

Abb. 153. Das Biegen der Kupferstäbe bei der Herstellung der Stabwicklung eines Drehstrom-Läufers.

Ein gebrauchsfertig geformter Stab hat die in Abb. 154 dargestellte Form[1]).

Jede Stabwicklung bei Drehstromläufern besteht aus drei getrennten Wicklungen, deren Anfänge mit den Schleifringen verbunden und deren Enden durch eine Brücke miteinander verkettet sind.

Die Verbindungen der Stäbe auf der Schaltseite der Wicklung sind durch die Bezeichnung der einzelnen Stäbe bei dem Abbau gegeben.

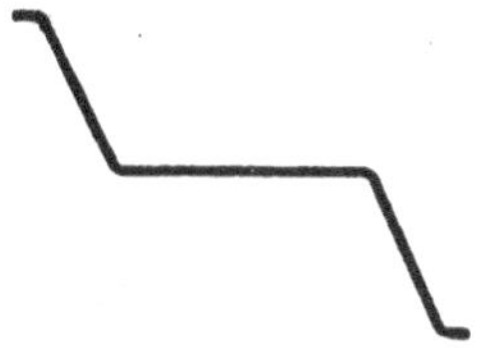

Abb. 154. Fertig geformter Stab aus einer Drehstrom-Läuferwicklung.

Für Anfänger empfiehlt es sich, nach Möglichkeit von jedem Stabanker ein Wickelschema[2]) anzufertigen. Derartige Unterlagen leisten bei etwaigen Zweifelsfällen gute Dienste.

Nach gebrauchsfertiger Biegung der Stäbe an der Schaltseite der Wicklung werden die Hülsen aufgeschoben, die Wicklung ausgerichtet und gelötet. Die vorgenannte Brücke wird erst nach vollzogener Lötung der Wicklung eingesetzt, um etwa durch abfließendes Lötzinn entstandenen Schluß zwischen den Phasen noch prüfen zu können.

---

[1]) Siehe auch Raskop, 5 × 2 Schaltbilder für Drehstromläufer mit Stabwicklungen.

[2]) Siehe Raskop: Berechnungsbuch, 6. Auflage.

Die Brücke verbindet, wie schon bemerkt, die drei getrennt liegenden Wicklungen miteinander.

Ist daher die Brücke noch nicht eingesetzt, so darf zwischen den einzelnen Phasen keine leitende Verbindung bestehen.

Mit einer Prüflampe läßt sich dies sehr leicht feststellen. Etwaige Zinntropfen zwischen den Stäben werden entfernt und hierauf die Brücke eingesetzt und gelötet.

Wenn man von der Herstellung der Stabwicklungen absieht, handelt es sich bei der Anfertigung von Drehstromwicklungen um eine verhältnismäßig einfache Arbeit. Auch die in Frage kommenden Schaltungen sind entsprechend einfacher Natur und leicht herzustellen.

Bei Gruppenwicklungen wird gewöhnlich ein Drittel der gesamten Gruppenzahl hintereinandergeschaltet und die dann noch frei bleibenden drei Anfänge und drei Enden bei Ständerwicklungen nach Abb. 155 und 156 an das Klemmbrett geführt. Bei Läuferwicklungen werden gewöhnlich die drei Anfänge an die Schleifringe gelegt und die Enden innerhalb der Wicklungen verbunden und gelötet.

Die gebräuchlichsten Schaltungen bei Drehstromwicklungen sind Stern- und Dreieckschaltungen. Die schematische Darstellung dieser beiden Schaltarten ist aus den Abb. 155 und 156 zu ersehen.

Abb. 156 zeigt die Sternschaltung. Die Anfänge der drei Wicklungen gehen zur Stromquelle, die Enden sind miteinander verbunden.

Bei Dreieckschaltungen werden die Anfänge und Enden nach Abb. 155 miteinander verbunden. Bei Ständerwicklungen werden fast ausnahmslos die Anfänge und die Enden an das Klemmbrett geführt. Die Anordnung derselben muß so geschehen, daß durch Einsetzen der Verbindungen Stern- sowohl als auch Dreieckschaltungen ausgeführt werden können.

Drehstrommotoren sind gewöhnlich für zwei verschiedene Betriebsspannungen verwendbar, z. B. 380 und 220 Volt. Soll der Motor an die

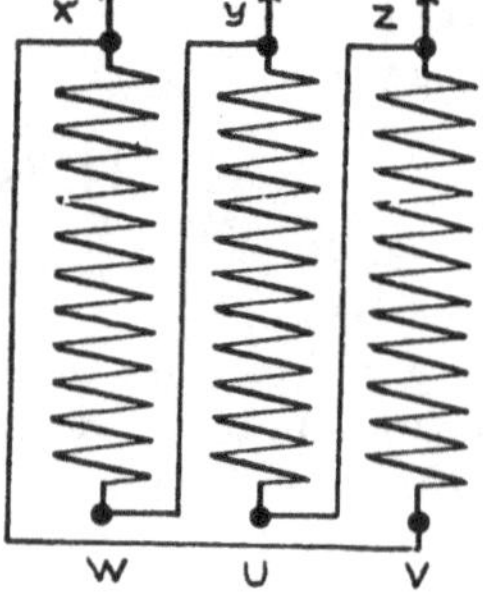

Abb. 155.
Schematische Darstellung einer Dreieckschaltung.

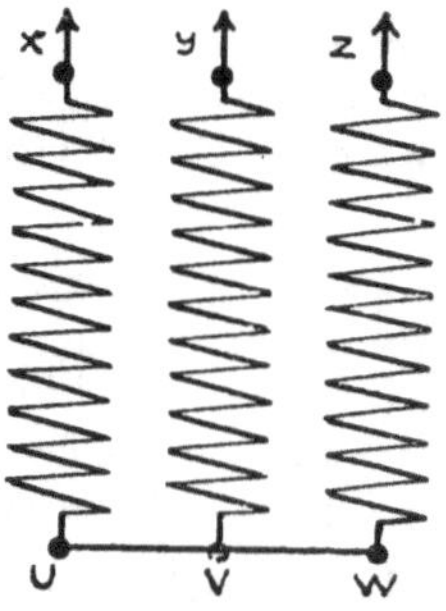

Abb. 156
Schematische Darstellung einer Sternschaltung.

höhere Netzspannung gelegt werden, so werden die Verbindungen an dem Klemmbrett nach Abb. 156 (Sternschaltung) eingesetzt. Für die tiefere Spannung gilt die Anordnung der Verbindungen nach Abb. 161 (Dreiecksschaltung).

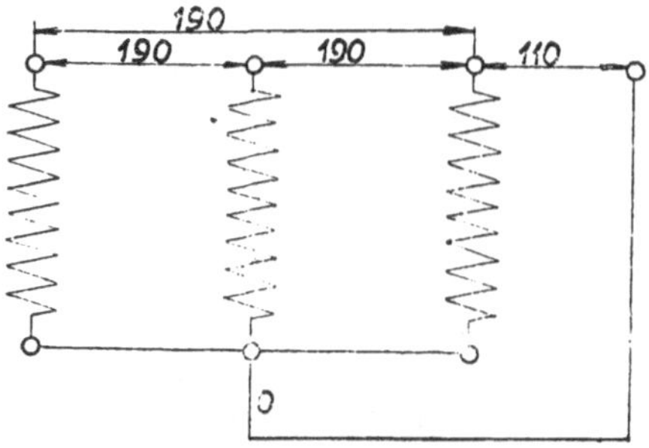

Abb. 157. Drehstrom 190/110 Volt.

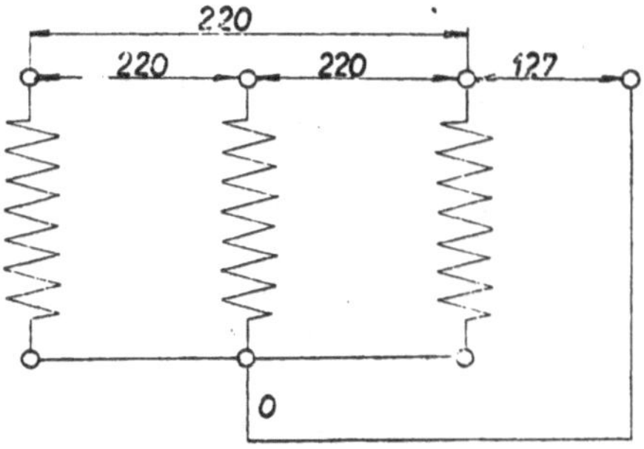

Abb. 158. Drehstrom 220/127.

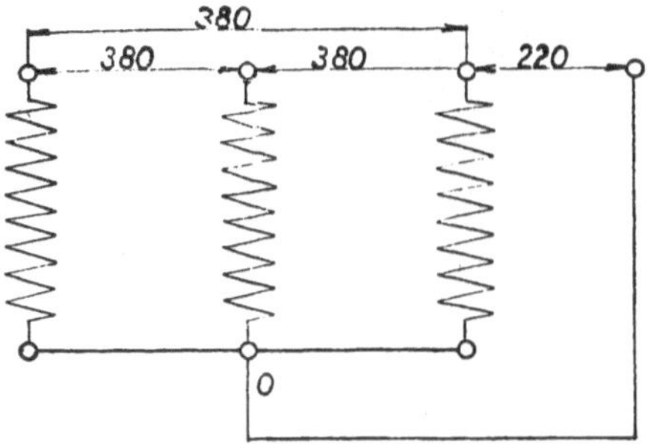

Abb. 159. Drehstrom 380/220 Volt.

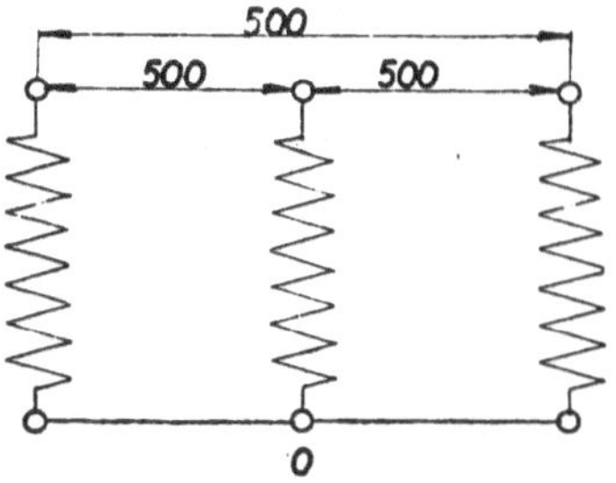

Abb. 160. Sternschaltung 500 Volt.

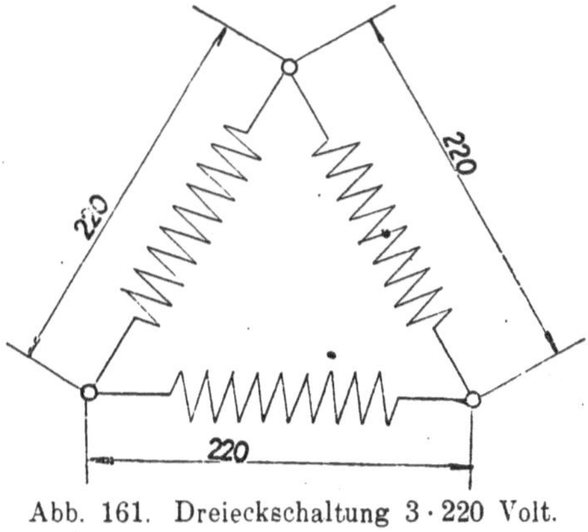

Abb. 161. Dreieckschaltung 3 · 220 Volt.

Transformatoren

Allgemeines

Der Transformator ist hinsichtlich Aufbau und Wirkungsweise die einfachste elektrische Maschine. Er besteht im wesentlichen aus dem aktiven Eisenkörper und den Wicklungen.

Der aktive Eisenkörper ist wie bei Einphasen- und Drehstrommotoren aus einzelnen, einseitig mit Seidenpapier beklebten Blechen zusammengefügt. Die Transformatorenbleche haben eine Stärbe von 0,3 bis 0,5 mm und unterscheiden sich von den gewöhnlichen Dynamoblechen durch den geringeren Wattverlust. Die Blechpakete werden durch Nieten, Schraubenbolzen usw., die von den ersteren durch Preßspan oder anderen geeigneten Materialien isoliert sind, zusammengehalten.

Man unterscheidet Mantel- und Kerntransformatoren. In Abb. 162 ist ein Mantel-, in Abb. 163 ein Kerntransformator dargestellt. Im neuzeitlichen Transformatorenbau hat in erster Linie der Kerntransformator Bedeutung.

In der Regel besitzen die Transformatoren zwei elektrisch voneinander getrennte Wicklungen. Diejenige Wicklung die e l e k t r i s c h e

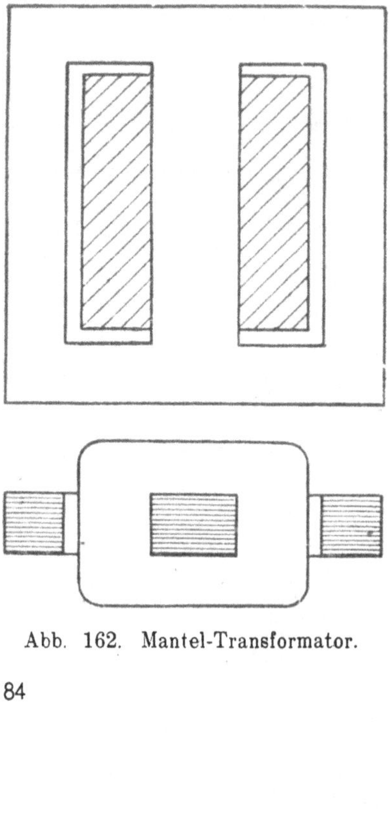

Abb. 162. Mantel-Transformator.

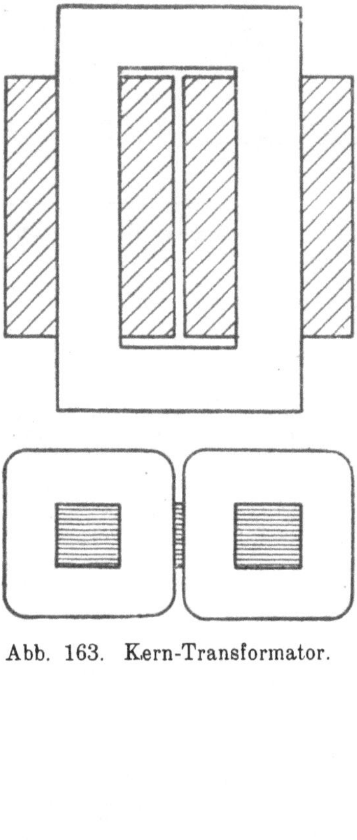

Abb. 163. Kern-Transformator.

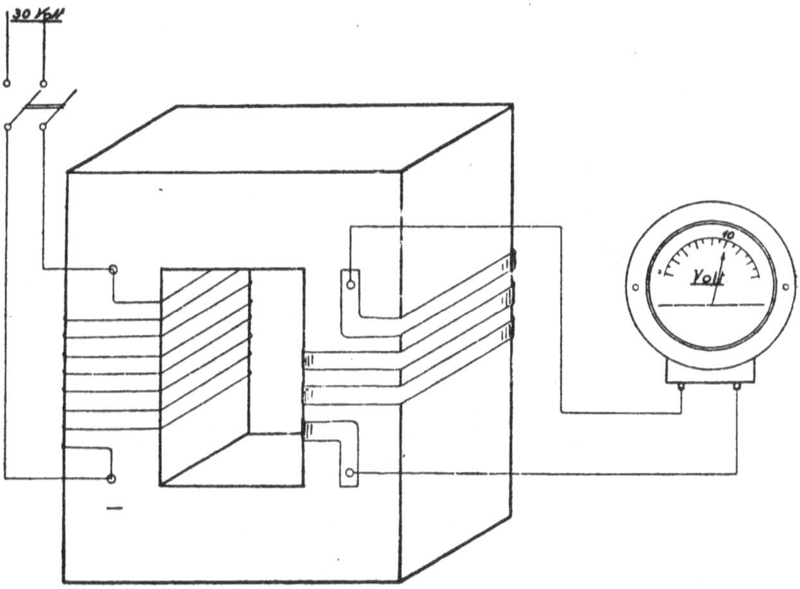

Abb. 164. Bewickelter Einphasen-Transformator (schematische Darstellung).

Leistung zugeführt erhält, nennt man die Primärwicklung, diejenige, aus der elektrische Leistung entnommen wird, die Sekundärwicklung. Man spricht auch von einer Hochvolt- und einer Niedervoltwicklung.

Die Spannungen der beiden Wicklungen verhalten sich wie die Windungszahlen zueinander. In Abb. 164 ist ein bewickelter Einphasen-Transformator dargestellt. Die Primärwicklung besteht aus 9 Windungen, die Sekundärwicklung aus 3 Windungen. Das Übersetzungsverhältnis, d. i. das Verhältnis der Windungszahlen bzw. Spannungen zueinander, ist 3 : 1. Legt man die Primärwicklung beispielsweise an eine Spannung von 30 Volt, so zeigt das in der Sekundärwicklung eingeschaltete Voltmeter eine Spannung von 30 : 3 = 10 Volt an.

In Abb. 165 ist ein bewickelter Drehstrom-Kerntransformator schematisch dargestellt. Da eine der beiden Wicklungen in der Regel für Hochspannung ausgeführt ist, so werden mit Rücksicht auf gute Isolation usw. die jeweils erforderlichen Windungen der Hochspannungswicklung in Einzelspulen aufgeteilt. Man spricht alsdann von einer Scheibenspulenwicklung (Abb. 166).

Die Windungen der Niedervoltwicklung werden vielfach in einer Spule zusammengefaßt und auf die ganze Länge des Eisenkerns verteilt. In diesem Falle spricht man von einer Zylinderwicklung (Abb. 167). Es können aber auch beide Wicklungen in Scheibenspulen hergestellt und in abwechselnder Reihenfolge auf dem Kern angeordnet werden.

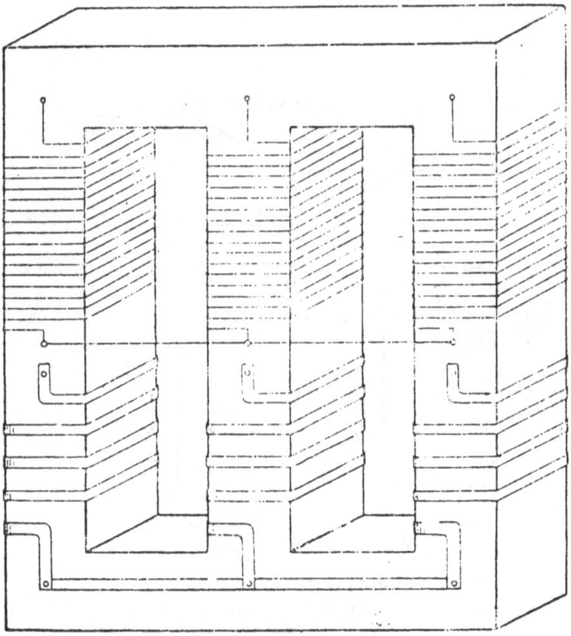

Abb. 165. Bewickelter Drehstrom-Transformator (schematische Darstellung) Stern-Stern-Schaltung, Schaltgruppe A_2.

Auto-Transformatoren

Wie bereits erwähnt, sind die beiden Wicklungen der Transformatoren in der Regel elektrisch voneinander getrennt auf dem Eisenkern angeordnet. Man spricht in solchen Fällen von Transformatoren mit Zweispulenwicklung. Im Gegensatz hierzu können die Primär- und Sekundärwicklungen aber auch elektrisch miteinander verbunden sein. Die Transformatoren dieser Art nennt man Auto-Transformatoren. Sie finden in der Regel nur da Anwendung, wo das Übersetzungsverhältnis entsprechend klein ist und die Spannungen einen Wert von ca. 500 Volt nicht überschreiten (Anlaßtransformatoren, Prüftransformatoren usw.).

Die Primär- und Sekundärwicklung ist in Serie geschaltet, wie aus Abb. 168 zu ersehen ist. Man nennt diese Schaltung auch Sparschaltung.

Schaltungen der Dreiphasen-Transformatoren

Die Schaltungen der Drehstrom-Transformatoren können unter Berücksichtigung der Verwendungsart verschieden ausgeführt werden und sind nach den Normen des VDE. in 12 Schaltarten und 4 Schaltgruppen zusammengefaßt.

Abb. 166. Drehstrom-Transformator (rechts die Scheibenspulen der Hochvoltwicklung).

Abb. 167. Drehstrom-Transformator (der mittlere Kern trägt bereits die Zylinder-Wicklung der Niederspannungsseite).

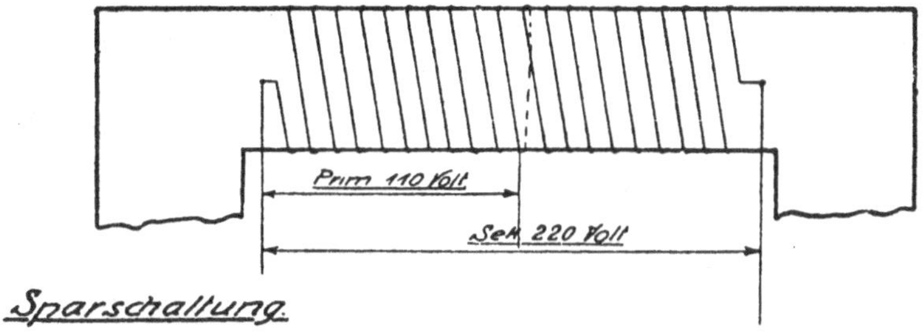

Abb. 168. Darstellung der Sparschaltung.

Normale Schaltgruppen von Drehstrom-Transformatoren.

Nach den RET 1923.

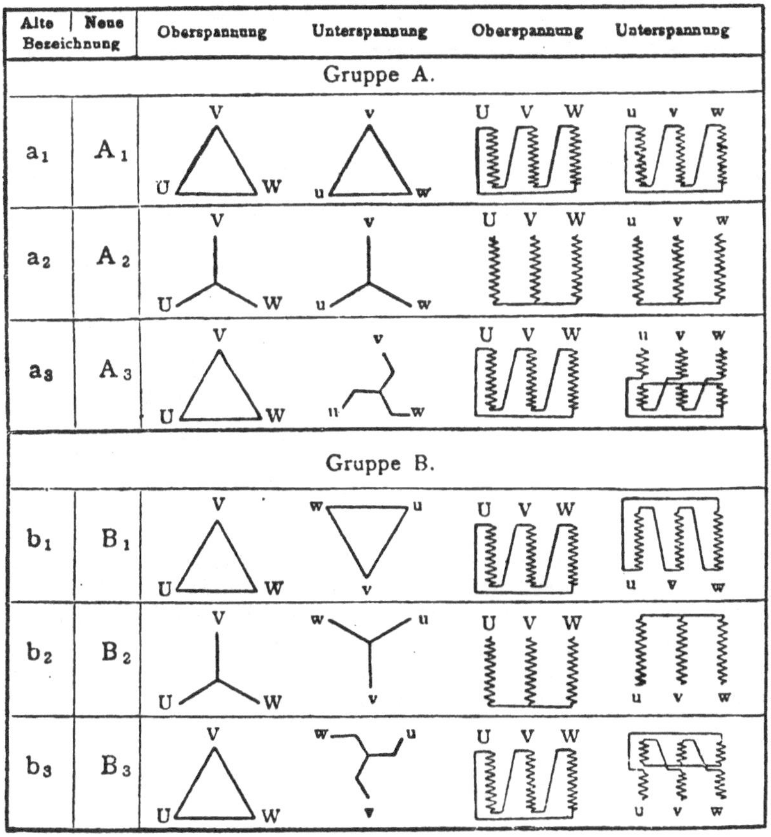

Abb. 169.

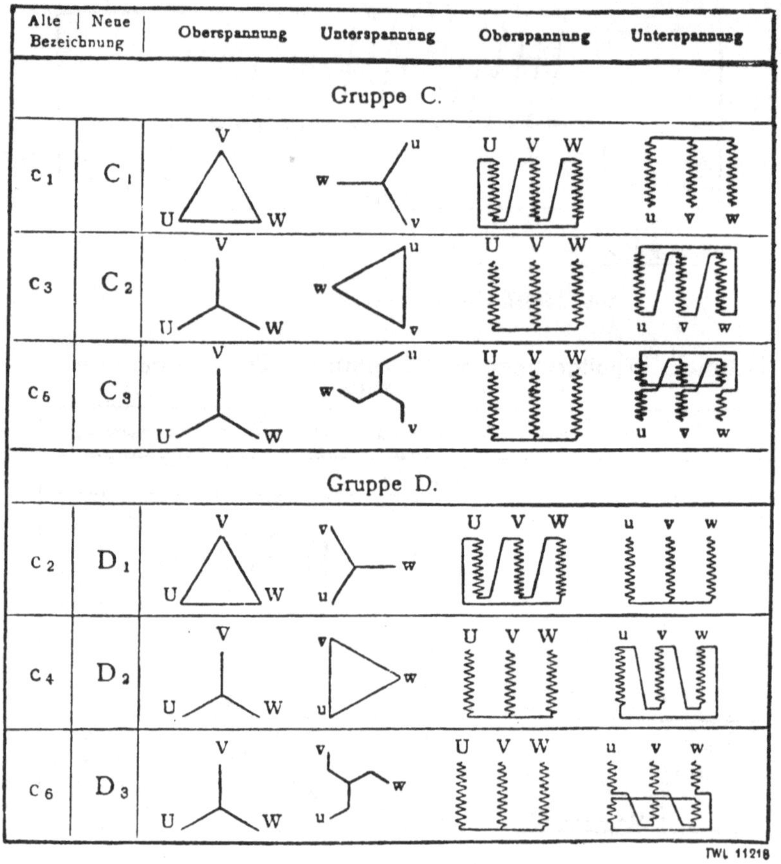

Abb. 170.

Für die Art der Verkettung der Wicklungsstränge eines Drehstromtransformators sind verschiedene Gesichtspunkte maßgebend. In erster Linie hat der Erbauer eines Transformators darauf zu achten, daß die Herstellungskosten möglichst niedrig gehalten werden. Dieser Forderung wird u. a. durch möglichst kleine Spannung in einem Wicklungsstrang entsprochen. Je kleiner die Spannung, desto geringer die Isolation und der Wickelraum. Man versucht also, Sternschaltung der Wicklungsstränge und Serienschaltung der einzelnen Spulen anzuordnen (Abb.165).

Die Sternschaltung läßt sich bei der Niedervoltwicklung nur bis ca. 200 Amp. anwenden, da bei höheren Strömen der Querschnitt des Leiters mit Rücksicht auf die Herstellung und die Wirbelstromverluste zu groß werden würde. Bei hohen Strömen in der Niedervoltwicklung kommt daher die Dreieckschaltung (Abb. 171) oder die Parallelschaltung mehrerer Spulen in Frage.

Bei Lichttransformatoren ist stets mit einer ungleichen Belastung der drei Phasen zu rechnen. Um diese ungleiche Belastung auszugleichen, wird die Primärwicklung in Dreieckschaltung, die Sekundärwicklung in Sternschaltung mit Nulleiter ausgeführt.

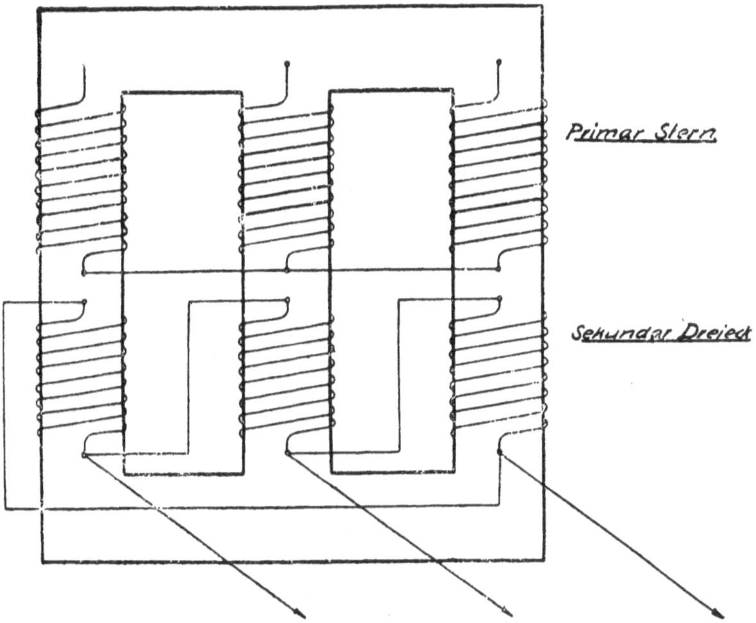

Abb. 171. Drehstrom-Transformator in Stern-Dreieckschaltung.

Die Dreieckschaltung der Hochvoltwicklung wird bei Transformatoren kleiner Leistung (hohe Windungszahl je Kern und dünner Draht) ungünstig. In solchen Fällen wird die sogenannte Zickzack- oder Doppelstern-Schaltung (Schaltgruppe C. 3) angewandt.

Bei der Zickzack-Schaltung ist die Wicklung eines Stranges auf zwei Kerne verteilt, und hierdurch werden ungleiche Belastungen der einzelnen Phasen ausgeglichen. Um dieselbe Spannung wie bei Sternschaltung zu erhalten, muß bei Zickzack-Schaltung die Windungszahl 15 % höher sein. Soll also beispielsweise gelegentlich einer Instandsetzung oder Neuwicklung die Niedervoltwicklung von Stern- in Zickzack-Schaltung geändert werden und beträgt die Windungszahl eines

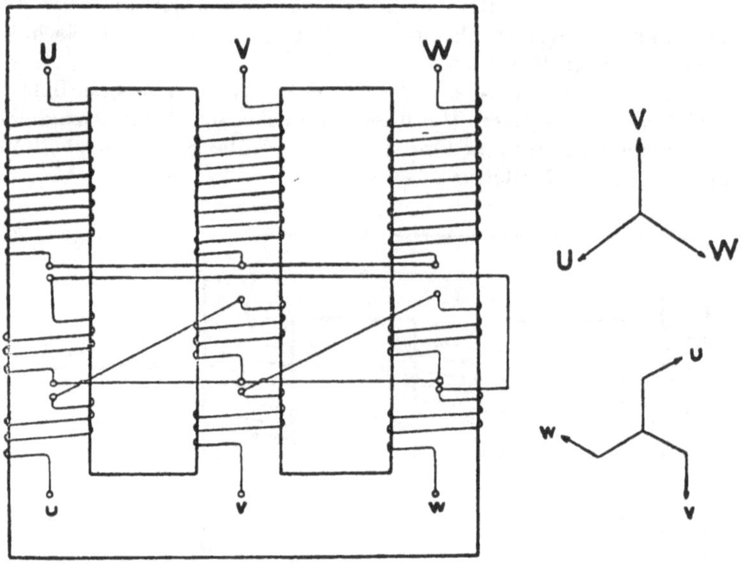

Abb. 172. Drehstrom-Transformator in Stern-Zick-Zack-Schaltung (Schaltgruppe C 3).

Kernes 100, so muß bei Zickzack-Schaltung die Windungszahl je Kern unter Beibehalt des Leiterquerschnittes um 15 %, also auf 115 erhöht werden, damit die ursprüngliche Spannung erzielt wird.

Die sogenannten Verteilungstransformatoren, welche die Fernleitungs-Hochspannung auf Ortshochspannung tranformieren, erhalten entweder Stern-Stern- oder Stern-Dreieckschaltung.

Aus den vorstehenden Ausführungen ist ersichtlich, daß die Wahl der Schaltung bei Drehstrom-Transformatoren nach bestimmten Grundsätzen und unter Berücksichtigung der Verwendungsart der Transformatoren erfolgt. Bei Instandsetzungen oder Neuwicklungen darf die vorgefundene Schaltart nicht ohne weiteres geändert werden.

Parallelschaltung von Drehstrom-Transformatoren

Unter Parallelschaltung von Transformatoren versteht man die Schaltung von zwei oder mehreren Transformatoren zwischen einem gemeinsamen Primärnetz und einem gemeinsamen Sekundärnetz. Hierbei können die Transformatoren entweder zwei Sammelschienensysteme verbinden (Sammelschienen-Parallellauf) oder die Transformatoren sind verteilt im Netz aufgestellt, so daß zwischen den einzelnen Transformatoren mehr oder weniger lange Leitungsstrecken liegen (Netz-Parallellauf).

Voraussetzungen für das Parallelarbeiten

Das Parallelarbeiten der Transformatoren ist von der Erfüllung folgender Bedingungen abhängig:

1. **Gleichheit der Übersetzungsverhältnisse.** Abweichungen im Übersetzungsverhältnis ergeben Ausgleichströme zwischen den Transformatoren, deren Größe von den Kurzschlußspannungen der parallel geschalteten Einheiten abhängig sind.

2. **Zugehörigkeit zur gleichen Schaltgruppe.** Transformatoren, welche derselben Schaltgruppe angehören, haben immer denselben Phasenwinkel-Unterschied zwischen Primär- und Sekundärspannung. Da die verschiedenen Schaltgruppen verschiedene Phasenwinkel zwischen Primär- und Sekundärspannung haben, so ist ein Parallelschalten von Transformatoren, die verschiedenen Schaltgruppen angehören, völlig ausgeschlossen, da dies nahezu einem Kurzschluß gleichkommt.

Die verschiedenen Wicklungsarten jeder Schaltgruppe ermöglichen jederzeit ein Parallelarbeiten unter sich, falls bei richtiger Verbindung der Leitungsanschlüsse Phasengleichheit zwischen Primär- und Sekundärklemmen hergestellt wird.

3. **Annähernd gleiche Kurzschlußspannung.** Unter Kurzschlußspannung versteht man diejenige Spannung, die primär erforderlich ist, um bei sekundär kurzgeschlossener Wicklung den Vollaststrom zu erzeugen.

Hinsichtlich der Kurzschlußspannung ist ein Parallelarbeiten gewährleistet, wenn die Abweichungen nicht mehr als 10 bis 20 % betragen. Die Abweichungen dürfen um so größer sein, je länger die Leitungsstrecken sind, welche die einzelnen Transformatoren miteinander verbinden. Die kleinere Leistung muß hierbei die größte Kurzschlußspannung haben. Die Leitungen zwischen den einzelnen Transformatoren wirken ausgleichend auf die Belastungsverteilung.

4. **Die Leistungsverteilung.** Bei gleicher Leerlaufübersetzung verteilt sich die Last auf parallel geschaltete Transformatoren so, daß sich in allen Transformatoren dieselbe Kurzschlußspannung einstellt. Die Kurzschlußspannung ändert sich proportional des Stromes.

5. **Transformatoren, die nicht örtlich an denselben Sammelschienen parallel geschaltet sind.**

Zwischen diesen Transformatoren liegen mehr oder weniger lange Leitungsstrecken. Die Voraussetzung für einen einwandfreien Parallelbetrieb ist in solchen Fällen gegeben, wenn die Transformatoren derselben Schaltgruppe angehören.

Die Einstellung der jeweils gewünschten Belastung der einzelnen Transformatoren an den verschiedenen Netzpunkten geschieht durch Änderung des Übersetzungsverhältnisses mit Hilfe der Anzapfungen, die hierfür an der Primärwicklung vorgesehen werden.

Die Messung der Kurzschlußspannung

Nach Abb. 174 wird die Sekundärwicklung kurzgeschlossen und die der Primärwicklung zugeführte Spannung von 0 beginnend allmählich erhöht, bis das in der Sekundärwicklung eingeschaltete Amperemeter den auf dem Leistungsschild vermerkten Vollaststrom der Niedervoltseite anzeigt.

Handelt es sich beispielsweise um einen Transformator mit der Leistungsschildangabe:

200 kVA., 5500/550 Volt, 21,4/210 Amp.

und ist in der Primärwicklung eine Spannung von 247,5 Volt erforderlich, um in der Sekundärwicklung einen Strom von 210 Amp. zu erreichen, so beträgt die Kurzschlußspannung 247,5 Volt oder

$$247{,}5 : 5500 = 0{,}045$$

= 4,5 % der Nennspannung 5500 Volt.

Für die Messung der Kurzschlußspannung verwendet man einen Induktionsregler oder einen Drehstrom-Generator, mit deren Hilfe eine feinstufige Regelung der zugeführten Spannung möglich ist.

Hilfsmittel für die Parallelschaltung

Nachdem die Voraussetzungen für den Parallelbetrieb von Transformatoren geschaffen sind, muß die Gleichheit der Phasen hergestellt werden. Das geschieht in einfacher und zweckmäßiger Weise durch Anwendung der sogenannten Dunkelschaltung (Abb. 173).

Zwischen den Klemmen der parallel zu schaltenden Transformatoren werden Glühlampen geschaltet, und zwar bei Spannungen von 380 bis 500 Volt je zwei in Serie geschaltete Lampen für je 250 Volt. Bei höheren Spannungen werden Spannungswandler und Voltmeter verwendet.

Brennen sämtliche Lampen dunkel bzw. zeigen die Voltmeter 0 an, so herrscht Phasengleichheit. Es kann also geschaltet werden.

Brennen zwei Lampen hell bzw. zeigen zwei Voltmeter Spannung an, so müssen zwei Anschlüsse vertauscht werden, und zwar diejenigen, an denen die hellbrennenden Lampen bzw. die anzeigenden Voltmeter liegen.

Brennen alle drei Lampen hell bzw. zeigen alle drei Voltmeter Spannung an, dann müssen die Anschlüsse solange gewechselt werden, bis alle Lampen verlöschen bzw. die drei Voltmeter 0-Spannung anzeigen.

Die Instandsetzung und Neuwicklung von Transformatoren

Die Instandsetzung und Neuwicklung von Transformatoren unterscheidet sich von derjenigen der Gleich- und Drehstrommotoren im wesentlichen dadurch, daß die hohen Spannungen, mit denen die Transformatoren in der Regel primärseitig gespeist werden, eine besonders sorgfältige Herstellung der Wicklungen hinsichtlich Anordnung und Isolation erfordern. Außerdem verlangt die Auswahl und Behandlung des zur Kühlung und Isolation der Wicklungen verwendeten Transformatorenöles besondere Kenntnisse, Erfahrungen und Einrichtungen.

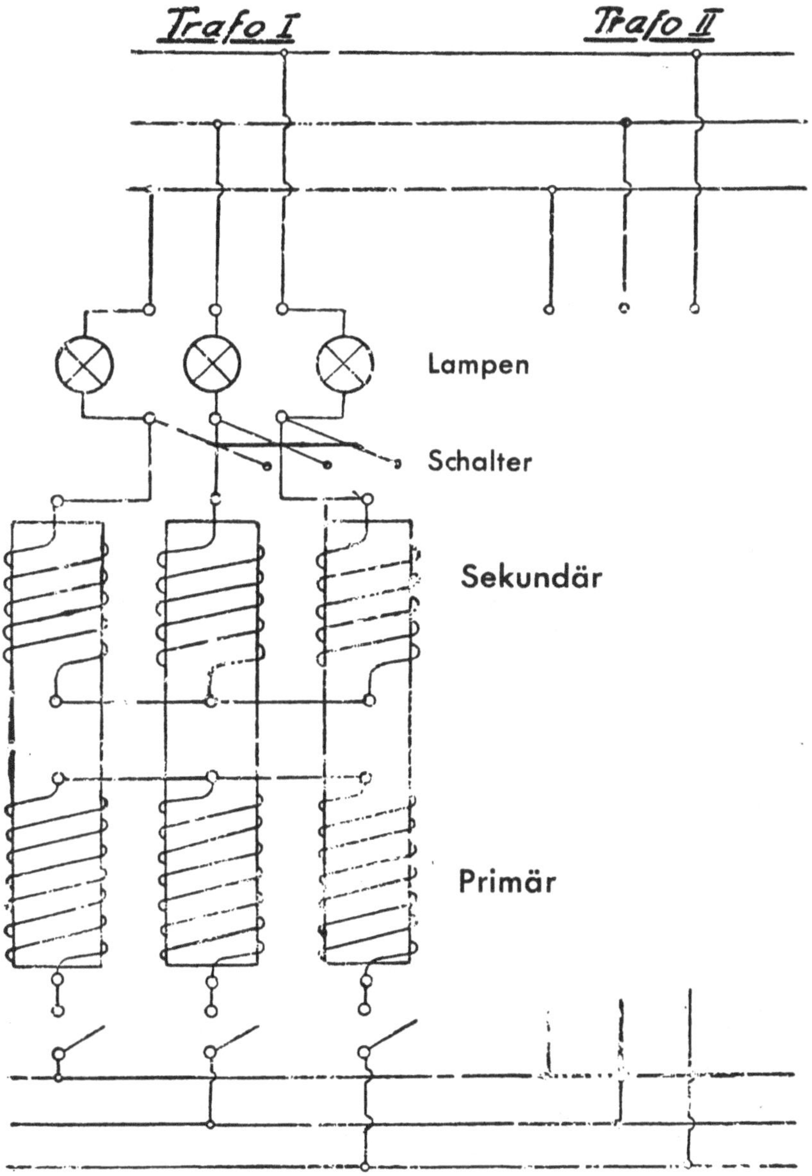

Abb. 173. Die Anwendung der Dunkelschaltung bei Feststellung der Phasengleichheit.

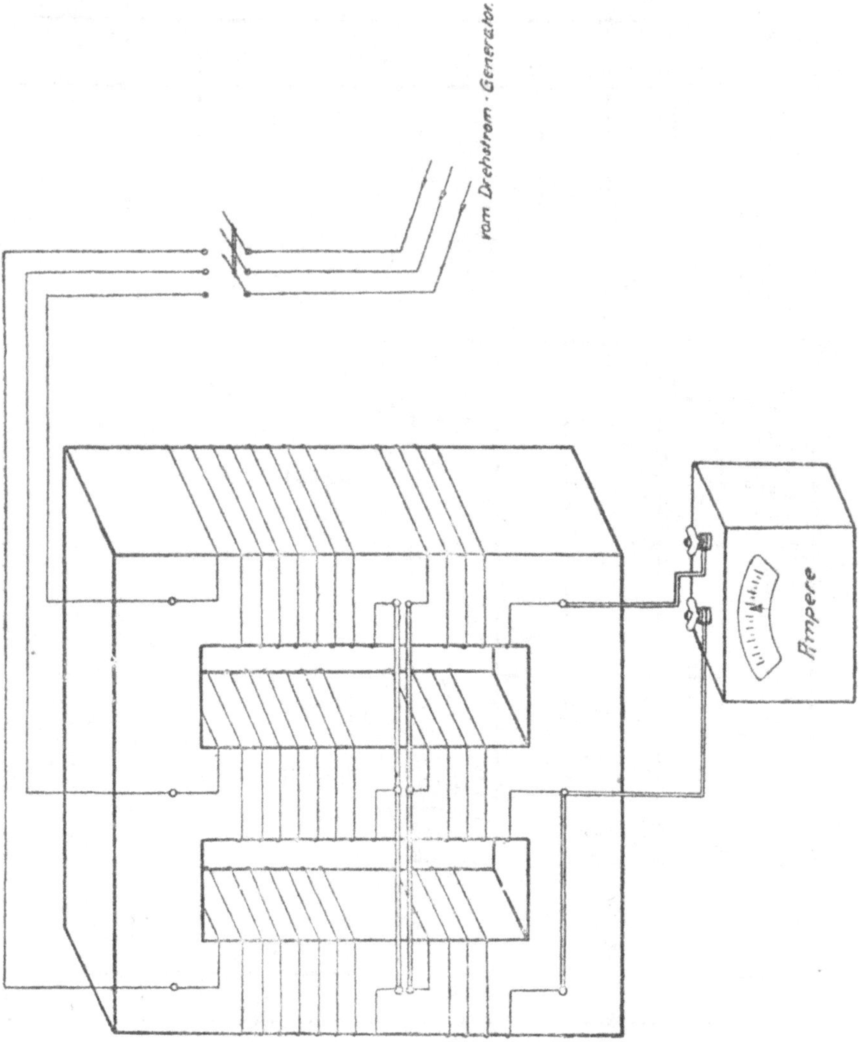
vom Drehstrom - Generator.
Ampere

Soll der jeweils in Frage stehende Transformator mit anderen Transformatoren parallel arbeiten, so ist bei der Instandsetzung und Neuwicklung darauf zu achten, daß die Wickeldaten, das Übersetzungsverhältnis und die vorgefundene Schaltung beibehalten sowie der ursprünglich vorhandene und auf dem Leistungsschild vermerkte Wert der Kurzschlußspannung nicht geändert wird. Um die letzte Forderung zu erfüllen, genügt es nicht, wenn die Wickeldaten, das Übersetzungsverhältnis und die Schaltung unverändert beibehalten werden. Wenn beispielsweise die einzelnen Spulen infolge stärkerer oder schwächerer Umspinnung des Wickeldrahtes oder aus einem anderen Grunde einen größeren oder kleineren Durchmesser erhalten, so ändert sich auch die gestreckte Drahtlänge der in Serie geschalteten Spulen eines Kernes. Hierdurch wird der Ohmsche Widerstand in den Wicklungsphasen und die Kurzschlußspannung des Transformators größer oder kleiner als ursprünglich. Auch die Anordnung der einzelnen Spulen auf dem Eisenkern darf bei Instandsetzungen und Neuwicklungen nicht geändert werden.

Der instandsetzungsbedürftige oder neuzuwickelnde Transformator wird nach Lösung der Deckelschrauben sorgfältig aus dem Ölbehälter gehoben. Hierauf wird der Deckel abgebaut und das Joch nach Entfernen der Preßschrauben ausgeschichtet. Beim Ausschichten der Jochbleche ist darauf zu achten, daß die Seidenpapierbeklebung der einzelnen Bleche nicht verletzt wird.

Alsdann wird die Anordnung der Spulen auf dem Kern, der äußere und innere Spulendurchmesser, die Höhe der Spulen usw., sowie die Wickeldaten der einzelnen Spulen, die Schaltung usw., hoch und niedervoltseitig festgelegt.

Nachdem die Schaltverbindungen gelöst und die Wicklungen von dem Kern entfernt worden sind, wird die Kernisolation untersucht und hinsichtlich Material und Wandstärke entsprechende Aufzeichnungen vorgenommen.

Material und Wandstärke der Isolierstoffe

In der Regel ist bei Instandsetzungen und Neuwicklungen die Kernisolation und die Isolation zwischen den einzelnen Spulen teilweise oder vollständig zu ersetzen.

Bei der Auswahl des notwendigen Isoliermaterials und bei Festlegung der Wandstärke desselben halte man sich tunlichst an die vorgefundenen Unterlagen, wenn der jeweils in Frage stehende Transformator das Erzeugnis einer namhaften Firma und die Orignalwicklung noch vorhanden ist.

Geht aus dem Zustand der Wicklung hervor, daß dieselbe bereits vollständig oder teilweise erneuert worden ist, so kann die Wandstärke der Kernisolation nach folgender Formel ermittelt werden, wenn als Isolierstoff Milanitpapier in gepreßten und gebackenen Röhren verwendet wird. Es beträgt beispielsweise die Wandstärke zwischen Hoch- und Niederspannung bzw. zwischen Hochspannung und Eisenkern

$$1{,}7 \cdot \sqrt{\frac{\text{Betriebsspannung}}{1000}}$$

Bei einer Spannung von 5000 Volt beträgt mithin die Wandstärke der Mikaisolation:

$$1{,}7 \cdot \sqrt{\frac{5000}{1000}} = 1{,}7 \cdot 2{,}2361 = 3{,}8 \text{ mm}$$

Die Quadratwurzel aus 5 findet man in der am Schluß des Buches befindlichen Zahlentabelle. Man geht in Spalte 1 nach unten bis zur Zahl 5 und von hier in waagerechter Richtung nach rechts bis zur Spalte 4. Hier steht die Zahl 2,2361.

Als Isoliermaterial zwischen den einzelnen Spulen usw. wird in der Regel in Leinöl oder Transformatorenöl ausgekochter Preßspan verwendet. Durch eine derartige Behandlung des Preßspanes wird dem Material die Feuchtigkeit entzogen. Bei Verwendung roher, unbehandelter Lagerware sind Fehlschläge unvermeidlich. Es ist auch nicht möglich, die in dem Preßspan enthaltene Feuchtigkeit nach Fertigstellung der Wicklung durch Auskochen in Transformatorenöl zu entfernen. Praktische Versuche haben ergeben, daß unter Druck stehender Preßspan von 0,6 mm Stärke nach einem Kochprozeß von 8 Stunden Dauer bei 120 °C. nur eine Durchschlagsfestigkeit von 3000 Volt aufwies. Derselbe Preßspan ohne Pressung hatte bei gleicher Behandlung eine Durchschlagsfestigkeit von 45 000 Volt. Allerdings sinkt die Durchschlagsfestigkeit dieses Preßspanes, wenn derselbe nach dem Auskochen eingebaut und unter Pressung gestellt wird. In diesem Zustand wurde eine Durchschlagsfestigkeit von 16 000 Volt ermittelt.

Aus nachstehender Tabelle, die von Herrn Ing. W. Brabender, Duisburg, an Hand praktischer Versuche zusammengestellt wurde, geht deutlich hervor, daß Preßspan in rohem, unbehandelten Zustand als Isolierstoff für Transformatoren nicht verwendet werden darf.

Tabelle über die Durchschlagsfestigkeit von Preßspan

Material	Vom Lager			in Leinöl u. 0,7% kohlens. Ammoniak als Zusatz 1 Std. gekocht			in Leinöl, rein 1 Std. gekocht			in Transformatorenöl, rein 1 Std. gekocht		
	Durchschlag bei			Durchschlag bei			Durchschlag bei			Durchschlag bei		
	Stärke mm	Volt	Min.	Stärke mm	Volt	Min.	Stärke mm	Volt	Min.	Stärke mm	Volt	Min.
Preßspan	0,6	5000	1	0,6	45000	1	0,6	45000	1	0,6	45000	1

Die Tabellenwerte berechtigen zu der Vermutung, daß ein großer Teil der Fehlschläge, die bei Instandsetzung und Neuwicklung von Transformatoren beobachtet werden, auf die Verwendung rohen, unbehandelten Preßspanes zurückzuführen sind. Der vom Lager entnommene Preßspan von 0,6 mm Stärke hatte nur eine Durchschlagsfestigkeit von 5000 Volt, während derselbe Preßspan nach der in der Tabelle angegebenen Behandlung eine Durchschlagsfestigkeit von ca. 45 000 Volt aufwies.

Ähnlich liegen die Verhältnisse bei Verwendung von Holz als Preß- und Abstandsstücke. Hierfür kommt nur reifes, absolut trockenes Holz in Frage, welches ebenfalls in Leinöl oder Transformatorenöl vor dem Einbau ausgekocht wird.

Die nachstehende Tabelle, die ebenfalls auf Grund praktischer Versuche zusammengestellt worden ist, läßt erkennen, daß Rot- und Weißbuche die größte Durchschlagsfestigkeit besitzen und daher in erster Linie im Transformatorenbau zur Verwendung kommen. Saftfrisches Holz darf unter keinen Umständen Verwendung finden. Es kommt praktisch nur absolut trockenes Rot- oder Weißbuchholz in Frage, welches in reinem Leinöl ohne jeden Zusatz mindestens eine Stunde lang ausgekocht worden ist.

Tabelle über die Durchschlagsfestigkeit verschiedener Holzarten

Material	in Leinöl u. 0,7% kohlens. Ammoniak als Zusatz 1 Std. gekocht			in reinem Leinöl 1 Std. gekocht			in Transformatorenöl, rein, 1 Std. gekocht		
	Durchschlag bei			Durchschlag bei			Durchschlag bei		
	Stärke mm	Volt	Min.	Stärke mm	Volt	Min.	Stärke mm	Volt	Min.
Eiche	0,7	2500	1	1,2	10000	1	0,8	3000	1
Esche	0,9	5800	1	1,3	10000	1	1,0	4000	1
Rotbuche	0,8	7100	1	0,8	9000	1	0,7	10000	1
Mahagoni	0,85	8000	1	0,7	5000	1	1,0	6000	1
Weißbuche	0,8	7000	1	0,6	7500	1	0,9	11000	1

Die Herstellung der Wicklungen

Über die Wahl der Umspinnung von Wickeldrähten und insbesondere über die sorgfältige Ausführung der Eingangsspulen enthält die Abhandlung „Die Ursachen der Durchschläge bei Wicklungen an elektrischen Maschinen und Transformatoren" S. 32 bis 51 und die Sonderabhandlung über „Mangelhaft ausgeführte Eingangsspulen als Ursache von Betriebsschäden an Hochspannungsmotoren und Transformatoren" S. 47 bis 51 alles Wissenswerte.

Die einzelnen Spulen der Hoch- und Niedervoltwicklung werden in einem verhältnismäßig einfachen Wickelvorgang auf Holzformen hergestellt. Um den Spulen eine möglichst hohe Festigkeit zu geben, wird der Wickeldraht vielfach durch eine Paste geführt, die aus hochwertigem, ofentrockenen, ölbeständigen Isolierlack, Zinkweiß und einem geringen Teil Bleiglätte hergestellt wird. Diese sogenannte Zinkweißpaste kann auch gebrauchsfertig vom Isolierlacklieferanten bezogen werden. Die Anwendung dieser Paste geschieht wie folgt:

Der von der Drahtrolle ablaufende Wickeldraht wird durch einen Behälter, der mit Zinkweißpaste angefüllt ist, hindurchgeführt. Die überschüssige Paste wird durch einen Abstreifer entfernt und der Draht alsdann im feuchtem Zustande auf der Schablone aufgespult. Die so fertiggewickelte Spule wird abgebunden, aus der Form entfernt und nunmehr in einem Trockenofen ca. 8 bis 10 Stunden getrocknet. Es ist mit besonderer Sorgfalt darauf zu achten, daß die einzelnen Spulen gut durchgetrocknet werden. Treten bei Anwendung der Zinkweißpaste Fehlschläge ein, so sind dieselben fast ausschließlich darauf zurückzuführen, daß die Trocknung der Spulen nicht sorgfältig genug erfolgte. Die gut durchgetrockneten Spulen besitzen eine hohe innere Festigkeit und sind außerordentlich unempfindlich. Bei Transformatoren geringerer Leistung und hoher Spannung werden die Hochvoltspulen zweckmäßig unter Verwendung der Zinkweißpaste hergestellt, da der dünne Wickeldraht bei der hohen Windungszahl ohne Anwendung der Paste nicht fest genug zu einer Spule geformt werden kann.

Die Anordnung der fertigen Spulen auf dem Eisenkern zeigt Abb. 166 und Abb. 167. In Abb. 167 ist der rechte Kern zur Aufnahme der Niedervoltwicklung vorbereitet. Der mittlere Kern trägt bereits die als Zylinderspule hergestellte Niedervoltwicklung. Auf dem linken Kern ist die vollständige Hoch- und Niedervoltwicklung angeordnet. Zwischen den einzelnen Hochvoltspulen sind Abstandsstücke aus Isoliermaterial eingefügt. Die ganze Wicklung ist so aufgebaut, daß das Öl in den einzelnen Spulen eindringen und so zur Isolation und Kühlung beitragen kann. Die Abstandsstücke sind gelocht und auf isolierte Dorne in ihrer Lage gesichert.

Die einzelnen Spulen sollen möglichst festsitzend und allseitg versteift auf den Kernen angeordnet werden, um eine möglichst hohe Kurzschlußfestigkeit der Wicklungen zu erhalten. Nach Einschichten der Jochbleche wird die gesamte Wicklung durch eine Traverse mittels der in Abb. 166 sichtbaren Schrauben zusammengepreßt, um die Kurzschlußfestigkeit der Wicklungen zu erhöhen. Der wirklich kurzschlußsichere Aufbau der Wicklung ist von außerordentlicher Bedeutung für die Betriebssicherheit und Unempfindlichkeit des Transformators gegen starke Belastungsstöße und Netzkurzschlüsse. Leider wird dem kurzschlußsicheren Aufbau der Wicklungen bei Instandsetzungen und Neuwicklungen nicht immer die notwendige Bedeutung beigemessen.

Abb. 175. Einbaufertiger Transformator.

Einen betriebsfertig mit Hoch- und Niedervoltwicklungen ausgerüsteten Transformatorenkern zeigt Abb. 175.

In den Abbildungen 177 und 178 ist der Zusammenbau eines Einphasen-Trockentransformators dargestellt.

Die Behandlung des Transformatorenöles[1])

Bei Instandsetzungen und Neuwicklungen ist das Transformatorenöl in der Regel durch natürliche Alterung, chemische Zersetzung und auch durch den in den meisten Fällen stattgefundenen Kurzschluß innerhalb der Wicklungen unbrauchbar geworden. Aus diesem Grunde ist das Öl mittels geeigneter Ölpumpen in einen sauberen Behälter umzufüllen. Der Transformatorenbehälter muß mit reinem Transformatorenöl ausgewaschen und sorgfältig von etwaigen Rückständen befreit werden.

[1]) Siehe auch S. 282.

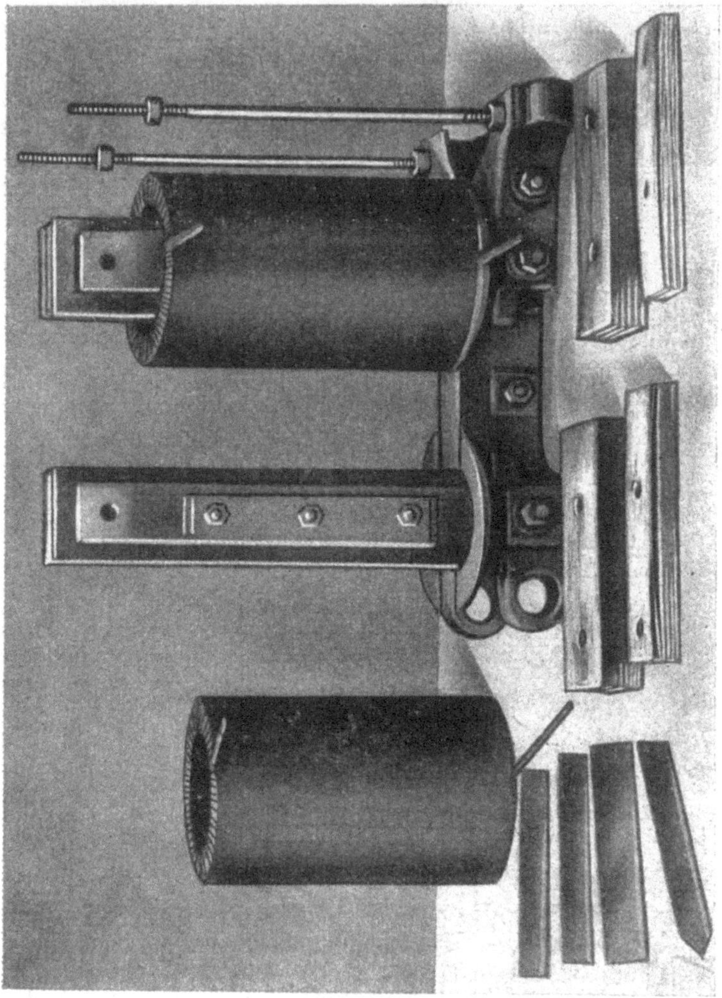

Abb. 176. Einphasen-Transformator, halb bewickelt.

Abb. 177. Einphasen-Transformator fertig gewickelt. Das Joch wird eingeschachtelt.

Abb. 178. Betriebsfertiger Einphasen-Transformator, luftgekühlte Ausführung.

Ist eine geeignete Öl-Aufbereitungsanlage vorhanden, so kann das alte Öl nach erfolgter Filtrierung und Entwässerung wieder verwendet werden. Fehlt eine derartige Anlage, so ist grundsätzlich von der Verwendung des alten Öles abzusehen und nur neues, erstklassiges Transformatorenöl zu verwenden.

Gebrauchsfähiges Transformatorenöl muß bei der Prüfung eine Durchschlagsfestigkeit von 40 000 Volt bei 5 mm Abstand der in das Öl gesenkten Kugelelektroden aufweisen. Die Prüfung des Öles auf Geeignetheit geschieht wie folgt:

Eine Probe des zu verwendenden Öles wird in einen trockenen, sauberen Behälter eingefüllt. Alsdann werden 2 Metallkugeln von ca. 12 mm Durchmesser in das Öl gesenkt und die Entfernung der Kugeln voneinander auf 5 mm eingestellt. Die Metallkugeln werden mit einem Prüftransformator verbunden und die Prüfspannung solange gesteigert, bis ein Überschlag erfolgt. Tritt bei dieser Prüfung der Überschlag bereits bei weniger als 40 000 Volt ein, so ist das Öl ungeeignet oder enthält Wasser. In dem letzteren Falle muß das Öl einige Stunden bei 100 bis 120 Grad C gekocht und hierdurch wasserfrei gemacht werden. Das Auskochen des Öles geschieht in Ermangelung einer besonders hierfür geeigneten Anlage[1]) im Transformatorenkessel, und zwar auf elektrischem Wege durch Widerstandsbeheizung. Der Widerstand wird in das Öl gesenkt und der Heizstrom so reguliert, daß die Temperatur des Öles 100 bis 120 Grad C nicht übersteigt. Die Öltemperatur wird mittels hierfür geeigneter Thermometer gemessen und möglichst konstant gehalten. Da in den Wicklungen und in dem Eisenkern ebenfalls Feuchtigkeit enthalten sein kann, so ist auch der Kern mit den Wicklungen einige Stunden im Transformatorenöl zu kochen.

Nach Beendigung des Kochvorganges ist der Kern betriebsfertig in den Ölbehälter einzubauen und der Kessel gut abgedichtet zu verschrauben.

Angaben für die Herstellung eines Einphasen-Prüftransformators 220/2000 Volt, ca. 400 VA.

Um elektrische Maschinen bis 500 Volt Betriebsspannung nach den[2]) Regeln für Bewertung und Prüfung elektrischer Maschinen hinsichtlich der Isolierfestigkeit prüfen zu können, wird ein Einphasen-Prüftransformator bis etwa 2000 Volt Spannung benötigt. Die vorübergehende Leistung des Transformators kann etwa 0,5 kW. betragen.

a) Eisenkern: Der aktive Eisenkern ist aus Transformatorenblech von 0,3 mm Stärke einseitig mit Seidenpapier herzustellen. Bei dem Zusammenbau dieses Kernes ist darauf zu achten, daß Niet- oder Schraubenbolzen, die das Blechpaket zusammenhalten, von dem Eisenkern isoliert werden müssen.

b) Wickeldaten: Die Primärwicklung erhält 1240 Windungen Draht 1 mm ∅, 2 × Bw., 1,25 mm ∅ und wird auf einen der beiden Schenkel in 3 Teilspulen angeordnet.

Die Hochvoltwicklung erhält 12500 Wdg., Draht 0,3 mm ∅, Emaille, und wird in etwa 6 Teilspulen auf den anderen Schenkel untergebracht.

c) Abmessungen des Eisenkernes:

Kernquerschnitt = 35 · 35 mm,
Fensterbreite = 125 mm,
Fensterhöhe = 145 mm.

Der Transformator wird in Luftkühlung ausgeführt. (Vorsicht, Hochspannung!)

[1]) Siehe Seite 46.
[2]) Siehe Raskop, Katechismus, 8. Aufl., S. 259 bis 287.

V. TEIL

Zusammenbau und Prüfung elektrischer Maschinen

Sind die elektrischen und mechanischen Teile durch Instandsetzung in gebrauchsfähigen Zustand gesetzt, kann mit dem Zusammenbau begonnen werden.

Der Anker wird nach Abb. 178 in das Gehäuse eingebaut und hierauf die Lagerschilde bzw. Lagerböcke angeschraubt. Die Lagerstellen an der Ankerwelle werden vor dem Aufschieben der Lagerschilde mit Öl bestrichen, die Schmierringe werden mit einem Holzstab hochgehalten oder der Lagerschild nach Möglichkeit um 180 Grad verdreht, so daß hierdurch der Schmierring nicht mehr hindert.

Alsdann werden die Lagerschilde in Arbeitsstellung gebracht und die Halteschrauben eingesetzt. Es ist für den störungslosen Verlauf dieser Arbeit von Wichtigkeit, daß die Ansätze an den Lagerschilden in die am Gehäuse vorgesehenen Eindrehungen einspringen. Ist dies der Fall, können die Halteschrauben endgültig mit dem Schraubenschlüssel angezogen werden.

Zu beachten ist hierbei, daß stets zwei gegenüberliegende Schrauben möglichst g l e i c h z e i t i g angezogen werden.

Ist der Anker in das Gehäuse eingebaut, überzeuge man sich, ob derselbe genügend seitlichen Spielraum hat (ca. 2 bis 4 mm) und ob er sich leicht von Hand drehen läßt.

Vorzugsweise ist bei etwaig vorgenommenem Lagerersatz auf die z e n t r i s c h e L a g e r u n g des Ankers Wert zu legen.

Abb. 177 a und 177 b. Prüffeld (Werkbild BBC)

Der Abstand des Ankerkörpers von den Magneten muß überall gleichmäßig sein. Von besonderer Wichtigkeit ist ferner, daß die Ankerbreite gleichmäßig unter den Polkernen verteilt ist.

In Abb. 178 ist eine fehlerhafte Lagerung des Ankers dargestellt. Der Ankerkörper schneidet mit den Polschuhkanten nicht ab, sondern steht an einer Seite über denselben hinaus. Bei Arbeitsleistung der Maschine wird der Anker in die magnetische Mitte des Feldes hineingezogen.

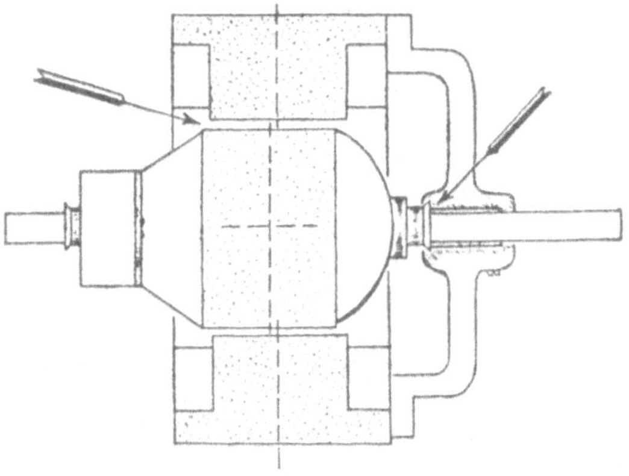

Abb. 178. Falsche Lagerung eines Gleichstromankers im Gehäuse.

Durch die dargestellte f e h l e r h a f t e L a g e r u n g würde also ein mechanischer seitlicher Druck auf das rechte Lager ausgeübt werden, der eventuell eine ständige Erwärmung desselben zur Folge haben könnte.

Andererseits wird auch die Maschine elektrisch nicht einwandfrei arbeiten, so daß dieser Hinweis wohlbegründet ist.

Die Lagerschalen müssen schließend in die Lagerschilde eingepaßt sein und sollen stets durch Körnerschrauben vor seitlicher Verschiebung gesichert werden.

Auf Drehstrommaschinen findet das Gesagte sinngemäß Anwendung. Wenn von einer weiteren Besprechung der mechanischen Bearbeitung der Lagerschalen usw. hier Abstand genommen ist, so geschah dieses, weil vorausgesetzt werden kann, daß bei zweckmäßiger Ausbildung des Instandsetzungsfachmannes in der Schlosserei und Dreherei die Kenntnis dieser Arbeiten als selbstverständlich zu betrachten ist.

Die Verschlußschrauben der Ölkammern an den Lagerschildern sind durch Bleiringe zu dichten. Lassen die porösen Ölkammerwände eventuell Öl durch, so sind dieselben mit Mennige anzustreichen.

Die betriebsfertige Stellung der Bürsten

Über die Bürstenstellung bei Gleichstrommaschinen ist bereits im Teil IV gesprochen und das Grundprinzip in Abb. 37 veranschaulicht. Es soll hier noch ergänzend angeführt werden, daß diese Einstellungsart für die allgemeinen Fälle genügt.

Besitzt die Ankerwicklung aber einen sogenannten verkürzten Wickelschritt, so muß die endgültige Einstellung der Bürsten durch Zwischenschalten eines Amperemeters während der Leerlaufarbeit der Maschine nachreguliert werden. Die Bürsten müssen um ein geringes Maß gegen die Polschuhkanten des Feldes verschoben werden.

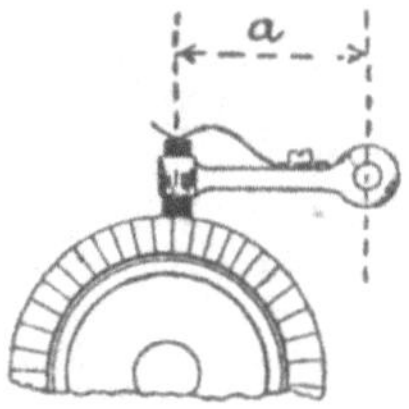

Abb. 179. Abstand der Bürstenhalter von Mitte-Bürstenbolzen bis Mitte-Bürsten.

Die endgültige Arbeitsstellung ist im allgemeinen da, wo die Maschine den geringsten Stromverbrauch hat, das Amperemeter also den kleinsten Ausschlag ergibt.

Wie schon erwähnt, wird die so gefundene Bürstenstellung nur um ein geringes Maß von der vorerwähnten Einstellung abweichen.

Unter der Voraussetzung, daß der Wicklungs- und Kollektorschritt nach Abb. 67, die Stellung der Bürsten nach Abb. 37 an der instandgesetzten Maschine gekennzeichnet wurde, erübrigt sich die Einstellungsarbeit gänzlich. Es ist daher empfehlenswert, in allen Fällen entsprechend zu verfahren.

Der Abstand der einzelnen Bürstenreihen ist so zu regulieren, daß die Entfernung von der Mitte des Bürstenbolzens bis zur Mitte der Bürste überall gleichmäßig ist (Abb. 60).

Es ist weiter erforderlich, daß sämtliche Bürstenhalter den gleichen Abstand vom Kollektor haben. Dieser Forderung wird am einfachsten dadurch entsprochen, indem man ein gehobeltes Holzbrettchen zwischen Bürsten und Kollektor einschiebt, die Bürstenhalter auf dasselbe auflegt und hierauf dieselben mittels eines geeigneten Schlüssels fest anzieht.

Es möge an dieser Stelle darauf hingewiesen werden, daß nur Bürstenhalter von gleichen Abmessungen und Bürsten von gleichem Querschnitt den funkenfreien Lauf der Maschine gewährleisten.

Die Abmessungen der Bürsten, das Material, der Härtegrad und der Ohmsche Widerstand derselben sind von dem Erbauer der Maschine festgelegt.

Es ist unter allen Umständen die wahllose Änderung der angeführten Größen zu vermeiden, folgenschwere Störungen sind im anderen Falle unausbleiblich.

Die Kohlenbürsten dürfen weder zu hart (hoher Widerstand) noch zu weich (geringer Widerstand) sein. Harte Kohlenbürsten splittern sehr leicht, weiche Bürsten hingegen verschmieren den Kollektor und verschleißen sehr schnell.

Es ist ferner nicht angängig, Metallbürsten ohne weiteres gegen Kohlenbürsten auszuwechseln. In allen Fällen soll man sich tunlichst an die Angaben des Herstellers halten.

Um den Bürsten eine der Rundung des Kollektors entsprechende Kontaktfläche zu geben, füge man einen Streifen Schmirgelleinen — mit der rauhen Seite der Bürste zugewendet — zwischen Kollektor und Bürste ein.

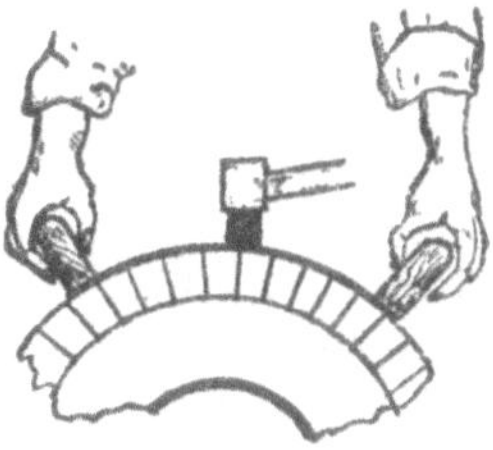

Abb. 180. Einschleifen der Bürsten bei Gleichstrommaschinen.

Alsdann wird das Schmirgelleinen nach Abb. 180 hin- und hergezogen, wobei auf die Bürste ein leichter Druck ausgeübt wird.

Ist die gewünschte Auflagefläche bei allen Bürsten erreicht, so ist der Kohlenstaub sorgfältig von dem Kollektor und den Bürstenhaltern zu entfernen.

Die Einstellung der Bürsten bei Drehstrommaschinen erfordert weniger Arbeit. Es ist jedoch auch hierbei auf gut eingeschliffene Bürsten zu achten.

Bei Motoren mit Kurzschluß- und Bürstenabhebevorrichtung ist besonderer Wert auf die mechanische und elektrische Funktion dieser Vorrichtung zu legen.

Im wesentlichen kommt es hierbei darauf an, daß die Bürsten nicht früher abgehoben werden, als die Kurzschlußvorrichtung ihre Arbeit getan hat. Hierbei ist zu beachten, daß die Kontaktstifte kontaktsicher in die Federn eingreifen. Findet man infolge Funkenbildung verschmorte Federn oder Kontaktstifte vor, so liegt dies gewöhnlich nur daran, daß die Bürsten früher abgehoben werden als die Kurzschlußstifte eingesetzt haben. Andernfalls kann die Ursache einer derartigen Erscheinung auch darin liegen, daß die Leitung zwischen Anlasser und Maschine zu geringen Querschnitt und zu hohen Widerstand hat.

Auch andere Störungen der Maschine können durch die nicht einwandfreie Funktion dieser Vorrichtung hervorgerufen werden, die aber durch ordnungsmäßigen Zusammenbau und eingehende Prüfung der mechanischen und elektrischen Teile unterbunden werden.

Die Befestigung der Riemenscheibe

auf der Ankerwelle erfordert noch Beachtung. Die Bohrung der Scheibe muß so groß sein, daß die Scheibe schließend auf dem Wellenstumpf paßt. Die Keilbreite und -höhe soll ebenfalls so zugepaßt sein, daß ein fester Sitz der Scheibe schon durch einfaches Aufschieben erreicht wird.

Das Auftreiben der Scheibe geschieht mittels Handhammers. Um jegliche mechanische Beschädigung derselben hierbei auszuschalten, ist hierfür ein Kupferhammer zu verwenden. Es genügt jedoch auch, ein Stück Hartholz vor die Scheibennabe zu halten, um die Schläge hierdurch abzudämpfen.

Um den bei dieser Arbeit auf das Lager ausgeübten Stoß aufzufangen, ist an der Kollektor- bzw. Schleifringseite der Maschine ein Stück Hartholz gegen den Wellenstumpf zu drücken.

Vor der Befestigung der Scheibe auf der Ankerwelle ist der Wellenstumpf mit Öl zu bestreichen, um einen eventuell erforderlichen Abbau störungslos durchführen zu können.

Ist die Maschine betriebsfertig zusammengebaut, so wird dieselbe an die Stromquelle angeschlossen, um die Prüfung durchzuführen.

Soweit es sich um Prüfung von Gleichstrommaschinen handelt, wird die Beschaffung der hierzu erforderlichen Stromquellen kaum Schwierigkeiten bereiten. Da jeder Gleichstrom-Nebenschlußmotor als Dynamomaschine benutzt werden kann und in Instandsetzungswerken fast immer Motoren für verschiedene Spannungen verfügbar sind, so genügt es, den Motor von der Transmission aus anzutreiben, um die gewünschte Spannung an den Bürsten abnehmen zu können.

Ganz abgesehen hiervon liefern die städtischen Elektrizitätswerke größtenteils Gleichstrom im Dreileitersystem, so daß auch durch den städtischen Anschluß immer zwei Betriebsspannungen gegeben sind.

Für die Prüfung der Drehstrommotoren liegen die Verhältnisse im allgemeinen weniger günstig.

Es sei aus diesem Grunde die Herstellung eines Umformers besprochen, mit dessen Hilfe dem Bedürfnis leicht Rechnung getragen wird.

Der Gleichstrom-Drehstrom-Umformer[1])

Für die Herstellung eines Einanker-Umformers zum Zwecke einer Verwandlung des Gleichstromes in Wechselstrom und umgekehrt, eignet sich jeder Gleichstrom-Nebenschlußmotor.

Für den praktischen Fall ist jedoch zu erwähnen, daß 2polige Maschinen etwa 3000 Umdrehungen, 4polige hingegen etwa 1500 Umdrehungen machen müssen, um einen Wechselstrom von 50 Perioden zu erhalten.

Allgemein betrachtet besteht ein derartiger Umformer aus einer normalen Gleichstrom-Nebenschlußmaschine, deren Ankerwicklung an zwei oder mehreren Stellen angezapft und mit einer entsprechenden Anzahl von Schleifringen verbunden ist (Abb. 181).

---

[1]) Siehe auch Seite 249.

Die Zahl der Anzapfstellen richtet sich nach der erforderlichen Phasenzahl an der Wechselstromseite. Es kann also je nach Bedarf ein- und mehrphasiger Wechselstrom von dem Kollektor des umlaufenden Gleichstromankers abgenommen werden.

Die Spannungen auf der Gleichstromseite stehen in einem bestimmten Verhältnis zu den Spannungen auf der Wechselstromseite, und zwar liefert ein Einanker-Umformer bei einphasigem Wechselstrom eine Spannung von ca. 0,707 × der Gleichspannung und bei dreiphasigem Wechselstrom (Drehstrom) eine Wechselspannung ca. 0,612 × der Gleichspannung.

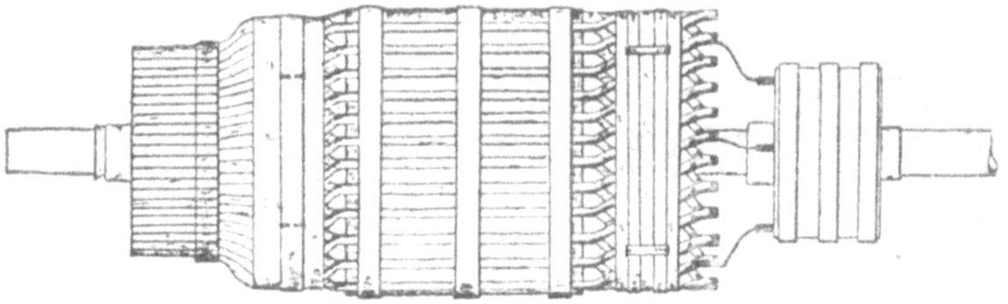

Abb. 181. Anker aus einem Drehstrom-Gleichstrom-Umformer.

Es erhellt hieraus, daß die Wechselspannungen stets niedriger sind als die Gleichspannung, mit welcher der Umformer betrieben wird.

Das umgekehrte Verhältnis tritt ein, wenn der Umformer zur Verwandlung eines Wechselstromes in Gleichstrom benutzt werden soll. Die so erhaltene Gleichspannung ist größer als die zugeführte Wechselspannung.

Man kann z. B. von einer Gleichspannung von 220 Volt nur einen dreiphasigen Wechselstrom von 135 Volt erhalten.

Andererseits erhält man bei einer dreiphasigen Wechselspannung von 135 Volt eine Gleichspannung von 220 Volt.

Es sei hier noch erwähnt, daß für den Fall, wo Wechselstrom in Gleichstrom umgewandelt werden soll, der Umformer durch mechanischen Antrieb auf seine normale Umdrehungszahl gebracht werden muß.

Die zu leistende praktische Arbeit bei der Herstellung eines Gleichstrom-Wechselstromumformers wäre etwa folgende:

Der Anker einer normalen 4poligen Gleichstrom-Nebenschlußmaschine mit ca. 1500 bis 1600 Umdrehungen in der Minute und ca 10 bis 15 PS-Leistung wird an der Riemenscheibenseite mit einem Schleifringkopf ausgerüstet. Der Schleifringkopf wird zweckmäßig außerhalb des

Leistungstabelle — kW umgerechnet in PS

1	2	3	4	5	6	7	8	9	10	11	12
0,1 bis 0,44 kW		0,45 bis 0,99 kW		1 bis 4,4 kW		4,5 bis 9,9 kW		10 bis 44 kW		45 bis 99 kW	
kW	PS	**kW**	PS	**kW**	PS	**kW**	PS	**kW**	PS	**kW**	PS
0,100	0,14	**0,45**	0,61	**1**	1,35	**4,5**	6.10	**10**	13,5	**45**	61
0,105	0,14	**0,46**	0,63	**1,05**	1,45	**4,6**	6,25	**10,5**	14,5	**46**	62,5
0,110	0,15	**0,47**	0,64	**1,10**	1,50	**4,7**	6,40	**11**	15	**47**	64
0,115	0,16	**0,48**	0,65	**1,15**	1,55	**4,8**	6,55	**11,5**	15,5	**48**	65,5
0,120	0,16	**0,49**	0,67	**1,20**	1,65	**4,9**	6,65	**12**	16,5	**49**	66,5
0,125	0,17	**0,50**	0,68	**1,25**	1,70	**5**	6,80	**12,5**	17	**50**	68
0,130	0,18	**0,51**	0,69	**1,30**	1,75	**5,1**	6,95	**13**	17,5	**51**	69,5
0,135	0,18	**0,52**	0,71	**1,35**	1,85	**5,2**	7,10	**13,5**	18,5	**52**	71
0,140	0,19	**0,53**	0,72	**1,40**	1,90	**5,3**	7,20	**14**	19	**53**	72
0,145	0,20	**0,54**	0,73	**1,45**	2	**5,4**	7,35	**14,5**	20	**54**	73,5
0,150	0,20	**0,55**	0,75	**1,50**	2,05	**5,5**	7,50	**15**	20,5	**55**	75
0,155	0,21	**0,56**	0,76	**1,55**	2,10	**5,6**	7,60	**15,5**	21	**56**	76
0,160	0,22	**0,57**	0,78	**1,60**	2,20	**5,7**	7,75	**16**	22	**57**	77,5
0,165	0,22	**0,58**	0,79	**1,65**	2,25	**5,8**	7,90	**16,5**	22,5	**58**	79
0,170	0,23	**0,59**	0,80	**1,70**	2,30	**5,9**	8	**17**	23	**59**	80
0,175	0,24	**0,60**	0,82	**1,75**	2,40	**6**	8,15	**17,5**	24	**60**	81,5
0,180	0,25	**0,61**	0,83	**1,80**	2,45	**6,1**	8,30	**18**	24,5	**61**	83
0,185	0,25	**0,62**	0,84	**1,85**	2,50	**6,2**	8,45	**18,5**	25	**62**	84,5
0,190	0,26	**0,63**	0,86	**1,90**	2,60	**6,3**	8,55	**19**	25,5	**63**	85,5
0,195	0,27	**0,64**	0,87	**1,95**	2,65	**6,4**	8,70	**19,5**	26	**64**	87
0,200	0,27	**0,65**	0,88	**2**	2,70	**6,5**	8,85	**20**	27	**65**	88,5
0,205	0,28	**0,66**	0,90	**2,05**	2,80	**6,6**	9	**20,5**	28	**66**	90
0,210	0,29	**0,67**	0,91	**2,10**	2,85	**6,7**	9,10	**21**	28,5	**67**	91
0,215	0,29	**0,68**	0,93	**2,15**	2,90	**6,8**	9,25	**21,5**	29	**68**	92,5
0,220	0,30	**0,69**	0,94	**2,20**	3	**6,9**	9,40	**22**	30	**69**	94

0,225	0,31	**0,70**	0,95	**2,25**	3,05	**7**	9,50	**22,5**	30,5	**70**	95
0,230	0,31	**0,71**	0,97	**2,30**	3,15	**7,1**	9,65	**23**	31,5	**71**	96,5
0,235	0,32	**0,72**	0,98	**2,35**	3,20	**7,2**	9,80	**23,5**	32	**72**	98
0,240	0,33	**0,73**	0,99	**2,40**	3,25	**7,3**	9,90	**24**	32,5	**73**	99
0,245	0,33	**0,74**	1	**2,45**	3,35	**7,4**	10	**24,5**	33,5	**74**	100
0,250	0,34	**0,75**	1,02	**2,50**	3,40	**7,5**	10,20	**25**	34	**75**	102
0,255	0,35	**0,76**	1,03	**2,55**	3,45	**7,6**	10,30	**25,5**	34,5	**76**	103
0,260	0,35	**0,77**	1,05	**2,60**	3,55	**7,7**	10,50	**26**	35,5	**77**	105
0,265	0,36	**0,78**	1,06	**2,65**	3,60	**7,8**	10,60	**26,5**	36	**78**	106
0,270	0,37	**0,79**	1,07	**2,70**	3,70	**7,9**	10,70	**27**	37	**79**	107
0,275	0,37	**0,80**	1,09	**2,75**	3,75	**8**	10,90	**27,5**	37,5	**80**	109
0,280	0,38	**0,81**	1,10	**2,80**	3,80	**8,1**	11	**28**	38	**81**	110
0,285	0,39	**0,82**	1,12	**2,85**	3,90	**8,2**	11,20	**28,5**	39	**82**	112
0,290	0,39	**0,83**	1,13	**2,90**	3,95	**8,3**	11,30	**29**	39,5	**83**	113
0,295	0,40	**0,84**	1,14	**2,95**	4	**8,4**	11,40	**29,5**	40	**84**	114
0,30	0,41	**0,85**	1,16	**3**	4,10	**8,5**	11,60	**30**	41	**85**	116
0,31	0,42	**0,86**	1,17	**3,1**	4,20	**8,6**	11,70	**31**	42	**86**	117
0,32	0,44	**0,87**	1,18	**3,2**	4,35	**8,7**	11,80	**32**	43,5	**87**	118
0,33	0,45	**0,88**	1,20	**3,3**	4,50	**8,8**	12	**33**	45	**88**	120
0,34	0,46	**0,89**	1,21	**3,4**	4,60	**8,9**	12,10	**34**	46	**89**	121
0,35	0,48	**0,90**	1,22	**3,5**	4.75	**9**	12,20	**35**	47,5	**90**	122
0,36	0,49	**0,91**	1,24	**3,6**	4,90	**9,1**	12,40	**36**	49	**91**	124
0,37	0,50	**0,92**	1,25	**3,7**	5	**9,2**	12,50	**37**	51	**92**	125
0,38	0,52	**0,93**	1,26	**3,8**	5,15	**9,3**	12,60	**38**	51,5	**93**	126
0,39	0,53	**0,94**	1,28	**3,9**	5,30	**9,4**	12,80	**39**	53	**94**	128
0,40	0,54	**0,95**	1,29	**4**	5,45	**9,5**	12,90	**40**	54,5	**95**	129
0,41	0,56	**0,96**	1,31	**4,1**	5,60	**9,6**	13,10	**41**	56	**96**	131
0,42	0,57	**0,97**	1,32	**4,2**	5,70	**9,7**	13,20	**42**	57	**97**	132
0,43	0,59	**0,98**	1,33	**4,3**	5,85	**9,8**	13,30	**43**	58,5	**98**	133
0,44	0,60	**0,99**	1,34	**4,4**	6	**9,9**	13,40	**44**	60	**99**	134

Für kleinere Leistungen als 0,1 kW sind die zugehörigen PS-Werte ebenfalls dieser Tabelle zu entnehmen, in dem das Komma entsprechend nach links gerückt wird; z. B.: die zu 20 Watt gehörige PS-Leistung ist der 200-Watt-Zeile zu entnehmen und beträgt 0,027 PS. Für Leistungen über 99 Watt ist das Komma entsprechend nach rechts zu rücken.

Abb. 181a. Anker aus einem Einanker-Umformer.

Gehäuses auf den zur Befestigung der Riemenscheibe vorgesehenen Wellenstumpf aufgesetzt und die Ankerwelle für die Einführung der Zuleitungen durchbohrt. Je nach den Raumverhältnissen, die im allgemeinen mit der Bauart der Maschine zusammenhängen, kann der Schleifringkopf auch innerhalb des Gehäuses auf der Ankerwelle befestigt werden. Soll Drehstrom erzeugt werden, so wird die Ankerwicklung an drei um 120° versetzten Stellen angezapft und mit den Schleifringen verbunden.

Die Anzapfstellen[1]) können sowohl unmittelbar an den Ankerspulen als auch am Kollektor vorgenommen werden. Im letzteren Falle können die Zuleitungen eventuell durch die Ventilationskanäle des Ankerkörpers geführt und an die Kollektorlamellen angeschraubt oder besser gelötet werden. Hat der Kollektor z. B. 99 Lamellen, so sind die drei Zuleitungen an die Lamellen 1, 33 und 66 zu legen und mit den Schleifringen zu verbinden.

Nach Fertigstellung dieser Arbeiten kann der Umformer in Betrieb genommen werden.

War der ursprüngliche G l e i c h s t r o m m o t o r für eine Spannung von 500 Volt, so können bei g l e i c h e r B e t r i e b s s p a n n u n g ca. 3 × 306 Volt W e c h s e l s t r o m an den Schleifringen abgenommen werden.

Mit dieser Spannung können im allgemeinen Drehstrommotoren für 380/220 Volt auf ihre Betriebstüchtigkeit geprüft werden, es empfiehlt sich aber, die so erhaltene Spannung mit Hilfe eines geeigneten Transformators auf die jeweils erforderliche Spannung zu transformieren.

Man kann auf diese Weise auch Prüfspannungen bis 3000 Volt und höher erzeugen.

Der Leerlaufstrom bei Gleichstrommotoren

Der Leerlaufstrom bei Gleichstrommotoren setzt sich zusammen aus dem Magnetstrom und aus den Verlusten, die durch die ständige Ummagnetisierung des Ankers, durch die Luft-, Lager- und Bürstenreibung hervorgerufen werden. Der Leerlaufstrom ist also = Magnetisierungsstrom + Verluststrom.

Im allgemeinen beträgt der gesamte Leerlaufstrom bei mittleren Gleichstrommotoren normaler Ausführung = ca. 3 bis 8 % des Vollast-

[1]) Siehe auch Seite 251.

stromes. Der Magnetisierungsstrom beträgt etwa 1.5 bis 4,5 % des Vollaststromes. Bei Kleinmotoren kann jedoch der Leerlaufstrom etwa 40 bis 50 % des Nennstromes erreichen.

Die nachstehende Tabelle gibt einen ungefähren Überblick über die Größe des Magnetisierungs-, Verlust- und Leerlaufstromes bei normalen Gleichstrommotoren bis ca. 50 PS bei 220 Volt Spannung.

Bei 110 Volt Betriebsspannung liegen die Tabellenwerte etwa 100 % höher, bei 440 Volt etwa 50 % tiefer.

Die Tabellenwerte sind als Näherungswerte zu betrachten und beziehen sich hinsichtlich des Verluststromes auf normale Motoren mit Gleitlager. Bei Motoren mit Kugel- oder Wälzlager ist die Lagerreibung und mithin auch der jeweilige Wert des Verluststromes geringer.

Leistung		Vollaststrom in Amp. bei 220 Volt	Magnetisierungsstrom Amp. bei 220 Volt	Verluststrom Amp. bei 220 Volt	Leerlaufstrom Amp. bei 220 Volt
kW	PS				
0 19	0,26	1,3	0.32	0,25	0,57
0,37	0,5	2.4	0,37	0,28	0,65
0,78	1,0	4.5	0,68	0,45	1,13
1,5	2	8,7	0,78	0,78	1,56
2,2	3	12,3	0,98	0,98	1,96
3,7	5	20	1,3	1,3	2,6
5 5	7,5	29	1 6	1,8	3,4
7,4	10	39	1.75	1,9	3 65
11	15	58	1,8	2,6	4,4
15	20	77	2,2	3,1	5,3
22	30	114	3,2	4,0	7,2
30	40	150	4,1	4,5	8,6
37	50	186	4,7	5 0	9.7

Bei der Prüfung eines normalen Gleichstrommotors kann man an der Größe des Leerlaufstromes die Güte des Motors erkennen. Ergibt beispielsweise die bei richtiger Betriebsspannung unter Zwischenschaltung eines geeigneten Amperemeters mit fein unterteilter Skala vorgenommene Leerlaufmessung einen höheren Wert, als denjenigen in der Tabelle angegebenen, so darf hieraus geschlossen werden, daß entweder die Magnetwicklung einen Fehler hat oder aber die Ankerverluste zu groß sind. Man wird in solchen Fällen zunächst den Magnetisierungsstrom besonders messen und durch Vergleich mit dem Tabellenwert feststellen,ob der Magnetisierungstrom zu hoch ist. Zutreffendenfalls ist der Ohmsche Widerstand jeder einzelnen Feldspule zu messen und die Ergebnisse daraufhin zu prüfen, ob die Meßwerte unter sich annähernd gleich sind. Liegt Windungs- oder Lagenschluß in einer oder mehreren Magnetspulen vor, so ist der Ohmsche Widerstand geringer und der Magnetisierungsstrom höher als ursprünglich. Es kann natürlich auch

Abb. 182. Vorbildliches Prüffeld für alle Spannungen und Stromarten in einem Instandsetzungswerk (Bild: J. Siebmanns G.m.b.H. Dresden)

der Fall sein, daß die Wickeldaten der Magnetspulen nicht stimmen. In diesem Falle ist eine Nachrechnung der Daten erforderlich.

Weist der Magnetisierungsstrom hingegen einen normalen Wert auf, so ist die Ursache des zu hohen Leerlaufstromes auf zu hohen Verluststrom im Anker zurückzuführen. Als Ursachen hierfür können zu starker Bürstendruck, falsche Einstellung der Bürsten, zu hohe Lagerreibung oder zu hohe Eisenverluste im Anker in Frage kommen, wenn Wickel- und Schaltfehler sowie Lagen- oder Windungsschluß in der Ankerwicklung nicht vorhanden sind. Stehen die Bürsten in der neutralen Zone, ist der Bürstendruck normal, sind die Lager in Ordnung und ist die Ankerwicklung fehlerfrei, so kann die Ursache eines zu hohen Verluststromes nur in den Eisenverlusten zu suchen sein. Es liegt also ein Ausführungs- oder Berechnungsfehler vor, der schon vom Hersteller oder aber gelegentlich einer Umwicklung auf höhere Drehzahl begangen worden ist.

Der Leerlaufstrom bei Drehstrommotoren

Der Leerlaufstrom bei Drehstrommotoren beträgt in der Regel 25 bis 35 % des Vollaststromes. Ein anormal hoher Leerlaufstrom kann auch hier wie bei Gleichstrommotoren auf zu hohen Bürstendruck, zu hohe Lagerreibung oder auf zu hohe Kupfer- oder Eisenverluste zurückzuführen sein, vorausgesetzt, daß die Ständer- und Läuferwicklung fehlerfrei und die zugeführte Spannung mit der Nennspannung des Leistungsschildes übereinstimmt. Durch getrennte Messung des Magnetisierungsstromes und des Leerlaufstromes ist leicht festzustellen, wo die Ursache der Erscheinung zu suchen ist. Bei schon anderweitig instandgesetzten Motoren ist darauf zu achten, ob der einseitige Luftspalt mit dem Tabellenwert auf S. 29 noch übereinstimmt und ob die Nutenschlitze etwa aufgefeilt worden sind. In beiden Fällen ist der ursprüngliche Zustand des aktiven Eisens durch Ersatz des Blechpaketes wieder herzustellen oder gegebenenfalls eine Änderung der Wickeldaten des Ständers vorzunehmen.

Ist das aktive Eisen im Ständer und Läufer sowie die Lagerung, der Bürstendruck und die Wicklungen einwandfrei, so ist ein etwa zu hoher Magnetisierungsstrom (d. i. die Stromaufnahme der Ständerwicklung bei Stillstand des Läufers) auf fehlerhafte Wickeldaten oder auf falsche Schaltung der Ständerwicklung zurückzuführen. (Dreieck- statt Sternschaltung, Parallelschaltung der Gruppen statt Reihenschaltung.)

Durch Erhöhung der Leiterzahl in der Ständerwicklung kann der Magnetisierungsstrom herabgesetzt werden. Eine derartige Änderung der Wickeldaten ist jedoch nur auf Grund einer Berechnung durchführbar.

Der Magnetisierungsstrom bei Drehstrommotoren darf weder zu hoch noch zu gering sein. Ein verhältnismäßig hoher Magnetisierungsstrom ist nicht ohne weiteres ein Beweis für die Minderwertigkeit eines Drehstrommotors. Ob der Magnetisierungsstrom zu hoch oder zu niedrig ist, kann nur auf Grund einer Leistungsmessung und Auswertung der Meßergebnisse ermittelt werden, wenn nicht schon bei der äußerlichen Untersuchung des aktiven Eisens eine fehlerhafte Beschaffenheit desselben (abgedrehter Läufer, aufgefeilte Nutenschlitze, Blechschluß usw.) oder ein Fehler in der Ständer- oder Läuferwicklung festgestellt worden ist.

Für den allgemeinen Fall ist ein etwa zu hoher Leerlauf- oder Magnetisierungsstrom auf

1. einen Fehler in der Ständer- oder Läuferwicklung,
2. eine fehlerhafte Beschaffenheit des aktiven Eisens (zu großer Luftspalt, aufgefeilte Nutenschlitze, Blechschluß),
3. falsche Schaltung der Ständerwicklung (Dreieck- statt Sternschaltung usw.),
4. falsche Wickeldaten der Ständerwicklung (zu geringe Leiterzahl),
5. Lagerschaden oder zu starker Bürstendruck

zurückzuführen.

Die Ankerprüfeinrichtung nach Raskop

A. Allgemeines

Die Betriebstüchtigkeit der Werkstatterzeugnisse sowie die Wirtschaftlichkeit und die Leistungsfähigkeit eines Instandsetzungswerkes für elektrische Maschinen sind abhängig von dem Vorhandensein einer

Abb. 183. Teile der kleinen Prüfeinrichtung nach Raskop.

Prüfeinrichtung, mit deren Hilfe den Erfordernissen restlos Rechnung getragen werden kann.

Eine derartige Prüfeinrichtung nimmt unter den Einrichtungsgegenständen eines neuzeitlichen Instandsetzungswerkes einen so ungemein wichtigen Platz ein, daß auf den Wert derselben ausführlich aufmerksam gemacht werden muß.

Selbst der tüchtigste und erfahrenste Ankerwickler kann sich nicht davon freisprechen, auch mal einen Anker gewickelt zu haben, der trotz sorgfältigster Arbeit beim Probelauf einen wickeltechnischen Fehler zeigte und deswegen nicht als betriebstüchtig angesprochen werden konnte.

Die Folgen, die mit der Ablieferung eines derartigen Erzeugnisses verbunden sind, können so schwerwiegender Natur sein, daß das Ansehen des Unternehmens gefährdet und das unbedingt erforderliche Vertrauen des Auftraggebers untergraben wird. Bei häufiger Wiederholung derartiger Fälle kann sogar die Existenzmöglichkeit des Unternehmens ausgeschaltet werden.

Es muß vorzugsweise in den Instandsetzungswerken elektrischer Maschinen berücksichtigt werden, daß bei der Herstellung von Wicklungen sämtlicher Stromarten an in- und ausländischen Fabrikaten schon aus dem Grunde praktische Ausführungs- und wickeltechnische Fehler möglich sind, weil das Personal durch das ständig wechselnde Bild der Arbeitsstücke nicht immer die Zeit findet, sich mit den Eigenarten der verschiedenen Konstruktions- und Ausführungsarten so vertraut zu machen, wie es eigentlich erforderlich wäre.

Die Vorzüge der Serienherstellung, die in den Instandsetzungswerken aus naheliegenden Gründen nicht oder nur im beschränkten Umfange eingeführt werden kann, treten in dem Prüffeld der Motorenfabriken auch dergestalt in Erscheinung, daß in dem letzteren wicklungstechnische Fehler seltener zu beobachten sind als in den Instandsetzungswerken. Durch die ausgezeichnete Organisation des gesamten Arbeitsapparates und durch die regelmäßig wiederkehrenden Teilarbeiten der Arbeitskräfte ruht über solchen Betrieben eine selbstverständliche Sicherheit.

Betrachtet man hingegen die Tätigkeit der Belegschaft in einem Instandsetzungsbetriebe, so findet man deutliche Unterschiede, die dadurch hervorgerufen werden, daß die Verarbeitung der ständig wechselnden Arbeitsstücke die größte Aufmerksamkeit jeder einzelnen Arbeitskraft erfordert, ohne daß durch die Gleichmäßigkeit der Teilherstellung eine geistige Entlastung der Belegschaft vorhanden ist und hierdurch die Ausübung des Berufes erleichtert wird.

Berücksichtigt man ferner, daß fast ausnahmlos sämtliche Instandsetzungsarbeiten im beschleunigten Zeitmaß ausgeführt werden müssen, so ist es durchaus verständlich, daß bei der Hertellung der Wicklungen Fehler unterlaufen können.

Wie außerordentlich wichtig es nun ist, derartige Fehler vor Ablieferung des Arbeitsstückes mit Hilfe einer Prüfeinrichtung aufzusuchen und zu beseitigen, soll nachstehend durch ein Beispiel aus der Praxis bewiesen werden.

Ein industrielles Werk besitzt einen elektromotorisch betriebenen Kran, der für die Aufrechterhaltung des gesamten Betriebes eine ausschlaggebende Rolle spielt.

Für jeden Kranmotor hat die Werkleitung einen Reserveanker angeschafft, der im Falle einer Betriebsstörung als Ersatz des beschädigten Ankers eingebaut werden kann.

Der Reserveanker des Hubmotors ist von einer Instandsetzungsfirma neugewickelt, da aber keine Prüfeinrichtung vorhanden ist, nur äußerlich auf seine Betriebstüchtigkeit untersucht und abgeliefert worden.

Dieser Anker wird bei einer plötzlich eintretenden Betriebsstörung als Ersatz eingebaut, und bei seiner Inbetriebnahme zeigen sich wickeltechnische Fehler, die eine Durchführung des Betriebes unmöglich machen. Da nun beide Anker nicht betriebsfähig sind, kommt das Werk für mehrere Tage zum gänzlichen Stilliegen, weil die an den Hauptbetrieb angeschlossenen Nebenabteilungen nicht mit Material beliefert werden können.

Der Schaden, der hierdurch dem Instandsetzungswerk und inbesondere dem industriellen Werk entsteht, kann so bedeutend sein, daß die Höhe desselben den zehn- und mehrfachen Betrag der Anschaffungskosten einer Prüfeinrichtung ausmacht.

Wenn schon durch diesen einen Fall die unbedingte Notwendigkeit zur Anschaffung einer Prüfeinrichtung erwiesen ist, so muß weiter erwähnt werden, daß die Instandsetzungswerke noch durch die Einhaltung der üblichen Garantiepflicht aus reinem Selbsterhaltungstrieb gezwungen sind, ihre Erzeugnisse vor der Ablieferung fach- und sachgemäß zu prüfen.

Es liegt daher im ureigensten Interesse der Instandsetzungsunternehmen, durch Anschaffung einer Prüfeinrichtung allen Möglichkeiten aus dem Wege zu gehen.

Infolge der zahlreichen Verwendungsmöglichkeiten der Prüfeinrichtung ist diese dazu berufen, die Leistungsfähigkeit und Wirtschaftlichkeit der Instandsetzungswerke, entsprechend der heutigen Zeit und den Anforderungen, die an diese Unternehmen gestellt werden, zu erhöhen und zu festigen.

Der zu prüfende Gleichstrom-Nebenschlußmotor wird mit der Prüfeinrichtung nach Abb.184 in Verbindung gebracht. Die Schalter des regulierbaren Widerstandes (Schalter Nr. 1 bis 6) sind sämtlich geöffnet.

Nach Schließen des Hebelschalters H_2 werden die Schalter 1 bis 6 an dem regulierbaren Widerstand stufenweise mit angemessenen Pausen geschlossen, bis nach Schließen des Schalters Nr. 6 (Kurzschluß K) der Motor volle Betriebsspannung zugeführt erhält.

B. Gebrauchsanweisung

A. Beim Probelauf der Gleichstrom-Nebenschlußmotoren (Abb. 184)

Der regulierbare Widerstand dient hierbei als Anlasser. Das Ausschalten nach Beendigung des Probelaufes geschieht durch Öffnen des Hebelschalters H_2. Erst wenn dieser Schalter geöffnet ist, dürfen die Schalter 1 bis 6 geöffnet werden.

B. Beim Probelauf der Gleichstrom-Hauptschlußmotoren (Abb. 185)

Da ein Hauptschlußmotor ohne Belastung durchgeht, ist nach Abb. 185 der regulierbare Widerstand zwischen die Feldmagnetwicklung geschaltet, so daß der Motor als Nebenschlußmotor zum Probelauf gebracht werden kann.

Der Motor wird nach Abb. 185 mit der Prüfeinrichtung und einem passenden Anlasser in Verbindung gebracht. Bevor jedoch der Hebelschalter H_1 geschlossen wird, muß so viel Widerstand durch Schließen der Schalter 1 bis 5 zwischen die Feldmagnetwicklung geschaltet sein, daß die Feldstärke groß genug ist, um ein störungsloses Anlaufen des Ankers zu gewährleisten.

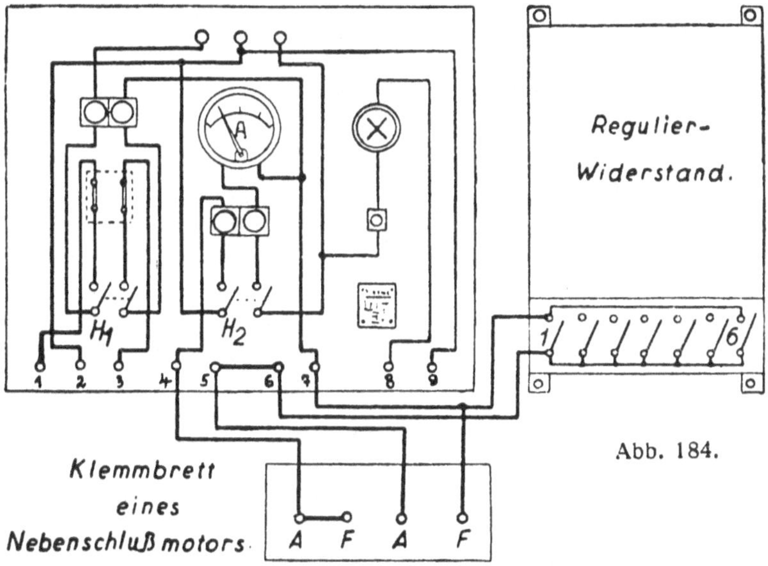

Abb. 184.

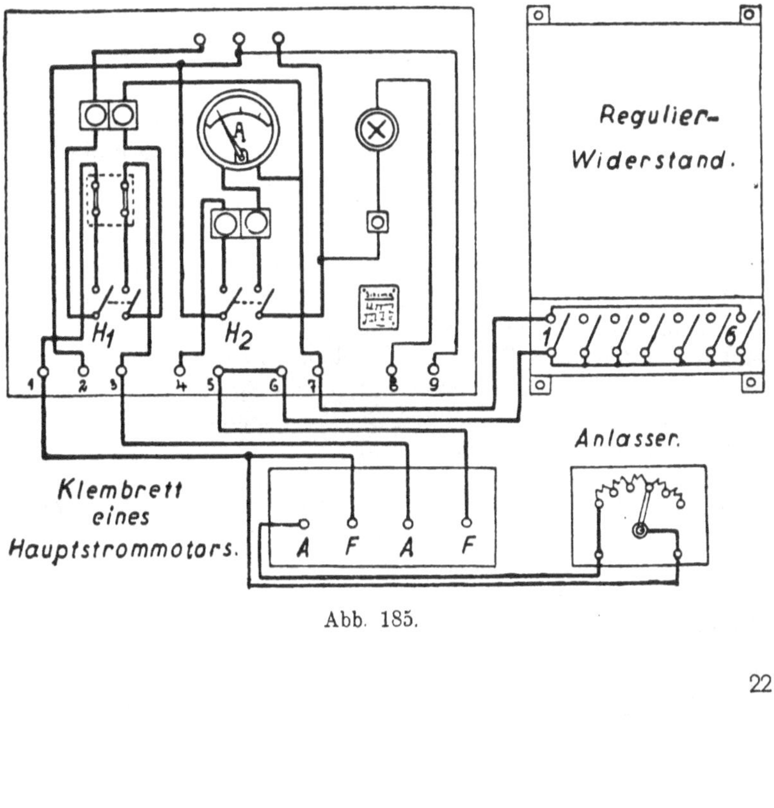

Abb. 185.

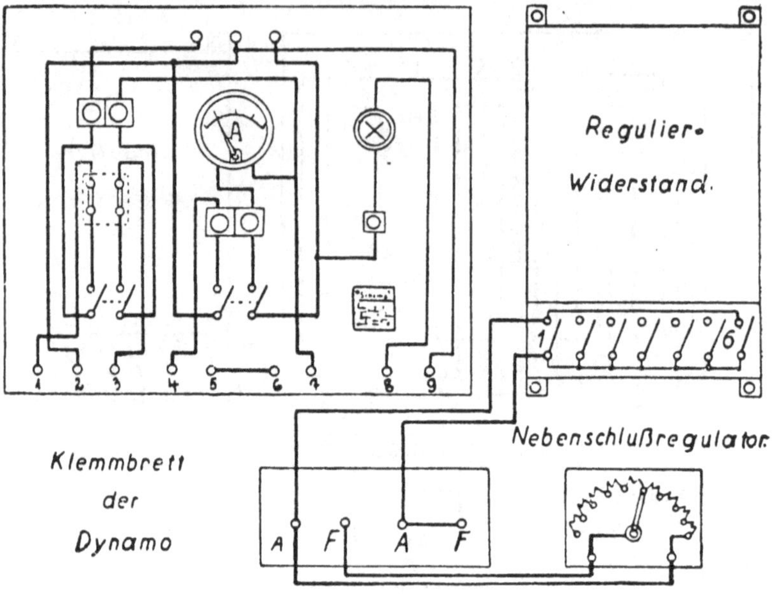

Abb. 186.

Der Hebelschalter H_1 muß wieder vor Beginn des Probelaufes geschlossen werden.

Das Abschalten nach Beendigung des Probelaufes geschieht wie unter A. **Der Schalter Nr. 6 darf während dieser Prüfarbeit unter keinen Umständen geschlossen,** noch während des Probelaufes sämtliche Schalter 1 bis 5 geöffnet werden.

C. Beim Probelauf einer Dynamomaschine (Abb. 186)

Beim Probelauf einer Dynamomaschine dient der regulierbare Widerstand als Belastungswiderstand. Die Dynamo wird nach Abb. 186 mit dem regulierbaren Widerstand verbunden und bei geöffneten Schaltern 1 bis 6 mit Hilfe eines passenden Nebenschlußregulators erregt.

Hierauf werden die Schalter 1 bis 5 je nach Bedarf geschlossen, bis das tragbare Amperemeter Vollast anzeigt.

D. Beim Prüfen der Gleichstromanker auf Windungs-, Lagenschluß-, Schaltfehler usw.

Um einen Gleichstromanker auf seine Betriebstüchtigkeit zu prüfen bzw. um einen bereits oberflächlich erkannten Fehler an der Ankerwicklung festzustellen, wird der zu prüfende Anker in der Nähe der

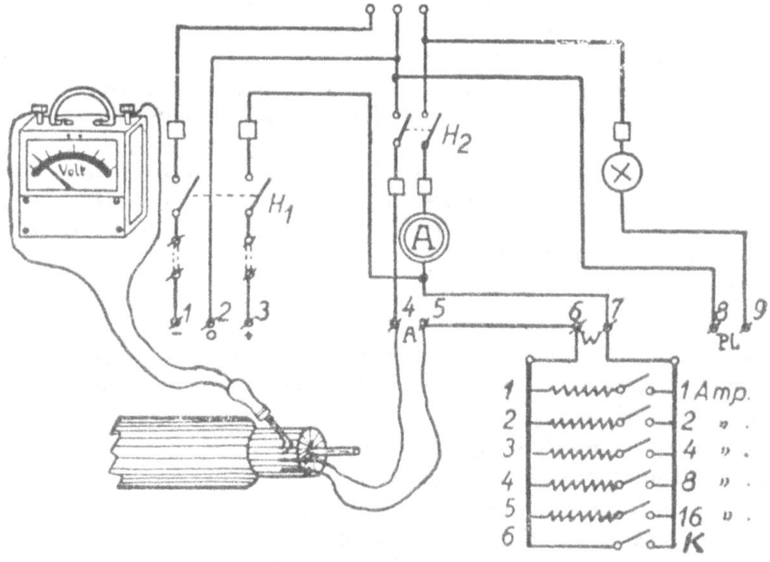

Abb. 187.

Prüfeinrichtung auf Böcke gelagert und mit der Prüfeinrichtung nach Abb. 186 in Verbindung gebracht.

Entsprechend der Polteilung des betreffenden Ankers werden zwei Drähte auf je einer Lamelle angelötet Diese Drähte sind mit den Flügelklemmen Nr. 4 und 5 verbunden. Nach Einschalten des Hebelschalters H_2 wird die Ankerwicklung von einem Strom durchflossen. dessen Stärke je nach Bedarf durch Betätigung der Schalter 1 bis 5 reguliert werden kann.

Die Meßstromstärke richtet sich im allgemeinen nach dem Querschnitt und der Windungszahl der Ankerwicklung.

Bei großen Windungszahlen hat man stets kleine Querschnitte und benötigt daher nur eine geringe Meßstromstärke, um an dem hochempfindlichen Milli-Voltmeter einen genügend großen Ausschlag zu erhalten.

Um das Milli-Voltmeter vor etwaigen Schaden zu bewahren, schaltet man in allen Fällen zuerst den Schalter Nr. 1 an dem Regulierwiderstand ein und prüft hierauf mit dem Milli-Voltmeter die Größe des Ausschlages. Bei Ankern mit geringer Leistung und hoher Betriebsspannung ist es außerdem empfehlenswert, den Vorschaltwiderstand für 2,5 Volt vor das Instrument zu schalten.

Ist auf diese Art der Ausschlag des Milli-Voltmeters eingestellt, so beginnt man mit Hilfe der Tastvorrichtung die zwischen je zwei Lamellen auftretende Spannung zu messen.

Bei einer einwandfreien Ankerwicklung müssen die zwischen zwei Lamellen auftretenden Spannungsunterschiede überall annähernd gleich sein. Ist der Ausschlag zwischen zwei Lamellen geringer, so liegt Windungsschluß in der Ankerspule vor, die an diese Lamellen angeschaltet ist. Es kann jedoch auch möglich sein, daß die betreffende Spule einwandfrei ist, aber die beiden Lamellen durch Zinnreste mehr oder weniger metallisch verbunden sind.

Auf jeden Fall wird man zweckmäßig zunächst die Lamellen hierauf untersuchen.

Auch durch Schaltfehler in der Ankerwicklung wird ein geringerer oder höherer Ausschlag als der normale zwischen zwei Lamellen auftreten.

In solchen Fällen lötet man die schadhafte Spule zunächst von den Lamellen ab und berichtigt die Schaltung.

Bei der Messung muß weiter beachtet werden, daß der Ausschlag des Milli-Voltmeters entsprechend der Polzahl des Ankers nach rechts und links wechselt. Bei einem 4poligen Anker muß das Instrument auf ein Viertel des Kollektorumfanges, z. B. nach rechts und hierauf wiederum auf ein Viertel nach links, ausschlagen.

Schlechte Lötstellen am Kollektor rufen starke Funkenbildung während der Arbeitsleistung des Motors hervor. Diese mangelhaften Lötstellen machen sich bei dem obigen Prüfverfahren sofort durch höheren als normalen Ausschlag des Milli-Voltmeters bemerkbar.

Die vorbeschriebene Prüfung muß grundsätzlich vor dem Lackieren der Wicklung und bei jedem Anker durchgeführt werden. Hierdurch werden viel Zeit und unnötige Kosten gespart.

Meßverfahren mit dem Ohmmeter

Außerhalb der Werkstatt und in den Fällen, wo kein Netzstrom für die Messungen zur Verfügung steht, ist das Präzisions-Ohmmeter das geeignete Instrument zur Fehlerbestimmung.

Mit Hilfe des Ohmmeters ist insbesondere nach dem in Abb. 188 dargestellten Verfahren die Feststellung von Windungs-Lagen-Körperschluß, Schalt- und Unterbrechungsfehler an Gleichstrom-Ankerwicklungen möglich, ohne große Vorbereitung zu treffen, noch Netzstrom und Hilfsapparate zu benötigen. Auch können jegliche Isolationsfehler, an Gleichstrom-Magnetwicklungen sowohl, als auch an Ständer- und

Läuferwicklungen der Drehstrommotoren, schnell und sicher festgestellt und behoben werden.

Das Präzisions-Ohmmeter hat bei Fehlerbestimmungen an elektrischen Maschinen der Meßbrücke gegenüber den Vorzug, daß die Meßergebnisse nicht, wie bei den meisten Meßbrücken, durch Multiplikation oder Division der ermittelten Werte durch eine bestimmte Zahl, sondern direkt als endgültiges Ergebnis abgelesen werden können. Die Handhabung des Instrumentes ist also die denkbar leichteste und kann nach kurzer Anleitung von jedem Praktiker durchgeführt werden.

Ein derartiges Instrument besteht aus einem hochempfindlichen Drehspulsystem in Verbindung mit einer Akkumulatorenzelle oder Trockenbatterie. Die Wirkungsweise besteht darin, daß unter Voraussetzung einer gleichbleibenden Spannung in einem Widerstand — in dem praktischen Falle der gesuchte — ein Strom fließt, dessen Maximalwert im niedrigsten Meßbereich etwa 350 Milliamperes beträgt. Das Drehspulsystem ist dem gesuchten Widerstand parallel geschaltet. Es sind 4 Meßbereiche 0—1, 0—10, 0—100, 0—1000 Ohm vorhanden. Diesen Werten entsprechend sind Vorschaltwiderstände eingebaut, die durch Stöpseln auf einer Platte vorgeschaltet werden.

Um genaue Messungen erzielen zu können, ist, wie schon erwähnt, eine konstante Spannung erforderlich. Da nun sowohl Akkumulator als auch Trockenbatterie in frischgeladenem neuen Zustande eine höhere als die Eichspannung besitzen, so ist das Instrument vor Inbetriebnahme auf die Spannung einzustellen. Es ist deshalb ein durch den Druckknopf (Abb. 188) einschaltbarer Widerstand von 1 Ohm und ein durch den drehbaren Knopf 2 zu verstellender magnetischer Nebenschluß vorgesehen. Das Einschalten der Batterie geschieht durch den Druckknopf 3, welcher in seiner tiefsten Stellung drehbar eingerichtet ist, so daß die Batterie auch dauernd eingeschaltet werden kann.

Vor jeder Messung ist also das Instrument auf die vorbeschriebene Art zu justieren. Erst dann sind die Messungen vorzunehmen.

Zwecks Prüfung der Isolationsverhältnisse zwischen Wicklung und Eisenkörper kann man sich neben des Galvanometers auch eines Prüftransformators bedienen. Der Prüftransformator dient zur Erzeugung höherer Spannungen. Um die Höhe der Prüfspannungen beliebig einstellen zu können, wird der Hochspannungstransformator von einem Reguliertransformator gespeist, mit welchem die Spannung von 0 bis zum gewünschten Betrag gesteigert werden kann.

Mit Hilfe eines derartigen Transformators kann man die etwaig schadhaft gewordenen Stellen der Isolation zwischen Wicklung und Ankerkörper feststellen, da bei einer Prüfung an den mangelhaft isolierten Stellen Funken überspringen.

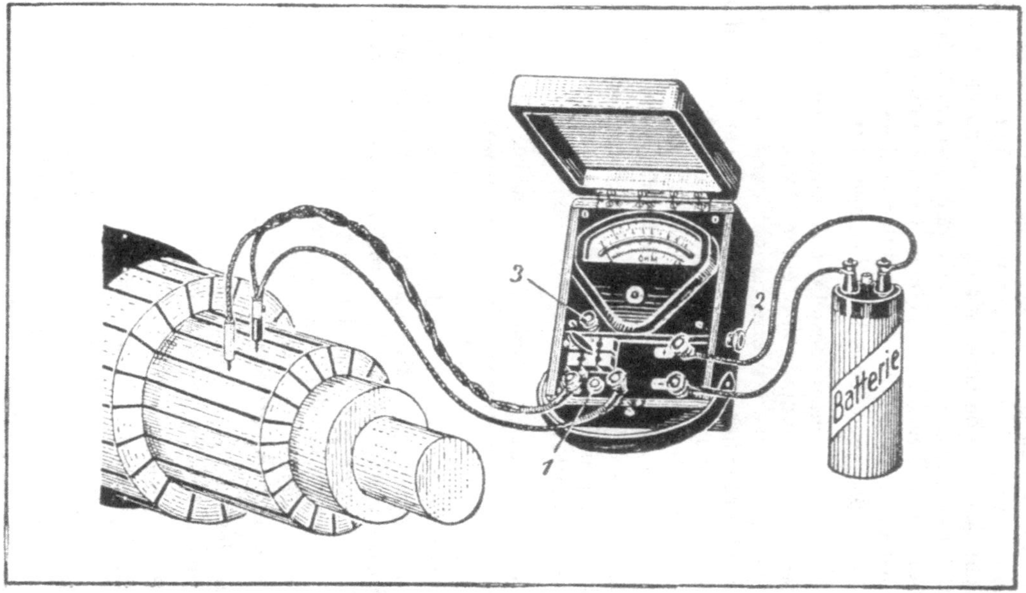

Abb 188. Meßverfahren mit einem Ohmmeter.

Elektrische Maschinen

Leistungschilder

Richtlinien | Elektrotechnik | DIN VDE 2961

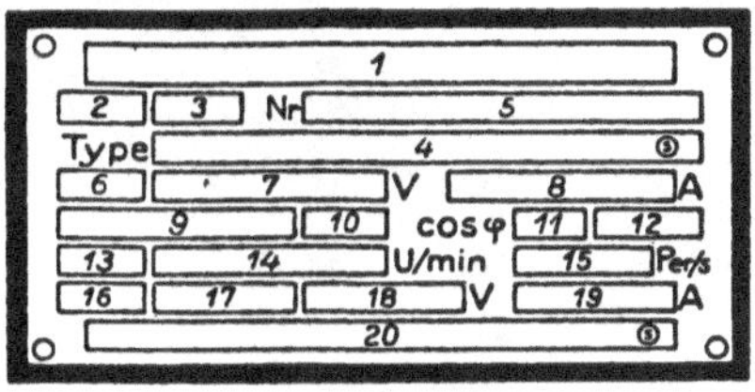

Die nachstehenden Angaben entsprechen den „Regeln für die Bewertung und Prüfung von elektrischen Maschinen" (REM)

Feld	Erklärung
1	Hersteller oder Ursprungzeichen
2	Stromart. Folgende Abkürzungen sind zulässig: G für Gleichstrom E für Einphasenstrom Z für Zweiphasenstrom D für Drehstrom S für Sechsphasenstrom
3	Arbeitsweise. Folgende Abkürzungen sind zulässig: Gen für Generator Mot für Motor Phas für Phasenschieber EU für Einankerumformer KU für Kaskadenumformer
4	Modellbezeichnung (Type) oder Listennummer der Maschine. Kennzeichen am Ende des Feldes für schlagwettergeschützte Maschinen
5	Fabriknummer (Maschinennummer)
6	Schaltart unter Benutzung folgender Zeichen: I Einphasen offen ⊥ Einphasen mit Hilfsphase L Zweiphasen verkettet X Zweiphasen unverkettet (Vierphas.) Y Dreiphasen Stern Y Dreiphasen Stern mit herausgeführtem Nullpunkt Δ Dreiphasen Dreieck III Dreiphasen offen Iⁿ n-phasen offen zB I6 Sechsphasen offen Bei Dreiphasenläufern fällt das Schaltzeichen fort
7	Nennspannung, bei Umformern die Nenngleich- und Nennwechselspannung
8	Nennstrom, bei Umformern der Nenngleichstrom und Nennwechselstrom
9	Nennleistung in kW oder W bei allen Motoren, bei Gleichstrom- und Asynchrongeneratoren und Wechselstrom-Gleichstrom-Einanker-Umformern Nennleistung in kVA bei Synchrongeneratoren, Synchron-Phasenschiebern und Gleichstrom-Wechselstrom-Einanker-Umformern
10	Abkürzung kW, kVA, W oder VA
11	Nennleistungsfaktor cos φ Bei Synchrongeneratoren, die voreilenden kapazitiven Blindstrom liefern sollen und bei Synchronmotoren und Phasenschiebern, die nacheilenden induktiven Blindstrom aufnehmen sollen, ist das Zeichen „u" (untererregt) hinzuzufügen
12	Betriebsart A Dauerbetrieb: Kein Vermerk B Kurzzeitiger Betrieb: KB und vereinbarte Betriebzeit C Aussetzender Betrieb: AB und relative Einschaltdauer
13	Drehrichtung: Rechtslauf von Antriebseite Linkslauf von Antriebseite
14	Nenndrehzahl
15	Nennfrequenz
16	Schaltart für Erregung vgl 6
17	Das Wort „Erregung" bei Gleichstrommaschinen, Synchronmaschinen und Einanker-Umformern, das Wort „Läufer" bei Asynchronmaschinen
18	Nennerregerspannung oder Läuferstillstandspannung
19	Erregerstrom bei Nennbetrieb (bei Erregerstrom über 10 A) oder der Läuferstrom
20	Zusätzliche Vermerke (Kühlmittelmenge bei Fremdlüftung, Wasserkühlung usw.)

Formate und Lochabstände der Schilder siehe DIN 825

April 1925 Verband Deutscher Elektrotechniker E.V.

Abb. 189. Ausprüfen einer Gleichstrom-Ankerwicklung mittels Magneten und Telephon.

A. Gleichstrommaschinen

Für die Prüfung von Gleichstromankern auf Kurzschluß innerhalb der Wicklung baut die Firma Siemens & Halske Elektromagnete mit U-förmig lamellierten Eisenkernen, deren Pole der Ankerform angepaßt sind. Der zu prüfende Anker wird über den Magneten (Abb. 189) auf verstellbare Lagerböcke gelegt und die Magnetwicklung hierauf durch den bereits erwähnten Reguliertransformator erregt.

Zwischen der Magnetwicklung ist ein Amperemeter geschaltet, welches einen höheren als normalen Ausschlag anzeigt, sobald eine mit Kurzschluß behaftete Spule der Ankerwicklung, infolge Drehung des Ankers über den Elektromagneten zu stehen kommt.

Mit Hilfe einer mitgelieferten Induktionsspule mit Telephon (Abb. 189) kann man die betreffende Spule feststellen.

Der ebenfalls U-förmig gebogene Eisenkern der Induktionsspule wird so auf den Anker gelegt, daß eine Ankernute überbrückt ist.

Während die gesunden Spulen das Telephon kaum hörbar beeinflussen, ertönt ein starkes Geräusch, sobald eine mit Kurzschluß behaftete Spule zwischen den U-förmigen Schenkeln der Induktionsspule kommt.

Der Gebrauch dieser Einrichtung ist in Abb. 191 dargestellt.

Die ausführliche Gebrauchsanweisung dieser Prüfeinrichtung wird von dem Erbauer mitgeliefert.

Es sei noch erwähnt, daß für den Betrieb der eben erwähnten Einrichtung Wechselstrom von 110 oder 220 Volt Spannung und 50 Perioden benötigt wird.

B. Drehstrommaschinen

Die Prüfung der Drehstrommaschinen auf Betriebstüchtigkeit geht in der für Gleichstrommaschinen beschriebenen Art vonstatten.

Etwaig auftretende Fehler sind nach Teil II und III festzustellen und zu beseitigen.

Bei Schaltfehler innerhalb der Wicklungen sind die entsprechenden Schaltbilder zur Hilfe zu nehmen.

Über die durch schlechte Lötstellen innerhalb der Wicklungen hervorgerufenen Störungen ist in Teil IV gesprochen.

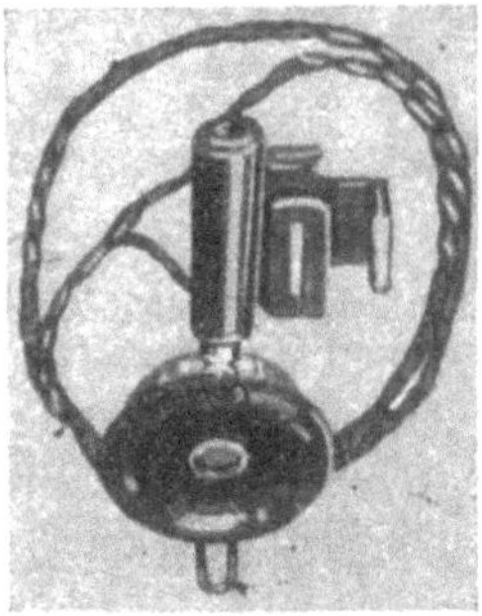

Abb. 190. Telephon mit U-förmig gebogenem Eisenkern zur Feststellung von Spulenschluß.

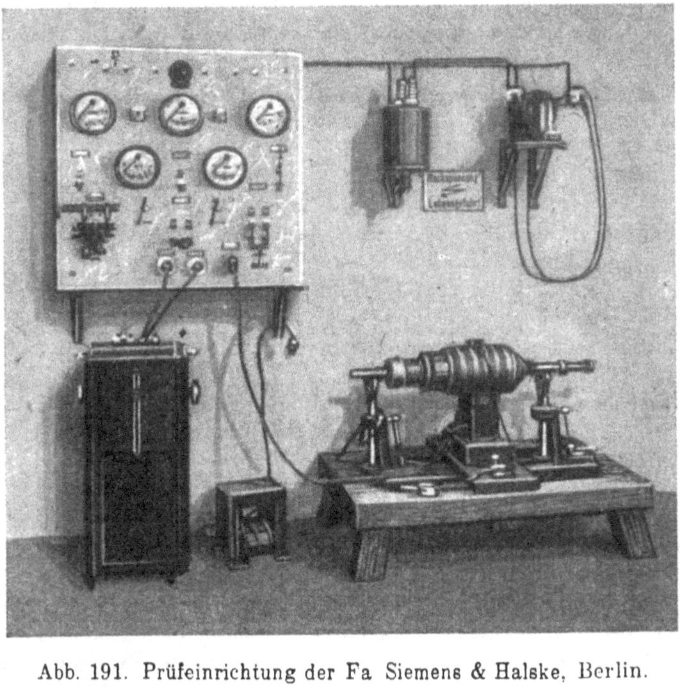

Abb. 191. Prüfeinrichtung der Fa. Siemens & Halske, Berlin.

VI. TEIL

Drehstrom-Stromwender (Kollektor-) Motoren

Die „Fachlichen Vorschriften zur Regelung des Lehrlingswesens" und die „Fachlichen Vorschriften für die Meisterprüfung im Elektromaschinenbauer-Handwerk" fordern u. a. auch den Nachweis der Kenntnisse über den Aufbau und die Wirkungsweise der Dreiphasen (Drehstrom)- Kollektormotoren. Unter Bezugnahme hierauf wird auf die nachstehenden Ausführungen und Abbildungen hingewiesen.

Allgemeines

In der Gruppe der in der Läuferdrehzahl stufen- und verlustlos regelbaren Dreiphasen-Kollektormotoren unterscheidet man im wesentlichen:

a) Drehstrom-Kollektormotoren mit Hauptschlußverhalten und

b) Drehstrom-Kollektormotoren mit Nebenschlußverhalten.

In ihrem prinzipiellen mechanischen und elektrischen Aufbau unterscheiden sich die Drehstrom-Kollektormotoren von den Drehstrom-Asynchronmotoren nur dadurch, daß an Stelle des Phasen- oder Käfigläufers ein normaler Gleichstromläufer tritt. Die Ständerwicklungen sind bei Drehstrom-Kollektormotoren regelmäßig mit einer Dreiphasenwicklung ausgerüstet.

Drehstrom-Hauptschluß-Kollektormotoren

Diese Motoren ähneln in ihrem betrieblichen Verhalten einem Gleichstrom-Hauptschlußmotor, d. h. bei fester Bürstenstellung sinkt ihre Drehzahl mit anwachsendem und steigt mit abnehmendem Drehmoment.

Der Ständer dieser Motoren trägt eine normale Dreiphasenwicklung, die in der Regel über einen Reihentransformator mit dem Läufer in Serie geschaltet ist. Die Klemmen U, V, W der Primärwicklung des Reihentransformators sind mit dem Netz verbunden. Die Klemmen X, Y, Z der Primärwicklung sind mit den Klemmen U, V, W der Motor-Ständerwicklung verbunden (Abb. 191).

Die Sekundärwicklung des Reihentransformators ist in Stern geschaltet. Die Anfänge u, v, w sind mit dem Läufer in Serie geschaltet.

Der Reihentransformator hat den Zweck, die jeweilige Netzspannung auf einen für die Kommutierung günstigen Spannungswert (etwa 100 bis 150 Volt im Anlauf, etwa 70 Volt im Lauf) herabzusetzen. Er überträgt auf den Läuferstromkreis nur einen Bruchteil der Motorleistung, der um so kleiner ist, je mehr sich die Drehzahl der synchronem nähert. Der Reihentransformator ist daher nur für einen Teil der Motorleistung ausgelegt.

Bei sehr hoher Netzspannung wird die gesamte, dem Motor zugeführte Energie in einem vor den Ständer und Läufer geschalteten Transformator (Leistungstransformator) auf die Gebrauchsspannung herabgesetzt (Abb. 192).

Anlassen und Regeln der Drehzahl

Das Anlassen, Regeln der Drehzahl und Umkehren der Drehrichtung erfolgt bei dem Drehstrom-Hauptschluß-Kollektormotor nur durch das Verschieben der auf dem Kollektor angeordneten beweglichen Bürsten.

Beim Einschalten des Motors müssen die Bürsten in der sogenannten Nullstellung stehen. Die Wicklungen des Motors nehmen dann nur geringen Strom (etwa 10 bis 20 % des Nennstromes) auf. Das Anzugsmoment ist in dieser Bürstenstellung annähernd Null, d. h. der Läufer läuft nicht an.

Werden die beweglichen Bürsten aus der Nullstellung verschoben, so läuft der Läufer an. Die Drehrichtung des Läufers ist stets entgegengesetzt der Richtung, in der die Bürsten verschoben werden. Nähert man die Bürsten der Nullstellung, so fällt die Drehzahl, entfernt man sie, so steigt die Drehzahl. Auf diese Weise läßt sich innerhalb des Regelbereiches des Motors jede gewünschte Drehzahl bei jeder verlangten Leistung einstellen.

Der Leistungsfaktor des Drehstrom-Hauptschluß-Kollektormotors steigt bei der höchsten Nenndrehzahl und Nennleistung auf 1; er sinkt aber unter Nenndrehzahl und Nennleistung, d. h. wenn der Bürstenverstellwinkel klein ist. Man kann diesen Nachteil durch Anwendung der Stern/Dreieck-Umschaltung bis zu einem gewissen Grade beseitigen, wenn man bei geringer Drehzahl und Leistungsabgabe die Sternschaltung anwendet (Abb. 193).

Bei kleiner Bürstenverschiebung (geringe Drehzahl) neigt der Motor zu einem labilen Verhalten, d. h. es wird schwer, denselben auf eine bestimmte Drehzahl einzustellen.

Die Drehstrom-Hauptschluß-Kollektormotoren eignen sich wegen ihres Hauptschlußverhaltens nicht für alle sonst in Frage kommenden Antriebe. Sie kommen hauptsächlich für solche Antriebe in Betracht, wo das Hauptschlußverhalten erwünscht oder zumindest nicht störend ist, z. B. bei Ventilatoren, Gebläsen, Pumpen, Fördermaschinen, Walzenstraßen, Brikettpressen usw.

Drehstrom-Nebenschluß-Kollektormotoren

Man unterscheidet läufer- und ständergespeiste Drehstrom-Nebenschluß-Kollektormotoren. Bei den läufergespeisten Typen wird die Netzspannung dem Läufer, bei den ständergespeisten Typen dem Ständer zugeführt.

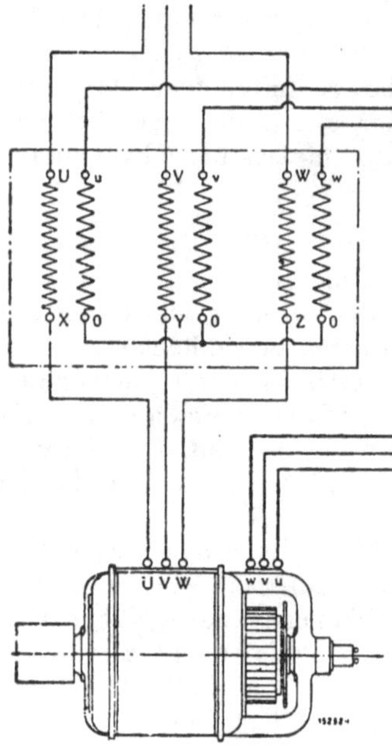

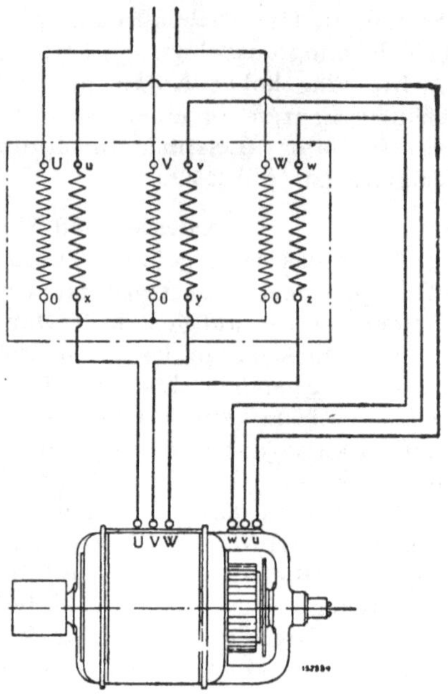

Abb. 191. Abb. 192.
Prinzipschaltung des BBC-Drehstrom-Kollektormotors mit Hauptschlußverhalten.

Läufergespeiste Drehstrom-Nebenschluß-Kollektormotoren

Durch die Erfindung des läufergespeisten Nebenschluß-Kollektormotors (durch Schrage im Jahre 1910) ist es möglich geworden, die Nachteile des Reihenschluß-Kollektormotors zu beseitigen. Das Prinzipschaltbild eines läufergespeisten Drehstrom-Nebenschluß-Kollektormotors nach Schrage (BBC) zeigt Abb. 195.

Der Läufer besitzt eine normale Dreiphasenwicklung, die über drei Schleifringe mit dem Netz verbunden wird. Außerdem ist in dem Läufer eine normale Gleichstromankerwicklung angeordnet, die in üblicher Weise mit einem Kollektor verbunden ist.

Die Ständerwicklung steht nicht mit dem Netz, sondern nur mit der Läuferwicklung gemäß Abb. 195 in Verbindung.

Die Drehzahlregelung geschieht durch zwei gegeneinander verschiebbare Bürstensätze, indem dem Kollektor eine regelbare mehrphasige Spannung entsprechender Frequenz entnommen und der Ständerwicklung zugeführt wird. Je nach der Frequenz der dem Ständer zugeführten Spannung kann der Läufer auf über- oder untersynchrone Drehzahl gebracht werden. Der Regelbereich solcher Motoren beträgt normalerweise 1 : 2 oder 1 : 3.

Die Drehstrom-Nebenschluß-Kollektormotoren ähneln in ihrem betrieblichen Verhalten dem Gleichstrom-Nebenschlußmotor, d. h. bei fester Bürstenstellung ist die Drehzahl nur im geringen Maße von der Belastung abhängig.

Wirkungsgrad und Leistungsfaktor sind bei diesen Motoren auch im unteren Regelbereich günstig. Bei Nennlast ist der Leistungsfaktor = 1.

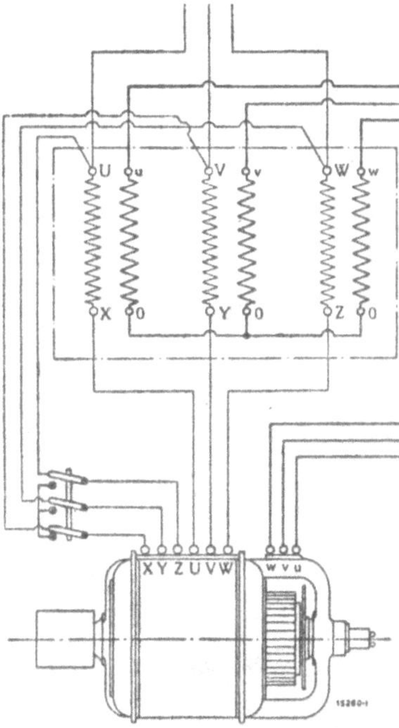

Abb. 193. Dreieck-Sternumschaltung.

Ständergespeiste Drehstrom-Nebenschluß-Kollektormotoren

Bei dem ständergespeisten Kollektormotor wird die Netzspannung der (als normale Dreiphasenwicklung ausgelegten) Ständerwicklung zugeführt (Abb. 198).

Der Läufer trägt eine normale Gleichstrom-Ankerwicklung. Die auf dem Kollektor angeordneten Bürsten stehen mit der Sekundärwicklung eines aus dem Netz gespeisten Drehstromtransformators in Verbindung. Die Sekundärwicklung des Transformators ist mit Anzapfungen versehen, die es ermöglichen, dem Läufer bestimmte Spannungswerte aufzudrücken.

Bei dem Winter-Eichberg-Motor der AEG. wird der Regeltransformator durch Anzapfungen der Ständerwicklüng ersetzt.

Abb. 194. BBC-Drehstrom-Kollektormotor mit Hauptschlußverhalten.

Die Drehzahlregelung erfolgt bei diesen Motoren nicht durch Verstellen der Bürsten, sondern durch die Spannung, die dem Läufer über den Regeltransformator aufgedrückt wird.

Die ständergespeisten Drehstrom-Nebenschluß-Kollektormotoren der vorgeschriebenen Bauart sind durch den läufergespeisten Kollektormotor so gut wie überholt.

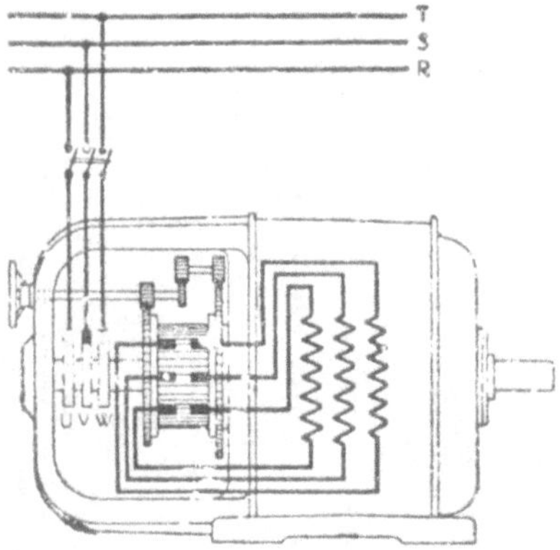

Abb. 195.

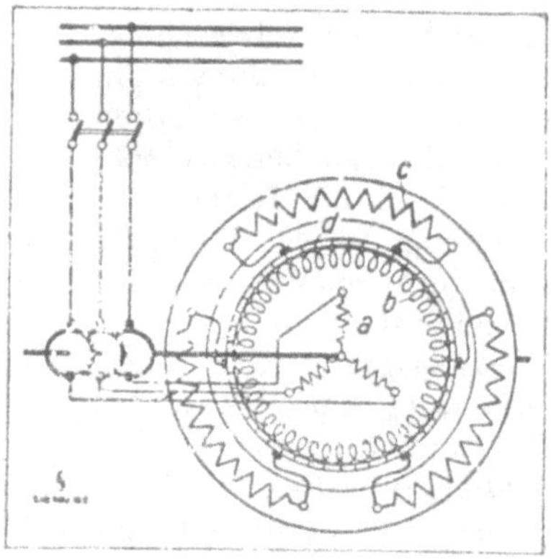

Abb. 196.

Abb. 195. Schaltbild des läufergespeisten Dreiphasen-Nebenschlußkommutatormotors, System Schrage. Abb. 196. Prinzipschaltbild eines Drehstrom-Nebenschlußmotors mit Läuferspeisung; a = Schleifringwicklung, b = Kommutatorwicklung, c = Ständerwicklung, d = Kommutator.

Abb. 197. Ansicht eines Drehstrom-Nebenschlußmotors.

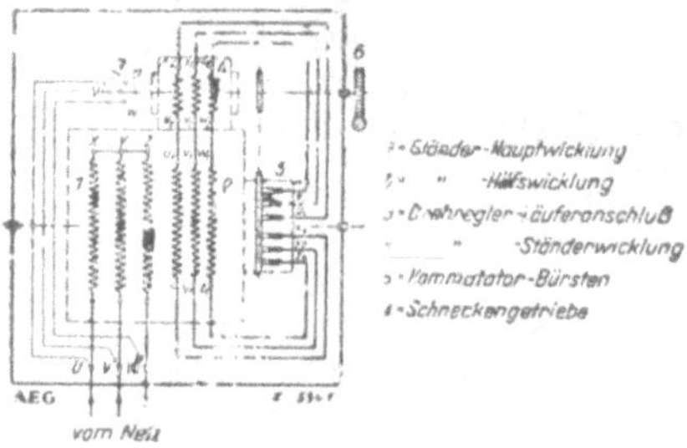

Abb. 198. Ständergespeister Drehstromnebenschluß-Kommutatormotor mit aufgebautem Einfachdrehregler.

Eine neuartige Bauart eines ständergespeisten Drehstrom-Nebenschluß-Kollektormotors stellt der NSK-Motor der Fa. Schorch-Werke AG. in Rheydt dar. Aus der Prinzipschaltung Abb. 200 ist ersichtlich, daß der Ständer „S" zwei Dreiphasenwicklungen besitzt, wovon eine in Sternschaltung mit dem Netz, die andere mit den Sekundärwicklungen eines sogenannten Doppelfeld-Drehreglers D' 1 und D' 2 in Verbindung steht. Die Primärwicklung des Doppelfeld-Drehreglers D' 1 und D' 2 stehen mit dem Netz in Verbindung.

Die zusätzliche Wicklung „Z" liefert eine feste Zusatzspannung (Kompensationsspannung), die den Magnetisierungsstrom herabsetzt, den

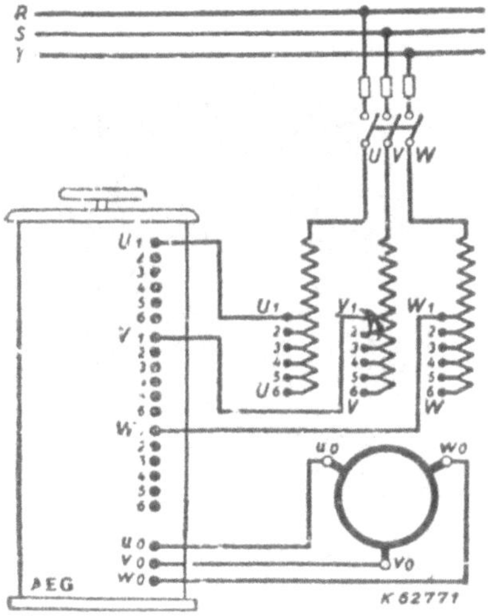

Abb. 199. Schaltung eines Winter-Eichberg-Motors mit Ständeranzapfungen.

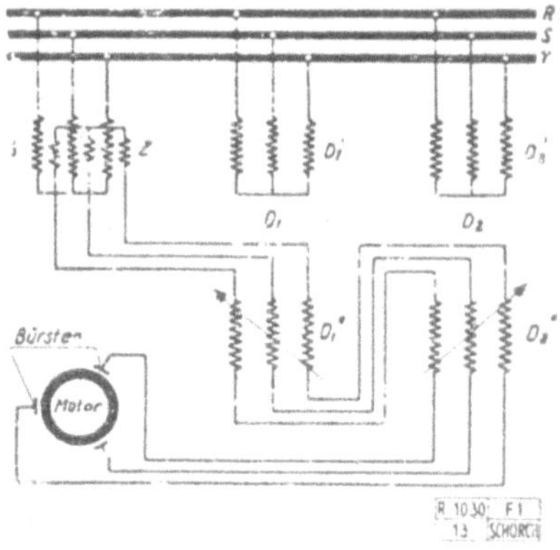

Abb. 200. Prinzipschaltung des NSK-Motors.

Abb. 201. Läufer eines NSK-Motors von 350 kW Leistung bei 640 UpM mit eingelegter Hilfswicklung.

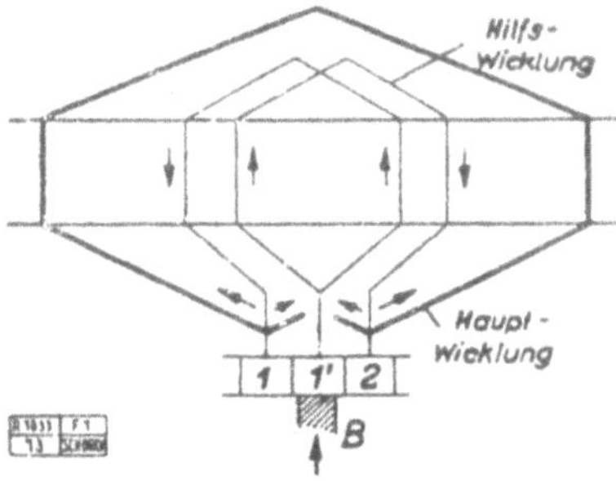

Abb. 202. Bildung von Zwischensegmenten durch die Hilfswicklung.

Leistungsfaktor verbessert und den Drehzahlabfall zwischen Leerlauf und Vollast günstig beeinflußt.

Der Kollektoranker hat zwei Gleichstrom-Wicklungen, und zwar eine Haupt- und eine Hilfswicklung. Die Hilfswicklung ist mit allen Kollektorlamellen, die Hauptwicklung nur mit jeder zweiten Lamelle verbunden (Abb. 202).

Die Drehzahlregelung erfolgt über den Doppelfeld-Drehregler, indem dem Anker stufenlos eine bestimmte Spannung zugeführt wird. Der normale Regelbereich beträgt 1 : 3. Regelbereiche von 1 : 6 und 1 : 10 sind möglich.

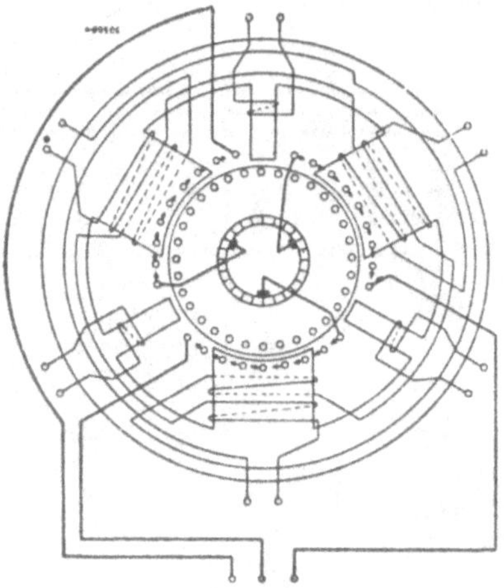

Abb. 203. Wicklungsbild einer Scherbiusmaschine.

Abb. 204. BBC-Scherbiusmaschine.

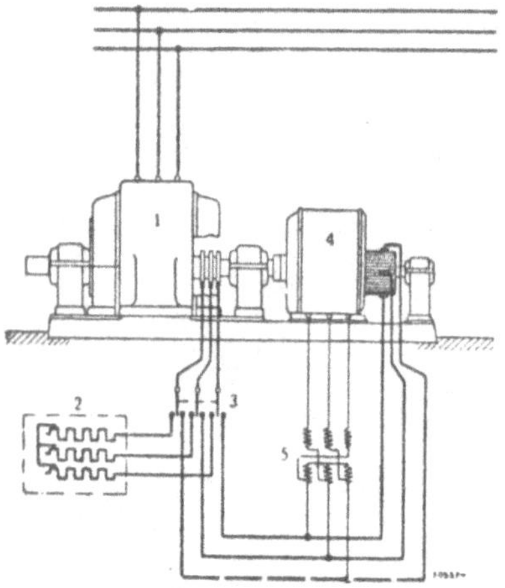

Abb. 205.

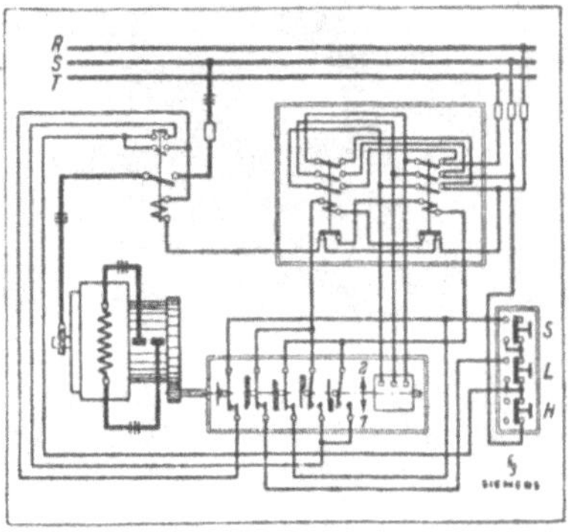

Abb. 206.

Abb. 205. Motor mit unmittelbar gekuppelter Scherbiusmaschine für untersynchrone Drehzahlregelung, mit Nebenschlußverhalten; Erregung durch Erregertransformator. 1 = Hauptmotor. 2 = Anlasser. 3 = Läuferumschalter. 4 = Scherbiusmaschine. 5 = Erregertransformator.

Abb. 206. Schaltbild eines Drehstrom-Nebenschlußmotors mit Fernsteuerung.

Die BBC-Scherbiusmaschine

Diese Maschine stellt eine Abart der Drehstrom-Kollektormotoren dar, sie dient jedoch dem gleichen Zweck wie die vorbeschriebenen

Kollektormotoren und wird in Verbindung mit Asynchronmotoren verwendet (Regelsätze).

Das Wicklungsschaltbild einer Scherbiusmaschine zeigt Abb. 203.

Die stufen- und verlustlose Drehzahlregelung eines Asynchronmotors mit Schleifringläufer in Verbindung mit einer Scherbiusmaschine geschieht z. B. nach dem Prinzipschaltbild Abb. 205.

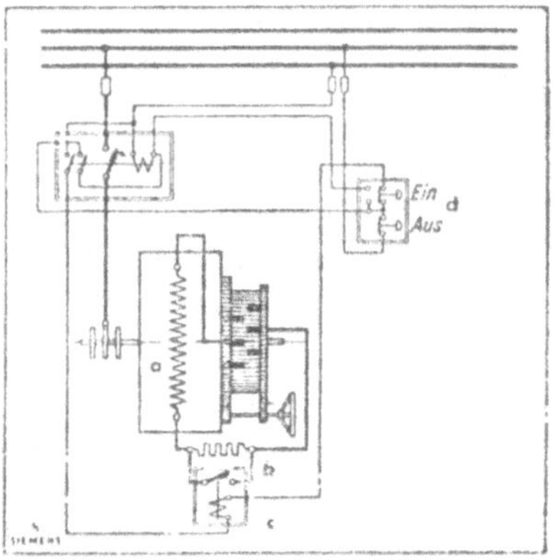

Abb. 207. Anlaßschaltung mit Druckknopf und Widerstand (Druwi-Schaltung). a = Drehstrom-Nebenschlußmotor, b = Widerstand, c = Schütz zum Überbrücken des Widerstandes, d = Druckknopf, e = Motorschutzschalter.

Es können sowohl unter- als auch übersynchrone Drehzahlen mit Hilfe der Scherbiusmaschine erzielt werden. Die Regelsätze können weiter so ausgelegt werden, daß das Verhalten des geregelten Asynchronmotors sowohl dem eines Nebenschluß- als auch eines Doppelschlußmotors entspricht.

VII. TEIL

Maschinen für die Verbesserung des Leistungsfaktors

Die „Fachlichen Vorschriften zur Regelung des Lehrlingswesens" und die „Fachlichen Vorschriften für die Meisterprüfung im Elektromaschinenbauer-Handwerk" fordern u. a. den Nachweis der Kenntnisse über den Aufbau und die Wirkungsweise der kompensierten Asynchronmotoren, Blindleistungsmaschinen und sonstige Apparate für die Verbesserung des Leistungsfaktors in Wechselstromnetzen. Im Zusammenhang hiermit wird auf die nachstehenden Ausführungen und Abbildungen hingewiesen.

1. Synchronmaschinen.

Für die zentrale Verbesserung des Netzleistungsfaktors wählt man vielfach Synchronmotoren.

Der Ständer dieser Maschinen ist mit einer normalen Wechselstromwicklung ausgerüstet. Der Läufer besitzt in der Regel ausgeprägte Pole, deren Wicklungen aus einer Gleichstromquelle erregt werden. Die Gleichstrom-Erregermaschine kann an- oder eingebaut oder gesondert aufgestellt sein.

In Abb. 210 ist das Prinzipschaltbild eines Drehstrom-Synchronmotors mit angebauter Gleichstrom-Erregermaschine dargestellt. Dieselbe Maschine kann ohne bauliche Veränderung auch als Drehstrom-Synchrongenerator verwendet werden.

2. Drehstrom-Asynchronmotor mit eigenerregter Drehstrom-Erregermaschine.

Größere Asynchronmotoren kann man zur Verbesserung des Leistungsfaktors mit einer Drehstrom-Erregermaschine ausrüsten. In Abb. 212 ist ein solcher Fall dargestellt.

Die eigenerregte Erregermaschine besteht im wesentlichen aus einem mit einer Gleichstromankerwicklung und Kollektor ausgerüsteten Läufer. Die Bürsten des Kollektors stehen mit den drei Schleifringen des Asynchronmotors in Verbindung. Die Erregermaschine kann direkt mit dem Asynchronmotor gekuppelt sein oder von einem anderen, vielfach in der Drehzahl regulierbaren Organ angetrieben werden.

Die eigenerregte (ständerlose) Drehstrom-Erregermaschine nennt man auch Sekundär-Phasenkompensator. Mit Hilfe einer solchen Maschine, die nur eine Wicklung, und zwar eine Ankerwicklung, besitzt, kann man durch Regelung der Drehzahl den Leistungsfaktor des Asynchronmotors auf einen beliebigen Wert einstellen. Darüber hinaus kann man aber auch den Asynchronmotor zur Blindleistungsabgabe an das Netz verwenden, sofern der Motor durch seine Wirkleistungsabgabe nicht voll belastet ist. Von dieser Möglichkeit wird in manchen Fällen Gebrauch gemacht.

Abb. 208. Drehstrom-Synchronmotor mit angeb. Erregermaschine.

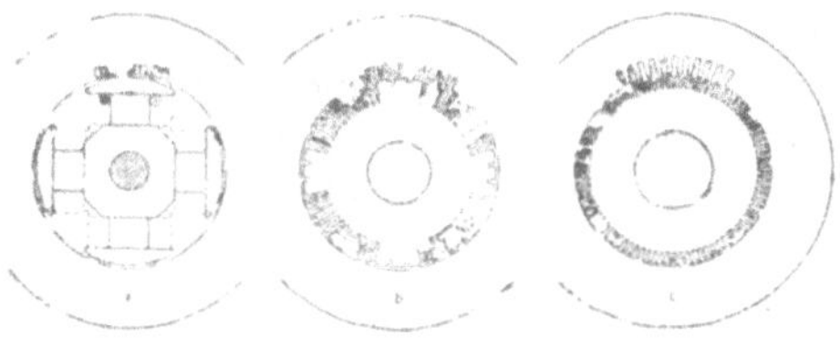

Abb. 209. Typische Ausführungen der Magnetkörper von Synchronmotoren. a = Läufer eines Synchronmotors mit ausgeprägten Polen. b = Läufer eines Turbosynchronmotors. c = Läufer eines Synchroninduktionsmotors.

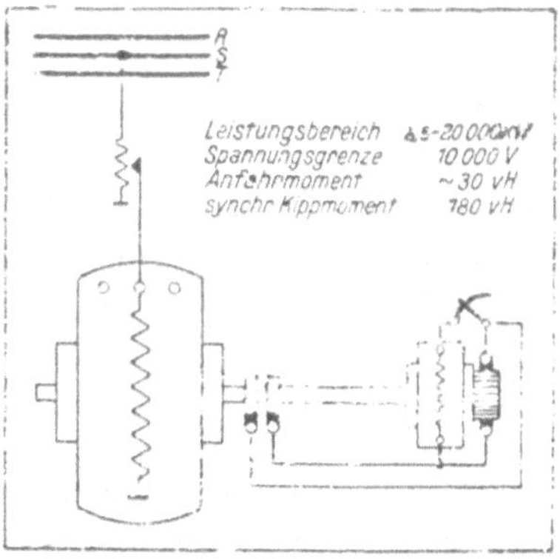

Abb. 210. Synchronmotor mit Dämpferkäfig und Selbstanlauf.

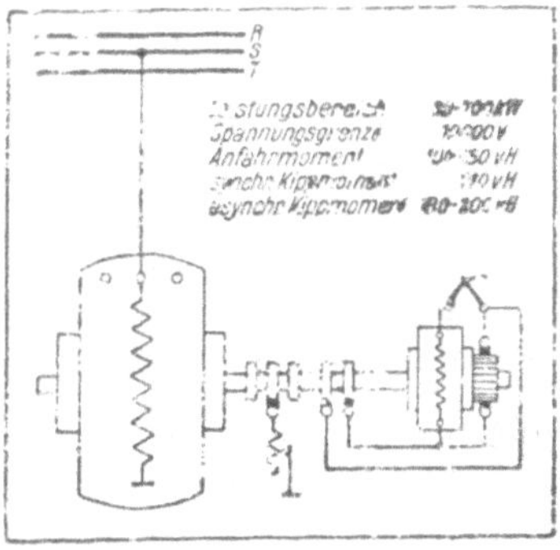

Abb. 211. Synchronmotor mit Anlaufwicklung.

3. Asynchronmotor mit fremderregter Drehstrom-Erregermaschine.

Die Drehstrom-Erregermaschine kann auch mit einer Erregerwicklung ausgerüstet sein, die aus dem Drehstromnetz erregt wird. In Abb. 213 ist eine solche Maschine in der Prinzipschaltung dargestellt (Nebenschluß-Erregermaschine).

4. Synchronisierter Asynchronmotor (Gleichstromerregung).

Diese Motoren sind mit einer Gleichstrom-Erregermaschine versehen, deren Bürsten gemäß Abb. 214 mit der Läuferwicklung des Asynchronmotors verbunden sind.

5. Kompensierte Drehstrom-Asynchronmotoren mit eingebauter Gleichstrom-Erregermaschine.

In den Abb. 219 bis 221 sind solche Motoren dargestellt. Die kompensierten Asynchronmotoren stellen eine vereinfachte Ausführung der Drehstrom-Nebenschluß-Kollektormotoren dar, die auf S. 242 näher beschrieben sind.

Der Läufer der kompensierten Asynchronmotoren trägt in der Regel eine normale Dreiphasen-Wicklung und außerdem eine Gleichstromankerwicklung, die in der üblichen Art mit einem Kollektor verbunden ist. Der Ständer ist mit einer normalen Dreiphasenwicklung ausgerüstet, die mit den Bürsten des Kollektors in Verbindung stehen.

In der Abb. 220 sind zwei typische Vertreter dieser Motorenart dargestellt. Sie sind so ausgelegt, daß der Leistungsfaktor zwischen Leerlauf und Vollast etwa = 1 beträgt. Die Einstellung des Leistungsfaktors auf einen bestimmten Zwischenwert erfolgt durch Verstellen der Bürsten.

6. Kompensierte Asynchron-Generatoren.

Im Zusammenhang hiermit sei erwähnt, daß diese kompensierten Asynchronmotoren auch als kompensierte Asynchron-Generatoren verwendet werden können, wenn dieselben übersynchron angetrieben werden. In manchen Fällen, z. B. bei Wasserkraftanlagen, wird hiervon Gebrauch gemacht.

Die kompensierten Asynchron-Generatoren unterscheiden sich von den normalen Asynchron-Generatoren dadurch, daß die ersteren ihre Erregung selbst aufbringen, während bei den letzteren die Erregung aus dem vorhandenen Drehstromnetz entnommen wird. Bekanntlich kann jeder Drehstrom-Asynchronmotor, gleichgültig ob derselbe mit Schleifring- oder Käfigläufer ausgerüstet ist, als Drehstrom-Asynchron-Generator verwendet werden.

7. Kompensierte Ein- und Zweiphasenmotoren.

Der Vollständigkeit halber sei darauf hingewiesen, daß natürlich auch Ein- und Zweiphasenmotoren im Sinne der vorstehenden Darlegungen kompensiert werden können. Praktische Bedeutung haben solche Motoren z. Zt. nicht mehr.

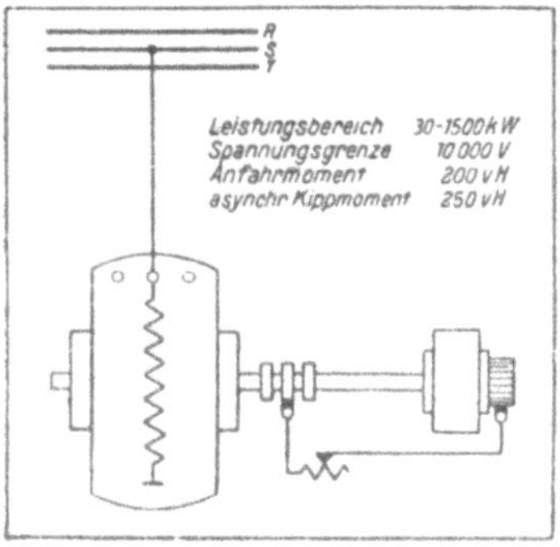

Abb. 212.

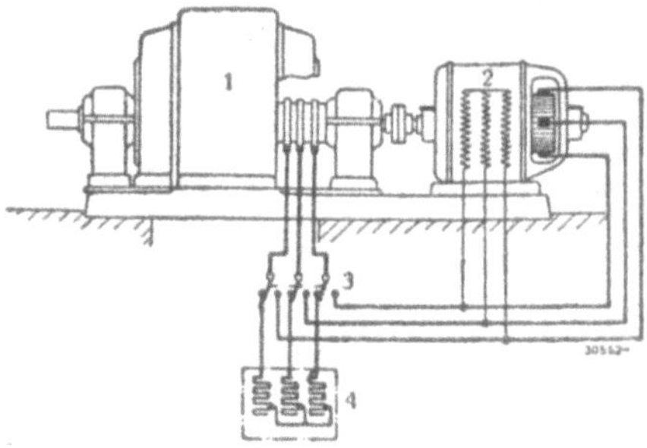

Abb. 213.

Abb. 212. Asynchronmotor mit eigenerregter Drehstrom-Erreger-Maschine.

Abb. 213. Nebenschlußphasenkompensator.
1 = Hauptmotor. 2 = Nebenschlußmotor. 3 = Läuferumschalter.
4 = Läuferanlasser.

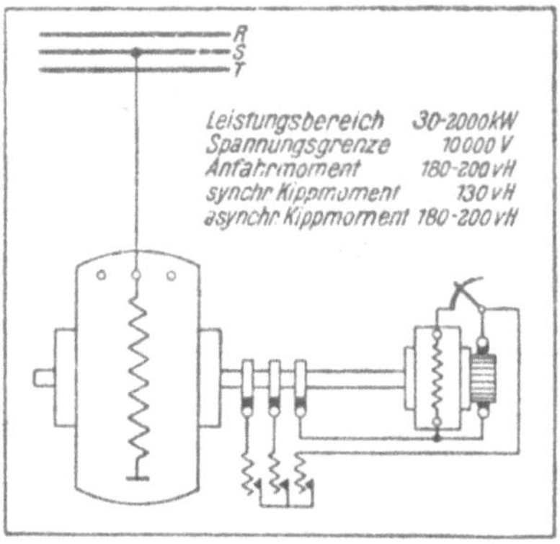

Abb. 214. Synchronisierter Asynchronmotor (Gleichstrom-Erreger-Maschine).

Abb. 215. Synchronisierter Asynchronmotor für 45 kW, cos φ = 0,9 Voreilung, 500 V und n = 750 Umdr/min.

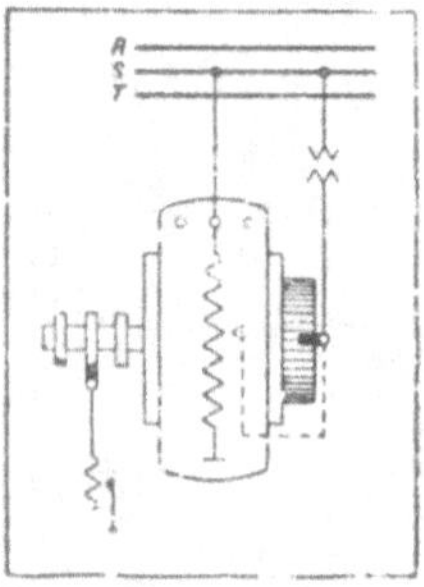

Abb. 216.
Heyland-Motor.

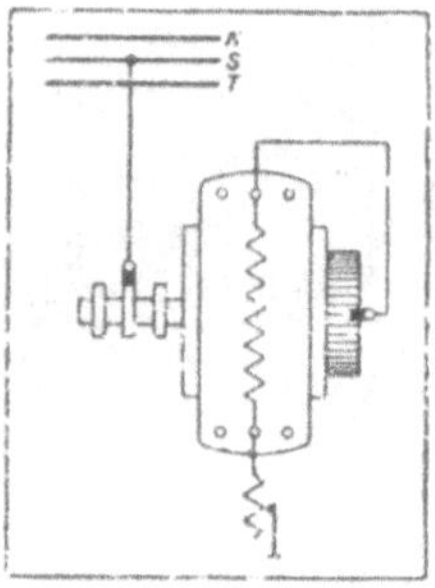

Abb. 217.
Osnos-Motor.

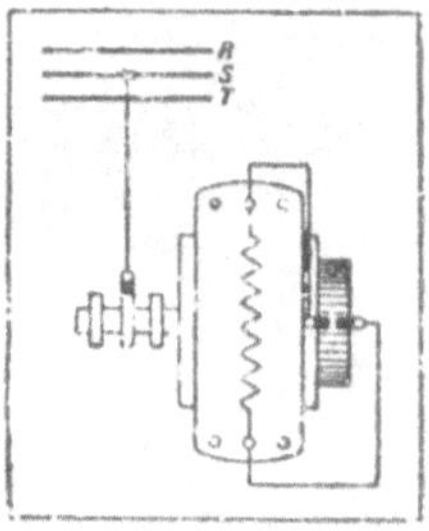

Abb. 218. Drehstrom-Nebenschlußmotor, Bauart SSW.

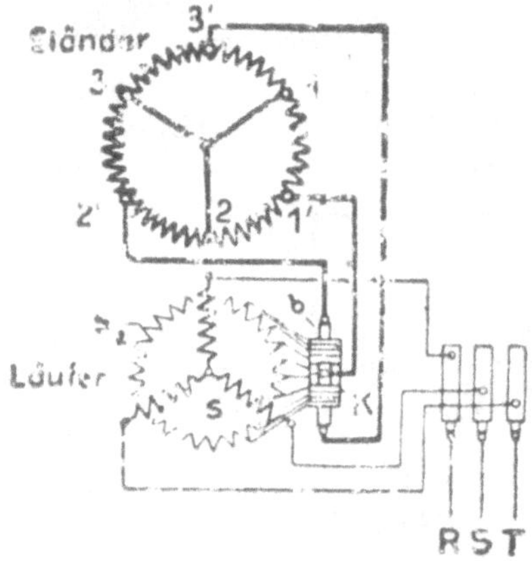

Abb. 219.
Osnos-Motor im Betriebszustand.

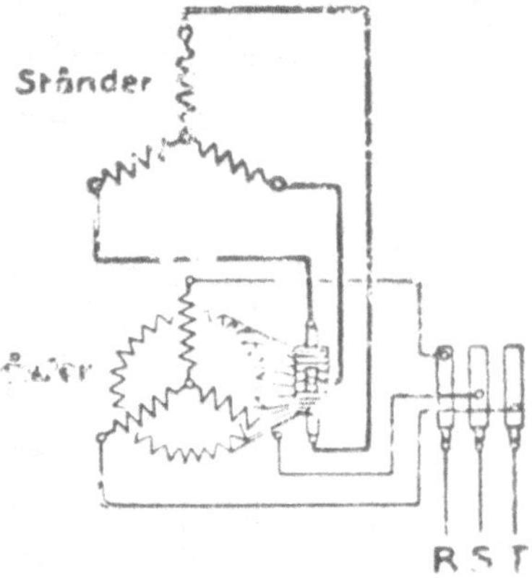

Abb. 220.
KD-Motor im Betriebszustand.

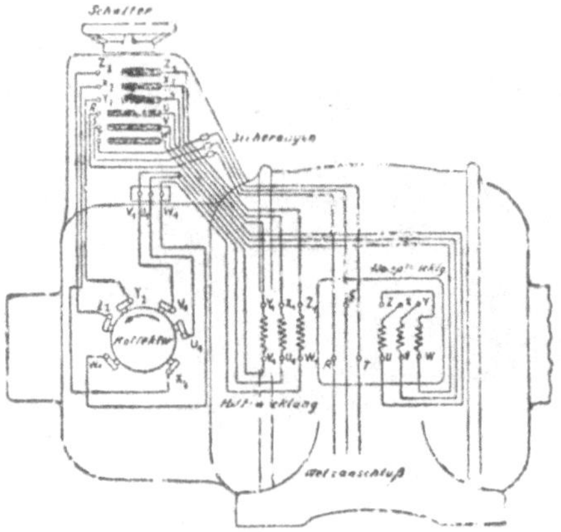

Abb. 221. Kompensierter Asynchronmotor Bauart Deutsche Werke Kiel.

8. Scherbius-Maschine.

Die unter Drehstrom-Kollektormotoren bereits beschriebene Scherbius-BBC-Maschine kann ebenfalls zur Verbesserung des Leistungsfaktors verwendet werden.

Eine Blindleistungsgruppe dieser Art ist in Abb. 222 schematisch dargestellt. Sie dient der zentralen Verbesserung des Netz-Leistungsfaktors.

9. Kondensator-kompensierte Asynchronmotoren.

Der Leistungsfaktor der Drehstrom-Asynchronmotoren und Drehstromnetze kann bekanntlich auch in Verbindung mit Kondensatoren verbessert werden. Für die zentrale Verbesserung des Netz-Leistungsfaktors verwendet man Kondensatoren-Batterien.

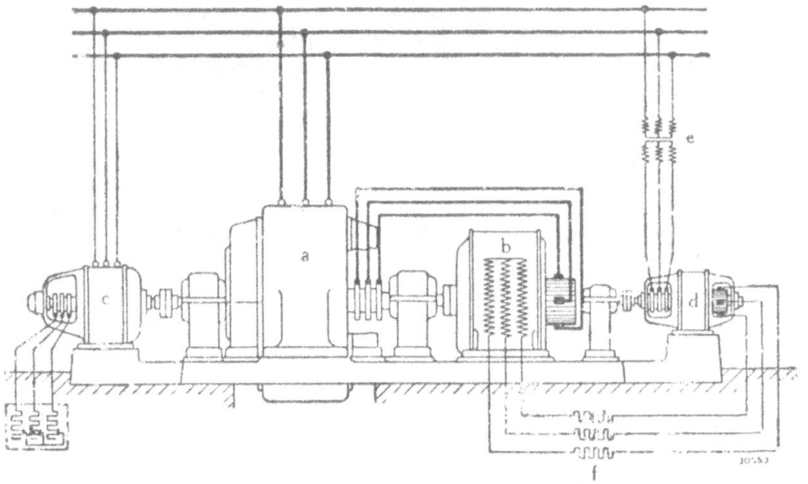

Abb. 222. Asynchron-Blindleistungsgruppe.
a = Hauptmotor. b = Scherbiusmaschine. c = Anwurfmotor. d = Frequenzumformer. e = Hilfstransformator. f = Widerstand.

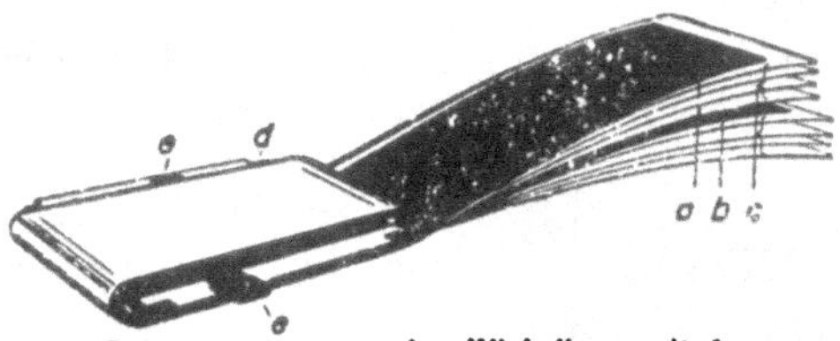

a = 1. Belag,
b = 2. Belag,
c = Dielektrikum,
d = Wickelkern mit Aussparungen für Führungsleiste,
e = Elektroden.

Abb. 223. Darstellung eines z. T. abgewickelten Kondensatorwickels mit vierfach geschichtetem Dielektrikum.

Abb. 224. AEG-Starkstromkondensatoren für 380 und 500 V Ds, 50 Hz. Einheiten für 3, 10, 15, 20, 30, 50, 70, 100 und 125 kVA. Klemmenschutz teilweise abgenommen, Entladewiderstände sichtbar.

VIII. TEIL Sonderausführungen

Der Bruncken „Doka-Motor" DRP.

Unter den Drehstrom-Käfigläufermotoren nimmt der Doka- (Doppel-Käfigläufer)-Motor eine besondere Stellung ein. Seiner Entstehung liegt die Idee zugrunde, unter Fortfall der gegen den Läuferkörper isolierten Phasenwicklung, Schleifringe und Anlasser des Drehstrom-Schleifringläufermotors einen Käfigläufermotor herzustellen, der die Vorzüge des Schleifringläufermotors mit denjenigen des Käfigläufermotors vereinigt.

Die geniale Lösung dieses Problems beruht im wesentlichen auf der Koppelung von 2 Drehstrom-Käfigläufermotoren in einer Maschineneinheit, deren 2 Ständerwicklungen mit Hilfe eines Schaltorganes in einem äußerst sinnreichen Anlaßvorgang gemäß Abb. 228 verschiedenartig geschaltet werden.

Der aus ebenfalls 2 Teilen bestehende mit 2 Käfigwicklungen versehene, auf einer gemeinsamen Welle angeordnete Läufer stellt einen wesentlichen Bestandteil dieses Motors dar. Die beiden Käfigwicklungen unterscheiden sich von den normalen Wicklungen dieser Art nur dadurch, daß sich zwischen den beiden Läuferblechpaketen ein oder mehrere Kurzschlußringe aus Widerstandsmetall befinden. Die Kupfer-

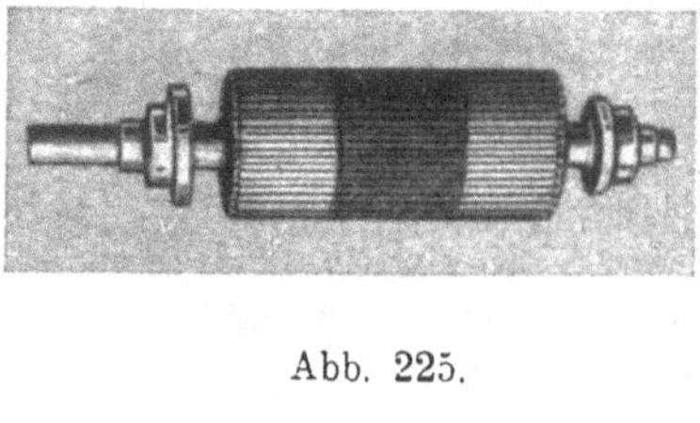

Abb. 225.

stäbe der Käfigwicklungen führen von einem Ankerkörper frei durch die Luft zu dem anderen Ankerkörper. An den beiden Außenseiten des gemeinsamen Läufers sind die Kupferstäbe mit Kurzschlußringen aus Kupfer hart verlötet.

Da dieser Spezial-Käfigläufer praktisch unzerstörbar ist, so wendet sich das Interesse des Instandsetzungsfachmannes in erster Linie den

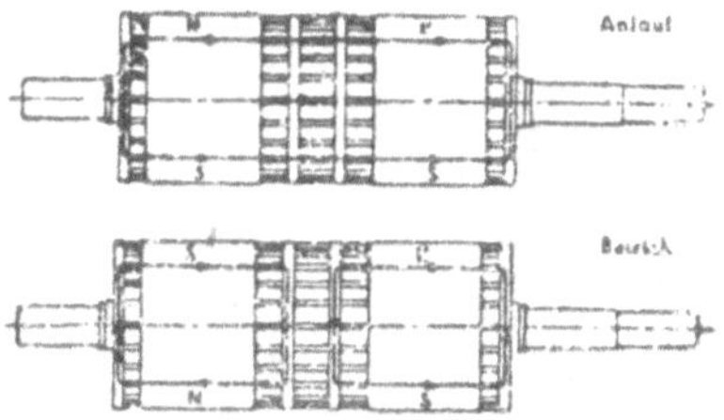

Abb. 226.

Ständerwicklungen zu. Die Schaltserie nach Abb. 228 linke Seite wird in der Regel bei 220 Volt, die der rechten Seite bei 380 Volt angewandt. In Abb. 227 sind die Verbindungen zwischen den beiden Wicklungen und dem Schaltorgan (Kontroller) dargestellt. Bei einer Neuwicklung oder teilweisen Instandsetzung eines solchen Doka-Motors empfiehlt es sich, vor Abbau der Ständerwicklungen über die örtliche Lage der einzelnen Wicklungselemente sowie über die Verbindungen zwischen den Wicklungsteilen und dem Schaltorgan sorgfältige Aufzeichnungen zu machen.

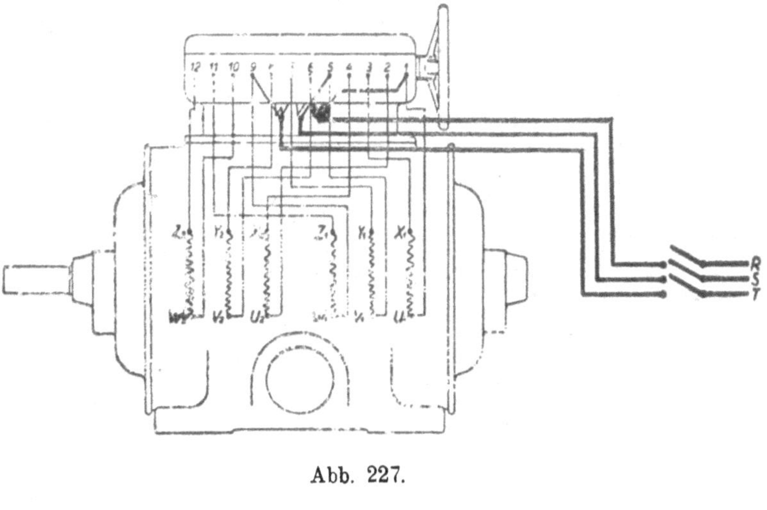

Abb. 227.

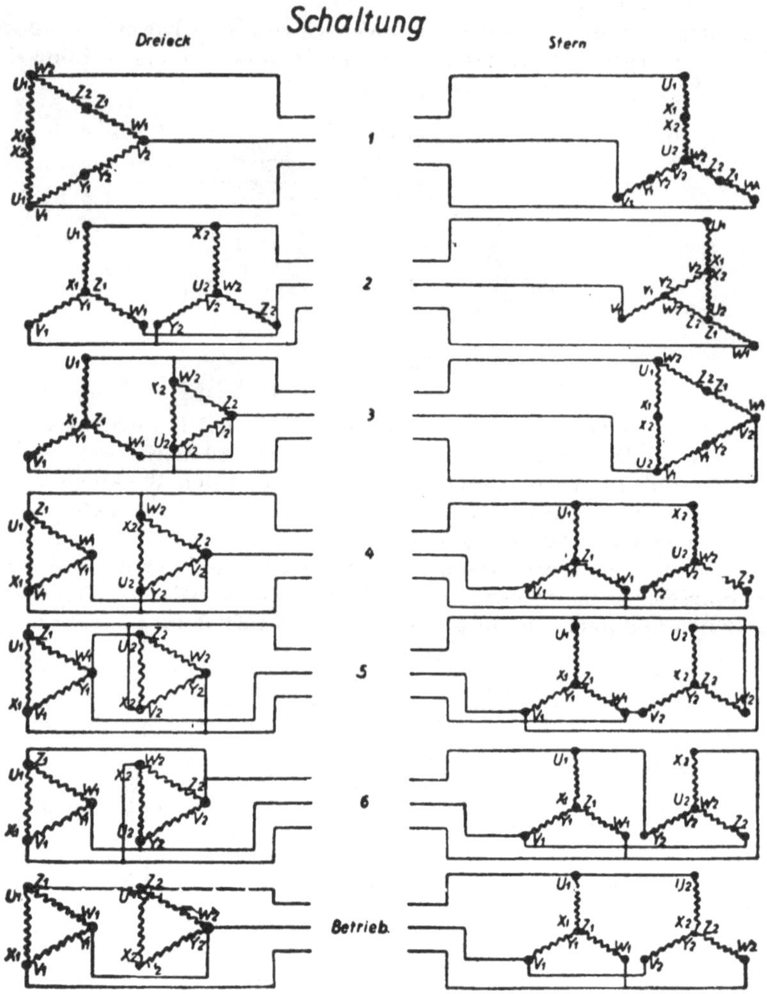

Abb. 228.

Beschreibung der Bauweise von Himmel-Drehstrom-Doppelläufer-Motoren

Während bei Drehstrom-Motoren üblicher Bauart im Anschluß an ein Netz mit 50 Hertz nur eine Höchstdrehzahl von 3000 U./M. zu erreichen ist, werden Himmel-Drehstrom-Doppelläufer-Motoren für 4500 und 6000 U./M. für unmittelbaren Netzanschluß gebaut. Diese Motoren bestehen aus zwei miteinander verbundenen elektrischen Systemen. Das feststehende Gehäuse mit der Ständerwicklung umschließt einen

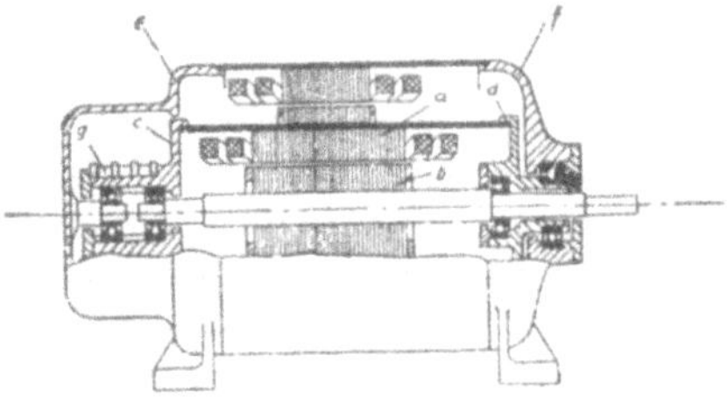

Abb. 229.

Zwischenläufer, welcher auf seinem äußeren Umfang den vom Drehfeld der feststehenden Ständerwicklung beeinflußten Kurzschlußkäfig trägt, während auf seinem inneren Umfang eine weitere Wicklung angeordnet ist. Der zu dieser zweiten Wicklung gehörende Kurzschlußläufer ist auf die mit 4500 oder 6000 U./M. zu betreibende Welle aufgesetzt. Auf diese Weise wird durch die Einwirkung des Drehfeldes der äußeren Ständerwicklung die am inneren Umfang des Zwischenläufers angebrachte innere Wicklung mit 1500 oder 3000 U./M. angetrieben, so daß das in dieser Wicklung entstehende Drehfeld eine zusätzliche mechanische Rotation erfährt. Die Stromzuführung zu der am Zwischenläufer befindlichen umlaufenden Wicklung erfolgt über Schleifringe. Der mit 4500 oder 6000 U./M. zu betreibende Innenläufer steht also unter dem Einfluß einer Wicklung, in welcher nicht nur in üblicher Weise das elektrische Feld entsprechend der Polzahl und der Frequenz umläuft, sondern welche weiterhin eine Eigenbewegung im gleichen Drehsinn wie die Motorwelle ausführt.Bei diesen Doppelläufer-Motoren werden demnach die Drehzahlen von zwei elektrischen Systemen addiert, so daß sich als Ergebnis für die Motorwelle die erforderlichen Drehzahlen von 4500 und 6000 U./M. einstellen.

Wird die äußere Wicklung hierbei polumschaltbar ausgeführt, so ergeben sich für die Motorwelle zwei verschiedene, nach Belieben einstellbare Drehzahlen, nämlich

bei 4poligem Zwischenläufer . . . . 3000/4500 U./M.
bei 2poligem Zwischenläufer . . . . 4500/6000 U./M.

Diese Motoren können weiterhin mit einer besonderen Vorrichtung versehen werden, welche das eine der beiden elektrischen Systeme außer Tätigkeit setzt. Wird dann nur mit dem einen System allein gearbeitet, so ergeben sich für die Motorwelle die Drehzahlen 1500 und 3000 U./M. Bei Mitwirkung beider Systeme können die Drehzahlen 4500 und 6000 U./M. eingestellt werden, so daß also insgesamt nach Bedarf mit den vier verschiedenen Drehzahlen 1500/3000/4500/6000 U./M. gearbeitet werden kann.

Gleichstrom-Dreileitermaschinen

Durch Anwendung einer Gleichstrom-Dreileiter-Dynamo können unter Einsparung von Leiterwerkstoffen zwei Spannungen in einem Gleichstromnetz angewandt werden. In der Regel handelt es sich hierbei um Spannung 2 × 110 oder 2 × 220 Volt mit Nulleiter. Die höheren Spannungen, z. B. 220 oder 440 Volt dienen hierbei dem Kraftbetrieb, die Spannungen zwischen einem Außenleiter und dem Nulleiter dem Lichtbetrieb. Die Stromquelle für solche Dreileiternetze kann

a) durch zwei je für sich selbständige, in Reihe geschaltete Gleichstrom-Generatoren,

b) durch einen Generator, dessen Anker (Läufer) mit zwei voneinander getrennten Wicklungen und zwei Kollektoren ausgerüstet ist,

c) durch einen Generator mit Spannungsteiler

geschaffen werden. Von dem zuletzt genannten Fall wird im Regelfall Gebrauch gemacht, insbesondere dann, wenn ein eintretender Bedarf kurzfristig gedeckt werden muß.

Fast jede normale Gleichstrom-Nebenschlußmaschine läßt sich auf eine verhältnismäßig einfache Weise mit einem Spannungsteiler versehen. Solche Fälle kommen in den Instandsetzungswerkstätten elektrischer Maschinen vor.

Ein solcher Spannungsteiler kann ein- oder auch mehrphasig (dreiphasig) ausgelegt werden. Derselbe besteht im wesentlichen aus einem Blechpaket, welches in seiner Form demjenigen eines Einphasen- bzw. Drehstrom-Transformators entspricht. Diese Formen sind jedoch nicht unerläßlich. Es können auch ringförmige Blechpakete, zur Not z. B. das Ständer-Blechpaket eines Drehstrommotors, verwendet werden.

Soll der Spannungsteiler einphasig ausgelegt werden, dann wird die Ankerwicklung des Gleichstrom-Generators an zwei Punkten angezapft und diese Anzapfpunkte werden mit je einem Schleifring verbunden. In Abb. 230 ist ein solcher Fall schematisch dargestellt. An den Schleifringen kann im betriebsmäßigen Zustand des Generators eine Wechselspannung abgenommen werden, die etwa 75 % der Gleichspannung beträgt, die an den Bürsten des Kollektors herrscht.

Prinzip-Schaltbild

einer 4poligen Gleichstrom-Dreileiter-Dynamo mit Spannungsteiler. Anker: Reihenwicklung.

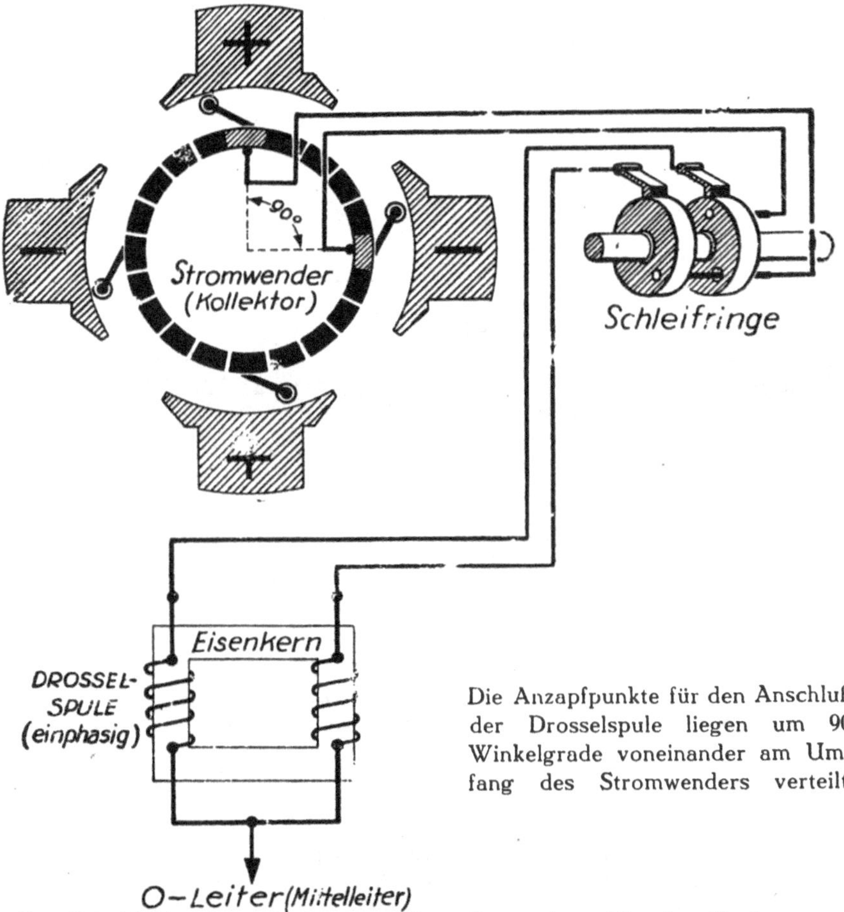

Die Anzapfpunkte für den Anschluß der Drosselspule liegen um 90 Winkelgrade voneinander am Umfang des Stromwenders verteilt

Das Schaltbild gilt auch für die Herstellung eines Einanker-Umformers Gleichstrom/Einphasen-Wechselstrom, 4polig, 1500 n, 50 Hertz. Die Drosselspule kommt hierbei in Fortfall bzw. wird durch einen Transformator ersetzt.

Abb. 230.

Prinzip-Schaltbild
einer Gleichstrom-Dreileiter-Dynamo mit Spannungsteiler.
Anker: Reihenwicklung, 4polig.

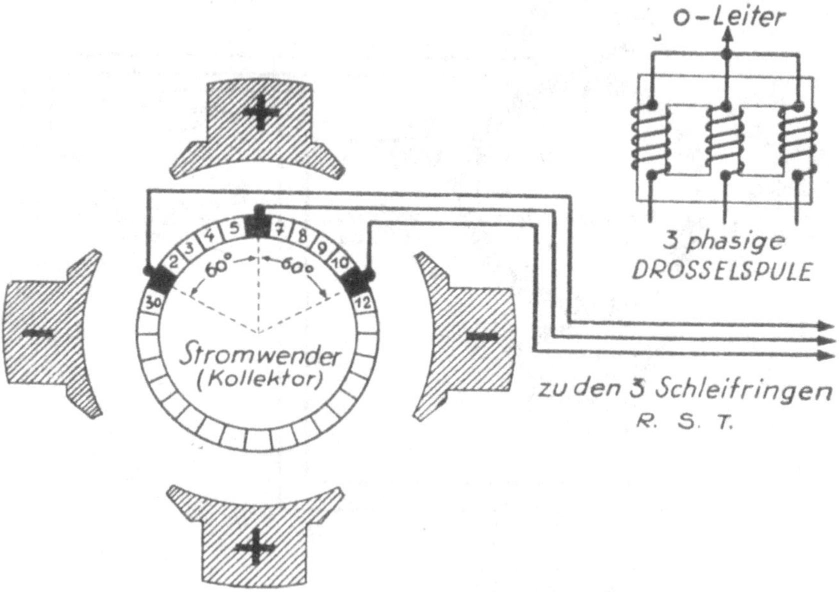

Die Anschlußpunkte für die 3phasige Drosselspule liegen um 60 Winkelgrade voneinander am Umfang des Stromwenders verteilt.

Das Schaltbild gilt auch für die Herstellung eines Einanker-Umformers: Gleichstrom/Dreiphasen - Wechselstrom (Drehstrom), 4polig, 1500 n, 50 Hertz. Die Drosselspule kommt hierbei in Fortfall bzw. wird durch einen Transformator ersetzt.

Abb. 231.

Die Frequenz dieses Wechselstromes ergibt sich aus der Polpaarzahl — p — und der Ankerdrehzahl des Gleichstrom-Generators.

Beispiel: Ein 4poliger Gleichstrom-Generator 1000 n 440 Volt soll mit einem einphasigen Spannungsteiler versehen werden.

a) dann beträgt die Wechselspannung an den Schleifringen im Leerlauf etwa 440 × 0,75 = 340 Volt,

b) die Frequenz des Wechselstromes ist =

$$\frac{p \times n}{60} = \frac{2 \times 1000}{60} = 33{,}3 \text{ Hertz.}$$

In Abb. 231 und 232 ist die Ankerwicklung des Gleichstrom-Generators an drei Stellen angezapft. Die drei Anzapfpunkte sind mit je einem Schleifring verbunden.

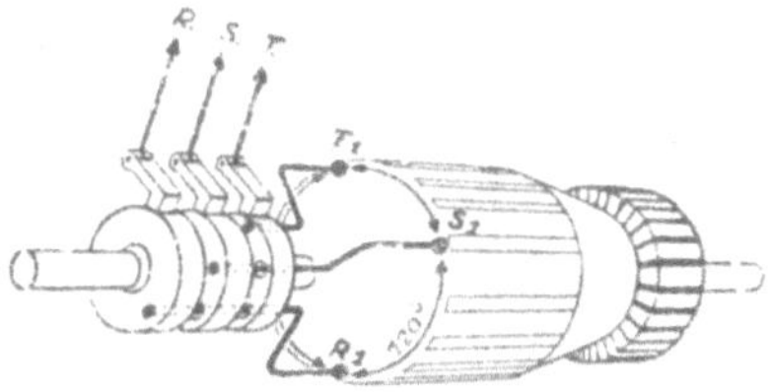

Abb. 232.

Die Wechselspannung zwischen zwei Schleifringen beträgt hierbei im Leerlauf etwa 65 % der Gleichspannung, die an den Bürsten des Kollektors herrscht.

Entsprechend der gewählten Phasenzahl wird das Blechpaket des Spannungsteilers (Drosselspule) bewickelt. Der Nullpunkt dieser Wicklungen dient als 0-Leiter des Dreileitersystems.

Über die Berechnung der Anzapfpunkte und der Wickeldaten für die Drosselspule siehe Raskop: „Das Berechnungsbuch des Ankerwicklers", 4. Auflage.

Der „Tornado"[1]) Drehstrom-Gleichstrom-Einanker-Umformer in den Instandsetzungswerkstätten elektrischer Maschinen

Der Drehstrom-Gleichstrom-Einanker-Umformer, Bauart „Tornado". ist eine der technisch interessantesten Lösungen auf dem Gebiete der Klein-Einanker-Umformer. Derselbe hat etwa seit dem Jahre 1922 vorzugsweise in den Lichtbildtheatern als sogenannter Kino-Umformer Anwendung gefunden.

---

[1]) „Tornado' Fabrik elektrischer Maschinen und Apparate, Nachfolger, Berlin N 65 (früher Dr. Max Levy).

Es ist erklärlich, daß bei Eintritt eines Betriebsschadens an einem solchen Einanker-Umformer ein am Standort ansässiges, berufenes Instandsetzungswerk herangezogen und mit der Beseitigung des Schadens beauftragt wird. Aus naheliegenden Gründen müssen solche Instandsetzungsarbeiten so kurzfristig wie nur eben möglich ausgeführt werden, denn vielfach steht nur diese Gleichstromquelle für den Betrieb der Projektionslampe in den Lichtspieltheatern zur Verfügung.

Die Schaltbilder Abb. 233 bis 239 lassen auf den ersten Blick erkennen, daß es sich bei dem Tornado-Einanker-Umformer um eine Sonderausführung handelt. Die Erfahrungen, die in den Instandsetzungswerkstätten mit dieser Ausführungsart in den verflossenen Jahrzehnten gemacht wurden, lassen es dringend ratsam erscheinen, einmal umfassend auf die technischen Einzelheiten derselben einzugehen.

Es kann vorweggenommen werden, daß — von Zufällen abgesehen — eine erfolgreiche Instandsetzung im Regelfall nur nach einer vorherigen, ausreichenden Information über den Aufbau und die Wicklungen und deren Schaltungen, insbesondere auch über die Anordnung und Schaltung der Hilfsapparate, möglich ist. Wichtig ist hierbei die Tatsache, daß die ursprüngliche, aus dem Jahre 1922 stammende Schaltanordnung im Laufe der Jahre mehrfach von der Herstellerin verbessert bzw. unter Beibehalt des Grundprinzipes geändert wurde.

Der technische Aufbau des Tornado-Einanker-Umformers

Der Läufer (Anker) besteht aus einem, mit halboffenen Nuten versehenen Blechpaket. Die Läuferwelle trägt auf der einen Seite drei Schleifringe, auf der anderen Seite einen Stromwender (Kollektor).

Die Bewicklung des Läufers

Der Läufer besitzt eine normale Dreiphasen-Einschichtwicklung mit Spulen ungleicher Weite, die in der Regel 2polig (3000 n bei 50 Hertz), in manchen Fällen 4polig (1500 n bei 50 Hertz) ausgelegt ist.

Diese Dreiphasenwicklung erhält ihre Stromzuführung über die drei Schleifringe (Netzspannung). Die Enden der drei Wicklungsstränge sind um 120 Grad versetzt mit dem Stromwender verbunden.

Außer der Dreiphasenwicklung besitzt der Läufer noch eine normale Gleichstromwicklung, die als 2polige Schleifen- oder 4polige Reihenwicklung ausgeführt sein kann und in bekannter Weise mit dem Stromwender verbunden ist.

Der Ständer ist mit einer Gleichstrom-Erregerwicklung (Nebenschluß) und einer besonderen Anlaufwicklung ausgerüstet.

Schaltbilder des „Tonado"-Einanker-Drehstrom-Gleichstrom-Umformers.

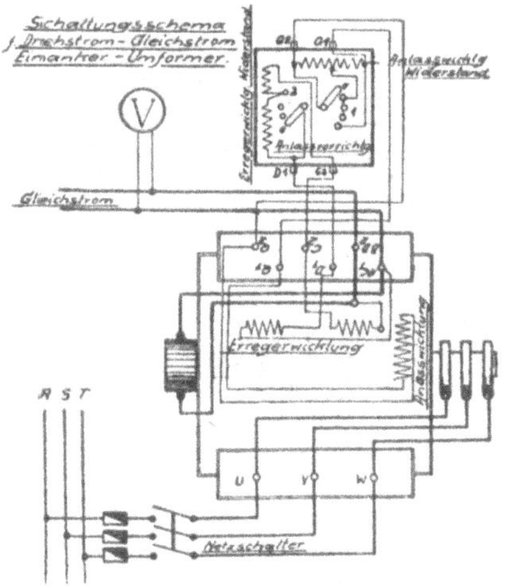

Abb. 233. Ausführ. 1922 PI Nr. 903a.

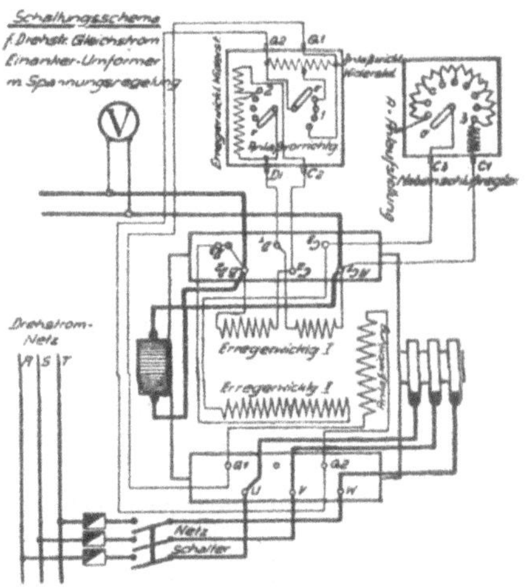

Abb. 234. Ausführ. 1923 PI Nr. 901b.

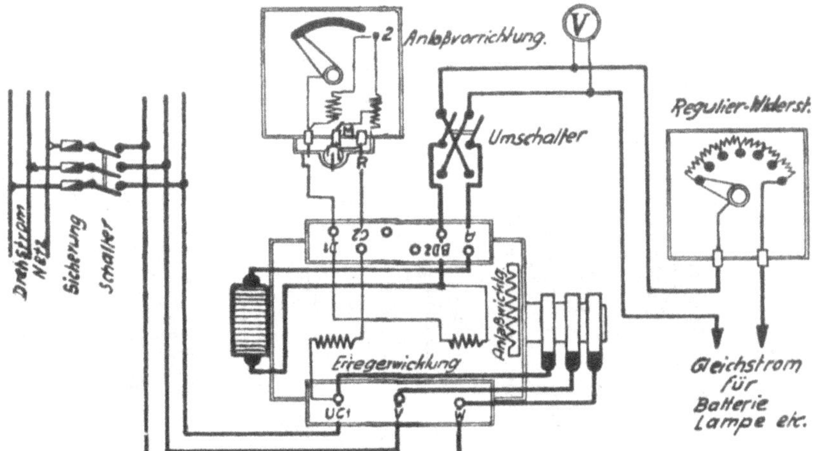

Abb. 236. Ausführung 1925 PI Nr. 920a.

Abb. 233 bis 236.

Schaltbilder des „Tonado“-Einanker-Drehstrom-Gleichstrom-Umformers.

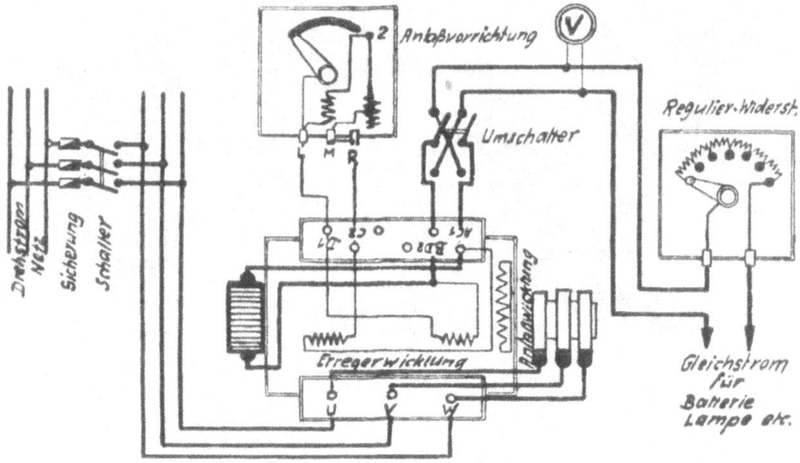

Abb. 237. Ausführung 1925 PI Nr. 916a.

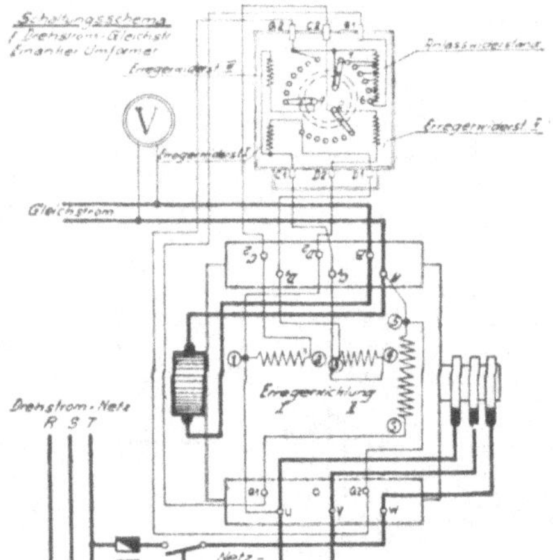

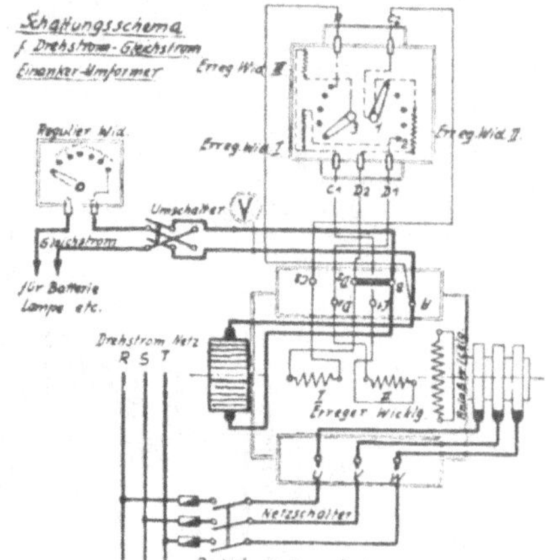

Abb. 238. Ausführung 1935 PI 904b. Abb. 239. Ausführung 1936 PI Nr. 918a.
(Werkbilder: „Tornado“ Berlin.)

Abb. 237 bis 239.

Die Inbetriebsetzung des Tornado-Umformers

Für die Schaltung nach Abb. 233 und 234 gelten folgende Gesichtspunkte:

1. Anlasser in Nullstellung bringen.
2. Drehstrom-Netzschalter einschalten. Drehrichtung muß mit Pfeilrichtung übereinstimmen, andernfalls zwei Drehstromleitungen vertauschen.
3. Anlasser langsam weiterdrehen, darauf achten, daß in der Endstellung das Voltmeter V (Drehspulinstrument) richtige Polarität anzeigt. Andernfalls wieder ausschalten und noch einmal anlassen.

Für die Schaltung nach Abb. 236 bis 239 gelten folgende Gesichtspunkte:

1. Anlaßvorrichtung in Ausschaltstellung bringen.
2. Drehstrom-Netzschalter einschalten.
3. Anlaßvorrichtung einschalten.
4. Falls Instrument falsche Polarität anzeigt, Drehstrom-Netzschalter aus- und wieder einschalten oder Pole durch Umschalter werden.

Ausschalten

1. Drehstrom-Netzschalter ausschalten.
2. Anlasser in Ausschaltestellung bringen.

I. In der Schaltung nach Abb. 233 steht die Gleichstrom-Erregerwicklung mit einem Regelwiderstand, die Anlaßwicklung mit einem Anlaßwiderstand in Verbindung. Beide Widerstände sind in einem Schaltgerät als „Anlaßvorrichtung" untergebracht.

II. In der Schaltung nach Abb. 234 besitzt der Ständer zwei Erregerwicklungen und die Anlaßwicklung; außerdem noch einen Nebenschlußregler.

III. In der Schaltung nach Abb. 236 tritt ein Umschalter in der Gleichstromseite in Erscheinung. Außerdem ist die Anlaufwicklung in sich kurzgeschlossen. In den Gleichstrom-Ableitungen ist ein Hauptstromregler eingeordnet.

IV. In der Schaltung nach Abb. 237 ist wiederum nur eine Erregerwicklung im Ständer vorhanden. Das Anlaßgerät ist gegen Abb. 3 geändert.

V. In der Schaltung nach Abb. 236 sind wieder zwei Erregerwicklungen im Ständer vorhanden. Die Anlaßwicklung besitzt wieder einen Widerstand und ist auch wieder mit der Gleichstromseite verbunden.

Die gesamte Anlaßvorrichtung ist hier in einem einzigen Gerät untergebracht. Der Umschalter (Abb. 236 und 237) ist fortgefallen, desgleichen der Regulierwiderstand in den Gleichstrom-Netzleitungen.

VI. In der Schaltung nach Abb. 239 ist die Anlaßwicklung wieder in sich kurzgeschlossen. Der Umschalter in der Gleichstromseite ist wieder vorhanden.

Für den gegebenen Fall einer Störung ist es nach den vorstehenden Darlegungen dringend notwendig, zunächst einmal die vorliegende Ausführung des Umformers, die Schaltgeräte und die Schaltung an Hand der Schaltbilder Abb. 233 bis 239 sorgfältig festzustellen.

Erst wenn hierüber völlige Klarheit herrscht, kann mit dem Abbau des beschädigten Umformers begonnen werden.

Da eine ordnungsmäßige Überprüfung des Uformers im späteren Verlauf der Instandsetzungsarbeiten notwendig, aber nur dann möglich ist, wenn alle Anlaß- und Regelgeräte vorhanden sind, so sind als

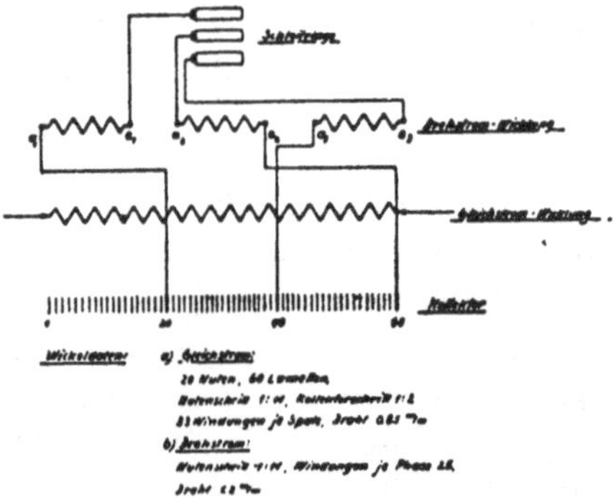

Abb. 240.

Zubehör vorhandene Apparate ebenfalls in die Instandsetzungswerkstatt zu schaffen. Bei der Abnahme der Schalt-, Regel- und Anlaßgeräte sind die Anschluß- und Verbindungsleitungen übereinstimmend mit den Klemmenbezeichnungen des Umformers und der Apparate zu kennzeichnen und dafür Sorge zu tragen, daß diese Kennzeichen nicht beschädigt werden oder verloren gehen.

Die Überwindung der bei einer Instandsetzung bzw. Neuwicklung möglicherweise in Erscheinung tretenden wickel- und schalttechnischen Schwierigkeiten ist nicht einfach. Der Umformer ist in einer Fülle von fachlicher Denkarbeit und Prüffeldversuchen von dem Ideenträger Herrn Dipl.-Ing. Schüler bei der Fa. Tornado entwickelt worden. Erst nach mühseliger Ausarbeitung werkstattgerechter Wickel- und Schaltmethoden und nach Einarbeitung besonders begabter Wickler wurde die Fabrikationsreife erzielt.

Wie bereits erwähnt, werden die Einanker-Umformer sowohl in 2poliger als auch in 4poliger Ausführung hergestellt.

Die in dem Läufer angeordnete normale Dreiphasenwicklung bedarf keiner Erläuterung. Dagegen erscheint es zweckmäßig, auf die ebenfalls im Läufer angeordnete Gleichstromwicklung und auf die Koppelung derselben mit der Dreiphasenwicklung ausführlich einzugehen.

In 2poliger Ausführung handelt es sich hier stets um eine Schleifen-(Parallel-)Wicklung mit Kollektorschritt 1—2.

Bei der 4poligen Ausführung wird von der Herstellerin sowohl die Reihen-(Serien-)Wicklung als auch die Schleifen-(Parallel-)Wicklung angewandt. Im letzteren Falle sind hinter dem Kollektor Ausgleichverbindungen angebracht.

Es ist sehr wichtig, daß die jeweils vorgefundene Wicklungsart, der Wickel- und Schaltschritt sowie die Wickeldaten (Drahtstärke und Windungszahl) und die örtliche Lage der Wicklungselemente in bezug auf die Dreiphasenwicklung genau erfaßt und schriftlich niedergelegt werden. Ist die Wicklung in ungekreuzter Schaltung ausgeführt, dann darf diese nicht in eine gekreuzte geändert werden. Sind nun beide Wicklungen an Hand der vorgefundenen Unterlagen hergestellt, dann ist die richtige Kopplung derselben gemäß Prinzipschaltbild Abb. 240 von entscheidender Bedeutung. Es sei hier zunächst darauf hingewiesen, daß gemäß Schaltbild Abb. 240 die Anfänge der Phase 1 und 3, von Phase 2 jedoch das Ende mit dem Kollektor zu verbinden ist. Entsprechend liegen auch an den Schleifringen zwei Enden und ein Anfang der Dreiphasenwicklung.

Der Winkelabstand der drei Anschlußpunkte an dem Kollektorumfang kann beim Abbau der beschädigten Wicklung leicht festgestellt werden. In Abb. 240 handelt es sich um eine 2polige Maschine. Hier liegen die Anzapfpunkte um 120 Grad voneinander, also um ⅓ entfernt. Bei einer 4poligen Ausführung beträgt der Abstand 60 Winkelgrade = $^1/_6$ des Kollektorumfanges.

Weitaus schwieriger ist es, die örtliche Lage der Lamellen zu finden, an welchen die drei Anschlüsse der Dreiphasenwicklung anzuordnen sind.

Hierzu gibt der Konstrukteur des Umformers dem Verfasser in dankenswerter Weise folgende Methode an:

Der fertig gewickelte Anker wird zu diesem Zweck in einen vorhandenen, betriebsfertig bewickelten Drehstrom-Ständer eingelagert.

Ein 2poliger Umformeranker muß in einen 2poligen, ein 4poliger Anker in einen 4poligen Drehstrom-Ständer eingelagert werden. Es ist hierbei nicht erforderlich, daß der lichte Durchmesser des Ständers mit dem des Ankers übereinstimmt. Ist der Ankerdurchmesser kleiner als der lichte Durchmesser des Ständers, dann fügt man Paßstücke aus Preßspan oder Holz so zwischen Anker und Ständer ein, daß der Luftabstand ungefähr gleich ist.

Legt man nun die Drehstrom-Ständerwicklung an ein Dreiphasennetz, dann wird in den Ankerwicklungen eine Spannung induziert. Ist der Luftabstand zwischen Ständer und Läufer nennenswert größer als der normale Luftspalt des Drehstrommotors, dann wird man der Ständerwicklung nicht die volle Netzspannung, sondern eine entsprechend niedrigere Spannung zuführen (z. B. über einen Spartransformator), weil die Stromaufnahme der Ständerwicklung zu hoch werden würde.

Nun schiebt man auf den Kollektor einen aus Isolierstoff (z. B. Holz oder Preßspan) gefertigten Ring (Abb. 241), in welchem die drei Schalt-

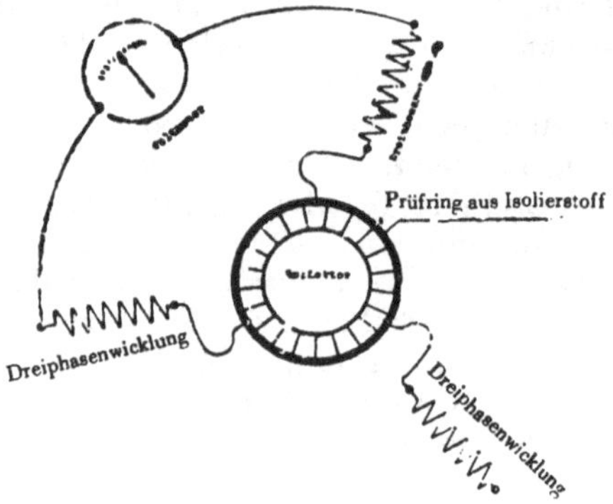

Abb. 241.

enden der Dreiphasenwicklung in dem jeweils erforderlichen Winkelabstand so angeordnet sind, daß dieselben mit den Lamellen Kontakt erhalten.

Dieser Ring wird nun solange gedreht, bis das Voltmeter in Abb. 241 den höchst erzielbaren, relativen Spannungswert zwischen zwei Phasen der Drehstrom-Läuferwicklung anzeigt. Mit den so gefundenen Lamellen werden dann die Schaltenden der Dreiphasen-Läuferwickung ordnungsmäßig verbunden und verlötet.

Die sogenannte Erregerwicklung (siehe Schaltbilder) ist im Anlauf mit einem Widerstand von etwa 2000 Ohm in Serie geschaltet, weil im Augenblick des Einschaltens eine hohe Spannung auftritt. Dieser Widerstand wird nach dem Anlauf durch das entsprechend ausgelegte Schaltgerät überbrückt. Beim Prüfen der Umformer sind mit Rücksicht auf die auftretenden hohen Spannungen die notwendigen Vorsichtsmaßnahmen zu treffen.

Die Anlaufwicklung (Schaltbilder 233 bis 239) ist in einigen Fällen aus gewöhnlichem, blanken Eisendraht hergestellt und in sich kurzgeschlossen.

Das Einstellen der Gleichspannung erfolgt durch einen Regelwiderstand, der mit der Erregerwicklung in Serie geschaltet ist. Mit Hilfe dieses Widerstandes können kleine Spannungsdifferenzen ausgeglichen werden. In Abb. 242 ist die Prinzipschaltung hierfür dargestellt. Der Schutzwiderstand wird nach dem Anlauf durch den Schalter (Relais)

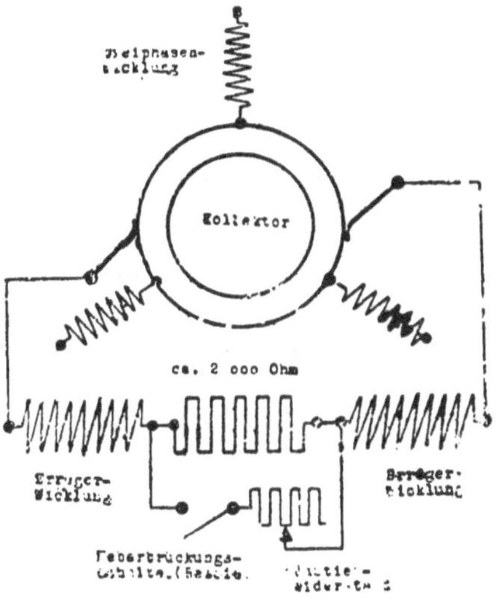

Abb. 242.

überbrückt, während der einstellbare Regelwiderstand mit der Erregerwicklung in Serie verbleibt. Die Überbrückung des Schutzwiderstandes erfolgt bei einigen Ausführungen durch ein automatisch arbeitendes Relais.

Um zu hohe Spannungen in der Erregerwicklung zu vermeiden, ist bei einigen Ausführungen die sogenannte Sengel-Schaltung angewandt, durch welche die Effektivspannung zwischen den Bürsten des Kollektors auf ½ herabgesetzt wird (Abb. 243).

Aus den vorstehenden Darlegungen und Abbildungen geht zweifelsfrei hervor, daß die Neu- oder Umwicklung eines Tornado-Umformers für den Regelfall nur dann zu einem Erfolg führt, wenn in jeder Hinsicht alle Voraussetzungen hierfür erfüllt sind.

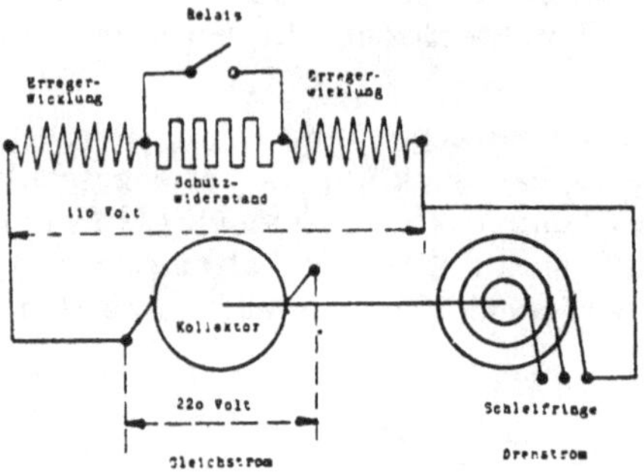

Abb. 243.

Überall dort, wo diese Voraussetzungen nicht lückenlos erfüllt sind oder erfüllt werden können, muß dringend vor Experimenten gewarnt werden. In solchen Fällen wird man zweckmäßig die Herstellerin oder ein geeignetes, befreundetes Unternehmen mit der Durchführung der anfallenden Arbeiten betrauen.

(Abb. 233 bis 240 Werkbild „Tornado", Abb. 241 bis 243 Verfasser.)

IX. TEIL

Werkstoffkunde im Elektromaschinenbau

1. Glimmer

ist eine Verbindung von kieselsaurer Tonerde mit kieselsauren Alkalien und Magnesia (oder ähnlich). Man findet den Glimmer in Verbindung mit Gesteinen (z. B. Granit und Schiefer) in Sibirien, Ural, Ostindien (Bengalen), Nordamerika, Afrika, und zwar in sechskantigen Prismen mit einem Kantenwinkel von etwa 120 Grad. Der sogenannte Muskovit-Glimmer wird meist aus Indien, der Amberglimmer aus Madagasker eingeführt. Eisenoxyd und andere Einschlüsse färben den Glimmer häufig fleckig und stellenweise dunkel.

Glimmer kristallisiert in dünnen Tafeln, die sich gleichmäßig in dünne Blätter aufspalten lassen. Bei klarem Muskovitglimmer kann man Blätter bis zu 0,006 mm Dicke abtrennen. Die einzelnen Blätter haben eine hohe Biegsamkeit.

Die Temperaturbeständigkeit des Glimmers liegt bei Muskovit zwischen 600 und 800 Grad, bei Amberglimmer zwischen 900 und 1100 Grad Celsius. Bei dieser Temperatur wird das Kristallwasser frei. Es tritt eine Trübung der klaren Farbe ein, der Glimmer wird brüchig und verliert seine Festigkeit.

Die elektrische Durchschlagsfestigkeit des Glimmers bezogen auf 1 mm Stärke beträgt 50 000 bis 100 000 Volt. In der Natur findet man Glimmer in Tafelgrößen von 30 bis 50 qcm.

Glimmer ist ein sehr schlechter Wärmeleiter. Die Strahlendurchlässigkeit für die langwelligen Wärmestrahlen ist gering. Dieser Nachteil beschränkt die Verwendung des Glimmers als Nutenisolation im neuzeitlichen Elektromaschinenbau auf die Fälle, wo eine hohe Durchschlagsfestigkeit verlangt wird, z. B. bei Hochspannungsmotoren. Hier kann der Glimmer z. Zt. noch nicht ganz entbehrt werden.

An Stelle von Glimmer-Nutenisolationen verwendet man in jüngster Zeit Schichtstoffe aus lackierten Gewebebahnen, die mit einer Kunstharzmasse aufeinandergeklebt sind. Die hohe elektrische Durchschlagsfestigkeit dieser Stoffe soll deren Verwendung als Nutenisolation bei Hochspannungsmotoren bis 5000 Volt ermöglichen.

2. Mikanit

wird aus Naturglimmerplättchen unter Verwendung von Schellack oder Glyptalharzlacken hergestellt. Die einzelnen Plättchen werden mit Hilfe der erwähnten Bindemittel unter Druck und Wärme zusammengeklebt. Mikanit wird auch in Verbindung mit Gewebebahnen, Preßspan, Lederit usw. z. B. im Elektromaschinenbau für Nutenisolationen verwendet.

Im Kollektorenbau verwendet man als Isolation zwischen den Lamellen grundsätzlich keinen Naturglimmer, weil die Härte dieses Materials höher als Kupfer und damit keine gleichmäßige Abnutzung der Lauffläche gewährleistet ist. Hier kommen nur Spezial-Mikanite in Betracht, die unter hoher Hitze vorbehandelt sind und dem betrieblichen Belangen hierdurch besser entsprechen, als Naturglimmer oder Normal-Mikanite.

3. Preßspan (Glanzpappe)

wird aus reinen, starken Fasern, wie Flachs, Hanf, Manilahanf usw. auf Zylinder- und Langsiebmaschinen hergestellt. Das Polieren der Flächen geschieht auf Steinglättmaschinen, und zwar dadurch, daß ein unter Druck stehender, abgerundeter Achatstein solange die Flächen bestreicht, bis die gewünschte Glanzstufe erreicht ist.

In der Elektrotechnik verwendet man Tafelpreßspan in Stärken von 0,15 bis 5 mm, Edelpreßspan und Rollenpreßspan (0,1 bis 1 mm Stärke).

Preßspan ist hygroskopisch und neigt daher zur Feuchtigkeitsaufnahme. Zwecks Herabsetzung der Feuchtigkeitsaufnahme wird der Preßspan vielfach in pflanzlichen Ölen (Leinöl, Holzöl) imprägniert. Lagerung des Preßspanes in trockenen Räumen und Vortrocknung der mit Preßspan isolierten Wicklungskörper (vor der Imprägnierung der Wicklungen in Isolierlack) ist notwendig.

Über die Vorbehandlung von Preßspan im Trafobau siehe auch S. 198.

Für die Prüfung der Preßspäne hat der VDE das Normblatt VDE 0315/1935 herausgegeben.

Die elektrische Durchschlagsfestigkeit des Preßspans ist im hohen Maße von der Qualität, von der Dicke und von dem Feuchtigkeitsgehalt abhängig. Bei 1 mm Dicke sind folgende Mindest-Durchschlagswerte vorgeschrieben:

a) Tafelpreßspan = 10 000 Volt,
b) Edelpreßspan = 13 000 Volt,
c) Rollenpreßspan = 13 000 Volt.

Diese Werte beziehen sich auf Preßspan, der bei 90 Grad C und bei mehrmaligem Luftwechsel getrocknet ist. Die Trockenzeit beträgt hierbei für je 0,1 mm Dicke 1 Stunde, mindestens aber 6 Stunden bei allmählich von etwa 40 Grad C ansteigender Temperatur.

Die Durchschlagsprüfungen werden zwischen einer Platten-Elektrode von 50 mm ∅ (mit abgerundetem Rand 2,5 mm) und einer Gegenelktrode von 150 · 150 mm mit Wechselstrom 50 Hertz durchgeführt. Der Druck der oberen Elektrode beträgt hierbei mindestens 2,5 kg. Die Spannung wird allmählich von 0 bis zum Durchschlag gesteigert (siehe Dinblatt VDE 0315/1935).

Tafelpreßspan wird im Farbton gelb und grau, **Edelpreßspan** in schwarzgrau, **Rollenpreßspan** in gelb (orange) geliefert.

Der Preßspan soll praktisch frei sein von Säuren, Alkalien, wasserlöslichen Salzen und metallenen Einschlüssen. Zugesetzte Farbstoffe dürfen weder in Öl, noch in Alkohol löslich sein. Der Aschegehalt darf 6 % nicht übersteigen. Der Feuchtigkeitsgehalt des Preßspans darf bei Anlieferung höchstens 8 % betragen.

4. Isolierlacke

Die Isolierlacke bestehen aus den Lackkörpern und den flüchtigen Bestandteilen. Die ersteren besitzen die isolierende Eigenschaft.

Normale Isolierlacke enthalten etwa 50 % Lackkörper und 50 % flüchtige Bestandteile.

Man unterscheidet drei verschiedene Arten von Isolierlacken, und zwar:

I. Lufttrocknende Lacke.
II. Ofentrocknende Isolierlacke auf Ölbasis.
III. Ofentrocknende Isolierlacke auf Kunstharzbasis.

Die sogenannten luftrocknenden Isolierlacke trocknen lediglich durch Abgabe der leicht flüchtigen Bestandteile. Diese Lacke kommen nur als Überzugslacke in Frage.

Die ofentrocknenden Isolierlacke a u f Ö l b a s i s trocknen in zwei Abschnitten. Zuerst durch Verdunstung der flüchtigen Bestandteile (physikalischer Vorgang) und anschließend durch die Oxydation der Lackmasse zu einem elastischen Film (chemischer Vorgang). Der letztere Vorgang wird durch Luftsauerstoff hervorgerufen und durch Wärme beschleunigt.

Die ofentrocknenden Isolierlacke a u f K u n s t h a r z b a s i s trocknen entweder in derselben Art wie die Isolierlacke auf Ölbasis (nicht härtbare Harze) oder durch Kondensation (härtbare Kunstharze). D i e K o n d e n s a t i o n wird lediglich durch Wärme eingeleitet und abgeschlossen.

Rohstoffe für Isolierlacke

Farblose Isolierlacke werden in der Regel aus Naturharzen und pflanzlichen Ölen (Leinöl, Holzöl) hergestellt. Die schwarzen, ofentrocknenden Isolierlacke enthalten Asphalt (z. B. Trinidad, Gilsonit oder syrischen Asphalt) oder Nebenerzeugnisse der Teer- und Erdöldestillation sowie Peche und Bitumina. Auch diesen Lacken sind in der Regel pflanzliche Öle und Naturharze, vielfach auch ölreaktive Kunstharze zugesetzt.

Die härtbaren Kunstharzlacke werden z. B. aus phenolischen Harzen in Verbindung mit geeigneten Weichhaltemitteln, in der Regel auf kaltem Wege hergestellt.

Als weitere Rohstoffe für Isolierlacke können Zellulose und eine große Anzahl Kunstharztypen genannt werden. Unter den letzteren spielen Glyptal- und Alkydharze eine wesentliche Rolle.

Die Lösungs- und Verdünnungsmittel der Isolierlacke sind Benzin- und Benzolkohlenwasserstoffe, Alkohole, Ester usw.

Die Harze machen mager, die Öle machen fett. Bei einem mageren Lack überwiegt mengenmäßig das Harz (spröder Lack). Ein fetter Lack enthält mengenmäßig mehr Öl als Harz. Diese Lacke sind elastischer. (Nähere Einzelheiten über Isolierlacke siehe Raskop: „Isolierlacke", Verlag H. Cram, Berlin W 35.)

5. Kunstharze

I. Die künstlich (synthetisch) hergestellten Harze sind aus der Notwendigkeit entstanden, mangelhafte Eigenschaften der Naturharze zu ergänzen. Hieraus ergibt sich, daß die Kunstharze für die Elektrotechnik geeigneter sind als Naturharze. In der Tat werden in der Elektrotechnik weitaus mehr Kunstharze verwendet als Naturharze. An der Welterzeugung war Deutschland im Jahre 1934 mit etwa 35 % beteiligt.

Als Ausgangsstoffe für die Herstellung von Kunstharzen kommen organische Industrieprodukte in Betracht, die etwa in folgende Gruppen zusammengefaßt werden können:

1. Die Nebenprodukte der Kokereien, Schwelereien und der Erdöl-Aufbereitungsindustrie: Steinkohlenteer, Aethylen, Propylen, Acetylen.

2. Erzeugnisse der Großhydrierung der Ammoniaksynthese: Harnstoff, Methylalkohol, Formaldehyd, Isobuthylen und Isobuthylalkohol, ferner Erzeugnisse der Stein- und Braunkohlenhydrierung, z. B. Benzin, Benzol.

II. **Phenolische Harze.** Für die Herstellung der in der Elektrotechnik bekanntesten phenolischen Harze werden die in der Teerdestillation anfallenden Phenole und Kresole verwendet.

Phenolharz entsteht z. B. durch Kondensation von Phenol und Formaldehyd unter Verwendung von Ammoniak oder anderen basischen Kondensationsmitteln.

Reines Phenol (Karbolsäure) ist eine fast durchsichtige, kristallisierte Masse, die in Wasser löslich ist. Der Geruch der Karbolsäure ist aus den Krankenhäusern bekannt.

Formaldehyd ist ein stark riechendes Gas. Es entsteht z. B. durch Oxydation von Methylalkohol.

Diese Harze sind leicht schmelzbar und können beispielsweise in Alkohol (Spiritus) gelöst werden.

Man unterscheidet schmelzbare und härtbare Phenolharze. Für den Elektromaschinenbau und Trafobau sind die härtbaren Phenolharze besonders interessant, weil aus solchen Harzen z. B. in Verbindung mit geeigneten Weichhaltemitteln wertvolle Isolierlacke hergestellt werden. Diese Lacke haben u. a. die außerordentlich wichtige Eigenschaft, daß dieselben nach der erfolgten Härtung nicht mehr erweichen.

Die nicht härtbaren phenolischen Kunstharze werden als Schellackersatz verwendet.

Die härtbaren Phenolharztypen finden auch bei der Herstellung von Schichtstoffen (Pertinax, Carta usw.) Verwendung.

III. **Glyptalharz** wird aus Glyzerin und Phthalsäure hergestellt und ist ebenfalls härtbar. Es findet u. a. Verwendung für die Herstellung hitzebeständiger Isolierlacke, als Klebelack bei der Herstellung von Mikanit usw.

IV. **Harnstoffharz** wird aus synthetischem Harnstoff z. B. in Verbindung mit Formaldehyd hergestellt und ist härtbar. Das Harz findet u. a. allein oder in Kombination mit anderen Kunstharzen als Isolierlack Verwendung.

V. **Anilinharz** ist nicht härtbar und wird hauptsächlich im Preßverfahren (Platten, Formstücke) verarbeitet. Das Harz wird aus dem Farbstoff Anilin in Verbindung mit Formaldehyd hergestellt. Spezialtypen hiervon sind auch für die Isolierlackfabrikation geeignet. Ein Vorteil dieses Harzes liegt in der geringen Feuchtigkeitsaufnahme.

6. Kunstseide

Die zahlreichen Herstellungsverfahren für Kunstseide basieren fast ausnahmlos auf dem Gedanken, den Hauptbestandteil jedes pflanzlichen Körpers, nämlich die Zellulose, in eine lösliche Form zu überführen, diese Lösungen durch feine Düsen zu pressen und durch Beseitigung des Lösungsmittels den Faden zum Erstarren zu bringen.

Der Grundstoff fast aller Kunstseidenarten ist also die Zellulose und eine hochwertige Form dieser Zellulose ist die Baumwolle. Eine Ausnahme stellt ein Verfahren dar, welches als Grundstoff die Gelatine vorsieht, die sogenannte Vanduraseide. Diese Kunstseidenart hat für den Elektromaschinenbauer keine Bedeutung.

1. Kollodiumseide. Als Ausgangsmaterial für die Herstellung dieser Kunstseide dient vorbehandelte Baumwolle.

2. Kunstseide aus kupferammoniakalischer Zelluloselösung. Z. B. unter einem Druck von 2 bis 4 Atü tritt die Lösung durch Düsen von 0,2 mm $\varnothing$ und hinterläßt einen halbflüssigen Faden, der durch ein Schwefelsäurebad geführt und hier gehärtet wird.

3. Viskoseseide wird ebenfalls aus Zellulose nach einem ähnlichen Verfahren hergestellt.

4. A c e t a t s e i d e wird aus Baumwolle hergestellt.

Nicht alle Kunstseidenarten eignen sich für die Umspinnung von Dynamodrähten; z. B. wird Acetatseide von den üblichen Isolierlack-Lösungsmitteln angelöst. Hierauf ist im Elektromaschinen- und Trafobau zu achten.

7. Kunststoff-Isolierfolien

Das bisher bei der Herstellung von Wicklungen z. B. als Beilage zur Nutenisolation oder als Zwischenlage innerhalb der Wicklungen verwendete Ölleinen (auch Ölseide und Ölpapier) besteht im wesentlichen aus einem in Ölisolierlack getränkten Lackträger.

Beide Teile, d. h. sowohl das Gewebe (Baumwolle, Seide) als auch der Ölisolierlack werden noch z. Zt. aus Mangelstoffen (Baumwolle, Seide, pflanzliche Öle, Naturharze, Asphalte usw.) hergestellt.

In dem Streben nach Austausch ist auch dieses Gebiet der Isolierstoffe mit beachtlichem Erfolg bearbeitet worden, und die als Kunststoffolien bekanntgewordenen Erzeugnisse haben bereits im Elektromaschinenbau erfolgreiche Anwendung gefunden.

Im wesentlichen handelt es sich hierbei um mehr oder weniger elastische, durchsichtige Folien mit außergewöhnlichen elektrischen und mechanischen Gütewerten, die auf der Grundlage der sogenannten Polymerisate (Polystrol-Styroflex, Polyakrylate-Plexigum, Mischpolymerisate-Mipolam) und der Zelluloseabkömmlinge (Azetylzellulose, Benzylzellulose, — Triacetat, Cellon usw.) hergestellt werden.

Styroflex-Folie

Die Fa. Norddeutsche Seekabelwerke, Nordenham i. Oldenburg stellt in Breiten bis 300 mm und in Stärken 0,02 bis 0,15 mm, außerdem Bänderbreiten aus diesen Folien von 0,6 mm aufwärts und Fäden von 0,1 bis 5 mm ∅ her.

Die Styroflex-Folien haben eine außergewöhnlich hohe, elektrische Durchschlagsfestigkeit. Diese beträgt bei 1 mm Stärke etwa 100 000 Volt. Eine Folie von 0,1 mm hat also eine Durchschlagsfestigkeit von etwa 10 000 Volt oder 10 kV.

Die Folien sind beständig gegen Säuren, Alkalien, Alkohole, Mineralöle, pflanzliche und tierische Fette, jedoch unbeständig gegen Benzin Benzol, Äther, Terpentinöl, Ester und Ketone. Von alkoholhaltigen Kunstharz-Isolierlacken werden die Folien nicht angegriffen. Dagegen können diese nicht vorbehaltlos in Verbindung mit Ölisolierlacken und Zellulose-Isolierlacken verwendet werden.

Ein besonderes Kennzeichen dieser Folien ist die außergewöhnliche Wasserbeständigkeit. Man kann hier von einer wasserabweisenden Eigenschaft sprechen. Nach 24 Stunden Wasserlagerung beträgt der direkte Oberflächenwiderstand noch über 3 Million Ohm. Für die Hochfrequenztechnik spielt der günstige elektrische Verlustwinkel von 0,0002 eine wichtige Rolle.

Die Wasseraufnahme ist nach 7 Tagen = Null. Leider beträgt die Wärmebeständigkeit nur 60 bis 70 Martensgrade, d. h. das Material reicht schon für die nach REM und RET zulässigen Temperaturgrenzwerte Werkstoffklasse A nicht ganz aus.

Wenn es sich im Elektromaschinenbau weniger um eine wärmebeständige Isolation, als um eine solche handelt, die gegen Feuchtigkeit, Säuren oder Laugen im hohen Maße beständig ist, dann können Styroflexfolien aussichtsreich als Beilage zur Nutenisolation oder als Zwischenlagen innerhalb der Wicklungen, auch als Umbandelung der Wicklungselemente, verwendet werden. Die Imprägnierung solcher Wicklungen muß aus den dargelegten Gründen mit alkoholhaltigen Kunstharz-Isolierlacken (z. B. solche auf der Grundlage Phenol- oder Kresolharz) durchgeführt werden.

Wenn die Frage der Wärmebeständigkeit bejahend geklärt ist, dann können die Styroflexfolien im gegebenen Falle in mehreren Lagen auch als raumsparende Nutenisolation für Hochspannungsmaschinen verwendet werden. Es ist aber sehr wichtig, die Temperaturfrage vorher sorgfältig zu untersuchen. Wenn die Wasser-, Säuren- oder Laugenfestigkeit der Wicklung eine ausschlaggebende Bedeutung hat, dann kann die Wicklungstemperatur durch eine entsprechende Überdimensionierung der Maschine in den zulässigen Grenzen gehalten werden. — Es gibt in der Praxis eine ganze Anzahl solcher Fälle, wo die Voraussetzungen für die erfolgreiche Anwendung der Styroflexfolien gegeben sind, oder geschaffen werden können.

Vinifol-Folien

Diese aus Vinylpolymerisaten in Stärken von etwa 0,03 mm aufwärts hergestellten Isolierfolien vertragen Temperaturen zwischen —20 und + 80 Grad C. Das Material ist nicht brennbar, beständig gegen Wasser, Säuren, Laugen, Ozon, Öl und Alkohole. Es löst sich aber in Benzol (aromatische Kohlenwasserstoffe), Ketonen und Estern, sowie in chlorierten Kohlenwasserstoffen.

Die elektrische Durchschlagsfestigkeit ist ebenfalls sehr hoch. Die Folien können mit Methylenchlorid geklebt werden.

Triacetat-Folien

Unter der Bezeichnung „Triacetatfolien“ werden hochwertige Isolierfolien hergestellt, die sich u. a. auch im Elektromaschinenbau bereits vorzüglich bewährt haben. Der Ausgangsrohstoff ist Zellulose. Diese wird im Veredlungsverfahren (Azetatzellulose) zu Triazetat umgewandelt.

Die Folien sind in Stärken von etwa 0,008 bis 0,12 mm Dicke im Handel.

Die Triacetatfolien „Schering" weisen etwa folgende Gütewerte auf: Beständig gegen Benzin, Benzol, Alkohole, verdünnte wässrige Säuren und Laugen. Beschränkt beständig gegen Ketone und einige Ester. Unbeständig gegen chlorierte Kohlenwasserstoffe.

Die elektrische Durchschlagsfestigkeit einer Folie von 0,130 mm Stärke beträgt etwa 7500 Volt, nach viertägiger Lagerung bei 80 % rel. Luftfeuchtigkeit etwa 7200 Volt (Mittelwert aus 10 Messungen).

Die Reißfestigkeit beträgt 10,5 kg/mm, die Dehnung 35 bis 38 % und die Knickzahl 5000 bis 10 000.

Die Dauer-Wärmebeständigkeit liegt bei 110 bis 120° C. Bei Spezialausführungen liegen die Werte noch höher.

Die Triacetatfolien „Schering" können daher zusammen mit alkoholhaltigen Kunstharz- und benzin-benzolhaltigen Öl-Isolierlacken ohne Bedenken verwendet werden. Bei Isolierlacken, die als Lösungs- und Verdünnungsmittel Ketone (Zelluloselacke) oder Ester enthalten, ist Vorsicht geboten.

Hinsichtlich der thermischen Eigenschaften können die Triacetatfolien als Isolierstoff für Wicklungen nach VDE, REM, und RET Werkstoffklasse A und B erfolgreich angewandt werden. Die Folien stellen gleichzeitig einen sehr beachtlichen Schutz gegen Feuchtigkeit, Säuren und Laugen dar. In mechanischer Hinsicht entsprechen die Folien allen Anforderungen.

Die Kunststoff-Folien haben den in Isolierlack getränkten Geweben und Papieren gegenüber eine ganze Anzahl Vorteile.

Es sei zunächst erwähnt, daß alle als Lackträger und Isolierlack hergestellten Isolierstoffe (Ölleinen, Ölseide, Öllackpapier) mehr oder weniger zur Feuchtigkeitsaufnahme neigen, — also hygroskopisch sind. Demgegenüber besitzen die erwähnten Kunststoff-Folien in der Regel wasserabweisende Eigenschaften, bzw. sie nehmen praktisch keine Feuchtigkeit auf.

Die Kunststoff-Folien nehmen auch bei richtiger Wahl der Imprägnierlacke keinen Isolierlack auf. Das ist einerseits nicht nötig, weil diese Folien schon für sich ein hochwertiges Dielektrikum darstellen. Andererseits wird aber auch der hohe Isolationswiderstand der Kunststoff-Folien während der Imprägnierung der Wicklungen bis zur restlosen Austrocknung derselben nicht, oder zumindest nicht nennenswert beeinträchtigt. Das ist aber bei der Verwendung von z. B. Preßspan und Ölleinen als Nutenisolation der Fall. Hier wird bekanntlich der höchste Isolationswiderstand zwischen Wicklung und Eisen erst nach restloser Trocknung der imprägnierten Wicklung erreicht. Da erfahrungsgemäß die wirklich restlose Trocknung der z. B. in Ölisolierlack imprägnierten Wicklungen erst längere Zeit nach der Ofentrocknung erreicht wird, so ist der Vorteil, den die Folien bieten, sehr beachtlich.

Außer der Wasserbeständigkeit ist die hohe Beständigkeit der Folien gegen Säuren, Laugen usw., sowie der geringe Raumbedarf zu erwähnen und nicht zuletzt ist die Tatsache wichtig, daß alle genannten Folien aus deutschen Rohstoffen hergestellt werden, d. h. nicht devisenbelastet sind.

Die Entwicklung der Kunststoff-Isolierfolien kann nicht als abgeschlossen gelten. Es ist im Gegenteil zu erwarten, daß die bereits hochwertigen Folien noch wesentliche Verbesserungen, besonders hinsichtlich der Wärmebeständigkeit und Wärmeleitfähigkeit erfahren.

8. Künstlicher Kautschuk (Buna)

Allgemeines: Der nach deutschen Erfindungen hergestellte künstliche Kautschuk trägt die Werkstoffbezeichnung „Buna“ und wird aus Kohle, Kalk und Wasser gewonnen. Aus den genannten Ausgangsstoffen wird zunächst Acetylen hergestellt und aus dem Acetylen wird ein Zwischenprodukt, das Butadien, gewonnen, welches in Verbindung mit Natrium durch Polymerisation das sogenannte „Zahlenbuna“, z. B. Buna 85, Buna 115 usw., ergibt. Auf eine ähnliche Art entsteht das sogenannte Buchstabenbuna, z. B. Buna S und Perbunan (früher Buna N genannt).

Der Name „Buna“ ist aus Butadien und Natrium durch eine Zusammenziehung der Anfangssilben „Bu“ und „Na“ entstanden.

Die Hauptvorteile des Buna gegenüber Naturkautschuk sind neben der Einsparung von Devisen und Erzielung der Rohstoffreiheit auf diesem Gebiete: geringere Abnutzung, höhere Hitzebeständigkeit (bis etwa 130 Grad C); geringere Alterung, weniger Neigung zu Ermündungsrissen; geringere Gasdurchlässigkeit und höhere Beständigkeit gegen Ozon.

Eigenschaften und Anwendungsmöglichkeiten im Elektromaschinenbau: Buna hat die für den Elektromaschinenbau wichtige Eigenschaft, gegen Benzin (Isolierlack-Lösungsmittel), Öl und Fette, weitaus quellfester zu sein als Gummi aus natürlichem Kautschuk. Bei der Herstellung von Drehstromständer-Wicklungen werden vielfach gummiisolierte Schaltdrähte als Verbindungsleitungen zwischen Wicklung und Klemmbrett verwendet. Für diesen Zweck eignen sich die mit Buna hergestellten Schaltdraht-Litzen besser als gummiisolierte Drähte, weil die ersteren gegen Lacklösungs- und Verdünnungsmittel beständiger sind.

Werden solche Schaltdrahtlitzen bei der Herstellung von Wicklungen nach REM-Werkstoffklasse B verwendet, dann ist Buna S vorzuziehen, weil diese Sorte die größte Wärmebeständigkeit (130 Grad C) aufweist.

Wird ein besonders hoher Isolationswert verlangt, dann scheidet Perbunan aus. Für solche Zwecke kommen die Sorten Buna S und Zahlenbuna in Betracht.

Werden Wicklungen in Isolierlacken imprägniert, die bei Temperaturen von 110 bis 130 Grad C getrocknet werden müssen (z. B. härtbare Kunstharz-Isolierlacke), dann versagen in der Regel gummiisolierte Schaltdraht-Litzen, weil die Wärmebeständigkeit des Naturkautschuks zu gering ist. Man wählt hier vorteilhaft solche Schaltdrahtlitzen, die unter Verwendung von Buna S hergestellt worden sind.

Natürlicher Kautschuk

wird aus dem milchartigen Saft (Latex) tropischer Bäume gewonnen. Zur Vulkanisation des Kautschuks werden Schwefel, vielfach auch Zusätze von Kreide, Schwerspat, Metalloxyde, Erdfarben, Gasruß und Zinkoxyd verwendet. Auf diese Weise entsteht Gummi. Die Vulkanisation des Kautschuks hat die gleiche Bedeutung bei dem künstlichen Kautschuk „Buna".

9. Kunstharz-Preßstoffe

Allgemeines: Bei der Herstellung von Kunstharz-Preßstoffen spielen zwei Kunstharztypen eine ausschlaggebende Rolle, nämlich:

a) härtbare Phenolharze,

b) Harnstoff (Karbamid)-Harze.

Die unter Verwendung härtbarer Phenolharze hergestellten Preßstoffe sind an dem Geruch erkenntlich (Kresol, Karbolsäure), der den hieraus hergestellten Gegenständen, besonders im warmen Zustande, anhaftet.

Ohne Schutzüberzug neigen diese Preßmassen im hohen Maße zur Kriechwegbildung. Sie sind daher als Isolierstoff z. B. für Klemmbretter usw. im Elektromaschinenbau nicht zweckmäßig.

Die auf der Grundlage „Harnstoffharz/Füllmittel" hergestellten Preßstoffe sind geruchlos. Ohne Schutzüberzug sind diese Stoffe mehr oder weniger wasserempfindlich.

Die Kunstharz-Preßmassen bestehen aus einer Mischung von Kunstharz und Füllstoffen. Die unter Verwendung von Phenolharzen hergestellten Massen werden als Phenoplaste, die mit Harnstoffharz hergestellten Massen als Aminoplaste bezeichnet. Die hierbei verwendeten Füllstoffe sind keine Streckmittel, sondern jeweils ein wesentlicher Bestandteil der Preßmasse. Von den Füllstoffen hängt das Verhalten und die Eigenschaften der Preßteile ab.

Als Füllstoffe kommen Holzmehl, Asbestfaser, Textilfaser, pulverförmige Mineralstoffe, z. B. Gesteinsmehl und Zellstoff, in Betracht. Sie werden als Pulver, Faser, Flocke (nur bei Zellstoff), Schnitzel (z. B. Textilien oder Zellstoff) oder als Bahnen (Papier, Gewebebahnen) angewandt.

Die zahllosen, auf dem Markt befindlichen Kunstharz-Preßstoffe sind in den Vorschriften des VDE 0320 (Leitsätze für die Prüfung von nichtkeramischen, gummifreien Isolierpreßstoffen) genannt.

Geschichtete Kunstharz-Preßstoffe: Die unter der handelsüblichen Bezeichnung Carta, Pertinax, Hares, Preßzell, Repelit, Trolitax, Wahnerit usw. bekannten **Hartpapiere** haben im Elektromaschinen- und Trafobau als Isolier- und Aufbaustoff eine große Bedeutung erlangt. U. a. wird das Material als Nutenisolation bei der Herstellung von Ständerwicklungen, in maßhaltiger Zylinderform als Kernisolation oder als Isolier-Schutzrohr im Transformatorenbau usw. verwendet. Die Papierbahnen werden in einer Phenolharzlösung getränkt, angetrocknet, geschichtet und anschließend unter Druck und Hitze in den endgültigen Zustand gebracht. An Stelle der Papierbahnen werden auch solche aus Gewebe in etwa gleicher Weise zu sogenannten **Hartgeweben** verarbeitet, die unter der Bezeichnung Novotext, Trolitax, Tubox, Turbonit, Cambric, Cancass, Duroton, Harex usw. im Handel zu haben sind.

Kunstharz-Preß- und Schichtstoffe werden auch an Stelle von Lagermetallen im Elektromaschinenbau mit Erfolg angewandt.

10. Isolierbänder und Hohlschläuche aus Mischpolymerisate

An Stelle von lackierten Hohlschläuchen und Bändern aus Baumwolle-, Zellwolle-, Glanzgarn- und Seidengewebe stellt die Kunststoff-Industrie gewebelose Austauscherzeugnisse aus sogenannten Mischpolymerisaten (Mipolame) her.

Die aus Kohle, Kalk und Wasser gewonnenen Polymerisate entstehen in einer Verbindung von Azetylen und verschiedenen chemischen Zusätzen. Die Mischungen (Ansätze) der Polymerisate werden entsprechend des Verwendungszweckes zusammengestellt.

Die gewebelosen Isolierbänder werden in der Regel aus mit „Igelite" bezeichneten Mischpolymerisaten hergestellt. Durch Zusatz weichmachender Stoffe erhalten die Igelite gummiähnliche Eigenschaften.

Das elektrische Isoliervermögen dieser Bänder ist hervorragend.

Eine vorbehaltlose Anwendung derselben bei der Herstellung von Wicklungen an elektrischen Maschinen ist jedoch z. Zt. aus verschiedenen Gründen noch nicht möglich. Die Wärmebeständigkeit dieses Kunststoffes reicht knapp für Wicklungen nach Werkstoffklasse A (REM §§ 38 und 39) aus. Für eine Umbandelung der Wicklungselemente (an Stelle von Jakonettband) scheiden die Igelitebänder infolge ihrer Undurchlässigkeit aus. Der Imprägnierlack kann diese Gewebe nicht durchdringen.

Bei den gewebelosen **Isolier-Hohlschläuchen** liegen die Verhältnisse ähnlich. Die anfänglich viel zu geringe Wärmebeständigkeit derselben ist durch entsprechende Zusätze soweit behoben worden, daß bei richtiger Auswahl der Mischungen den nach Werkstoffklasse A (REM und RET) gestellten thermischen Anforderungen entsprochen werden kann.

Die Hart- und Weichmipolame sind gegen die Isolierlack-Lösungs- und Verdünnungsmittel: Lackbenzin und Alkohole beständig. Gegen Benzol, Äther, Ester und Cetone sind diese Stoffe nicht beständig.

Liegen die Trockentemperaturen der Isolierlacke höher als 80 bis 100 Grad C oder besteht Anlösungsgefahr durch die Isolierlack-Lösungsmittel, dann ist es empfehlenswert, die Mipolam-Hohlschläuche erst **nach** der Imprägnierung und Trocknung der Wicklungen über die Schaltenden zu schieben. Diese Methode ist in der Praxis nicht erwünscht, aber sie bietet eine Möglichkeit, die Mipolamschläuche auch in schwierig gelagerten Fällen zu verwenden.

Die einschlägigen Draht- und Kabelwerke stellen auch ein- und mehradrige Schaltdrähte mit Mipolam-Isolation her.

11. Glasgespinst-Isolationen

Allgemeines: Mit Ausnahme des Glimmers sind alle bisher im Elektromaschinenbau verwendeten Wicklungs-Isoliermaterialien als Lackträger anzusehen. Die üblichen Isolierstoffe: Baumwolle, Zellwolle, Seide, Kunstseide, Papier, Asbest usw. sind hygroskopisch und erhalten ihre isolierenden Eigenschaften im Regelfalle erst durch die Lack-Imprägnierung.

Der neue Isolierstoff „Glasgespinst" ist im Gegensatz zu den vorstehend aufgeführten Stoffen nicht hygroskopisch (nicht aufsaugefähig) und stellt daher auch im unimprägnierten Zustand ein Dielektrikum dar. Indessen sind auch die Glasgespinst-Isoliergewebe in der Starkstromtechnik nur nach erfolgter Imprägnierung als hochwertige Isolierstoffe anzusprechen. Zwischen den Maschen der unimprägnierten Gewebe bilden sich kleine, mit Luftfeuchtigkeit angereicherte Luftpolster, die den Isolationswert herabsetzen und daher durch die Imprägnierung mit Isolierlack ausgefüllt werden müssen. Auch zur mechanischen Verfestigung der Glasgespinst-Gewebe ist im Regelfalle eine Imprägnierung notwendig.

Herkunft: Die Idee, das seit mehr als 3000 Jahren bekannte Glas in Form von Glasgespinst in der Starkstromtechnik, ganz besonders im Elektromaschinenbau anzuwenden, wurde zuerst in den Vereinigten Staaten Nordamerikas in die Tat umgesetzt.

Zur Herstellung des Glasfadens werden beispielsweise Kugeln aus alkalifreiem Glas von 18 mm Durchmesser verwendet, die in geeigneten, elektrisch beheizten Spezialapparaten zum Schmelzen gebracht werden. Das geschmolzene Glas fließt hierbei infolge des eigenen Gewichtes durch eine Reihe feiner Düsen, z. B. aus Edelmetall (Platin) und kommt so als Faser heraus. Die Glasfaser wird entweder im erhitzten Zustand nochmals ausgezogen und auf eine Metalltrommel aufgewickelt (Glasseide in endlosen Fäden) — oder durch einen Dampfstrahl ausgezogen und hierbei in Faserstücke von etwa 10 bis 20 cm Länge zerrissen. Aus dieser „Stapelfaser" werden dann Fäden gesponnen. Eine geschmolzene Glaskugel von 18 mm ∅ ergibt bei einer Fadenstärke von etwa 0,04 mm eine Länge von etwa 8000 m.

Aus diesen Glasfaserarten werden Glasgarne in verschiedenen Stärken hergestellt, die auf Webstühlen zu Glasgewebebahnen, Bänder, Hohlschläuchen usw. oder auf Draht-Umspinn- bzw. Umklöppelmaschinen verarbeitet werden.

Des Raumbedarfes wegen kommen für den Elektromaschinenbauer vorwiegend die aus „Glasseide" hergestellten Isolationen in Betracht.

Eigenschaften: Die Zugfestigkeit der aus Glasgespinst hergestellten Isoliergewebe ist höher als beispielsweise diejenige der aus Baumwolle oder Asbestfaser hergestellten. Dabei ist es bezeichnend, daß die Zugfestigkeit des Glasgespinstes sich bis zu einer Temperatur von 200° C verbessert. Bei dieser Temperatur verschlechtert sich die Zugfestigkeit der Baumwolle sehr schnell und diejenige des Asbestes läßt nach. Bei Glasseide-Gewebe ist die Zugfestigkeit sogar bis etwa 540° C konstant.

Glasgespinst-Isolation ist nicht hygroskopisch, widersteht Säuren, korrosiven Dämpfen und Gasen sowie Ungeziefer (tropenfest).

Die Wärmeleitfähigkeit dieses Materials ist groß. Es ist beständiger gegen Abnutzung als Asbest. Druck- und Stoßbeanspruchung liegen höher als bei Asbest- und Baumwollebändern (aufgenommen auf Schneidkanten).

In der Temperaturbeständigkeit ist die Glasgespinst-Isolation abhängig von der Wärmefestigkeit des zur Imprägnierung verwendeten Isolierlackes. Mit synthetischen Sonderisolierlacken erreicht man z. Zt. eine Wärmefestigkeit von etwa 200° C. Das nicht imprägnierte Glasgespinst verträgt Dauertemperaturen bis etwa 500° C.

Glasgespinst-Isolation ist unbrennbar. Der Raumbedarf ist in der Regel geringer als derjenige der Asbest-Isolation.

Anwendungsgebiet: Die Glasgespinst-Isolation eignet sich in der Elektrotechnik generell als Austauschstoff gegen Baumwolle, Seide, Asbest, insbesondere aber für die Isolierung wärmebeständiger Wicklungen an elektrischen Maschinen, Transformatoren und Apparaten. Glasisolierte Dynamodrähte werden in allen Dimensionen, auch als Profilleiter für Stab- und Bandwicklungen hergestellt und diese haben sich u. a. bei der Ausrüstung von elektrischen Eisenbahnen (Bahnanker, Trafos, Bremsspulen, Anlasserleitungen usw.) vorzüglich bewährt.

Das Anwendungsgebiet der Glasgespinst-Isolation ist im Elektromaschinen- und Trafobau unbegrenzt.

Rohstoffgrundlage: Glasgespinst ist ein 100%iger deutscher Werkstoff und daher berufen, die devisengebundenen Isolierstoffe: Seide, Asbest, Baumwolle und Glimmer im Elektromaschinenbau zu ersetzen.

Die Gütewerte des Glasgespinstes gewährleisten im Elektromaschinen- und Trafobau erhebliche Gewichtsersparnisse und damit einen beachtlichen Fortschritt.

12. Kupfer und Kupferdraht

Das Kupfer wird nach verschiedenen Verfahren aus kupferhaltigen Erzen und Kupferverbindungen gewonnen. Erze enthalten z. B. das Kupfer in Form von wasserlöslichen Salzen (Kupfervitriol). Auch Oxyde und Karbonate eignen sich für das sogenannte Auslaugeverfahren. Als Lösungsmittel dienen dann z. B. Salzsäure oder Schwefelsäure.

Ein anderes Verfahren ist die Raffinationsschmelze metallführender Erze und Hüttenprodukte. Vereinzelt kommt gediegenes Kupfer, und zwar in solchen Massen und von solcher Reinheit vor, daß ein einfaches Einschmelzen ein direkt zur Raffination geeignetes Metall liefert. Das in der Elektrotechnik als Leitermaterial (Elektrolytkupfer) verwendete Kupfer wird auf elektrolytischem Wege hergestellt. In diesem elektrolytischen Reinigungsverfahren (Metallraffination) werden die in dem Rohkupfer enthaltenen, nicht erwünschten Beimischungen entfernt.

Dieses Elektrolytkupfer hat die höchste elektrische Leitfähigkeit, die etwa 57 beträgt (spezifischer Widerstand = 0,017—0,02).

Das spezifische Gewicht des Kupfers ist 8,8—8,9. Der Schmelzpunkt liegt bei 1084° C, der Siedepunkt bei 1500° C.

Hart gewordenes Kupfer läßt sich bekanntlich durch mäßiges Erhitzen (200 bis 300° C) wieder geschmeidig machen.

Das Kupfer mit blanker, glatter Oberfläche hält sich an der Luft lange Zeit unverändert. Bei gleichzeitiger Gegenwart von Wasser und sauer wirkenden Stoffen oxydiert die Oberfläche unter Bildung basischer Salze (Grünspan). Die Kenntnis dieses Vorganges ist für den Elektromaschinenbauer sehr wichtig, weil in diesem Vorgang die primäre Ursache für die Vergrünung der Wicklungen und als Auswirkung hiervon die Ursache der elektrischen Durchschläge erblickt werden kann. Beispielsweise ist es nicht ratsam, Feldmagnetspulen aus feuchtem, mit Textilien umsponnenen Dynamodraht herzustellen und die Spulen luftdicht mit Ölleinen-Iolierband zu umwickeln. Solche Wicklungselemente zeigen oft schon in kurzer Zeit die mit Recht gefürchteten Vergrünungen. Bei Lackdrähten kommt dies nicht vor.

Das im Elektromaschinenbau verwendete Kupfer-Leitermaterial (Dynamodraht) wird aus Kupferbarren von etwa 1 m Länge und 10 × 10 cm Querschnitt im Walzverfahren auf einen Durchmesser von etwa 7 mm herunter gewalzt. Anschließend erfolgt das Ziehen auf Grob-, Mittel- und Feinzügen bis auf etwa 0,05 mm Ø. Vor dem Ziehen wird der sogenannte Glühspan durch Anwendung eines Beizverfahrens entfernt. Für genaue Arbeiten werden Diamanten als Ziehsteine verwendet. Die Zieheisen werden aus hochwertigen Spezialstählen gefertigt. Während des Ziehvorganges findet ein mehrmaliges Ausglühen statt. Man unterscheidet hart-, halbhart- und weichgezogenen Kupferdraht. Für die Herstellung von Kollektoren wird das hartgezogene Profilkupfer verwendet. Der Dynamodraht kann dagegen nicht weich genug sein.

Kupfer gilt als Mangelstoff. Obgleich auch im Reichsgebiet Kupfervorkommen vorhanden sind (z. B. im Mansfelder Revier) und planmäßig in hoher Wirtschaftlichkeit ausgebeutet werden, reichen die Erträge nicht aus, um den Bedarf zu decken.

13. Emaille-Lackdraht

Geschichtliches: Der Gedanke, bei Dynamodrähten an Stelle der Umspinnung aus Seide, Baumwolle und Papier eine lack- oder firnisartige Schicht treten zu lassen, nahm zuerst um das Jahr 1900 in den USA. feste Gestalt an. Im deutschen Reichsgebiet wurden um das Jahr 1905 die ersten Lackdrähte hergestellt.

Anfänglich waren diese Lackdrähte nur für die Schwachstromindustrie vorgesehen, jedoch wurden die Vorzüge derselben auch recht bald im Elektromaschinenbau und Trafobau erkannt.

Die ersten Versuche, sogenannte Lackdrahtwicklungen an elektrischen Maschinen herzustellen, beschränken sich vorwiegend auf Nebenschluß-Wicklungen an Gleichstrommaschinen. Es ist auf die damalige Unzulänglichkeit der schwarzen Lackdrähte zurückzuführen, daß sich dieser Werkstoff im Elektromaschinenbau erst viele Jahre später endgültig durchsetzen konnte. Die größte Schwäche der damaligen schwarzen Lackdrähte war die geringe Beständigkeit gegen Mineralöl. Durch Undichtigkeiten der Gleitlager trat das Schmieröl in das Innere der Maschine, wurde von den unten im Gehäuse angeordneten Feldspulen aufgenommen und verursachte hier die Zerstörung der Lackschicht auf den Drähten.

Erst später kamen die durchscheinenden Lackdrähte (rot-transparent) unter der Markenbezeichnung: Rubindraht, Fakierdraht usw. auf den Markt. Diese Drähte zeigen den schwarzen Lackdrähten gegenüber wesentlich höhere, elektrische und mechanische Gütewerte.

Sowohl die rezeptliche Zusammensetzung der zur Anwendung kommenden Emaille-Lacke als auch die Herstellungsmethoden für Lackdrähte sind laufend verbessert worden. Im gleichen Maße erweiterte sich auch das Absatz- und Anwendungsgebiet der Lackdrähte.

Herstellung: Das Einbrennen der Lackschicht auf der Drahtoberfläche geschieht auf Horizontal- oder Vertikal-Emailliermaschinen, und zwar bei einer Temperatur von etwa 350 bis 400° C. Als Heizquelle kommt Gas oder Elektrizität in Betracht. Die Einbrennzone an den Emailliermaschinen hat eine Länge von etwa 1 bis 4 m.

Die Herstellung der Lackdrähte erfolgt im Reichsgebiet nach dem Dinblatt VDE 6430. In der Regel erhalten die Drähte 5 Lackauflagen, die einzeln je für sich eingebrannt werden. Sogenannte Starkschichtdrähte erhalten 8 bis 10 Lackauflagen.

Drahtdurchmesser bis etwa 0,5 mm werden auf Horizontal-, stärkere in der Regel auf Vertikalmaschinen hergestellt.

Eigenschaften: Die Lackdrähte gewährleisten bei der Herstellung von Wicklungen den besten Füllfaktor und die beste Wärmeabgabe. Die elektrische Durchschlagsfestigkeit ist höher als diejenige der mit Bw., Seide oder Papier isolierten (unimprägnierten) Drähte.

Die Lackschicht der rot-transparenten Drähte hat eine geringe Feuchtigkeitsaufnahme. Sie ist gegen Öl, schwache Säuren und Laugen, Wachs usw. in hohem Maße beständig. Dagegen werden diese Drähte vom erhitzten Isolierlack und den Lösungsmitteln mehr oder weniger angelöst.

In jüngster Zeit werden auch imprägnierfeste Lackdrähte unter Verwendung von synthetischen Emaillelacken hergestellt. Diese Drähte sind gegen erhitzten Isolierlack beständig.

Prüf- und Abnahmevorschrift: Die Feststellung der verlangten Gütewerte geschieht noch zur Zeit nach Maßgabe des VDE-Dinblattes 6430.

Eine neue bzw. ergänzende Prüf- und Abnahmevorschrft für Lackdrähte befindet sich bei den hierfür maßgebenden Stellen in der Ausarbeitung.

14. Dekafol-Dynamodraht

Der von der Fa. Deutsche Kabelwerke A.-G., Berlin O 112, in den letzten Jahren herausgebrachte „Dekafol-Dynamodraht" stellt eine sehr beachtenswerte Neuerung auf dem Gebiete der aktiven Baustoffe für den Elektromaschinen-, Transformatoren- und Apparatebau dar. Der Entstehung liegt der Gedanke zugrunde, unter Verzicht auf devisengebundene Rohstoffe (Baumwolle, Seide) eine möglichst dünnwandige, raumsparende, elektrisch hochwertige, mechanisch, physikalisch und chemisch widerstandsfähige Leiterisolation zu schaffen.

Dekafoldrähte sind Drähte mit einer Isolation aus dünnen Folien, die nach einem besonderen Verfahren auf der Drahtoberfläche nahtlos angeordnet werden. Die sogenannte Isolationszunahme dieser Drähte beträgt etwa 0,11 bis 0,15 mm. Hinsichtlich des Füllfaktors rangieren diese Drähte daher unmittelbar hinter den Lackdrähten, die bekanntlich den geringsten aktiven Wickelraum beanspruchen.

Die Gütewerte der Dekafoldrähte lassen sich wie folgt zusammenfassen:

I. Durchschlagsfestigkeit gemäß DIN 4650 VDE.

a) in Raumluft = 4400 bis 9600 Volt,

b) nach einstündiger Wasserlagerung = 2500 bis 3000 Volt,

c) bei 150 Grad C (auf einen Metalldorn von 13 mm ∅) = 2100 bis 3000 Volt.

II. Isolationsfehler:

Die in 2 Lagen aufgebrachte, an sich schon fehlerlose Folie, gewährleistet eine außerordentlich große Fehlersicherheit des Drahtes.

III. Wickelprüfung:

Die gemäß DIN, VDE 6450 für Lackdrähte vorgeschriebenen Wickelprüfungen werden von Dekafoldrähten 225 T erfüllt.

IV. Wärmebeständigkeit:

a) Wärmedruckprüfung bei 165 Grad C, 220 Volt Prüfspannung und 1 kg Belastung (Dorn ∅ = 6 mm, Drahtstärke = 1,50/1,63 ∅), nach 15 Min. erfolgte Durchschlag. Bei 160 Grad C war auch bei sehr langer Versuchsdauer kein Durchschlag zu erzielen.

b) Die Alterungsprüfung nach DIN, VDE 6450 = 3 Stunden bei 120 Grad C halten die Drähte ohne Veränderung aus.

c) Die Wickelprobe nach DIN, VDE 6450 wird nach 48 Stunden noch bestanden.

V. Beständigkeit gegen erhitzte Öle, Tränklacke und dgl.:

a) Nach 6-stündiger Lagerung in 120 Grad C heißem Trafoöl waren keine Veränderungen der Isolierschicht festzustellen. Folie und Klebemittel sind ölbeständig.

b) Die Isolierfolien sind beständig gegen Benzin- und Benzolkohlenwasserstoffe, dagegen quellbar und löslich in Alkoholen, chlorierten Kohlenwasserstoffen, Ketonen und Estern. Für die Imprägnierung von Wicklungen aus Dekafoldraht sind daher Isolier-Tränklacke zu bevorzugen, die als Lösungs- und Verdünnungsmittel Benzin- und Benzolkohlenwasserstoff enthalten.

VI. Wärmebeständigkeit:

a) bei kurzzeitiger Beanspruchung von 20 bis 200 Grad C,

b) bei Dauerbeanspruchung bis 150 Grad C (Werkstoffklasse B).

VII. Feuersicherheit:

Die Dekafolschicht eines waagerecht gehaltenen und in eine Flamme gebrachten Drahtes brennt bei Entzündung und nach Entfernung aus der Flamme nicht weiter.

VIII. Feuchtigkeitsbeständigkeit:

Die Isolierfolien können nur bis zu etwa 2 % Feuchtigkeit aufnehmen, sie sind daher als außergewöhnlich feuchtigkeitsbeständig zu bezeichnen.

15. Aluminium

Allgemeines: Während für die Herstellung passiver Bauteile im Elektromaschinenbau fast nur Alu.-Legierungen in Frage kommen, hat das sogenannte Reinaluminium eine große Bedeutung als Austauschstoff gegen Kupferleitermaterial (Dynamodrähte, Profilleiter usw.) bei der Herstellung von Wicklungen an elektrischen Maschinen, Transformatoren und Apparaten.

Wichtige Daten: Das Reinaluminium hat einen Schmelzpunkt von 650 Grad C. Der spezifische Widerstand bei 20 Grad C beträgt 0,02778 bis 0,03 (Kupfer 0,0175—0,02), die Leitfähigkeit bei 20 Grad C ist 35—36 (Kupfer 56—57), das spez. Gewicht ist 2,6—2,7 (Kupfer 8,8—9).

Für den Austausch einer Kupferwicklung gegen eine solche aus Alu.-Leitermaterial sind folgende Gegenüberstellungen interessant:

Verhältnis Alu./Kupfer (Leiterwertgleichheit)

Leiterdurchmesser des Alu.	= 1,27	× Kupferdrahtdurchmesser
Leiterquerschnitt des Alu.	= 1,6	× Kupferquerschnitt
Gewicht des Alu.	= 0,5	× Kupfergewicht.

Beispiel: Eine Drehstrom-Ständerwicklung ist mit Kupferdraht von 1,3 mm ∅ (1,3273 qmm Querschnitt) hergestellt. Das Kupfergewicht beträgt 11,5 kg. Dann muß der Aluminiumdraht gleichen Leitwertes einen Durchmesser von 1,65 mm ∅ (2,12 qmm Querschnitt) erhalten. Das gesamte Alu.-Gewicht der Wicklung beträgt 11,5 · 0,5 = 5,75 kg.

Geschichte und Herkunft des Aluminiums. Im Jahre 1827 gelang dem deutschen Chemiker Friedrich Wöhler der Versuch, auf chemischem Wege metallisches Aluminium herzustellen. Im Jahre 1854 wies Bunsen die Möglichkeit nach, durch Schmelzfluß-Elektrolyse metallisches Aluminium herzustellen. Die Grundzüge dieses Verfahrens bilden auch heute noch den Ausgangspunkt der Alu.-Erzeugung. Im Jahre 1858 betrug der Preis für 1 kg Aluminium etwa 2400 Mark, im Jahre 1885 fiel der Preis auf 50 Mark und im Jahre 1889 kostete 1 kg Aluminium nur noch 38 Mark. Durch entscheidend wichtige Verbesserungen und Vereinfachungen der Erzeugungsmethoden konnte der Preis für 1 kg Aluminium allmählich auf 2,50 Mark, sogar auf 1,20 Mark für Handelsware herabgesetzt werden.

Das Aluminiumvorkommen ist sehr groß und beträgt etwa 8 bis 10 % der Erdrinde. Das wichtigste dieser „Erze“, aus denen Aluminium hergestellt wird, ist das Bauxit. Es handelt sich hier um eine mit Eisenoxyd und Kieselsäure verunreinigte Tonerde, ein Verwitterungsprodukt von Mineralien. Große Bauxitlager findet man in Frankreich, Ungarn, Südslawien, Italien, Griechenland und Nordamerika.

Alu.-Erzeugung. Die Alu.-Erzeugung im großen Maßstab erfolgt heute nur noch auf dem Wege der Elektrolyse. Die Schmelzöfen bestehen aus eisernen Kästen mit Kohlenmasse als Kathode. Die Anode wird von oben, in Form von Kohlestäben zugeführt. Hierbei entsteht ein elektrischer Lichtbogen, in dem sich der Sauerstoff mit dem Kohlenstoff zu Kohlensäure verbindet. Hierbei wird das Aluminiummetall frei und kann von Zeit zu Zeit abgeschöpft werden. Der Reinheitsgrad des auf diesem Wege gewonnenen Aluminiums ist 99,5 bis 99,8 %. Für die Herstellung des Aluminiums werden sehr hohe Ströme bei niedriger Spannung benötigt.

Für die Erzeugung von 1000 kg Rein-Alu. sind etwa 4000 kg Bauxit, etwa 600 kg Elektrodenmaterial und 23 000 bis 25 000 kWh elektrische Energie erforderlich.

Bis in jüngster Zeit wurde das zur Aluminium-Herstellung verwendete Bauxit vom Ausland eingeführt. Obwohl die Aufwendungen hierbei nur 6 bis 7 Prozent des Aluminium-Preises ausmachen, hat man ein Verfahren gefunden, welches die Aluminium-Herstellung von der Einführung des Bauxites unabhängig macht. Als Rohstoff verwendet man hierbei den deutschen Feldton, der in reine Tonerde verwandelt wird. Das Verfahren ist z. Zt. noch etwas teurer als das Bauxitverfahren, doch ist zu erwarten, daß die Wirtschaftlichkeit bei Großanlagen noch gesteigert werden kann.

Eigenschaften des Alu. Das Aluminium hat die Eigenschaft, sich an der Luft (Sauerstoff) mit einer fest haftenden Orydhaut zu überziehen. Diese Schicht bildet einen guten Schutz gegen Korrosion und stellt gleichzeitig eine Isolierschicht dar. Die Isolierfähigkeit dieser Schicht kann durch das Eloxierverfahren (elektrisches Oxydierverfahren) auf chemisch-elektrischem Wege noch erhöht werden. Da Aluminium ein stark negatives Potential aufweist, so entstehen bei Berührung mit den meisten Schwermetallen elektrolytische Korrosionen.

Alu.-Legierungen. Im Jahre 1909 erfand der deutsche Forscher Alfred Wilm das „Duralumin", eine Alu.-Kupfer-Magnesium-Legierung, die im Luftschiffbau und in der Flugtechnik Verwendung findet.

Eine der bekanntesten Leichtmetall-Legierungen ist das Elektron-Metall, welches sich durch hohe Festigkeit und Zähigkeit auszeichnet. Das spezifische Gewicht desselben beträgt 1,8 und das Metall ist etwa 50 % leichter als Aluminium.

16. Cupaldraht

Zum Zwecke der Kupferersparnis, aber auch zur Erzielung gewichts-
die mit einer Kupferhaut überzogen werden.
mäßiger Einsparungen werden aus Reinaluminium Drähte hergestellt,

Dieser Kupfermantel verleiht dem Draht nicht nur das Aussehen eines Kupferdrahtes, sondern auch die übrigen technisch-wertvollen Kupfereigenschaften.

Die Bezeichnung „Cupal" ist eine Zusammensetzung aus den Worten Kupfer und Aluminium.

Cupaldrähte lassen sich wie Kupferdrähte sowohl miteinander als auch mit Messing und Kupfer mit einem normalen Weichlot löten. Die Kupferersparnis beträgt gegenüber Kupferdraht gleichen Durchmessers etwa 70 %.

Die Stärke der Kupferauflage ist etwa 0,53fach des Außendurchmessers. Das spezifische Gewicht ist = 4, die spezifische Leitfähigkeit etwa 39 bis 40, der spezifische Widerstand etwa 0,0256 bis 0,025 Ohm.

Cupaldrähte werden in Stärken von 0,2 bis 5,0 mm ∅, auch in Profilquerschnitten hergestellt.

Umgekehrt lassen sich auch Kupferdrähte mit einem Alu.-Überzug herstellen. Die Alu.-Haut läßt sich durch Behandlung nach dem Eloxalverfahren als elektrisch hochwertige und vor allen Dingen als hitzebeständige und die Wärmeabgabe fördernde Isolierschicht verwenden. Wicklungen aus solchen Drähten vertragen Dauertemperaturen bis etwa 350 Grad C.

Hinsichtlich der Wärmeabgabe werden optimale Werte erzielt, weil die gesamte Wicklung frei von schlechten Wärmeleitern (Asbest, Baumwolle, Seide, Papier usw.), lediglich aus gut wärmeleitenden Metallen besteht. Als hitzebeständige Nutenisolation usw. kommen eloxierte Alu.-Folien in Frage.

17. Messing

ist eine Legierung aus Kupfer und Zink von hellgelber bis goldgelber Farbe. Der Zinkanteil in Messing richtet sich je nach dem Verwendungszweck. Einige Messingsorten enthalten außer Zink noch (allerdings sehr geringe) Anteile von Blei und Zinn.

Bei geringem Zinkgehalt hat Messing eine rötlichgelbe Färbung, bei höherem Zinkgehalt eine hellere, gelbliche Färbung.

Die Schmelztemperatur liegt etwas niedriger wie bei Kupfer, nämlich um etwa 850 Grad C.

Messing ist im kalten Zustande hämmerbar und dehnbar, es läßt sich walzen und zu Draht ausziehen.

18. Tomback

ist ebenfalls eine Legierung, und zwar aus etwa 85 Teilen Kupfer und 15 Teilen Zink. Feine, aus Tomback hergestellte Bleche werden u. a. auch zur Herstellung des unechten Blattgoldes verwendet.

19. Bronze

ist eine Kupfer-Zinn-Legierung mit überwiegendem Kupfergehalt. Zu einigen solcher Legierungen werden noch andere Metalle, z. B. Blei,

Mangan, Nickel, Eisen, Antimon, Arsen und Phosphor, in sehr geringen Mengen beigegeben.

Die sogenannte Maschinen-Bronze besteht in der Regel aus 84 bis 98 Teilen Kupfer und 16 bis 2 Teilen Zinn. Die Schmelztemperatur der Bronze liegt etwa zwischen 780 bis 900 Grad C.

20. Lötzinn

ist eine Legierung aus Zinn und Blei. Ein sehr leichtflüssiges Lötzinn (Schnellot) erhält man aus etwa 37 Teilen Blei und 63 Teilen Zinn.

21. Schlaglot

Zu den Schlagloten zählen u. a. Messing-Schlaglot (Kupfer-Zinn-Zink-Legierung), Silberschlaglot (Kupfer-Zink-Silber-Legierung), Wismutlote (Zinn-Blei-Wismut-Legierung).

22. Gußeisen

Für die Herstellung der passiven Bauteile elektrischer Maschinen (Lagerschilder, Gehäuse) und Apparate (Anlasser, Schalter usw.) findet das Gußeisen eine weitverbreitete Verwendung.

Unter dem Sammelbegriff „Gußeisen" versteht man eine gegossene Eisenlegierung, die in der Regel mehr als 1,8 % Kohlenstoff (vielfach 2 bis 4 % Kohlenstoff) enthält. Sogenanntes legiertes Gußeisen hat einen geringeren Kohlenstoffgehalt.

Der Kohlenstoff ist meist nur zu einem Teil in dem Gußeisen gebunden, im übrigen als Graphit im Gefüge enthalten.

Die Bezeichnung „Grauguß" rührt von dem Aussehen des graphithaltigen Bruches her. Hartguß, auch weißes Gußeisen genannt, ist praktisch frei von Graphit und hat daher eine hellere Bruchfärbung.

Im Gegensatz zu Stahl und anderen Metallen hat das Gußeisen keine feste Elastizitätskonstante. Die Elastizität ist vielmehr abhängig von der jeweils vorliegenden Gußeisen-Marke und Spannung. Gußeisen gilt als spröde, da es so gut wie keine Dehnung aufweist. Deswegen ist aber das Gußeisen nicht geringwertig.

Unter den verschiedenen Gußeisen-Marken findet man u. a. nach Din 1691 folgende Bezeichnungen:

1. Bauguß und Handelsguß für Heizkörper, Radiatoren, Rippenrohre, Bügeleisen usw.
2. Maschinenguß ohne besondere Gütevorschriften für Gehäuse und dünnwandige Teile in der Elektroindustrie.
3. Maschinenguß mit besonders magnetischen Eigenschaften für die aktiven Bauteile elektrischer Maschinen und Apparate.

In der Regel wird Gußeisen aus sogenannten Kupolöfen vergossen, die mit Hochofen-Roheisen (Hämatit, Gießerei-Roheisen I, III), Gußbruch, Stahlschrott, Koks und Ferrolegierungen beschickt werden.

Für Gußeisen nach Ziffer 2 enthält das Normblatt Din 1691 die Kennmarke Ge 12.91. Für Gußeisen nach Ziffer 3 ist die Kennmarke Ge 12.91 D mit vorgeschriebenen magnetischen Eigenschaften genannt.

23. Temperguß

Unter Temperguß versteht man ein vergütetes Gußeisen. Die Gußeisenteile werden einer Glühbehandlung (Tempern) unterzogen, wodurch die Kohlenstoffverteilung nach Wunsch beeinflußt wird.

Je nach dem angewandten Verfahren unterscheidet man nach dem Bruch den weißen und schwarzen Temperguß. Daneben kommen mehrere Übergänge und Abarten vor.

Weißbrüchigen Temperguß erhält man durch Glühen in Eisenerz, schwarzen Temperguß erzielt man durch Glühen in Quarzsand. Man kann beide Verfahren verbinden und erhält so den Schwarzkernguß.

Temperguß wird in der Regel da angewandt, wo die Elastizität, Bruchfestigkeit und Zähigkeit des Gußeisens nicht ausreicht und man andererseits auf die leichte Vergießbarkeit und Bearbeitungsfähigkeit des Gußeisens nicht verzichten will.

24. Stahlguß

Früher auch Stahlformguß genannt, spielt wegen seiner guten magnetischen Eigenschaften im Elektromaschinenbau (z. B. Magnetjoche bei Gleichstrommaschinen) eine beachtliche Rolle. Stahlguß ist nach Din 1681 genormt.

Die Oberfläche des Stahlgusses ist etwas rauher als bei anderen Gußwerkstoffen, weil der Formsand fester einbrennt. Stahlguß ist schweiß- und schmiedbar. Nach Dinblatt 1681 sind zwei Kennmarken Stg. 38.81 D und Stg. 45.81 D wegen besonders günstiger magnetischer Eigenschaften für den Elektromaschinenbau geeignet.

Der Stahlguß ist hinsichtlich Härte, Zähigkeit, Festigkeit und Dehnung dem Grau- und Temperguß überlegen. Die Vergießbarkeit und Bearbeitung ist schwieriger als bei Gußeisen. Ausschlaggebend für den Elektromaschinenbau sind die hohen magnetischen Gütewerte des Stahlgusses.

25. Transformatorenöl

ist im Gegensatz zu anderen (pflanzlichen) Isolierölen (Leinöl, Holzöl) ein sogenanntes Mineralöl. Der Herkunft nach unterscheidet man Transformatorenöle auf Naphtha- oder Paraffinbasis.

Mineralöle werden auf dem Wege der trockenen Destillation aus Stein- oder Braunkohlenteer (synthetische Herstellung) oder aus Natur-Ölquellen (Naphtha) gewonnen. Transformatorenöle sind ganz besonders hochwertige Destillationsprodukte. Die handelsüblichen Sorten bestehen gewöhnlich aus einer Mischung von Paraffin- und Naphthaölen.

Eigenschaften und Gütewerte: Transformatorenöl hat isolierende Eigenschaften. Es dient außerdem zur Abführung der Stromwärme aus der Wicklung (Kühlung) an die den Behälter umgebende Kühlluft. Gebrauchsfähiges Trafoöl muß bei der Prüfung eine elektrische Durchschlagsfestigkeit von 40 000 Volt bei 5 mm Abstand der in das Öl eingesenkten Prüf-Elektroden aufweisen. Für die Prüfung des Trafoöles hat der VDE eine besondere Prüfvorschrift herausgegeben.

Sogenannte überraffinierte Öle neigen zu Oxydationen in der Baumwolle-Umspinnung der Wicklungen. Hierbei entstehen Säuren, welche die Baumwollfaser angreifen und zur Zerstörung der Umspinnung führen können.

Beim Nachfüllen von Öl in neugewickelten oder instandgesetzten Transformatoren muß auf eine gute Vermischung des alten (vorher gereinigten) und des zugesetzten Öles große Sorgfalt verwendet werden.

Bei Instandsetzungen und Neuwicklungen von Transformatoren soll das alte Öl stets restlos aus dem Ölkessel entfernt und in einer Ölreinigungsanlage durch Zentrifugen oder Filterpressen von Wasser, Schlamm und Faserstoffen befreit werden. (Siehe Abb. 35, Seite 46.)

26. Kohlebürsten

Allgemeines: Die rohstoffliche Zusammensetzung und die auf Grund verschiedener Herstellungsmethoden erreichten Gütewerte der Kohlebürsten haben für den funkenfreien Lauf der Kollektor- und Schleifringmaschinen sowie für die Lebensdauer des Bürsten-, Kollektor- und Schleifringmaterials eine weitaus größere Bedeutung als selbst in den Kreisen der Elektromaschinenbauer vereinzelt angenommen wird.

Das sich hieraus ergebende Bürstenproblem im Elektromaschinenbau kann z. Zt. noch keineswegs als allgemein gelöst bezeichnet werden, denn selbst der spezielle Bürstenfachmann ist in besonders schwierig gelagerten Fällen bei der Auswahl des Materials vielfach noch auf ein „Ausprobieren" angewiesen.

Leider haben sich auf diesem interessanten und wichtigen Gebiete noch keine einheitlichen Gütewerts-Bezeichnungen eingeführt, aus welchen der Verbraucher die Geeignetheit eines bestimmten Materials für den jeweils vorliegenden Fall ersehen könnte. Wenn weiter berücksichtigt wird, daß beispielsweise der funkenfreie Lauf einer Kollektormaschine noch von zahlreichen Faktoren abhängig ist, die unmittelbar mit dem Charakter der Ankerwicklung, mit der Auslegung des aktiven Eisens im Anker, in den Haupt- und Wendepolen, mit der Segmentspannung usw. im ursächlichen Zusammenhang stehen, dann ist klar ersichtlich, wie schwierig die Lösung des Bürstenproblems schlechthin ist.

Um so mehr erscheint es geboten, zumindest der rohstofflichen Zusammensetzung und dem sich hieraus ergebenden Verwendungszweck der Kohlebürsten erhöhte Aufmerksamkeit zu schenken.

Die rohstoffliche Zusammensetzung der Kohlebürsten

Allgemein betrachtet unterscheidet man:

a) Hartkohle,
b) Hochgraphitkohle,
c) Elektrographitkohle,
d) Metallkohle.

Die **Hartkohle** wird aus amorphen (gestaltlosen) Kohlenstoffen, Petrolkoks, Retortenkohlen, Teerkoks, Ruß und Bindemittel hergestellt. Diese Rohstoffe werden fein gemahlen, gemischt und anschließend unter hohem Druck zu Platten oder Stäben gepreßt. Hierauf werden die Platten in der Regel in gasbeheizten Öfen geglüht und nach erfolgter Abkühlung maßhaltig zugeschnitten.

Die **Elektrographitkohlen** stellen ein vergütetes Hartkohlenerzeugnis dar. Die Hartkohlenplatten werden auf einer feuerfesten Unterlage fest aneinandergereiht, allseitig mit feuerfestem Material überdeckt und unter Luftabschluß durch Stromdurchgang bis zur Hochglut erhitzt. Während dieses Vergütungsprozesses wird die amorphe Kohle sowie die Bindemittel in eine Graphitmodifikation (Abänderung) überführt.

Die **Hochgraphitkohle** besteht vorwiegend aus Naturgraphit, der mit Beimischungen ähnlich wie bei Hartkohle. in Platten gepreßt, geglüht und maßhaltig zugeschnitten wird.

Die **Metallkohle** wird aus einem Gemisch von feinem Metallschliff (z. B. Kupfer und Kupferlegierungen) und Graphit unter Verwendung von Bindemittel in der unter „Hartkohle“ beschriebenen Weise hergestellt.

Naturgraphit ist ein kristallisierter Kohlenstoff von mehr oder weniger tief grauschwarzer, mitunter bleigrauer Farbe und außerordentlich schwer brennbar. Man findet Naturgraphit in Gestalt sechsseitiger Tafeln, vereinzelt auch in Blättchenform, und zwar in Böhmen, Mähren, Bayern, England, Nordamerika, Spanien, Grönland, Sibirien usw. Naturgraphit dient u. a. auch der Bleistift-Fabrikation, der Herstellung von Schmelztiegeln und vielen anderen Zwecken.

Ruß, ebenfalls ein Rohmaterial für Kohlebürsten, wird durch eine unvollkommene Verbrennung aus Teer, Gasöl, Naturgas, Azetylengas usw. gewonnen.

Die Verwendung der verschiedenen Kohlebürsten-Sorten

Hartkohle-Bürsten eignen sich hauptsächlich für geringe und mittlere Kommutator-Geschwindigkeiten und Stromdichten bis etwa 7 Amp./

qcm und sollten nur bei nicht ausgekratztem Glimmer Anwendung finden. Die Hartkohle-Bürsten liegen preislich außerordentlich günstig.

Für höhere Strombelastungen und Kommutator-Umfangsgeschwindigkeiten eignen sich die hochgraphitischen und elektrographitischen Kohle-Bürsten.

Die **Elektrographit-Kohlebürste** spielt heute die wesentliche Rolle im Elektromaschinenbau. Diese Bürsten gewährleisten einen geringen Verschleiß an Bürsten- und Kollektormaterial und erfüllen in vielen Fällen alle Forderungen, die an eine hochwertige Kohlebürste gestellt werden. Trotzdem kann es vorkommen, daß die **Hochgraphitbürste** sich besser eignet als die Elektrographitbürste, und zwar in solchen Fällen, wenn es sich um sehr hohe Umfangsgeschwindigkeiten, hohe spezifische Strombelastungen oder um wickeltechnische Einflüsse handelt, die den funkenfreien Lauf erschweren.

Die **Metallkohle** findet fast ausschließlich bei Niederspannungs-Gleichstrommaschinen und bei Wechselstrom-Schleifringankermotoren Anwendung. Der Gehalt an Metallschliff richtet sich nach den Kommutierungsverhältnissen, nach der spezifischen Strombelastung der Bürsten, nach der Maschinenspannung und bei Schleifringmotoren nach dem Schleifringmaterial.

Zusammenfassung: Bei Kollektoren mit hohen Drehzahlen oder solchen mit großen Durchmessern (bzw. bei hohen Umfangsgeschwindigkeiten) oder bei solchen mit ausgeschabten Glimmerlamellen wird man den Elektrographitkohlen den Vorzug geben.

Bei relativ hohen Strömen (65 bis 110 Volt Gleichstrommaschinen) und bei sehr hohen Umfangsgeschwindigkeiten ist die Hochgraphitkohle in Frage zu ziehen.

In schwierigen Fällen ist eine Beratung durch spezielle Fachleute oder durch den Hersteller anzuraten.

Literatur: Das Bürstenproblem im Elektromaschinenbau von Dr.-Ing. W. Heinrich, Verlag von R. Oldenbourg, München und Berlin, 1930.

Durch Anwendung hitzebeständiger und die Wärmeabgabe fördernder aktiven Baustoffe zum Fortschritt und Leistungssteigerung im Elektromaschinen- und Transformatorenbau

I. Allgemeines

Die Isolierstoffe für die Herstellung von Wicklungen an elektrischen Maschinen und Transformatoren nach REM § 38 bzw. RET § 41 Klasse B und C stehen im Elektromaschinen- und Transformatorenbau z. Zt. im Vordergrund des Interesses. Mehr denn je ist der gestaltende Elektromaschinen- und Transformatorenbauer geneigt, die aktiven Baustoffe höher als bisher zu beanspruchen oder durch solche mit höheren Gütewerten zu ersetzen, um gewichtsmäßige bzw. preisliche Vorteile oder höhere spezifische Leistungseffekte zu erzielen. Parallel hierzu laufen die Bestrebungen, im Rahmen des Rohstoffumbruches heimischen Werkstoffen den Vorzug zu geben.

Das Tempo der weiteren Entwicklung auf diesem wichtigen Gebiete ist in hohem Maße abhängig von einer engen Zusammenarbeit zwischen der Werkstatt-Forschung einerseits sowie den Herstellern und Verbrauchern andererseits.

Für die Ausarbeitung und Weiterentwicklung der hitzebeständigen und wärmeleitenden Isolierstoffe ist es von großer Bedeutung, daß die werkstofflichen Belange des gestaltenden Elektromaschinen- und Transformatorenbauers in klarer und erschöpfender Form auf dem kürzesten Weg an die Werkstoff-Forscher und Hersteller dieser Werkstoffe herangetragen werden. Es darf hier nicht vergessen werden, daß die Rohstoff-Forscher und Hersteller der Werkstoffe im Regelfall keine Elektromaschinen- und Transformatorenbauer sind, und daß daher die anfallenden Probleme nur dann einer glücklichen und kurzfristigen Lösung zugeführt werden können, wenn die Voraussetzungen hierfür, wie vorstehend dargelegt, in allen Teilen erfüllt sind.

Im Zusammenhang hiermit steht die Ausarbeitung und Herausgabe noch fehlender Prüfvorschriften für hitzebeständige und wärmeleitende Isolierstoffe, in welchen die Begriffe „Hitzebeständigkeit" und „Wärmeleitfähigkeit" eindeutig definiert und einwandfreie Methoden für die Feststellung dieser Gütewerte enthalten sind.

In bezug auf die Ständerwicklung eines Drehstrommotors ist es beispielsweise schwierig, eine bestimmte Hitzebeständigkeit für die Isolierstoffe anzugeben. Zwischen dem Innern der Wicklung und den Kühlflächen derselben besteht bekanntlich ein erhebliches Wärmegefälle. Dasselbe ist in einem noch viel höheren Maße bei der Läuferwicklung der Fall. Andererseits liegen die Alterungsverhältnisse der Isolierstoffe in gewissen Fällen im Innern der Wicklung günstiger als außen, weil die äußeren Teile der Wicklung einer erhöhten Zufuhr von Sauerstoff durch die bewegte Kühlluft ausgesetzt sind. Dies trifft ganz besonders bei Isolierlacken auf Ölbasis und mit solchen Lacken getränkten Geweben oder Papieren zu.

Andererseits kommt es auch sehr darauf an, ob das Maximum der Wicklungstemperatur ein konstanter oder ein schwankender Wert ist. Tritt das Temperaturmaximum nur in bestimmten Intervallen auf, dann liegen erfahrungsgemäß die Alterungsbeständigkeitswerte weitaus günstiger als bei gleichbleibender Höchsttemperatur.

Es ist also nicht leicht, auf einen bestimmten Fall bezogen, über die geforderte Wärmefestigkeit der Isolierstoffe dem Hersteller bestimmte und zutreffende Angaben zu machen. Ungleich schwieriger ist es aber, die Gütewerte der hitzebeständigen Werkstoffe zweckentsprechend festzustellen. Findet die Prüfung der Wärmebeständigkeit in einem, auf die Maximum-Temperatur eingestellten Trockenschrank statt, dann entspricht diese Prüfung in der Regel nicht den Beanspruchungen, welchen die Wicklungen in der Praxis ausgesetzt sind. Es fehlt hier das Wärmegefälle zwischen den inneren und äußeren Teilen der Wicklung und, auf manche Fälle bezogen, die Einwirkung der bewegten Kühlluft.

Mangels geeigneter Prüfmethoden wird daher mancher Werkstoff als unbrauchbar verworfen, der in der Praxis noch das Prädikat „brauchbar" erhalten könnte. Vielfach werden auch seitens der Verbraucher wesentlich höhere Prüfbedingungen an Werkstoffe gestellt, als die Praxis es erfordert.

Aus diesen kurzen Hinweisen ist ersichtlich, wie notwendig eine enge Zusammenarbeit der beteiligten Fachleute und wie wichtig die Aufstellung und Herausgabe einheitlicher Gütewertbestimmungen für hitzebeständige und wärmeleitende Isolierstoffe ist.

Die Isolation der Wicklungen an elektrischen Maschinen und Transformationen wird in der Regel aus einer Kombination verschiedener Stoffe dargestellt, die unabhängig voneinander auch an verschiedenen Stellen hergestellt werden. Beispielsweise wird der Asbestdraht von Kabelwerken, der für die Imprägnierung der fertigen Wicklung erforderliche Isolierlack von den Lackfabriken hergestellt. Ähnlich liegen die Verhältnisse bei dem jüngsten hitzebeständigen Isolierstoff „Glasgespinst". Der webfähige Glasfaden ist ein Erzeugnis der Glasfabriken, die Gewebe entstehen in den Webereien, der Isolierlack in den Isolierlackfabriken.

Aus diesen Zusammenhängen ergeben sich für den Elektromaschinen- und Trafobauer Schwierigkeiten, deren Überbrückung nur durch eine enge Gemeinschaftsarbeit der beteiligten Stellen möglich erscheint.

II. Hitzebeständige Lackdrähte: Werkstoff Klasse B

Mit Wirkung vom 1. 1. 38 ist durch Änderung des § 38 REM und § 41 RET der Werkstoff „Lackdraht" in Klasse B überführt worden.

Bei dieser Gelegenheit taucht im Elektromaschinen- und Transformatorenbau die Frage auf, ob der handelsübliche Lackdraht den nach Klasse B zulässigen Temperaturgrenzwerten (115 bis 125 Grad C) im Dauerbetrieb entspricht.

Praktische Dauerversuche haben ergeben, daß marktgängige rottransparente Lackdrähte bestimmter Herkunft im Trockenofen nach einer Alterung von etwa 140 h bei einer Temperatur von 125 Grad C die Wickelprobe nach Dinblatt 6450 noch aushalten. Hier lag die Grenze der Wärmebeanspruchung, wenn als Norm das Dinblatt 6450 gewählt wird. (Andere Prüfvorschriften fehlen.)

Demgegenüber hielt ein mit synthetischem Emaillelack hergestellter Lackdraht die Alterungsprobe nach Dinblatt 6450 etwa 624 h bei 125 Grad C aus.

Diese Versuche ergeben lediglich eine bedeutende Überlegenheit der mit synthetischer Drahtemaille hergestellten Lackdrähte, nicht aber eine eindeutige Beantwortung der Frage, ob Lackdrahtwicklungen betriebsmäßig einer Dauertemperatur von 125 Grad C unterworfen werden können.

Die Alterungsprüfung nach Dinblatt 6450 läßt die Tatsache unberücksichtigt, daß die Wicklungen in der Praxis ein erhebliches Wärmegefälle zwischen dem inneren und äußeren Teil aufweisen. Außerdem werden die Wicklungen im Regelfall in Isolierlack getränkt und diese Imprägnierung verhindert oder erschwert zumindest den Zutritt von Sauerstoff in die tieferen Wicklungslagen und damit die Alterung der Lackschicht des Drahtes. Soweit für die Imprägnierung Isolierlacke auf Ölbasis in Frage kommen, ist damit zu rechnen, daß die tiefer liegenden Wicklungslagen der Nenntemperatur von 115 bzw. 125 Grad C ausgesetzt, hinsichtlich Alterung der Lackschicht aber mangels Zutritt von Sauerstoff nicht so hoch beansprucht sind, wie die außen liegenden, kühleren Wicklungsteile.

Es ist daher anzunehmen, daß die Prüfmethoden nach Dinblatt 6450 kein klares Bild über die Hitzebeständigkeit der Lackdrähte gewährleisten können. Um so aussichtsreicher sind die Hoffnungen, die mit Recht auf Lackdrahtwicklungen gesetzt werden. Hier werden allerdings diejenigen Drähte bevorzugt werden, die unter Verwendung entsprechender synthetischer Emaillelacke hergestellt sind. Diese Drähte haben außerdem den großen Vorzug, daß sie in der Regel gegen erhitzte Lacklösungsmittel (Benzin- und Benzolkohlenwasserstoffe) beständiger sind, als die z. Zt. noch marktgängigen Drähte, die mit Emaillelacken auf Ölbasis (devisengebundener Rohstoff) hergestellt werden.

Sowohl in den Kreisen der Lackdrahthersteller als auch der Elektromaschinen- und Transformatorenbauer ist man hinsichtlich der Verwendbarkeit des Lackdrahtes als Werkstoff Klasse B z. Zt. noch geteilter Meinung. Es besteht zweifellos eine gewisse Unsicherheit, die vielfach den Entschluß zum Übergang auf Lackdraht als Werkstoff der Klasse B erschwert. Die Ursache hierfür ist sowohl auf das Fehlen geeigneter Prüfvorschriften für hitzebeständige Lackdrähte, als auch auf den Mangel an praktischen Erfahrungen über die betriebsmäßige Dauerbeanspruchung der Lackdrahtwicklungen bei Temperaturen von 115 und 125 Grad C zurückzuführen. Indessen hat es den Anschein, als ob die vielfach geäußerten Bedenken nicht am Platze sind. Es wäre wünschenswert, wenn über dieses Gebiet möglichst viel praktische Erfahrungen aus den Kreisen der Elektromaschinen- und Transformatorenbauer zur Veröffentlichung gegeben würden.

III. Asbestisolierte Dynamodrähte

Der Asbestdraht ist z. Zt. der sicherste Werkstoff für die Herstellung hochhitzebeständiger Wicklungen. Die praktischen Erfahrungen, die hiermit gemacht wurden, sind jedoch sehr unterschiedlich. Während die Hitzebeständigkeit der Asbestisolation selbst den höchsten Anforderungen entspricht, treten in der Praxis häufig Mängel in Erscheinung, die in der schlechten Wärmeleitfähigkeit des Asbestes, der oft zu starken Zunahme der Isolation (großer Raumbedarf) und in der Schwierigkeit der Imprägnierung aufgezeigt werden können.

Soweit es sich um Wicklungen handelt, deren Betriebstemperaturen etwa zwischen Klasse A und B § 38 REM liegen, sind recht gute Erfahrungen gemacht worden. Weitaus schwieriger liegen die Fälle, wo die Wicklungen betriebsmäßig nach Klasse B und C § 38 REM beansprucht werden. Hier tritt in erster Linie der Mangel an geeigneten hitzebeständigen Isolierlacken mit höchstem Backvermögen in Erscheinung.

Isolierlacke werden aus organischen Stoffen hergestellt und diese Stoffe zerfallen bei Temperaturen um 200 Grad C. Die Grenze der Wärmebeständigkeit dürfte bei Dauerbetrieb um 90 bis 110 Grad C liegen. Isolierlacke auf geeigneter synthetischer Basis (z. B. auf der Basis „Glyptalharz") halten dagegen eine betriebsmäßige Wärmebeanspruchung von 150 bis 200 Grad C aus, wenn als Maßstab die sogenannte Stauwärme in den inneren Wicklungsteilen zugrundegelegt wird.

In der Praxis ist bei solchen, hochbeanspruchten Wicklungen (Drehstrommotoren) die Beobachtung gemacht worden, daß der verwendete Isolierlack anfänglich den betrieblichen Anforderungen entspricht. Nach kürzerer oder längerer Betriebszeit zerfällt der Isolierlack, die Haftung und damit die mechanische Festigkeit der ursprünglich gebackenen Wicklungselemente geht verloren. Infolge Stromstöße und Erschütterungen werden die Windungen gegeneinander mechanisch hoch beansprucht und es treten Durchschläge ein. Die mechanische Beanspruchung der Windungen und Lagen gegeneinander ist so erheblich, daß z. B. das runde Kupferprofil eine vier- oder rechteckige Formveränderung erfährt. Diese Erscheinung spricht zwar zugunsten der mechanischen Festigkeit der Asbestisolation, sie zeigt aber gleichzeitig einen Mangel auf, dessen Beseitigung Aufgabe der Isolierlackhersteller ist ünd dessen Vorhandensein die Verwendung der Asbestdrähte für solche und ähnliche Fälle nicht unwesentlich einschränkt.

Asbestdrähte, die vom Hersteller in Wachs-, Paraffin- oder Gemischen hiervon vorbehandelt sind, verursachen bei der Imprägnierung vielfach große Schwierigkeiten. Die leicht schmelzbaren Fettstoffe lösen sich bei der Vortrocknung der fertigen Wicklungskörper auf, verbinden sich gelegentlich der anschließenden Imprägnierung mit dem Isolierlack und verhindern oder erschweren die restlose Durchtrocknung der Wicklungen. Das feste Zusammenbacken der einzelnen Windungen und Lagen wird ebenfalls nicht erreicht.

Aber selbst dann, wenn hinsichtlich der Geeignetheit des Isolierlackes die dargelegten Voraussetzungen erfüllt sind, bleibt beim Asbestdraht der Mangel bezüglich Wärmeleitfähigkeit und vielfach der zu große Raumbedarf der Asbestisolation bestehen. Entsprechende Verbesserungen sind erstrebenswert.

IV. Leiterisolation aus Glasgespinst

Mit dem neuen deutschen Werkstoff „Glasgespinst" werden z. Zt. Versuche darüber angestellt, ob sich dieses Material für die Isolierung von Dynamodrähten eignet. Nach dem derzeitigen Stand der Versuche erscheint es möglich, für den Elektromaschinen- und Transformatorenbau brauchbares Leitermaterial mit Glasisolation herzustellen. Infolge der Glätte des Fadens und der hiermit verbundenen Gefahr des Verschiebens der Fäden auf der Leiteroberfläche wird eine Vorimprägnierung der Glasgespinstisolation wahrscheinlich nicht zu umgehen sein. Die Lösung dieser Aufgabe hängt wiederum mit einem hitzebeständigen Isolierlack zusammen, der neben den grundsätzlich geforderten Eigenschaften den Vorzug einer schnellen Trocknung und eine ausreichende Klebekraft aufweisen muß. Die Gefahr des Verschiebens der Glasumspinnung kann durch die Anwendung des Umklöppelverfahrens beseitigt werden. Die Isolationszunahme wird in diesem Falle etwas stärker. Bei dem vorzüglichen Wärmeleitvermögen des Glasgespinstes dürfte dies keine Rolle spielen. Die Umklöppelung hat noch den Vorteil der höheren mechanischen Festigkeit und dürfte daher besonders bei Durchzugs-(Einfädel-)Wicklungen zu bevorzugen sein. (In Heft 1 S. 12 „Die elektrische Maschine" ist ein mit Glasgespinst hergestellter Motor erwähnt.)

Es ist wahrscheinlich, daß auch hitzebeständige Lackdrähte mit Glasisolation hergestellt werden (z. B. für Hochspannungswicklungen).

Der glasisolierte Leiter hat dem asbestisolierten Leiter gegenüber bezüglich Raumbeanspruchung und Wärmeleitfähigkeit der Isolation erhebliche Vorteile.

V. Nutenisolation aus imprägniertem Glasgespinst

Es lag sehr nahe, den Glasfaden auch zur Herstellung von Gewebebahnen zu verwenden und diese Stoffe in hitzebeständigen Isolierlack zu imprägnieren. Diese imprägnierten Gewebestoffe sind elastisch und daher leicht verformbar, sie weisen eine Temperaturbeständigkeit auf, deren Grenze bei der Wärmefestigkeit des verwendeten Isolierlackes liegt. Die elektrische Durchschlagsfestigkeit liegt bei etwa 0,23 mm Stärke (einschließlich Imprägnierung) um 4000 bis 5000 Volt.

Die Hitzebeständigkeit unimprägnierter Glasgespinstgewebe liegt zwischen 400 und 500 Grad C.

Die Herstellung imprägnierter Glasgewebe befindet sich z. Zt. noch im Versuchsstadium. Während das Weben des Glasfadens keine Schwierigkeiten bereitet, ist die Frage der Imprägnierung mit hitzebeständigem Isolierlack noch nicht restlos geklärt.

VI. Isolierbänder und Hohlschläuche aus Glasgespinst

In der Herstellung von Isolierbändern und Hohlschläuchen aus Glasgespinst sind bis auf die Imprägnierung keine Fragen mehr offen. Das Material entspricht hinsichtlich Hitzebeständigkeit, Wärmeleitfähigkeit, mechanischer Festigkeit, Elastizität und des Isoliervermögens allen Anforderungen, die an Isolierstoffe nach Klasse B und C, § 38 REM und § 41 RET gestellt werden.

Es werden Bänder und Hohlschläuche sowohl aus sogenannter Stapelfaser als auch aus gezogenen, endlosen Glasfäden in den gangbaren Abmessungen hergestellt.

Die Wandstärke der Gewebe ist bei Verwendung der Stapelfaser wesentlich stärker als bei Verwendung des gezogenen Glasfadens. Für Hohlschläuche ist daher vielfach die Verwendung der Stapelfaser möglich, weil hier der Raumbedarf nicht immer eine wesentliche Rolle spielt. Die Isolierbänder aus gezogenen Glasfäden werden auch mit fester Webkante hergestellt. Die Webkante muß so ausgelegt sein, daß die Zunahme bei überlappter Umwicklung nicht zu stark wird.

Sowohl die Glas-Isolierbänder als auch die Hohlschläuche finden bereits u. a. bei der Herstellung von Stabwicklungen erfolgreiche Verwendung. Die maßhaltig vorgearbeiteten Kupferstäbe der Stabwicklungen können beispielsweise mit Hohlschlauch aus endlosem Glasfaden überzogen oder mit Glas-Isolierband bandagiert werden. In gleicher Weise lassen sich auch Bandwicklungen für Schweißtrafos, Wendepol- und Compoundspulen usw. mit einer hochhitzebeständigen, wärmeleitenden Isolation aus Glasgespinst versehen. Raumbedarf und Wärmeleitfähigkeit erreichen hierbei bisher noch nicht erzielte Werte.

Bei der Verwendung unimprägnierter Glasisolierbänder für die Umbandelung aktiver Einzelleiter oder ganzer Wicklungselemente kann der Nachteil in Erscheinung treten, daß sich infolge der Zug- und Druckbeanspruchung feine Glasteilchen ablösen, in die Haut eindringen und hier Juckreiz verursachen. Es besteht auch die Gefahr, daß diese feinen Glasteilchen eingeatmet werden und in der Speise- und Luftröhre Komplikationen hervorrufen.

Sofern die Umbandelung auf einer Spezialmaschine vorgenommen wird, läßt sich eine wirksame Absaugevorrichtung anbringen. Wird die

Umbandelung von Hand durchgeführt, dann ist es ratsam, Handschuhe aus undurchlässigen Stoffen als Schutzmaßnahme vorzuschreiben.

Durch eine allen Anforderungen entsprechende Vorimprägnierung der Isolierbänder lassen sich diese Nachteile restlos beseitigen.

VII. Wärmeleitende und hitzebeständige Nutenisolation aus isolierten Metallfolien

Die Versuche, an Stelle von Preßspan, Ölleinen, Glimmer usw. isolierte Metallfolien von hoher Hitzebeständigkeit und Wärmeleitfähigkeit anzuwenden, haben sich als aussichtsreich erwiesen.

Zur Anwendung kommen mehrschichtige, eloxierte oder mit synthetischem Isolierlack überzogene Aluminiumfolien.

Die Durchführung dieses Gedankens bis zur Fabrikationsreife der Metallfolien wird z. Zt. mangels einer ausreichenden Zusammenarbeit zwischen den Ideenträgern, den Herstellern der Metallfolien einerseits und den Isolierlackfabriken andererseits verzögert.

Der Vorteil des Austausches des Gedankengutes tritt auch hier wieder deutlich in die Erscheinung.

Die Hitzebeständigkeit der eloxierten Aluminiumfolien liegt bei dem Erweichungspunkt des Aluminiums, diejenige der lackierten Aluminiumfolien bei 150 bis 200 Grad C, wenn synthetische Isolierlacke auf der Basis Glyptalharz oder geeigneter, hochpolymerer Kunstharze zur Anwendung gelangen.

VIII. Hitzebeständige, wärmeleitende kaltplastische Isoliermassen

Die Lösung des Problemes der besseren Abgabe der Stromwärme an die Kühlluft steht u. a. mit der Herstellung und Anwendung geeigneter, kaltplastischer Isoliermassen im engen Zusammenhang.

Isolierlacke unterliegen während des Trockenvorganges einem zu hohen Volumenschwund. Es bilden sich innerhalb der Wicklung kleine mit Luft angefüllte Hohlräume, die eine beschleunigte Wärmeabgabe erschweren. Während Isolierlacke in der Regel aus notwendigen Gründen (Eindringvermögen, Trocknung usw.) 40 bis 60 % flüchtiger Bestandteile enthalten, lassen sich kaltplastische Isoliermassen mit etwa 5 bis 10 % flüchtigen Bestandteilen herstellen.

Die organischen Lackkörper der Isolierlacke sind durchweg schlechte Wärmeleiter und besitzen eine beschränkte Wärmebeständigkeit.

Demgegenüber lassen sich plastische Isoliermassen herstellen, deren anorganische Füllkörper eine hohe Dielektrizitätskonstante, eine für Wicklungen unbeschränkte Hitzebeständigkeit sowie ein ausgezeichnetes Wärmeleitvermögen aufweisen. Als Bindemittel kommen Glytalharz-

Lösungen, solche aus hitzebeständigen hochpolymeren Harzen und geeignete Chemikalien in Betracht. Das Gebiet der Kunstharze gestattet die Wahl weiterer, aussichtsreicher Kombinationen. Dem Chemiker und Lackhersteller sind hier dankbare und sehr aussichtsreiche Aufgaben gestellt.

Die kaltplastischen Isoliermassen werden bei entsprechender rohstofflichen und rezeptlichen Zusammensetzung durch mäßige Erwärmung dünnflüssiger, und hierdurch wird das Eindringvermögen derselben verbessert. Ohne Vakuum oder Druck wird man aber im Regelfall nicht die angestrebte Durchdringung der Wicklungselemente und Nuten bzw. die Ausfüllung der Hohlräume erreichen. In manchen Fällen ist eine Vorimprägnierung in geeignetem Isolierlack und anschließend die Anwendung plastischer Massen unter Vakuum oder Druck empfehlenswert.

IX. An Stelle der Papierbeklebung hitzebeständige Lacke für Dynamo- und Transformatorenbleche

Für die Herstellung von Transformatoren und elektrischen Maschinen mit hitzebeständigen Wicklungen ist die bisher allgemein noch übliche Papierbeklebung der aktiven Blechkörper ungeeignet. Papier ist hygroskopisch, der Klebstoff enthält in der Regel Wasser und dieses führt zu Rostbildungen. Papier ist auch nicht hitzebeständig und das Wärmeleitvermögen desselben ist sehr schlecht.

Die Versuche, das Papier durch geeignete Lacke zu ersetzen, sind im großen Umfang und erfolgreich durchgeführt worden. Die rohstofflichen und rezeptlichen Zusammensetzungen dieser Lacke müssen einer Anzahl wichtiger Forderungen entsprechen, die in der Hitzebeständigkeit, kurze Trockenzeit (möglichst an der Luft), Stanz- und Schnittfestigkeit, Auftragsmöglichkeit im Walz-, Spritz- oder Streichverfahren aufgezeigt werden können.

Für Trafobleche müssen die Lacke in erhitzten Mineralölen unlöslich sein. Sie dürfen unter dem Einfluß erhitzter Mineralöle keine, den Zustand des Kühlöles nachteilig verändernde Stoffe freigeben. Je dünner und gleichmäßiger der Lackauftrag gewählt werden kann, je günstiger ist der Füllfaktor beim Schichten der Bleche und die Wärmeabgabe des Blechpaketes. Der Lackauftrag im Walzverfahren ist anderen Methoden vorzuziehen. Sehr wichtig ist auch die mechanische Härte des getrockneten Lackfilmes, der beim Stanzen, Schneiden und Schichten der Bleche nicht beschädigt werden darf. Die elektrische Durchschlagsfestigkeit dieser Lacke hat in der Regel nur eine untergeordnete Bedeutung. Lacke auf synthetischer Rohstoffbasis haben sich auch für diese Zwecke als geeigneter erwiesen als solche auf der Basis pflanzlicher Öle und Naturharze.

X. Isolierlacke mit besserem Wärmeleitvermögen

Die Herstellung von Isolierlacken mit besserem Wärmeleitvermögen ist z. Zt. noch ein ungelöstes Problem. Es ist aber notwendig, daß der gestaltende Elektromaschinen- und Transformatorenbauer seinen diesbezüglichen Wünschen stetig Ausdruck verleiht, um hierdurch dem Lackchemiker die Anregung zur Ausarbeitung derartiger Isolierlacke zu geben.

Durch Verwendung eines mit Zinkoxyd versetzten Isolierlackes ist es, bezogen auf einen bestimmten Fall, schon möglich gewesen, die Temperatur der Wicklung um 8 bis 10 Grad C herabzusetzen. Es hat sich bei diesen Versuchen als empfehlenswert herausgestellt, den an sich weißen Isolierlack dunkel anzufärben. Es sind daher schwarzgefärbte Imprägniermittel vorzuziehen. Weitere Erfolge lassen sich erzielen, wenn man auf umsponnene Drähte verzichten und imprägnierfeste Lackdrähte verwenden kann.

Durch Isolierlacke mit möglichst gutem Wärmeleitvermögen (einheitliche Prüfmethoden und Gütewertbestimmungen fehlen z. Zt. noch) ist eine Förderung des entwicklungsmäßigen Fortschrittes im Elektromaschinen- und Transformatorenbau sehr wohl möglich. Eine vollkommene Lösung kann aber wahrscheinlich nur auf dem Gebiete der plastischen Isoliermassen gefunden werden.

XI. Hitzebeständige Isolierlacke

Diese bereits oft erwähnten Isolier- und Imprägniermittel beeinflussen die Weiterentwicklung hitzebeständiger Isolierstoffe im entscheidenden Maße.

Für die Impärgnierung von Wicklungen, deren betriebsmäßige Temperaturen zwischen der Werkstoffklasse A und B § 38 REM liegen, können schwarze Isolierlacke auf der Basis hitzebeständiger Asphalte oder Bitumina in Verbindung mit pflanzlichen Ölen und ölreaktiven Kunstharzen zur aussichtsreichen Anwendung gelangen.

Für Wicklungen nach der Werkstoffklasse B mögen in einzelnen, günstig gelagerten Fällen derartige Lacke noch dem Zweck entsprechen. Größere Sicherheit bieten z. B. die Lacke auf Glyptalharzbasis, die auch für Wicklungen nach Werkstoffklasse C in Betracht kommen.

Wenn es sich um die Imprägnierung von Lackdrahtwicklungen nach Werkstoffklasse B handelt, dann kommen nur Lacke mit sehr milden Lösungs- und Verdünnungsmitteln in Frage, welche im erhitzten Zustand die Lackschicht der Drähte nicht angreifen, im übrigen aber allen Anforderungen, insbesondere hinsichtlich der Temperaturbeständigkeit, entsprechen. Imprägnierfeste Lackdrähte sind für solche Wicklungen vorzuziehen.

Bei Verwendung von Asbestdrähten ist u. a. das Haft- und Backvermögen sowie die restlose Durchtrocknung des Lackes in den tieferen Wicklungslagen sehr wichtig. Der getrocknete Lack darf bei der späteren, betriebsmäßigen Erwämung der Wicklung nicht mehr erweichen (Gefahr des Ausschleuderns bei umlaufenden Wicklungen und Herabsetzung der Kurzschlußfestigkeit der Wicklungselemente).

Generell gesehen, spielt der Geruch der Isolierlacke eine bedeutsamere Rolle, als in den Kreisen der Lackhersteller vielfach angenommen wird. Der üble Geruch des Kresols und des Phenols ist z. B. ein großer Nachteil der auf der Basis phenolischer Kunstharze hergestellten Isolierlacke. Vielfach sind es auch die Lösungs- oder Verdünnungsmittel allein, die eine obligate Verwendung an sich durchaus brauchbarer Isolierlacke erschweren oder verhindern. Es bleibt eine dankbare Aufgabe der Lackchemiker, nichts unversucht zu lassen, um diesen Wünschen der Verbraucherschaft nach Möglichkeit zu entsprechen. In manchen Fällen wird aber selbst der beste Wille und das beste Können nicht ausreichen, um einen bestimmten Lack von dem unangenehmen Geruch zu befreien. Hier muß dann durch Schaffung einer zweckentsprechenden Absauge- und Imprägniervorrichtung den Forderungen bestmöglichst Rechnung getragen werden.

XII. Zusammenfassung

Es ist der Zweck der vorstehenden Darlegungen, dem Elektromaschinen- und Transformatorenbauer eine kurze Übersicht über den derzeitigen Stand der Entwicklung neuzeitlicher aktiver Baustoffe zu geben. Im Rahmen dieser Darlegungen wurde die dringende Notwendigkeit eines lebhaften Ideen- und Gedankenaustausches zwischen Forscher, Hersteller und Verbraucher aufgezeigt und es wäre wünschenswert, wenn die hiermit gegebene Anregung zum Nutzen aller beteiligten Stellen den Auftakt zu einem regen Erfahrungsaustausch bilden würden.

Deutsche Werkstoffe im Elektromaschinenbau

Die Verwendung von Aluminium-Dynamodrähten bei der Herstellung von Wicklungen an elektrischen Maschinen

Die Verwendung heimischer Werkstoffe für die Herstellung von Wicklungen an elektrischen Maschinen ist auch in den Instandsetzungswerkstätten aktuell geworden.

Im Zusammenhang hiermit stehen eine Anzahl wichtiger Fragen, die nach einer eindeutigen Klärung drängen. Es sei daher zunächst die generelle Frage aufgeworfen, ob elektrische Maschinen, z. B. Drehstrommotoren, an Stelle der bisher üblichen Kupferwicklung, stillschweigend vom Hersteller mit einer Aluminiumwicklung ausgerüstet werden dürfen.

Wie in Fachkreisen bekannt, werden die Käfigläufer von asynchronen Drehstrommotoren von den Herstellerfirmen vielfach schon seit Jahren mit einer Aluminiumwicklung (im Spritz- oder Schleudergußverfahren) ausgerüstet. Diese Aluminiumwicklungen haben sich so ausgezeichnet bewährt, daß in jüngster Zeit immer mehr Herstellerfirmen zur Anwendung der Aluminium-Käfigläuferwicklungen übergehen. Es ist interessant und für die Beantwortung der vorstehenden Frage sehr wichtig, daß die Aluminium-Käfigläuferwicklung zuerst von einer holländischen Firma (Preßgußverfahren) auf den Markt gebracht wurde. Der Zeitpunkt, wo dies geschah, liegt weit vor der Proklamation des ersten Vierjahresplanes, und da die Aluminium-Wicklung in einem kupferreichen Lande angewandt wurde, so besteht kein Zweifel, daß es sich hier nicht um eine Ersatzmetallwicklung, sondern um einen technischen Fortschritt handelt.

Da die Motoren mit Aluminum-Käfigwicklung nirgends zu einer Beanstandung geführt haben, so kann man es heute im Sinne der Rechtsprechung als „üblich" bezeichnen, Käfigwicklungen aus Aluminium herzustellen.

Der Käufer eines Drehstrommotors mit Aluminium-Käfigläuferwicklung ist nach dieser Auffassung nicht berechtigt, die Annahme der Lieferung zu verweigern oder auf Wandlung des Lieferungsvertrages zu bestehen. Der Lieferant ist folgerichtig auch nicht verpflichtet, den Interessenten oder Käufer vor Lieferung darauf aufmerksam zu machen, daß die zur Lieferung kommenden Motoren Käfigwicklungen aus Aluminium besitzen.

Soweit Aluminium-Ständerwicklungen zur Betrachtung stehen, liegen z. Zt. die Verhältnisse noch nicht so klar, wie bei den Aluminium-Käfigläuferwicklungen.

Für alle Fälle gilt der Grundsatz, daß die mit Aluminiumwicklung ausgerüstete Maschine **die zugesicherten Eigenschaften** haben muß. Werden dem Interessenten oder Kunden bestimmte Leistungswerte (Leistung, Leistungsfaktor, Wirkungsgrad, Erwärmung) sowie eine bestimmte zeitliche Garantie für Betriebstüchtigkeit zugesichert, so muß die Maschine diese zugesicherten Eigenschaften auch besitzen. Ist das nicht der Fall, dann kann der Käufer den Lieferer im Rahmen der gesetzlichen Bestimmungen bzw. unter Bezugnahme auf vereinbarte vertragliche Bestimmungen haftbar machen. Hier liegen die Rechtsverbindlichkeiten genau so, wie bei Lieferung von Maschinn mit Kupferwicklung.

Besitzt eine mit Aluminiumwicklung versehene elektrsche Maschine aber die zugesicherten oder „üblichen" (nach REM) Eigenschaften (Leistung, Leistungsfaktor, Wirkungsgrad, Erwärmung usw.), so muß dem Käufer das Recht auf Rücktritt oder Wandlung nach Ansicht des Verfassers abgesprochen werden.

In der heutigen Zeit, wo der Austausch von Mangel-Werkstoffen gegen solche aus der heimischen Erde notwendig geworden ist, wird wohl kaum ein Gericht derartige Einwände gelten lassen. Ebensowenig wie der Käufer eines Anzuges nicht das Recht hat, die Zahlung oder Abnahme zu verweigern, weil der Stoff Zellwolle enthält, wird das Gericht Einwände gelten lassen, die bezüglich Aluminium an Stelle von Kupfer im Sinne der vorstehenden Darlegungen erhoben werden.

Wesentlich ist stets, daß der angebotene und gelieferte Gegenstand die zugsicherten oder als „üblich" geltenden Eigenschaften besitzt.

Verlangt der Kunde hingegen ausdrücklich Kupferwicklung und sichert der Lieferer Kupferwicklung zu, dann muß die Maschine auch Kupferwicklung besitzen, andernfalls der Käufer den Lieferer in Anspruch nehmen kann.

Im Zusammenhang hiermit sei erwähnt, daß nach dem „Stand der Technik" aus normalen Kupfermodellen z. Zt. Drehstrommotoren mit Aluminiumwicklung (Ständer und Läufer) hergestellt werden können, die hinsichtlich Leistung, Leistungsfaktor, Anlaufdrehmoment, Überlastbarkeit usw. gleiche Gütewerte aufweisen, wie Motoren mit Kupferwicklung. Hingegen liegt der Wirkungsgrad solcher Motoren etwa 8 bis 10 % tiefer als bei Kupferwicklung „üblich".

Derartige Motoren können nicht stillschweigend an Stelle von Kupfermotoren geliefert werden, weil sie eine „übliche" Eigenschaft (nach REM), nämlich den geforderten Dinwert des Wirkungsgrades nicht besitzen. Würde der Hersteller z. B. das aktive Eisen usw. für Aluminium auslegen und Motoren mit „üblichem" (nach DIN) Wirkungsgrad herstellen, so würde das Recht auf Beanstandung fortfallen.

In jüngster Zeit ist man in den Kreisen der Instandsetzungs-Fachleute dazu übergegangen, gelegentlich einer Neuwicklung an Stelle des vorgefundenen Kupferleiters einen solchen aus Aluminium zu verwenden. Diese praktischen Fälle wurden störungslos abgewickelt, weil das erforderliche Kupfer nicht kurzfristig zu haben und der Kunde mit der Herstellung einer Aluminiumwicklung einverstanden war.

Es hat sich hierbei ergeben, daß die Verarbeitung des Aluminiumleiters weniger Schwierigkeiten bereitete, als bei Kupfer starken Querschnittes. Auch die Herstellung der Lötstellen ging störungslos vonstatten. Die auf diese Art instandgesetzten Maschinen arbeiten nach Mitteilung der Hersteller einwandfrei.

Für alle derartigen Fälle ist anzuraten, dem Auftraggeber vor Inangriffnahme der Arbeiten die Frage vorzulegen, ob er mit der Herstellung einer Aluminiumwicklung an Stelle der bisherigen Kupferwicklung einverstanden ist.

Der Auftragnehmer muß sich darüber klar sein, daß der Kunde gutgläubig und mit Recht auch von der mit Aluminium gewickelten Maschine verlangt, daß dieselbe den betrieblichen Anforderungen entspricht. Im Regelfalle wird der Kunde also zufrieden sein, wenn nach Anlieferung und Einbau der mit Aluminium versehenen Maschine der normale Betrieb wieder aufgenommen werden kann. Der einsichtsvolle Kunde wird auch dann nicht Mängelrüge erteilen, wenn der Motor etwas mehr Strom verbraucht als bisher. Nicht alle Kunden sind so verständig. Es wird daher empfehlenswert sein, den Kunden auch auf solche Möglichkeiten vorher aufmerksam zu machen.

Es ist aus den früheren Jahren bekannt, daß zur Herstellung von Aluminium-Motoren normale Kupfermodelle verwendet wurden. Diese Motoren hatten bei gleichen Wickeldaten wie in Kupfer eine um etwa 20 bis 25 % geringere Leistungsabgabe.

Beispiel

Der Drehstrommotor AEG, Type D 1000/10a, hatte in Kupferwicklung eine listenmäßige Leistung von 10 PS. In Aluminium-Ausführung betrug die Leistung 7,5 PS. Der Leistungsabfall betrug also 25 %.

Hierzu sei erwähnt, daß der Motor der Type D noch nach den alten REM (vor 1923) gebaut worden ist. Nach den neuen REM liegt die Leistungsabgabe in Kupfer höher als 10 PS. Somit könnte man aus dem Motor heute in Aluminiumwicklung eine höhere Leistung herausholen als 7,5 PS.

Es ist also von grundlegend wichtiger Bedeutung, aus welchem Baujahr jeweils der Motor stammt, der mit Aluminiumwicklung ausgerüstet werden soll.

An einem weiteren Beispiel soll gezeigt werden, daß hinsichtlich Wahl der Wickeldaten auch andere Wege beschritten werden können.

Die Bergmann-EW., Berlin, setzten beispielsweise bei Aluminiumwicklung die Leiterzahl herab und wählten einen stärkeren Leiterquerschnitt in Aluminium.

Beispiel

Aluminiumwicklung:

Type AD 12—4, 380/220 Volt, 12 kW, 1460 m,
Ständer: je Nute 15 Drähte,
Draht: 3,3 mm ∅.

Kupferwicklung:

15 kW, 380/220 Volt, 1470 n,
Ständer: je Nute 16 Drähte,
Draht: 3,1 mm ∅.

Der Leistungsverlust in Aluminium betrug also hier nur 20 % der Kupferleistung.

Weitaus günstiger liegen die Verhältnisse, wenn man einen derartigen Motor älteren Baujahres an Stelle von Draht 2xBw mit

Emaille-Lackdraht oder mit Emaille 1xBw wickelt. Die Raumbeanspruchung der Wickeldrähte verhält sich etwa wie folgt:

2xBw	2xS.	Lack 1xS.	1xS.	Lackdraht
100 %	40,5 %	38,6 %	31,8 %	22,2 %.

Hieraus ist ersichtlich, in welch erheblichem Maße der Leiterquerschnitt stärker gewählt werden kann, wenn Aluminium-Lackdrähte zur Anwendung gelangen können.

Es ist also durchaus möglich, bei günstigen Voraussetzungen eine aus 2xBw hergestellte Kupferwicklung in eine Aluminium-Lackdrahtwicklung umzuändern, ohne daß die Gütewerte des Motors Einbuße erleiden.

Beispiel

SSW-Drehstrommotor, Type R 81 s - 1500, 380/220 Volt. Der Ständer dieses Motors hat 48 Nuten, je Nute 52 Drähte, Draht 1,3 mm ∅, 2Bxw, 1,6 mm ∅, je Phase 2 Gruppen parallel. Der totale Kupferquerschnitt je Nute beträgt: 69 qmm. Lackdraht von 1,3 mm ∅ hat eine Zunahme von etwa 0,08 bis 0,1 mm.

Bei gleicher Leiterzahl je Nute könnte daher der Leiterquerschnitt von bisher 1,3273 auf etwa 1,7672 qmm, um etwa 34 % erhöht werden, weil ein Lackdraht von 1,5 mm ∅ gewählt werden kann.

Nun wäre noch zu berücksichtigen, daß der Lackdraht die Stromwärme besser an die Kühlluft abgibt, als 2xBw. umsponnener Draht und daß Aluminium eine bessere Wärmeangabe hat als Kupfer.

Immerhin ist der dem Leitwertunterschied zwischen Aluminium und Kupfer entsprechende Durchmesser des Drahtes von etwa 1,64 mm ∅ noch nicht erreicht.

Da der Nutenfüllfaktor bei dem beispielsweise erwähnten Motor aber reichlich ist, so besteht bei sorgfältiger Ausnutzung des Nutenraumes die Möglichkeit, die gleiche Leiterzahl mit einem Drahtdurchmesser von etwa 1,6 mm ∅ unterzubringen. Andererseits ist es möglich, die Leiterzahl je Nute von 52 um etwa 6 bis 8 % herabzusetzen und den hierdurch gewonnenen Nutenraum für den stärkeren Aluminiumleiter zu verwenden.

Wenn es möglich ist, an Stelle des 2xBw. umsponnenen Kupferleiters bei gleicher Leiterzahl einen dem Leitwertunterschied entsprechenden Aluminiumleiter unterzubringen, so ändern sich die Gütewerte des Motors nicht.

Einige Drahtdurchmesser in Kupfer und Aluminium sollen nachstehend angegeben werden:

Kupfer	Aluminium gleichen Leitwertes
0,5 mm ∅	0,632 mm ∅
0,55 „ „	0,696 „ „
0,6 „ „	0,759 „ „
0,7 „ „	0,885 „ „
0,8 „ „	1,00 „ „
0,9 „ „	1,14 „ „
1,0 „ „	1,265 „ „
1,1 „ „	1,39 „ „
1,2 „ „	1,52 „ „
1,3 „ „	1,64 „ „
1,4 „ „	1,77 „ „
1,5 „ „	1,90 „ „

Außer den vorstehend behandelten Beispielen wird es öfter der Fall sein, daß von den jeweils zur Neuwicklung stehenden Motoren die schildmäßige Leistungsabgabe praktisch nicht verlangt wird. Kann dies einwandfrei festgestellt werden, so ist dieser Faktor zu berücksichtigen. Dem Kunden ist aber zweckmäßig Mitteilung hiervon zu machen. Liegt die betriebsmäßige Leistungsabgabe des Motors etwa 20 bis 25 % unter der Schildleistung, dann genügt der Motor den Anforderungen, wenn die Aluminiumwicklung mit gleicher Leiterzahl und Querschnitt wie in Kupfer hergestellt wird.

Nach § 84 REM muß in jedem Falle neben dem Ursprungsschild ein weiteres Leistungsschild angebracht werden, welches die neuen Leistungsdaten usw. enthält.

Wie bekannt, hat der VDE die REM mit Wirkung vom 1. 1. 38 insofern geändert, als der Lackdraht in Werkstoff A gestrichen und in Klasse B (Grenztemperatur 115 Grad C) überführt worden ist. Diese Änderung erleichtert die Umwicklung von Kupfer in Aluminium.

Damit ist das Wichtigste über die z. Zt. akute Fachfrage „Aluminium statt Kupfer" gesagt.

Es wird unter Hinweis auf die vorstehenden Darlegungen empfohlen, jeden Einzelfall vor Beginn der Arbeit sorgfältig nach allen Richtungen zu überprüfen. Der an sich verständliche Wunsch, eine für alle Fälle passende Formel anzugeben, nach welcher die erforderlichen Wickeldaten bestimmt werden können, läßt sich leider nicht erfüllen.

Die Herstellung der Aluminium-Lötverbindungen unter Anwendung geeigneter, auf dem Markt befindlicher Lötmittel, bietet keine Schwierigkeiten.

X. TEIL

Rechtsfragen im Elektromaschinenbauer-Handwerk

Der Werkvertrag gemäß des Bürgerlichen Gesetzbuches (BGB. §§ 630 bis 651) und seine Bedeutung für das Elektromaschinenbauer-Handwerk

Wenn eine rechtsfähige Person (z. B. offene Handelsgesellschaft, G.m.b.H., A.-G., Einzelkaufmann) einem Elektromaschinenbauermeister (Instandsetzungsunternehmen) einen Auftrag z. B. auf Instandsetzung, Neu- oder Umwicklung einer elektrischen Maschine erteilt und das Instandsetzungsunternehmen nimmt den Auftrag an, dann ist zwischen den Parteien ein Rechtsverhältnis entstanden.

Dieses Rechtsverhältnis ist in dem Bürgerlichen Gesetzbuch als

Werkvertrag

gekennzeichnet. Der Werkvertrag legt sowohl dem Auftraggeber als auch dem Auftragnehmer Verpflichtungen auf und räumt beiden Teilen bestimmte Rechte ein. Die Kenntnis über Art und Umfang der durch Abschluß eines Werkvertrages übernommenen gesetzlichen Pflichten und Rechte ist nicht nur für den selbständigen Handwerksmeister, sondern auch für den an der Herstellung des Werkes beteiligten Gesellen und Lehrling von größter Wichtigkeit.

Die Belegschaftsmitglieder (Meister, Vorarbeiter, Gesellen, Lehrlinge) sind die Erfüllungsgehilfen des selbständigen Handwerksmeisters. Ihnen fällt die Aufgabe zu, an der Gestaltung des Werkes und damit an der pünktlichen, fach- und sachgemäßen Erfüllung des Werkvertrages im entscheidenden Maße mitzuhelfen.

Sie tragen daher dem Unternehmer gegenüber (nicht dem Besteller) eine große Verantwortung.

Dieser Verantwortung müssen sich die Belegschaftsmitglieder bewußt sein und stets ihr bestes Wollen und Können für das gute Gelingen des Werkes einsetzen.

A. Das Zustandekommen eines Werkvertrages

Dem Abschluß eines Werkvertrages geht in der Regel eine oder mehrere Verhandlungen zwischen dem Auftraggeber und Auftragnehmer voraus. Diese Verhandlungen können sowohl schriftlich als auch mündlich oder fernmündlich geführt und zum Abschluß gebracht werden. Entscheidend für die Rechtsgültigkeit ist lediglich, daß die Verhandlungsführer beider Parteien zur Führung der Verhandlungen und zur Erteilung bzw. Annahme des Auftrages berechtigt sind.

Ein Werkvertrag kann also auch mündlich oder fernmündlich (durch Fernsprecher) zustandekommen. In solchen Fällen bedarf es nicht einmal eines Zeugen oder einer schriftlichen Bestätigung der einen oder anderen Partei.

Aus naheliegenden Gründen ist es indessen ratsam und allgemein üblich, mündliche oder fernmündliche Verhandlungen, die auf den Werkvertrag Bezug nehmen, gegenseitig schriftlich zu bestätigen. Dies gilt insbesondere für die Auftragserteilung und Auftragsbestätigung (Auftragsannahme).

Da es sich bei Instandsetzungen und Neuwicklungen an elektrischen Maschinen, Transformatoren und Apparaten fast immer um dringliche Arbeiten handelt, so kommt es leicht vor, daß durch die eilig geführten Verhandlungen Mißverständnisse oder Unterlassungen entstehen, die später zu unliebsamen Auseinandersetzungen zwischen Auftraggeber und Auftragnehmer führen können.

Im Interesse einer störungslosen Abwicklung des Werkvertrages ist es wichtig, daß solche Mißverständnisse vermieden werden.

I. Anfrage und Preisabgabe

Bei der fernmündlichen und schriftlichen Preisabgabe (Angebot) ist darauf zu achten, daß die Unterlagen für die Abgabe des Preisangebotes klar und vollständig eingefordert werden.

Auf eine Anfrage „Was kostet die Neuwicklung eines 5-PS-Drehstrommotors" kann kein zutreffendes Angebot abgegeben werden, weil in der Anfrage wichtige Merkmale der Maschine, z. B. die Drehzahl, Spannung, Baujahr, ob offene oder geschlossene Ausführung, ob nur der Ständer oder Läufer oder beide Teile neugewickelt werden müssen, ob Lager, Schleifringe und Bürsten zu ersetzen sind usw., fehlen.

Es ist auch erfahrungsgemäß möglich, daß erst beim Abbau der Einzelteile und Wicklungen weitere Schäden erkannt werden können, die vorher nicht feststellbar waren.

Aus diesen und vielen anderen Gründen ist eine verbindliche Preisabgabe erst nach eingehender Untersuchung der beschädigten Maschine an Ort und Stelle oder im Prüffeld des Auftragnehmers zweckmäßig.

B. Welche gesetzlichen Pflichten erwachsen dem Unternehmen aus dem Werkvertrag?

Mit der Annahme eines Auftrages, d. h. nach dem Zustandekommen des Werkvertrages, hat der Auftragnehmer bestimmte Pflichten zu erfüllen, die in §§ 631 und 633 BGB. genau festgelegt sind.

§ 631.

Durch den Werkvertrag wird der Unternehmer zur Herstellung des versprochenen Werkes, der Besteller zur Entrichtung der vereinbarten Vergütung verpflichtet.

Gegenstand des Werkvertrages kann sowohl die Herstellung oder Veränderung einer Sache als eine andere durch Arbeit oder Dienstleistung herbeizuführender Erfolg sein.

§ 633.

Der Unternehmer (Auftragnehmer) ist verpflichtet, das Werk so herzustellen, daß es die zugesicherten Eigenschaften hat und nicht mit Fehlern behaftet ist, die den Wert oder die Tauglichkeit zu dem gewöhnlichen oder dem nach dem Vertrage vorausgesetzten Gebrauch aufheben oder mindern.

Ist das Werk nicht von dieser Beschaffenheit, so kann der Besteller die Beseitigung des Mangels verlangen. Der Unternehmer (Auftragnehmer) ist berechtigt, die Beseitigung zu verweigern, wenn sie einen unverhältnismäßigen Aufwand erfordert.

Ist der Unternehmer mit der Beseitigung des Mangels in Verzug, so kann der Besteller den Mangel selbst beseitigen und Ersatz der erforderlichen Aufwendungen verlangen.

Der Auftragnehmer ist also nach Zustandekommen des Werkvertrages verpflichtet, das Werk herzustellen, und zwar so, daß es die zugesicherten Eigenschaften hat, die nach dem Sinn des Werkvertrages erwartet werden können.

Es kann hier stillschweigend angenommen werden, daß z. B. der zur Neuwicklung in Auftrag gegebene Motor bei Ablieferung:

a) die ursprüngliche Leistung,
b) die ursprüngliche Drehzahl,
c) die ursprüngliche Erwärmung,
d) den ursprünglichen Wirkungsgrad,
e) den ursprünglichen Leistungsfaktor,
f) die ursprüngliche Geräuschlosigkeit,
g) die ursprüngliche Stromaufnahme,
h) den ursprünglichen, ausgewuchteten Zustand,
i) den ursprünglichen Feuchtigkeitsschutz der Wicklungen,
k) den ursprünglichen, funkenfreien Lauf usw.

aufweisen muß. Der abgelieferte Motor darf nach § 633 Absatz 1 keine Mängel haben, die den Wert oder die Tauglichkeit zu dem gewöhnlichen oder nach dem Vertrage vorausgesetzten Gebrauch aufheben oder mindern.

Das ist aber beispielsweise der Fall, wenn durch die Instandsetzung oder Neuwicklung der Wirkungsgrad, der Leistungsfaktor, die Leistung usw. herabgesetzt worden ist.

Der Auftraggeber braucht also bei Erteilung des Auftrages nicht die Bedingung stellen, daß der Motor hinsichtlich seiner Gütewerte dem ursprünglichen Zustand entsprechen muß. Die Erfüllung dieser Forderung gilt nach § 633 BGB. im Regelfall als selbstverständlich.

Ist eine instandgesetzte oder neugewickelte Maschine mit einem Mangel behaftet, den der Auftragnehmer zu vertreten hat, dann kann der Auftraggeber nach § 633 Absatz 2 BGB. die Beseitigung des Mangels verlangen.

Die Beseitigung des Mangels kann der Auftragnehmer nur dann ablehnen, wenn sie einen unverhältnismäßig hohen Aufwand erfordert.

Hat der Auftraggeber die Mängelrüge an den Auftragnehmer erteilt und eine angemessene Frist zur Beseitigung des Mangels gestellt, so kann der Auftraggeber nach fruchtlosem Ablauf der Frist den Mangel auf Kosten des Auftragnehmers anderweitig beseitigen lassen (§ 633 Abs. 3).

Der Auftraggeber muß also dem Auftragnehmer eine **„angemessene"** Frist einräumen zur Beseitigung des Mangels, und zwar muß der Auftraggeber die Forderung auf Beseitigung des Mangels innerhalb einer Frist von 6 Monaten stellen (§ 638 BGB.). Nach Ablauf dieser Frist gilt der Anspruch als verjährt. Der Verjährungstermin beginnt mit der Abnahme des Werkes.

Eine Verjährung tritt nicht ein, wenn es sich um einen sogenannten versteckten oder um einen arglistig verschwiegenen Mangel handelt.

Wurden beispielsweise für die Herstellung einer Wicklung nicht einwandfreie Wickeldaten oder eine falsche Schaltung usw. angewendet und der Wirkungsgrad des Motors wird hierdurch nennenswert verschlechtert, ohne daß dieser Mangel äußerlich sichtbar ist, dann kann von einem versteckten Mangel gesprochen werden.

War dem Hersteller der Wicklung dieser Mangel bekannt und hat er denselben dem Abnehmer nicht mitgeteilt, dann liegt ein arglistig verschwiegener Mangel (§ 638 BGB.) vor. In diesen Fällen tritt keine Verjährung des Anspruches auf Mangelbeseitigung ein.

§ 634 BGB.

Zur Beseitigung eines Mangels der in § 633 bezeichneten Art kann der Besteller dem Unternehmer eine angmessene Frist mit der Erklärung bestimmen, daß er die Beseitigung des Mangels nach Ablauf der Frist ablehne.

Zeigt sich schon vor Ablieferung des Werkes ein Mangel, so kann der Besteller die Frist sofort bestimmen; die Frist muß so bemessen werden, daß sie nicht vor der für die Ablieferung bestimmten Frist abläuft.

Nach Ablauf der Frist kann der Besteller Rückgängigmachung des Vertrages (Wandlung) verlangen, wenn nicht der Mangel rechtzeitig beseitigt worden ist; der Anspruch auf Beseitigung des Mangels ist ausgeschlossen.

Der Bestimmung einer Frist bedarf es nicht, wenn die Beseitigung des Mangels unmöglich ist oder von dem Unternehmer verweigert wird oder wenn die sofortige Geltendmachung des Anspruches auf Wandlung oder Minderung durch ein besonderes Interesse des Bestellers gerechtfertigt wird.

Die Wandlung ist ausgeschlossen, wenn der Mangel den Wert oder die Tauglichkeit des Werkes nur unerheblich mindert.

Auf die Wandlung und die Minderung finden die für den Kauf geltenden Vorschriften der §§ 465 bis 467, 469 bis 475 entsprechende Anwendung.

Aus § 634 BGB. ist ersichtlich, daß der Besteller nach fruchtlosem Ablauf einer angemessenen Frist auf die Beseitigung des Mangels verzichten und vom Vertrage zurücktreten oder eine Herabsetzung der vereinbarten Vergütung verlangen kann.

Die Rückgängigmachung des Vertrages ist jedoch ausgeschlossen, wenn der Mangel geringfügig ist.

Betrug z. B. der ursprüngliche Wirkungsgrad eines Motors vor der Instandsetzung oder Neuwicklung 80 % und wurde dieser Wert durch die Instandsetzung oder Neuwicklung durch die Schuld des Instandsetzungswerkes nur um einen geringen Betrag, z. B. ½ bis 1 %, verschlechtert, dann dürfte dieser Fall gegeben sein.

Der Bestimmung einer Frist bedarf es beispielsweise nicht, wenn das Werk (z. B. der Motor) für eine bestimmte Arbeitsleistung verwendet werden soll und die Verwendung durch Hinauszögern der Ablieferung unmöglich wird. War z. B. der Motor für den Antrieb einer Pumpe bestimmt, die vorübergehend zur Beseitigung von Hochwasserschäden Verwendung finden sollte, dann dürfte ein solcher Fall gegeben sein. Hier liegt das in § 634 BGB. erwähnte besondere Interesse des Bestellers vor. Nach Abflauen des Hochwassers kann der Besteller den Motor nicht mehr verwenden.

Sehr wichtig für den Handwerksmeister ist der § 635 des BGB.

Schadenersatz wegen Nichterfüllung des Werkvertrages

§ 635.

Beruht der Mangel des Werkes auf einem Umstand, den der Unternehmer zu vertreten hat, so kann der Besteller statt der Wandlung oder Minderung Schadenersatz wegen Nichterfüllung verlangen.

Ein solcher Fall ist gegeben, wenn durch die Schuld des Instandsetzungsunternehmens z. B. ein Motor mit einem Mangel behaftet ist, der eine Verwendung in dem Betrieb des Bestellers unmöglich macht und hierdurch dem Besteller ein Schaden infolge Produktionsausfalles entsteht.

Zur Vermeidung solcher Schadenersatzansprüche wird man grundsätzlich jeden instandgesetzten oder neugewickelten Motor, Transformator usw. vor Ablieferung einer sorgfältigen Prüfung nach den REM bzw. RET unterziehen. Die Unterlassung dieser Prüfung oder eine Prüfung mit nicht ausreichenden Mitteln oder eine unvollständige Prüfung kann also zu erheblichen Geschäftsverlusten des Unternehmens führen. Die Belegschaftsmitglieder müssen daher ausreichend über die Notwendigkeit und über die gewissenhafte Durchführung der Prüfung unterrichtet werden.

Das Prüffeld muß so ausgebaut sein, daß die in Auftrag genommenen Maschinen, Transformatoren und Apparate gemäß REM bzw. RET geprüft werden können. Die Verantwortung hierfür trägt der Unternehmer.

Rechtzeitige Fertigstellung und Ablieferung des Werkes

§ 636 BGB.

Wird das Werk von dem Auftragnehmer ganz oder zum Teil nicht rechtzeitig fertiggestellt, so finden die für die Wandlung geltenden Vorschriften des § 634 Abs. 1 bis 3 entsprechende Anwendung; an die Stelle des Anspruches auf Wandlung tritt das Recht des Bestellers, nach § 327 BGB. vom Vertrage zurückzutreten. Die im Falle des Verzuges des Unternehmers dem Besteller zustehenden Rechte bleiben unberührt.

Bestreitet der Unternehmer die Zulässigkeit des erklärten Rücktrittes, weil er das Werk rechtzeitig hergestellt hat, so trifft ihn die Beweislast.

Ist zwischen dem Unternehmer und Besteller ein fester Termin für die Fertigstellung des Werkes vereinbart, dann ist der Auftragnehmer verpflichtet, diesen Termin (Lieferzeit) einzuhalten. Kommt das Instandsetzungsunternehmen dieser Verpflichtung nicht nach, dann kann der Besteller die Rückgängigmachung des Vertrages verlangen. Seine Rechte z. B. auf Minderung des Schadenersatzes bleiben hiervon unberührt.

Wird die Fertigstellung des Werkes durch höhere Gewalt, z. B. durch Streik, verzögert, dann fällt das Recht des Bestellers auf Wandlung usw. fort, wenn nachgewiesen werden kann, daß die Verzögerung in der Fertigstellung tatsächlich auf höhere Gewalt zurückzuführen ist. Kann dieser Nachweis nicht erbracht werden, dann kann sich der Unternehmer nicht auf die höhere Gewalt berufen.

Jedes Belegschaftsmitglied muß daher bestrebt sein, die ihm übertragenen Arbeiten pünktlich fertigzustellen. Es muß darüber ausreichend unterrichtet sein, daß durch eine nicht rechtzeitig abgelieferte Arbeit dem Unternehmer ein Schaden erwachsen kann, an welchem das Belegschaftsmitglied die Schuld trägt, sofern es durch Fahrlässigkeit oder Nachlässigkeit die Fertigstellung hinauszögert.

Rechte des Unternehmers im Werkvertrag

§ 642 BGB.

Ist bei der Herstellung des Werkes eine Handlung des Bestellers erforderlich, so kann der Unternehmer, wenn der Besteller durch die Unterlassung der Handlung in Verzug der Annahme kommt, eine angemessene Entschädigung verlangen.

Die Höhe der Entschädigung bestimmt sich einerseits nach der Dauer des Verzuges und der Höhe der vereinbarten Vergütung, andererseits nach demjenigen, was der Unternehmer infolge des Verzuges an Aufwendungen erspart oder durch anderweitige Verwendung seiner Arbeitskraft erwerben kann.

War beispielsweise in dem Werkvertrag vereinbart, daß der Besteller für die Herstellung des Werkes bestimmte Werkstoffe liefern oder eine Zahlung leisten mußte und verzögert sich die Fertigstellung des Werkes dadurch, weil der Besteller seine Pflichten nicht erfüllte, so kann der Fall nach § 642 als gegeben angesehen werden, wenn der Besteller im Verzug war, d. h. wenn er die Werkstoffe trotz Bestimmung einer angemessenen Frist nicht geliefert oder die Zahlung nicht geleistet hat. Der Unternehmer ist in diesem Falle berechtigt, eine angemessene Entschädigung von dem Besteller zu verlangen.

Ist dem Unternehmer jedoch durch die Unterlassung des Bestellers kein Schaden entstanden (der Schaden ist nachzuweisen), dann kann auch kein Anspruch auf Schadenersatz geltend gemacht werden.

§ 643 BGB.

Der Unternehmer ist im Falle § 642 berechtigt, dem Besteller zur Nachholung der Handlung eine angemessene Frist mit der Erklärung zu bestimmen, daß er den Vertrag kündigt, wenn die Handlung nicht bis zum Ablauf der Frist vorgenommen wird.

Der Vertrag gilt als aufgehoben, wenn nicht die Nachholung bis zum Ablauf der Frist erfolgt.

Auch der Unternehmer kann den Werkvertrag von sich aus kündigen, wenn im Falle § 643 BGB. der Besteller in Verzug kommt, d. h. wenn der Besteller die ihm gewährte angemessene Frist zur Nachholung verstreichen läßt.

Die Pflichten des Bestellers

Auch der Besteller übernimmt bei Eingang eines Werkvertrages Verpflichtungen, die er gewissenhaft erfüllen muß.

Nach § 640 BGB. ist der Besteller verpflichtet, das vertragsmäßig hergestellte Werk abzunehmen, sofern nicht nach der Beschaffenheit des Werkes die Abnahme ausgeschlossen ist. Nimmt der Besteller ein mangelhaftes Werk ab, obschon er den Mangel kennt, so stehen ihm die in §§ 633, 634 bestimmten Ansprüche nur zu, wenn er sich seine Rechte wegen des Mangels vorbehält.

Der Besteller kann demnach auch ein mit Mängeln behaftetes Werk abnehmen, ohne seiner Rechte verlustig zu werden. Er ist aber verpflichtet, den Vorbehalt der späteren Geltendmachung seiner Rechte dem Unternehmer gegenüber bekannt zu geben.

Fälligkeit der Vergütung

§ 641 BGB.

Die Vergütung ist bei der Abnahme des Werkes zu entrichten. Ist das Werk in Teilen abzunehmen und die Vergütung für die einzelnen Teile bestimmt, so ist die Vergütung für jeden Teil bei dessen Abnahme zu entrichten.

Eine in Geld festgesetzte Vergütung hat der Besteller von der Abnahme des Werkes an zu verzinsen, sofern nicht die Vergütung gestundet ist.

Hinsichtlich Fälligkeit der Vergütung ist es abweichend von § 641 BGB. allgemein üblich, daß der Fälligkeitstermin zwischen den Vertragspartnern besonders vereinbart und auf der Rechnung vermerkt wird. Ist kein Termin vereinbart, dann hat § 641 BGB. Geltung.

Nach § 632 BGB. gilt eine Vergütung als stillschweigend vereinbart, wenn die Herstellung des Werkes den Umständen nach nur gegen eine Vergütung zu erwarten ist.

Ist die Höhe der Vergütung nicht bestimmt, so ist bei dem Bestehen einer Taxe die taxmäßige Vergütung als vereinbart anzusehen.

Dieser Fall kommt in den Instandsetzungswerkstätten verhältnismäßig oft vor. Die instandsetzungsbedürftige Maschine wird seitens des Auftraggebers ohne Preisvereinbarung zur Instandsetzung eingeliefert. Die Vergütung errechnet der Auftragnehmer in solchen Fällen nach

Werkstoffaufwand, produktiven Löhnen, Unkosten- und Verdienstzuschlag. Die Angemessenheit des Rechnungswertes muß im Streitfalle oder auf Verlangen des Bestellers durch glaubwürdige Unterlagen nachgewiesen werden.

Die Belegschaft sollte daher verpflichtet werden, die Mengen an aufgewandten Werkstoffen und die tatsächlich aufgewandten Arbeitsstunden in jedem Einzelfall gewissenhaft schriftlich festzulegen. Fehlen in einem Streitfall diese Unterlagen, dann werden im Regelfalle die sogenannten „üblichen Preise" für die betreffende Arbeit als angemessen angesehen oder der angemessene Preis wird von einem beauftragten Sachverständigen festgestellt.

Der Unternehmer tut daher gut daran, übersichtliche Formblätter (Werkstattzettel) für die Eintragung des Werkstoffverbrauches und der aufgewandten Arbeitszeit einzuführen und den Belegschaftsmitgliedern die gewissenhafte Verwendung und Ausfüllung dieser Unterlagen zur Pflicht zu machen.

Das Pfandrecht des Unternehmers

Das sogenannte Pfandrecht des Unternehmers ist in § 647 BGB. festgelegt:

§ 647 BGB.

Der Unternehmer hat für seine Forderungen aus dem Werkvertrag ein Pfandrecht an den von ihm hergestellten oder ausgebesserten beweglichen Sachen des Bestellers, wenn sie bei der Herstellung oder zum Zwecke der Ausbesserung in seinen Besitz gelangt sind.

Kündigung des Werkvertrages durch den Besteller.

§ 649 BGB.

Der Besteller kann bis zur Vollendung des Werkes jederzeit den Vertrag kündigen.

Kündigt der Besteller, so ist der Unternehmer berechtigt, die vereinbarte Vergütung zu verlangen; er muß sich jedoch dasjenige anrechnen lassen, was er infolge der Aufhebung des Vertrages an Aufwendungen erspart oder durch anderweitige Verwendung seiner Arbeitskraft erwirbt oder zu erwerben böswillig unterläßt.

Es ist für den Handwerksmeister wichtig zu wissen, daß der Besteller jederzeit den Werkvertrag kündigen kann.

Wurde beispielsweise für einen zur Neuwicklung in Auftrag gegebenen Motor der Wickeldraht in besonderen Abmessungen (z. B. Profillitze) beschafft, dann kann der Unternehmer bei Kündigung des Vertrages die bereits aufgewandte Arbeitszeit zuzüglich Geschäftsunkosten und Unternehmergewinn bezahlt verlangen, und zwar auch die Kosten für die noch nicht verarbeitete Profillitze.

Beim Eintreffen der Kündigung muß der Unternehmer die Arbeiten sofort unterbrechen. Sofern die an dem Werk beschäftigten Belegschafter anderweitig beschäftigt werden können, muß dies geschehen. Wird der sofortige anderweitige Einsatz der Arbeitskräfte z. B. böswillig hinausgezögert oder unterlassen, so hat der Unternehmer keinen Anspruch auf die Entschädigung des Aufwandes, der böswillig oder fahrlässig entstanden ist.

Der Besteller kann auch dann den Vertrag kündigen, wenn demselben ein Kostenanschlag ohne Gewähr zugrunde liegt und es sich herausstellt, daß die Fertigstellung des Werkes ohne Überschreitung des Kostenanschlages nicht möglich ist.

Der Unternehmer ist in diesem Falle verpflichtet (§ 650 BGB.), dem Besteller sofort Mitteilung zu machen, wenn er festgestellt hat, daß eine Überschreitung des Kostenanschlages zu erwarten ist. Unterläßt es der Unternehmer, dem Besteller diese Mitteilung frühzeitig zu machen, dann haftet der Unternehmer für den hierdurch eingetretenen Schaden.

Lag dem Werkvertrag jedoch ein verbindlicher Kostenanschlag (Normalfall) zugrunde, so ist der Unternehmer verpflichtet, diesen Kostenanschlag einzuhalten.

Der Unternehmer trägt die Gefahr bis zur Abnahme des Werkes

In der Zeit, wo das Werk fertiggestellt wird, und zwar bis zur erfolgten Abnahme desselben durch den Besteller, trägt der Unternehmer die Gefahr für den teilweisen oder völligen Untergang der von ihm gelieferten bzw. bereits an dem Werk verarbeiteten Werkstoffe, für die aufgewendete Arbeitszeit usw.

Diese Gefahr erstreckt sich jedoch nicht auf den zufälligen Untergang oder auf eine zufällige Verschlechterung des vom Besteller gelieferten Stoffes.

Bricht z. B. in dem Trockenofen eines Instandsetzungs-Unternehmens zufällig ein Brand aus und wird hierbei ein vom Unternehmer neugewickelter Motor unbrauchbar, dann kann der Unternehmer von dem Besteller keine Entschädigung für das aufgewandte Wickelmaterial und für die Arbeitszeit verlangen.

War der Motor jedoch fertiggestellt und der Besteller befand sich bereits in Abnahmeverzug, so muß der Besteller die Neuwicklung bezahlen, wenn z. B. der Motor durch einen in der Werkstatt oder im Lager entstandenen Brand teilweise oder vollständig untergegangen ist. Voraussetzung in diesem Falle ist, daß der Unternehmer den Besteller von der Fertigstellung des Motors benachrichtigt und die Abnahme zu einem bestimmten Termin vorgeschrieben hat, der von dem Besteller aber nicht eingehalten wurde.

Sofern sich der Unternehmer verpflichtet, den Motor nach Fertigstellung auf dem Grundstück des Bestellers abzuliefern, haftet der Unternehmer für Schäden, die auf dem Wege zu dem Grundstück des Bestellers an dem Motor entstehen.

Auch hierüber müssen die Belegschaftsmitglieder ausreichend unterrichtet und dazu angehalten werden, daß die Beförderung solcher Motoren z. B. mit der Handkarre, Auto usw. unter Beachtung der erforderlichen Sorgfalt geschieht.

Erfolgt die Ablieferung des fertiggestellten Motors auf Weisung des Bestellers an einen Spediteur, dann geht die Gefahr nach der Auflieferung an den Besteller über.

Die Lieferungs- und Gewährleistungsbedingungen für die Instandsetzung und Neuwicklung elektrischer Maschinen

Wenn hinsichtlich Gewährleistung nichts Gegenteiliges zwischen Besteller und Unternehmer vereinbart ist, gelten die gesetzlichen Bestimmungen über den Werkvertrag und über Gewährleistung wegen Mängel an der Sache (§§ 459 bis 493 BGB.).

Liegen also dem Werkvertrag keine besonderen Lieferungs- und Gewährleistungsbedingungen zugrunde, so treten die hierfür gesetzlichen Bestimmungen in Kraft. Sind für einen Fall keine gesetzlich festgelegten Bedingungen vorhanden, dann gelten im Regelfall die „üblichen Bedingungen".

Es ist im Elektromaschinenbauer-Handwerk vielfach üblich, dem Werkvertrag abweichend von gesetzlichen Bestimmungen, auf den besonders gearteten Fall bezogene Lieferungs- und Gewährleistungsbedingungen zugrunde zu legen.

Diese Bedingungen haben nur dann Rechtsgültigkeit, wenn dieselben vom Unternehmer als wesentlicher Bestandteil des Werkvertrages herausgestellt und vom Besteller anerkannt sind.

Die Lieferungs- und Gewährleistungsbedingungen bieten dem Unternehmer daher nur in den Fällen einen Rechtsschutz, wenn dieselben im Angebot genannt und im Wortlaut dem Angebot beigefügt worden sind. Werden die Bedingungen z. B. nur der Rechnung beigefügt oder erhält der Besteller auf anderem Wege erst nach der Auftragsannahme von diesen Bedingungen Kenntnis, dann kann sich der Unternehmer nicht auf die Bedingungen berufen. In diesen Fällen gelten dann die gesetzlichen Bestimmungen.

Wurden indessen besondere Lieferungs- und Gewährleistungsbedingungen dem Angebot beigefügt und als wesentlicher Bestandteil des

Angebotes gekennzeichnet, dann kann sich der Besteller später nicht darauf berufen, daß er die Bedingungen nicht gelesen bzw. keine Kenntnis von dem Inhalt derselben gehabt habe.

Die Gewährleistungsfrist

Die zeitliche Gewährleistung für die Instandsetzung und Neuwicklung elektrischer Maschinen ist im Reichsgebiet nicht einheitlich. Im allgemeinen wird eine Gewährleistungsfrist eingeräumt, die derjenigen der Elektro-Industrie, d. h. für fabrikneue Maschinen, entspricht. Diese Fristen sind für Tag- bzw. Tag- und Nachtbetrieb verschieden und betragen z. Zt. ¼ Jahr bei Tag- und Nachtbetrieb, ½ Jahr bei Tagbetrieb.

In anderen Fällen werden aber auch seitens der Instandsetzungsunternehmen Gewährleistungsfristen von ½ bis 1 Jahr eingeräumt.

Die Gewährleistungsfrist beginnt in der Regel mit dem Tage der Ablieferung des Werkes an den Besteller.

Handelt es sich beispielsweise um einen sogenannten Austausch-Motor, der länger als die Dauer der eingeräumten Gewährleistungsfrist auf Lager steht, so gilt die Frist auch dann als abgelaufen. Dieser Fall kann nicht als gegeben betrachtet werden, wenn der Motor einen arglistig verschwiegenen Mangel besitzt, den der Unternehmer zu vertreten hat.

Aus den jahrzehntelangen Erfahrungen hat sich im Elektromaschinenbauer-Handwerk die Zweckmäßigkeit der grundsätzlichen Verwendung von Lieferungs- und Gewährleistungsbedingungen ergeben, die in Abweichung von den allgemeinen gesetzlichen Bestimmungen die Pflichten und Rechte des Bestellers und Unternehmers auf die speziellen Fälle bezogen, rechtsgültig festlegen.

Die wichtigsten Rechtsfragen, die in den Lieferungs- und Gewährleistungsbedingungen festgelegt sind, können wie folgt zusammengefaßt werden:

1. Preise,
2. Versand,
3. Lieferzeiten,
4. Arbeitsbeginn,
5. Abnahme,
6. Haftung und Gefahr,
7. Gewährleistung für ausgeführte Arbeiten,
8. Wickeldaten,
9. Eigentumsvorbehalt,
10. Zahlung,
11. Erfüllungsort und Gerichtsstand.

Unter den speziellen fachlichen Rechtsfragen haben

a) die Gewährleistung für ausgeführte Arbeiten,

b) die Wickeldaten

die größte Bedeutung.

Es ist erklärlich, daß eine Gewährleistung bei Instandsetzungen und Neuwicklungen elektrischer Maschinen nur für Teile übernommen werden kann, die im Rahmen des Werkvertrages von dem Unternehmer tatsächlich instandgesetzt oder erneuert worden sind. Indessen muß davon ausgegangen werden, daß der Besteller im Regelfall kein Elektrofachmann ist und deshalb im Einzelfall nicht beurteilen kann, welche Gefahren bei einer nur teilweisen Instandsetzung hinsichtlich der Betriebstüchtigkeit und Lebensdauer der gesamten Maschine entstehen können. Der Besteller ist im Regelfall gutgläubig der Meinung, daß die beschädigte Maschine auch nach erfolgter Teilinstandsetzung ihre ursprüngliche Betriebstüchtigkeit erhält.

Wird z. B. ein Drehstrommotor zur Instandsetzung eingeliefert und es wird festgestellt, daß lediglich eine Gruppe der Ständerwicklung Körperschluß hat und nur diese Gruppe erneuert werden braucht, dann ist der Besteller gutgläubig der Ansicht, daß nach Ersatz der Wicklungsgruppe die ursprüngliche Betriebstüchtigkeit des gesamten Motors erreicht wird.

Tritt nun nach der Instandsetzung der Fall ein, daß eine andere, vom Unternehmer nicht ersetzte Wicklungsgruppe einen Schaden erleidet, so beruft sich vielfach der Besteller auf die Gewährspflicht des Unternehmers und verlangt kostenlose Behebung des Mangels.

Um einer solchen unbilligen Inanspruchnahme zu entgehen, ist die Vereinbarung der beschränkten Gewährleistung durch Verwendung entsprechender Lieferbedingungen empfehlenswert.

Andererseits sollten derartige teilweise Instandsetzungen und Neuwicklungen schadhafter Maschinen überhaupt nur dann vorgenommen werden, wenn die verbleibenden Wicklungsteile einwandfrei als unbeschädigt erkannt werden können. In dringenden Notfällen werden Ausnahmen als zulässig erscheinen. Aber ganz besonders in solchen Fällen ist die Verwendung entsprechender Lieferbedingungen am Platze.

Wickeldaten

Es ist allgemein üblich, die Instandsetzungen oder Neuwicklungen einer elektrischen Maschine auf Grund der vorgefundenen Wickeldaten (Drahtstärke, Leiterzahl, Wickel- und Schaltschritt, Schaltung) vorzunehmen.

Stellt sich nun nach Ablieferung einer instandgesetzten Maschine heraus, daß dieselbe nicht in allen Teilen betriebstüchtig ist, weil die

Wickeldaten nicht mit den Ursprungsdaten übereinstimmen, so ist der Besteller geneigt, Mängelrüge zu erteilen und kostenlose Beseitigung des Mangels zu verlangen.

In der Regel beruft sich der Besteller darauf, daß der Auftragnehmer als Fachmann verpflichtet sei, die Mängel an der Maschine festzustellen und so zu beseitigen, daß die Maschine nach Aufwand der Instandsetzungskosten in allen Teilen den betrieblichen Anforderungen entspricht.

Um derartige Zweifel von vornherein auszuschalten und unliebsame Auseinandersetzungen zu vermeiden, ist es empfehlenswert, einen entsprechenden Vorbehalt durch Anwendung von Lieferbedingungen[1]) geltend zu machen.

In diesem Vorbehalt wird herausgestellt, daß die Neuwicklung oder Instandsetzung grundsätzlich an Hand der jeweils vorgefundenen Wickeldaten durchgeführt wird, sofern der Besteller es unterläßt, auf die Möglichkeit hinzuweisen, daß die Maschine mit zweifelhaften oder falschen Wickeldaten ausgerüstet sein könnte.

Unterläßt dann der Besteller diesen Hinweis, so gehen notwendige Nacharbeiten, die als Folge der Anwendung vorgefundener Wickeldaten durchgeführt werden müssen, zu Lasten des Bestellers.

Eigentumsvorbehalt

Die Lieferungs- und Gewährleistungsbedingungen sehen allgemein vor, daß die im Rahmen eines Werkvertrages instandgesetzten oder neugewickelten elektrischen Maschinen bis zur restlosen Bezahlung des Rechnungswertes das Eigentum des Unternehmers (Lieferers) bleiben.

Selbst wenn ein Werkvertrag auf Grund solcher Lieferbedingungen abgeschlossen und abgewickelt worden ist, bleibt der Eigentumsvorbehalt nicht in allen Fällen wirksam.

Maßgebend hierfür sind nämlich nicht allein die auf Grund der Lieferungsbedingungen zwischen Besteller und Unternehmer getroffenen Vereinbarungen, sondern vor allem auch die diesbezüglichen gesetzlichen Vorschriften.

Es ist daher wichtig zu wissen, daß das Eigentum trotz getroffener Vereinbarungen unabhängig von dem Willen der Vertragspartner untergehen kann. Wann dies der Fall ist, wird im einzelnen durch die bürgerlich-rechtlichen Vorschriften geregelt.

Wird z. B. der instandgesetzte oder neugewickelte Motor mit einem Grundstück dergestalt verbunden, daß derselbe als wesentlicher Be-

---

[1]) Derartige Lieferungs- und Gewährleistungsbedingungen sind erstmalig im Jahre 1921 vom Relma-Verband ausgearbeitet und herausgegeben worden.

standteil des Grundstückes anzusehen ist, dann geht das Eigentum des Lieferers trotz des Vorbehaltes in den Lieferungsbedingungen unter. Eigentümer des Motors und der Neuwicklung bzw. Instandsetzung wird in diesem Falle der Eigentümer des Grundstückes.

Das Eigentum kann auch verloren gehen, wenn die Neuwicklung oder Instandsetzung dergestalt mit den Motoren (elektrischen Maschinen) verbunden wird, daß beide wesentliche Bestandteile einer neuen, einheitlichen Sache werden. In diesem Falle entsteht Miteigentum au der neuen Sache, d. h. der bisherige Eigentümer des Motors und der Eigentümer der Wicklung werden beide Miteigentümer der neu verbundenen Sache. Die ideellen Anteile der beiden Eigentümer bestimmen sich nach dem Verhältnis des Wertes, den die Sachen zur Zeit der Verbindung haben.

Wird beispielsweise der neugewickelte Motor fest mit einer Arbeitsmaschine verbunden (z. B. als Einzelantrieb mit einer Exzenterpresse), so kann dieser Fall als gegeben angesehen werden.

Wenn aber eine der beiden neu verbundenen Sachen als Hauptsache anzusehen ist, so erwirbt derjenige das Alleineigentum der neu verbundenen Sache, dem die Hauptsache zuletzt gehört hat.

Ein Einphasen-Wechselstrommotor ohne Wicklung, der als solcher nur Alteisenwert hat, wird demnach alleiniges Eigentum des Unternehmers, wenn derselbe als Drehstrommotor umgewickelt wird und durch diese Umwicklung eine höhere Leistung und damit einen wesentlich höheren Wert erhält. In diesem Falle kann angenommen werden, daß die Drehstromwicklung, möglicherweise auch noch neue Lager, Klemmbrettersatz usw. den vielfachen Wert des Motor-Eisenkörpers besitzt und damit als Hauptsache der neu verbundenen Sache angesehen werden kann.

In diesem Falle ist der Hersteller der Wicklung nicht nur Eigentümer der von ihm hergestellten Wicklung, sondern er ist sogar Eigentümer der ganzen, nunmehr neu verbundenen Sache, nämlich des Drehstrommotors, geworden (BGB. § 947, Absatz 2).

Im Konkursfalle des Bestellers, dem die Umwicklung unter Eigentumsvorbehalt geliefert wurde, kann der Unternehmer (Hersteller der Wicklung) die Aussonderung des ganzen Drehstrommotors verlangen. Die Konkursmasse hat ihrerseits den Anspruch auf Erstattung desjenigen Betrages, den der Einphasenmotor vor der Umwicklung wert gewesen ist.

Im Einzelfall wird es die Aufgabe eines Sachverständigen sein, festzustellen, ob die erwähnten Voraussetzungen gegeben sind.

Leihvertrag §§ 598 bis 606 und Mietvertrag §§ 535 bis 580 BGB.

Die Vermietung elektrischer Maschinen

Wer Motoren „verleiht", hat keinen Anspruch auf Zahlung einer Entschädigung.

Nach dem Wortlaut des Bürgerlichen Gesetzbuches § 598 verpflichtet sich der Verleiher, dem Entleiher den Gebrauch der Sache **unentgeltlich** zu gestatten.

Wird beispielsweise ein Elektromotor, ein Dynamo oder ein Transformator **verliehen,** so hat der Verleiher keinen Anspruch auf Zahlung einer Entschädigung. Das Bürgerliche Gesetzbuch macht zwischen „Verleihen" und „Vermieten" einen grundsätzlichen Unterschied.

Deshalb ist es ratsam, die Hergabe eines Ersatzmotors oder eines vorübergehend zur Verwendung gelangenden Motors (Dynamo, Transformator, Anlasser usw.) stets auf der Grundlage eines **Mietvertrages**[1]) schriftlich zu vereinbaren. In diesem Mietvertrag sind Angaben über die An- und Abfuhr, Auf- und Abbau, Beginn und Ende der Mietzeit, über die Höhe der Mietgebühr, über die Zahlung der Mietgebühr und über die Haftung bei Eintritt von Schäden durch höhere Gewalt (z. B. Blitzschlag, Hochwasser usw.), kurzum alle Pflichten und Rechte der Vertragskontrahenten schriftlich niederzulegen.

Die Notwendigkeit, in vorstehenden Fällen die Hergabe einer elektrischen Maschine grundsätzlich auf der Rechtsgrundlage eines Mietvertrages vorzunehmen, ergibt sich u. a. aus den gesetzlichen Vorschriften für die Leihe.

§ 598 BGB.

Durch den Leihvertrag wird der Verleiher einer Sache verpflichtet, dem Entleiher den Gebrauch der Sache unentgeltlich zu gestatten.

§ 600 BGB.

Verschweigt der Verleiher arglistig einen Mangel im Rechte oder Fehler an der verliehenen Sache, so ist er verpflichtet, dem Entleiher den daraus entstehenden Schaden zu ersetzen.

Der Verleiher (nicht der Vermieter) einer Sache hat also nicht nur keinen Anspruch auf eine Entschädigung für eine verliehene elektrische Maschine, vielmehr haftet er auch dem Entleiher für die Folgen, die durch einen arglistig verschwiegenen Mangel an der Maschine entstehen.

---

[1]) Derartige Mietvertrags-Vordrucke wurden erstmalig im Jahre 1922 (siehe Zeitschrift „Die elektrische Maschine", Jahrgang 1922, Heft 8, S. 68) vom Relma-Verband e. V. herausgegeben.

Der Verleiher hat außerdem auch keinen Anspruch auf Schadensersatz, wenn die verliehene Maschine eine Verschlechterung oder Veränderung durch den vertragsmäßigen Gebrauch erfährt (§ 602 BGB.).

Aus diesen Hinweisen ist ersichtlich, daß die leihweise Hergabe einer elektrischen Maschine Rechtsfolgen nach sich ziehen kann, die im allgemeinen nicht vorauszusehen waren und mit denen der Verleiher sicherlich nicht gerechnet hat.

Die Hinweise zeigen auch deutlich, daß die Bezeichnung „Leihmaschine", die sehr oft in der Praxis angewandt wird, nicht am Platze ist. In Verbindung mit der Bezeichnung „Leihmaschine" kann der Entleiher annehmen, daß die leihweise Hergabe einer Ersatzmaschine auf der Grundlage des Leihvertrages erfolge. Dies ist ganz besonders dann der Fall, wenn die Hergabe kostenlos erfolgt, wie es häufig geschieht, wenn der Entleiher eine Instandsetzung übernimmt und der Betrieb durch Hergabe einer Ersatzmaschine aufrechterhalten wird.

Auch Leihverträge können durch mündliche Vereinbarungen, d. h. ohne schriftliche Form, zustandekommen.

Es dürfte damit ausreichend dargelegt sein, daß die Hergabe einer Aushilfs- oder Ersatzmaschine grundsätzlich auf der Grundlage eines schriftlichen Mietvertrages erfolgen sollte.

Die Höhe der Mietgebühren muß in einem angemessenen Verhältnis zu dem Wert der Maschine und zur Dauer des Mietvertrages stehen.

Es wird im Einzelfall auch noch darauf ankommen, wo die Mietmaschine aufgestellt und wie dieselbe dort beansprucht wird.

Erfolgt die Verwendung im einfachen Tagbetrieb und in einem trockenen, staubfreien Raum, so wird die Maschine nicht in dem Maße beansprucht, als wenn dieselbe z. B. in einem feuchten oder chemischen Betrieb in Tag- und Nachtschicht verwendet wird.

Die Gefahr der Minderung und Abnutzung sowie die Gefahr des teilweisen oder gänzlichen Unterganges durch den vertragmäßigen Gebrauch der Mietmaschine dürfte demnach auch ein Maßstab für die Höhe der Mietgebühren sein.

Es ist weiter üblich, daß der Mieter die Kosten für An- und Abfuhr sowie für den Auf- und Abbau der Maschine am Verwendungsort zu tragen hat. In der Regel müssen die Mietmaschinen nach der Rückgabe auch überholt werden, bevor dieselben anderweitig Verwendung finden können. Auch die hiermit zusammenhängenden Kosten hat der Mieter in der Regel zu tragen.

Alle diese Rechtsfragen müssen abei in einem ordentlichen Mietvertrag einwandfrei geklärt und die Vereinbarungen müssen durch schriftliches Einverständnis des Mieters die Rechtsgültigkeit erlangt haben, wenn der Vermieter vor Verlusten geschützt sein will.

XI. TEIL

Wichtige Bestimmungen über die Ausbildung des Elektromaschinenbauer-Lehrlings

Das Werkstatt-Wochenbuch des Elektromaschinenbauer-Lehrlings

Jeder Lehrling ist verpflichtet. ein Werkstatt-Wochenbuch zu führen und seine Eintragungen dem Lehrmeister zur Einsichtnahme vorzulegen. Der Lehrmeister muß den Lehrling zur Führung des Werkstatt-Wochenbuches anhalten und die Einsichtnahme durch seine Unterschrift bestätigen.

Das Buch ist auf Anfordern dem zuständigen Innungs-Obermeister oder dessen Beauftragten (Lehrlingswart) sowie dem Prüfungsausschuß vorzulegen. Es muß von dem Lehrling persönlich angefertigt werden.

Die zeichnerische Darstellung von Wicklungen und Schaltungen erleichtert und vertieft das Eindringen in Zusammenhänge, die von dem Durchschnittsbegabten ohne dieses Hilfsmittel nur schwer oder vielleicht gar nicht am fertigen Werkstück erfaßt werden können.

Es ist indessen ratsam, mit der zeichnerischen Wiedergabe schwieriger Wicklungen sehr sparsam zu sein. Geeignete Schaltbilder-Vorlagen können bei solchen Arbeiten von dem Lehrling verwendet werden. Das Eindringen in den Lehrstoff wird auch durch das Abzeichnen richtiger Schaltbilder-Vorlagen erleichtert.

Von der Wiedergabe eines Berechnungsganges sollte ebenfalls nur dann Gebrauch gemacht werden, wenn die Rechenaufgabe unmittelbar mit der beschriebenen und vom Lehrling ausgeführten Arbeit im Zusammenhang steht und im Berufsbildungsplan vorgesehen ist.

Für den Lehrling ist die rein handwerkliche Ausbildung viel wichtiger als die Beherrschung von Berechnungsgängen, zumal dann, wenn diese über das Aufgabengebiet des Handwerkers hinausgehen. — Sehr wichtig in der Lehrlingsausbildung ist die Werkstoffkunde.

Sie ist u. a. ein vorzügliches Mittel, die in einer Instandsetzungswerkstatt zwangsläufig anfallenden, untergeordneten Arbeiten für den Lehrling interessant zu gestalten.

Das Werkstatt-Wochenbuch und die zeichnerischen Darstellungen der Wicklungen und Schaltungen sind bei den Lehrlings-Zwischenprüfungen und bei der Gesellenprüfung vorzulegen.

Diese bedeutungsvolle Anordnung ist ein erneuter Beweis des festen Willens der Handwerksführung, die Ausbildung des handwerklichen Nachwuchses mit allen zu Gebote stehenden Mitteln zu fördern. Die

Anordnung kennzeichnet das Bestreben, die notwendig gewordene Kürzung der Lehrzeit durch zweckdienliche Maßnahmen nicht nur auszugleichen, sondern den bisherigen Stand der Lehrlingsausbildung noch zu erhöhen.

Es kann nicht bezweifelt werden, daß die gewissenhafte Durchführung dieser Anordung bei der gegebenen Lage in den Werkstätten der Handwerksmeister nicht leicht ist. Die Anordnung legt sowohl dem Lehrmeister — und wohl ganz besonders diesem —, als auch dem Lehrling zusätzliche und schwere Verpflichtungen auf. Diese Verpflichtungen jeweils bestmöglichst zu erfüllen, ist indessen eine unerläßliche Notwendigkeit.

Es sei vorweggenommen, daß der Lehrmeister, der ja die Verantwortung für die peinliche und gewissenhafte Durchführung der Anordnung zu tragen hat, sich von seiner Verantwortung nicht durch Hinweis auf anderweitige, vordringliche Inanspruchnahme befreien kann. Indessen darf es als selbstverständlich angesehen werden, daß die in der Werkstatt beschäftigten Gesellen im weitesten Umfange für die Lösung dieser Aufgabe und zur Entlastung des Lehrmeisters mit herangezogen werden können. In schwierig gelagerten Fällen wird es zweckmäßig oder sogar notwendig sein, einen besonders geeigneten, zuverlässigen und verantwortungsbewußten Gesellen mit der Durchführung gewisser Maßnahmen zu beauftragen.

Diesem beauftragten Gesellen wäre das Rüstzeug für seine Tätigkeit in Form einer zweckmäßig zusammengestellten Fachbücherei zur Verfügung zu stellen. Eine besondere Einweisung in das neue Arbeitsgebiet, etwa durch den Lehrmeister oder Innungsobermeister, kann als empfehlenswert angesehen werden. Im übrigen liegt die eigentliche Schwierigkeit zum größten Teil nur in der Neuartigkeit der Aufgabe. Aller Anfang ist schwer. Wenn erst einmal einige Eintragungen in dem Werkstattbuch gemacht worden sind, dann schwinden die anfänglichen Schwierigkeiten sehr schnell.

Nun kommt es aber nicht darauf an, daß das Werkstatt-Wochenbuch lediglich geführt wird, sondern es ist entscheidend wichtig, daß die Eintragungen in ihrer Endauswirkung den angestrebten Zweck erfüllen.

Um dieses Endziel zu erreichen, genügt es nicht, daß der Lehrmeister die Werkstatt-Wochenbücher beschafft, seinen Lehrlingen aushändigt und diese zur Führung des Buches verpflichtet.

Der Lehrmeister selbst muß sich zunächst einmal mit seiner neuen Aufgabe vertraut machen und seinen Stellvertreter bzw. beauftragten Gesellen über Sinn und Zweck des Werkstatt-Wochenbuches sowie über die Wahl der dem Lehrling zu stellenden Aufgaben und die Art ihrer Lösung ausreichend unterrichten.

Das „Handwerkliche“, d. h. das mit der Hand gestaltete und vom Lehrling geistig erlebte Werk soll in den Aufzeichnungen einen schriftlichen und bildlichen Niederschlag finden. So lautet die Aufgabe für den Lehrmeister, Gesellen und Lehrling.

In dem täglichen Arbeitsauftrag bzw. in der Zuteilung der Arbeit, die der Lehrling von seinem Lehrmeister, seinem Stellvertreter oder von einem hierzu bauftragten Gesellen erhält, ist der Stoff für die Eintragung in das Werkstatt-Wochenbuch enthalten.

Die Arbeitszuteilung an den Lehrling darf jedoch nicht wahllos geschehen, sondern muß in Anlehnung an den Berufs-Ausbildungsplan für Elektromaschinenbauer-Lehrlinge, d. h. nach festgelegten Richtlinien erfolgen. Die jeweilige Aufgabe muß also dem Lehrhalbjahr, in dem sich der Lehrling befindet, entsprechen.

1. Aus den im Rahmen einer Woche geleisteten Arbeiten wählt der Lehrling 1 oder 2 Beispiele, die er am Schlusse der Woche in das Werkstattbuch einträgt.

2. War der Lehrling im Verlauf der Woche vorwiegend als Mithelfer an der Herstellung eines Werkstückes beschäftigt, so erstrecken sich die Eintragungen nur auf die Arbeiten, die er selbst geleistet hat. Die Eintragungen sollen also sein eigenes Tätigkeitsgebiet nicht überschreiten.

3. Jeder Wochenbericht ist bei gegebenen Voraussetzungen möglichst durch Zeichnungen (Skizzen) zu erläutern. Die Zeichnungen sind auf der rechten Seite der Eintragung anzuordnen. Die Zeichnungen sind mit Bleistift, soweit zweckmäßig oder erforderlich, mit Buntstift auszuführen. Im ersten Lehrjahr kann auf Zeichnungen verzichtet werden.

4. Die Eintragungen sind in knapper Form und richtiger Anwendung der Fachausdrücke vorzunehmen.

5. Bei der Beschreibung der Arbeitsvorgänge ist darauf zu achten, daß nicht nur die Vorgänge, sondern auch die Werkstoffe, Maschinen und Werkzeuge sowie die bei den Arbeiten gesammelten Erfahrungen eine Berücksichtigung finden.

Auf die Reinheit der Sprache, auf die Rechtschreibung und auf die wirklichkeitsgetreue Wiedergabe des Erlebten, soll der Lehrling bei den Eintragungen achten.

In der sogenannten Werkstattsprache haben sich eine ganze Anzahl Bezeichnungen und Fremdwörter eingebürgert, die sehr wohl aus dem Deutschen Sprachschatz ersetzt werden können. Soweit es sich hierbei um Fachausdrücke handelt, ist eine richtige und vor allem eine einheitliche Anwendung der Ausdrücke besonders wichtig. Eine kleine Auswahl hiervon sei nachstehend angeführt:

Montage = Aufbau, montieren = Aufbauen, Demontage = Abbau, demontieren = abbauen, Defekt = Beschädigung, Parallelwicklung = Schleifenwicklung, Schablone = Form, Schablonenwicklung = Formspulenwicklung, bandagieren = umbandeln, Reparatur = Instandsetzung, reparieren = instandsetzen, Tourenzahl = Drehzahl Serienwicklung = Reihenwicklung, rotieren = umlaufen, Serienschaltung = Reihenschaltung, Kollektor = Stromwender Compoundwicklung = Doppelschlußwicklung.

Es ist beispielsweise nicht nötig, daß eine Eintragung mit dem Satz beginnt:

„Ich bekam den Auftrag, einen defekten Nebenschlußmotor Fabrikat Pöge zu demontieren und zu reinigen ...“ Vielmehr kann der Satz etwa lauten:

„Ich erhielt den Auftrag, einen beschädigten Gleichstrom-Nebenschlußmotor, Hersteller Pöge, auseinanderzubauen und zu reinigen ...“

Es ist also in dem vorliegenden Beispiel möglich, in einem Satz drei Fremdwörter durch deutsche Ausdrücke zu ersetzen, ohne daß die Verständlichkeit des Satzes eine Einbuße erleidet oder die Satzbildung Schwierigkeiten bereitet.

Bei der Ausbildung der Elektromaschinenbauer-Lehrlinge spielen die Schaltbilder eine wichtige Rolle. Von der zeichnerischen Darstellung z. B. einer bestimmten Wicklung sollte aber grundsätzlich nur dann Gebrauch gemacht werden, wenn die betreffende Wicklung im Vordergrund der Aufgabe gestanden hat, die der Lehrling auf der zugehörigen linken Seite des Werkstattbuches beschreibt. Die zeichnerische Darstellung soll tunlichst auch zu dem jeweiligen Stand der Lehrlingsausbildung in einem angemessenen Verhältnis stehen.

Ein Beispiel hierfür aus dem Werkstatt-Wochenbuch eines Lehrlings im 1. Lehrjahr sei nachstehend wiedergegeben.

> „Am Anfang dieser Woche bekamen wir einen Drehstrommotor Fabrikat Lahmeyer zur Reparatur. Bei der Prüfung wurde festgestellt, daß die Ständerwicklung verbrannt war.
>
> Ich bekam die Lagerschilder zur Reinigung. Die Lagerschilder bestehen aus Grauguß und die Ringschmierlager aus Rotguß. Das Lagerschild hat den Zweck, den Anker in seiner Stellung zu halten.
>
> Ich spülte die Lager, besonders die Ölkammer und die Ölkanäle mit Petroleum aus, damit die Restbestände des alten, verdreckten Öles entfernt werden. Wenn nun der Ölkanal verstopft ist, kann das Öl nicht wieder zurück in die Ölkammer. Das Öl würde alle werden und das Lager heiß laufen. Zuletzt habe ich die Lager abgetrocknet und die Lagerschilder mit grauer Farbe gestrichen.“

Diese Eintragung eines im ersten Lehrhalbjahr stehenden Lehrlings zeigt deutlich, daß der Lehrmeister seine Aufgabe richtig verstanden hat. Er hat dem Lehrling nicht nur die Lagerschilder zum Reinigen gegeben, sondern er hat ihm auch hierbei erklärt, aus welchen Werkstoffen dieselben hergestellt sind und welchen Zweck sie an einem Motor zu erfüllen haben.

Andererseits hat der Lehrling den ihm erteilten Auftrag nicht nur richtig verstanden und ausgeführt, sondern er hat hierbei auch seinen Denkapparat richtig eingeschaltet und sich überlegt, warum die Arbeit ausgeführt wurde und welche Folgen eine unsachgemäße Ausführung seines Auftrages haben könnten.

Die Niederschrift stellt zwar kein stilistisches Kunstwerk dar, und auch die Rechtschreibung ist nicht ganz tadelsfrei. (Das Lagerschild statt d e r Lagerschild usw.) Hierauf kommt es aber nicht so sehr an! Entscheidend ist, daß der angestrebte Zweck des Werkstattbuches, nämlich die Förderung der handwerklichen Ausbildung, beispielhaft erreicht wurde.

Diese Feststellung besagt natürlich keineswegs, daß die falsche Anwendung von Fachausdrücken, die unnötige Anwendung von Fremdwörtern und die Rechtschreibefehler nicht beachtet werden sollten. Der Lehrmeister, sein Stellvertreter oder der hierzu beauftragte Geselle sollte zumindest auf derartige Mängel durch eine vorsichtige Belehrung des Lehrlings aufmerksam machen. Es erscheint sogar ratsam, die Werkstatt-Wochenbücher im Rahmen des Berufsschul-Unterrichtes nach dieser Richtung hin in den Lehrstoff einzuschalten.

Ist beispielsweise ein handwerklich begabter Lehrling in der Rechtschreibung sehr schwach, dann sollte man ihm die Möglichkeit zur Teilnahme an einem Rechtschreibe-Lehrgang geben und den Lehrling nach dieser Richtung besonders fördern. Ähnlich liegen die Verhältnisse, wenn ein handwerklich begabter Lehrling in den 4 Grundrechnungsarten oder im Zeichnen unter dem Durchschnitt liegt. Diese Mängel spiegeln sich in dem Werkstatt-Wochenbuch wieder. Sie können und müssen beachtet und durch Einleitung entsprechender Maßnahmen bestmöglichst beseitigt werden.

Über allen diesen Einzelheiten steht aber immer wieder die rein handwerkliche Ausbildung, das handwerkliche Können.

In der Elektrotechnik, ganz besonders im Elektromaschinenbau, ist die rein handwerkliche, gestaltende Arbeit in zahlreichen Fällen sehr eng mit theoretischen Zusammenhängen und Einzelheiten verbunden. Das Streben des eifrigen Lehrlings, auch in diese theoretischen Zusammenhänge einzudringen, ist sehr löblich und muß beachtet werden. Indessen ist es ratsam, mit der Zuführung der theoretischen Kost ganz besonders in den ersten beiden Lehrjahren sehr zurückhaltend zu sein. In dieser Hinsicht können auch in den Berufsschulen leicht Fehler begangen werden. Es ist beachtlich, wenn ein Lehrling im zweiten oder dritten Lehrjahr den Leistungsfaktor eines Drehstrommotors an Hand gegebener Daten errechnen kann. Ungleich wichtiger ist es aber, daß er die Ständer- und Läuferwicklung desselben Motors zuverlässig, unter Einhaltung der kürzesten Arbeitszeit fach- und sachgemäß herstellen kann.

Das Elektromaschinenbauer-Handwerk braucht dringend einen handwerklichen Nachwuchs, der in der Lage ist, durch persönliche Leistungssteigerung den zahlenmäßigen Mangel an hochwertigen Arbeitskräften auszugleichen.

Es kann dem Lehrmeister und dem Lehrling nicht oft genug gesagt werden, daß die Werkstatt-Wochenbücher bei den Lehrlings-Zwischenprüfungen und bei den Gesellenprüfungen als Unterlage für die Beurteilung der Leistungen beider Teile maßgeblich mit herangezogen werden. Hier gilt der Ausspruch: „Ein gut geführtes Werkstatt-Wochenbuch stellt dem Eifer des Lehrlings und der Sorgfalt des Lehrmeisters das beste Zeugnis aus.“

Die Lehrlings-Zwischenprüfungen im Elektromaschinenbauer-Handwerk

Die im Zuge der Neuordnung im Deutschen Handwerk eingeführten Lehrlings-Zwischenprüfungen basieren auf dem Gedanken der Leistungssteigerung. Sie bieten gleichzeitig eine Handhabe, die für einen bestimmten Handwerkerberuf nicht ausreichend begabten oder mangelhaft veranlagten Lehrlinge frühzeitig auszuscheiden und einem anderen Beruf zuzuführen.

Von entscheidender Bedeutung für die Heranbildung eines wirklich leistungsfähigen Nachwuchses ist weiter die durch die Lehrlings-Zwischenprüfungen geschaffene Kontrolle darüber, ob der Lehrmeister und der Lehrling die ihnen auferlegten Pflichten jeweils wertmäßig und zeitlich im ausreichenden Maße erfüllt haben.

Sinn und Bedeutung der Lehrlings-Zwischenprüfungen

1. In allgemeiner Hinsicht:

Der Sinn und Zweck der Zwischenprüfungen ist die Feststellung, ob sich der Lehrling für den gewählten Beruf eignet. Die Prüfungen ermöglichen eine genaue Überwachung der theoretischen und praktischen Ausbildung des Lehrlings. Die Beurteilung der Leistung setzt bereits nach dem ersten Lehrjahr ein.

2. Für den Lehrling:

Durch die Zwischenprüfungen wird bei dem Lehrling das Gefühl der Berufsverbundenheit verstärkt. Er wird sich darüber klar, daß seine Leistungen nicht nur unter der Kontrolle des Meisters, sondern unter der Kontrolle des Berufsstandes stehen.

Die Ergebnisse der Zwischenprüfungen geben dem Lehrling Klarheit darüber, ob er seine Pflichten ausreichend erfüllt und das jeweilige Jahresziel erreicht hat. Die Erkenntnis des Erfolges weckt das Gefühl der Freude und den Ansporn zu weiteren Leistungen. Der Lehrling erkennt auch, daß für seine Ausbildung gesorgt wird.

An seiner Arbeit und im Vergleich mit den Leistungen anderer Lehrlinge lernt er den Wert fach- und sachgemäßer Handwerksarbeiten kennen und schätzen. Bessere Leistungen der Kameraden wecken den Ehrgeiz und das Bestreben, dem Besseren gleichzukommen.

So wirkt sich das Streben zur Höchstleistung im günstigen Sinne auf das Ergebnis der Gesellenprüfung aus.

3. Für den Meister:

Der Lehrmeister kann sich selbst und die ihm anvertrauten Lehrlinge durch die Zwischenprüfungen in vorzüglicher Weise und nach jeder Richtung überwachen. Pflichtvergessenheit, Mangel an Verantwortungsgefühl oder Unregelmäßigkeiten, — gleichgültig, ob sie dem Lehrling oder dem Lehrmeister zur Last fallen, werden durch die Zwischenprüfungen aufgedeckt.

Im Vergleich mit den Prüfungsergebnissen der Lehrlinge anderer Betriebe kann der Lehrmeister feststellen, worauf das etwaige Versagen eines seiner ihm anvertrauten Lehrlinge begründet ist.

Es ist die selbstverständliche Pflicht des Lehrmeisters, seine Lehrlinge zur Teilnahme an den Zwischenprüfungen anzuhalten und alle Voraussetzungen zu erfüllen, die bei der Ausbildung in seinen und des Lehrlings Aufgabenkreis fallen.

Die Durchführung der Zwischenprüfungen

1. Die Art der Prüfung:

Die Lehrlings-Zwischenprüfungen umfassen die Ausbildung in der Meisterwerkstatt, in der Berufs- und zusätzlichen Berufsschule. Die praktische Prüfung steht im Vordergrund.

2. Die Ausrichtung auf Jahresziele:

Die im 1., 2. und 3. Lehrjahr von einem Lehrling zu vollbringenden fachlichen Leistungen sind als **Richtlinien** in dem Berufsausbildungsplan für die Meisterlehre und im Berufsausbildungsplan für die Berufsschulen festgelegt. (Siehe „Fachliche Vorschriften zur Regelung des Lehrlingswesens im Elektromaschinenbauer-Handwerk".) Diese Pläne sind so aufgestellt, daß sie sich gegenseitig ergänzen. Sie ermöglichen dem Lehrmeister und dem Lehrling jederzeit einen klaren Überblick über die Art und den Umfang der Aufgaben, die bis zur jeweiligen Zwischenprüfung gelöst sein müssen.

3. Abnahme der Prüfung:

a) Die Lehrlings-Zwischenprüfungen werden von dem Gesellen-Prüfungsausschuß, in der Regel unter Hinzuziehung des Lehrlingswartes abgenommen.

b) Finanzierung der Prüfung: Die anfallenden Kosten sollen auf ein Mindestmaß beschränkt werden. Die Prüfungskommission arbeitet ehrenamtlich. Tatsächliche Barausgaben können den Ausschußmitgliedern ersetzt werden; Zeitversäumnisse sollen nicht vergütet werden. Einheitliche Entschädigungssätze werden nicht festgesetzt.

c) Ort der Prüfung: Die Zwischenprüfungen finden zweckmäßig in den Räumen der Berufsschule oder in anderen der Innung zur

Verfügung stehenden, geeigneten Räume statt. Die Berufsschule soll tatkräftig am Gelingen der Prüfungen mitwirken. Die Mitarbeit der Berufsschullehrer darf jedoch nicht dazu führen, daß die Ergebnisse allein von der Berufsschule festgestellt werden. Den entscheidenden Einfluß auf die Zwischenprüfungen und insbesondere auf die Bewertung der Leistung haben die Beauftragten der Innung, denn der Berufsstand trägt selbst die höchste Verantwortung für seinen Nachwuchs.

d) Die Prüfungsergebnisse werden zweckmäßig in entsprechende Vordrucke übersichtlich eingetragen. Es muß hieraus ersichtlich sein, ob die Ausbildung in der Werkstatt und in der Berufsschule richtig gewesen ist.

Etwaige Mängel in der Ausbildung werden vermerkt. Diese Aufzeichnungen dienen dazu, dem Lehrmeister, Berufsschullehrer, den Eltern oder den Erziehungsberechtigten den Hinweis und die Möglichkeit zur Abstellung der Mängel zu geben.

Zeigen sich bei der Zwischenprüfung schwere körperliche, charakterliche oder geistige Mängel bei einem Lehrling, die durch Ausbildung und Erziehung nicht beseitigt werden können, so kann aus diesen Gründen die Aufhebung des Lehrvertrages und die Entfernung des Lehrlings aus dem Beruf durch die Innung veranlaßt werden.

4. Die Prüfungstermine:

In der Regel finden die Zwischenprüfungen am Schlusse des ersten und am Beginn des dritten Lehrjahres statt. Der Deutsche Handwerks- und Gewerbekammertag hat angeordnet, daß die Prüfungen möglichst im Januar stattfinden sollen.

5. Die Zeugnisse über die Zwischenprüfungen:

Die von dem Prüfungsausschuß ausgestellten Zeugnisse sind für den Lehrling sehr wichtig. Dieselben sind bei der Anmeldung zur Gesellenprüfung vorzulegen und müssen vom Lehrmeister und dem gesetzlichen Stellvertreter des Lehrlings mit einem Sichtvermerk versehen sein.

Die Handwerks- und Gewerbekammern unterrichten sich über den Ausfall der Prüfungen und werten die Ergebnisse aus. Besonders wird hierbei die Schuldfrage bei schlechten Prüfergebnissen untersucht. Der Lehrlingswart wirkt bei diesen Untersuchungen unterstützend mit. In gegebenen Fällen, z. B. bei grobfahrlässigem Verschulden des Lehrmeisters, kann auf Entziehung der Anleitungsbefugnis erkannt werden. Im Falle eines Versagens des Lehrlings wird man nach den Gründen suchen, ihn gegebenenfalls verwarnen oder notfalls in einen anderen Beruf überführen.

Die mit den Lehrlings-Zwischenprüfungen zusammenhängenden Fragen werden durch den Reichs-Innungsmeister geregelt.

Die theoretische Schulung der Elektromaschinenbauer-Lehrlinge während der 3½ jährigen Meisterlehre

Entwurf[1])

eines Berufs-Ausbildungsplanes für die Berufsschulen der Elektromaschinenbauer-Lehrlinge

1. Lehrjahr:

1. Halbjahr Stoffgebiet	2. Halbjahr Stoffgebiet
1. Technische Naturlehre Grundzüge). a) Die drei Aggregatzustände; fest, flüssig, gasförmig. b) Wärmequellen, Wärmeerzeugung, Wärmemessung, Körperausdehnung durch Wärme, Schrumpfung durch Kälte, Siede- und Schmelzpunkte, Gefrierpunkte. 2. Elektrotechnik. Spannung, Strom, Widerstand. Das Ohmsche Gesetz. Elektromagnet. 3. Gleich- und Wechselstrom. 4. Meßgeräte für Strom-, Spannungs- und Widerstandsmessungen (Strom-, Spannungs- u. Widerstandsmesser). 5. Werkstoffkunde[2]). a) Gußeisen, Schmiedeeisen, Stahlguß, Stahl. b) Kupfer, Aluminium. 6. Allgemeines. Führung des Werkstatt-Wochenbuches[3]). Fachausdrücke, Rechtschreibung.	1. Technische Naturlehre (Grundzüge). a) Wärmeleitfähigkeit, Wärmeabgabe bei hellen und dunkelfarbigen Körpern. b) Das spezifische Gewicht. c) Der spezifische Widerstand der Leitermetalle, Leitfähigkeit der Metalle. 2. Elektrotechnik. a) Leistung, Wirkleistung, Scheinleistung, Blindstrom, Wirkungsgrad, Leistungsfaktor. b) Wärmeerzeugung durch elektrischen Strom. 3. Elektromaschinenbau. a) Die erste deutsche dynamoelektrische Maschine von Werner Siemens und ihre Bedeutung für die deutsche Elektrizitätswirtschaft. b) Die verschiedenen Arten der Gleichstrommaschinen, deren Aufbau und Wirkungsweise, Hauptschluß-, Nebenschluß-, Doppelschluß- und Wendepolmaschinen (Motoren und Generatoren). 4. Werkstoffkunde. a) Rotguß, Messing, Zinn, Blei. b) Dynamodrähte aus Kupfer und Aluminium. c) Petroleum, Benzol, Benzin. 5. Allgemeines. Führung des Werkstatt-Wochenbuches, Fachausdrücke, Rechtschreibung.

[1]) Als Vorschlag ausgearbeitet von Zivil-Ing. Fritz Raskop.
[2]) Siehe Werkstoffkunde, Seite 261.
[3]) Siehe Seite 318.

2. Lehrjahr:

1. Halbjahr Stoffgebiet	2. Halbjahr Stoffgebiet
Elektromaschinenbau: 1. Aufbau und Wirkungsweise der verschiedenen Arten von Wechselstrommaschinen. a) Synchron- und Asynchron-. Ein- und Mehrphasen-Wechselstrommaschinen (Motoren u. Generatoren). b) Schleifring, Käfigläufer (Ein-, Mehr- und Spezialnut-Läufer) und Stromwender-Motoren. 2. Die Transformatoren (Umspanner)[1]. Zweck, Aufbau, Wirkungsweise und Bedeutung derselben für die Entwicklung der Elektrizitätswirtschaft. 3. Die Wicklungsarten für Wechsel- und Drehstrommaschinen. Stern- und Dreieckschaltungen, Parallelschaltungen. 4. Elektrotechnik. Meßgeräte: Wattmeter, Leistungsfaktormesser. 5. Werkstoffkunde. a) Isolierstoffe: Papier, Seide, Kunstseide, Baumwolle, Zellwolle, Glasgespinst, Glas, Porzellan, keramische Isolierstoffe, Schichtstoffe, Preßstoffe, Buna, Gummi, Glimmer, Asbest, Mischpolymerisate. b) Löt- und Flußmittel für Weich- und Hartlötungen. c) Umsponnene, umwickelte und umklöppelte Dynamodrähte. d) Lackdrähte. e) Schmieröle und Fette. 6. Allgemeines. Die Beachtung der allgemeinen Unfall-Verhütungsvorschriften. [1]) Siehe Seite 184.	Elektromaschinenbau: 1. Die Krankheiten (Fehlerbestimmung) an elektrischen Maschinen, deren Feststellung und Beseitigung. a) Bei Gleichstrommaschinen. b) Bei Wechsel- und Drehstrommaschinen[2]). 2. Die Umformung von Gleich- in Wechsel- und Drehstrom, und umgekehrt, durch umlaufende Maschinen (Umformer). Anlaßverfahren für Umformer. 3. Die Wicklungsarten für Gleichstrom-Anker, Schleifen-, Reihenparallelwicklungen. 4. Anlasser, Regler, Schutzschalter, Stern-Dreieckschalter (Anlaß- und Regelgeräte für elektrische Maschinen). 5. Die Regeln für Bewertung und Prüfung elektrischer Maschinen und Transformatoren (REM und RET). 6. Leistungsschilder für elektrische Maschinen. § 84 REM. 7. Werkstoffkunde. a) Isolierlacke auf der Grundlage pflanzlicher Öle, Asphalte, Naturharze (luft- und ofentrocknend). b) Isolierlacke auf der Grundlage: Kunstharze, Zellulose. c) Imprägnier-, Überzugs-, Schutzlacke, Tropenschutzlacke. d) Trockenöfen, Vakuum-Imprägnier-Anlagen. e) Imprägnier- und Trockenmethoden. f) Kühlöle für Transformatoren. 8. Allgemeines. Lieferungs- und Gewährleistungsbedingungen im Elektromaschinenbauer-Handwerk. [2]) Siehe Seite 26.

3. Lehrjahr:

1. Halbjahr
Stoffgebiet

Elektromaschinenbau:

1. Die verschiedenen Arten von Transformatoren.

a) Öl- und luftgekühlte Transformatoren.

b) Spar-(Auto-)Transformatoren.

c) Anlaß-Transformatoren.

d) Dreh-Transformatoren.

e) Schweiß-Transformatoren für Lichtbogen- und Widerstands-Schweißungen.

f) Spannungs-Regel-Transformatoren, deren Aufbau, Wirkungsweise und Anwendung.

2. Schleifen-, Reihen- und Reihenparallelschaltungen bei Gleichstromankerwicklungen. Berechnung des Kollektorschrittes. Künstlich geschlossene Reihenwicklungen[1]).

3. Anfertigung von Anschluß-Schaltskizzen.

4. Werkstoffkunde.

a) Dynamo- und Transformatorenbleche, deren Gütewerte, insbesonders deren Wattverluste.

b) Das Stanzen der Ständer-, Läufer- und Polbleche für elektrische Maschinen.

c) Hitzebeständige Dynamodrähte mit Asbest- und Glasgespinst-Isolation.

d) Wärmeleitende und hitzebeständige Isolierstoffe.

5. Allgemeines.

Die gewerbepolizeilichen Vorschriften für Lack-Trockenöfen.

2. Halbjahr
Stoffgebiet

Elektromaschinenbau:

1. Das Parallelschalten mehrerer Transformatoren.

2. Leistungsmessungen an Gleichstrommotoren.

3. Frequenz-Umformer, deren Aufbau und Wirkungsweise.

4. Die Ausgleichverbindungen bei Gleichstrom-Ankerwicklungen. Zweck derselben und Berechnung des Ausgleichschrittes.

5. Kaskaden u. Leonhard-Umformer.

6. Hilfsmittel zur Verbesserung des Anlaufes bei Einphasen-Wechselschaltungen hierzu.

7. Stabwicklungen bei Drehstromläufer. Berechnung des Wickel- und Umkehrschrittes[2]).

8. Anfertigung von Wicklungs-Schaltbildern.

9. Werkstoffkunde.

a) Die Imprägnierung von Lackdrahtwicklungen.

b) Widerstandsdrähte, ihre Eigenschaften und Anwendung bei der Herstellung von Anlassern, Reglern und Vorschaltwiderständen[3]).

c) Lagermetalle und Austauschstoffe hierfür.

10. Allgemeines.

Die Haftpflicht bei Fahrlässigkeit des Lehrlings.

---

[1]) Siehe Raskop, Der Katechismus für die Ankerwickelei, 9. Auflage.
[2]) Siehe Raskop, Das Berechnungsbuch des Ankerwicklers, 6. Auflage.
[3]) Siehe Raskop, Das Berechnungsbuch des Ankerwicklers, 6. Auflage.

4. Lehrjahr (3½ Jahre):

1. Halbjahr Stoffgebiet	1. Halbjahr Stoffgebiet
Elektromaschinenbau: 1. Polumschaltbare Drehstrommotoren und Polumschalter hierzu. 2. Die Dahlander-Schaltung zu Ziffer 1[1]). 3. Hilfsmittel zur Verbesserung des Leistungsfaktors: Kondensatoren, Primär- und Sekundär-Phasenkompensatoren. 4. Das statische und dynamische Auswuchten umlaufender Wicklungskörper[2]). 5. Die Drehzahlregelung bei Gleich-, Einphasen- und Drehstrommotoren. 6. Gleichrichter. 7. Die Leistungsmessung an Drehstrommotoren: Geräte, Hilfsmittel hierzu. Auswertung der Meßergebnisse[3]).	8. Umrechnung gegebener Wickeldaten für eine andere Spannung (Gleich- und Drehstrom)[4]). 9. Anfertigung von Wicklungs-Schaltbildern. 10. Werkstoffkunde. a) Kohlebürsten und Bürstenhalter für Stromwender und Schleifringmaschinen. b) Deutsche Werkstoffe für den Elektromaschinenbau (Austauschstoffe). 11. Allgemeines. a) Unfall-Verhütungsvorschriften für das Prüffeld. b) Erste Hilfe bei Unfällen durch elektrischen Strom. c) Der Werkvertrag und seine Bedeutung im Elektromaschinenbauer-Handwerk.

[1]) Siehe Raskop, Der Katechismus, 9. Auflage.
[2]) Siehe Raskop, Der Katechismus, 9. Auflage.
[3]) Siehe Raskop, Das Berechnungsbuch, 6. Auflage.
[4]) Siehe Raskop, Das Berechnungsbuch, 6. Auflage.

XII. TEIL

Die geschichtliche Entwicklung des Deutschen Elektromaschinenbauer-Handwerkes; seine organisatorische Erfassung und Betreuung

Der Ursprung des Elektromaschinenbauer-Handwerks reicht auf den Geburtstag der ersten, in der Wirtschaft praktisch verwendbaren elektrischen Maschine zurück. Von der rein handwerksmäßigen Herstellung dieser Maschine nahm die Entwicklung der gesamten Elektrizitätswirtschaft ihren Ausgang.

Dieser Ausgangspunkt der deutschen Elektrotechnik und deutschen Elektro-Wirtschaft lag in einer bescheidenen Hinterhaus-Werkstatt in der Schöneberger Straße in Berlin. Hier hat am 1. Oktober 1847 Werner Siemens zusammen mit dem Mechanikus Johann Georg Halske die „Telegraphen-Bauanstalt von Siemens & Halske" ins Leben gerufen. Im Jahre 1866 baute die Firma Siemens & Halske die erste dynamoelektrische Maschine, die in anschließender ständiger Verbesserung den Grundstein für die deutsche Elektrowirtschaft darstellt.

Diese praktisch verwendbaren Gleichstrommaschinen hatten um das Jahr 1900 bereits in größerem Umfang Eingang in der Industrie, insbesondere in der rheinisch-westfälischen Schwerindustrie, vereinzelt auch schon in der Mittel- und Kleinindustrie und im Handwerk gefunden.

Um diese Zeit entstand die Notwendigkeit, geeignete Werkstätten für die Instandsetzung und Neuwicklung elektrischer Maschinen ins Leben zu rufen. Derartige Werkstätten wurden zuerst von den industriellen Unternehmungen der Schwerindustrie, z. B. Union-Dortmund, Hoesch-Dortmund, Krupp-Essen u. a. errichtet und den Stammwerken als „Elektrische Werkstatt angegliedert.

Die Belegschaft dieser Werkstätten setzte sich in der Regel aus Männern zusammen, die das Schlosser-, Dreher- oder Mechaniker-Handwerk erlernt hatten und aus Neigung auf das neue Gebiet „Elektrotechnik" übergewechselt waren. Aber auch andere, z. B. Klempner, teilweise sogar angelernte Kräfte aus weit abseits liegenden, durchaus nicht verwandten Sparten, wurden mit mehr oder weniger Erfolg hier beschäftigt.

Hinsichtlich Aneignung des elektrotechnischen Fachwissens — insbesondere auch bezüglich des erforderlichen handwerklichen Könnens bei der Herstellung von Wicklungen an elektrischen Maschinen, waren die Belegschaftsmitglieder dieser privaten Werkstätten fast ausschließlich auf sich selbst angewiesen. Diese Selbstausbildung machte je nach Anlage, Interesse und Ausdauer des Einzelnen entprechende Fort-

Abb. 244. Erste Siemens-Dynamomaschine.

schritte. Sie wurde hin und wieder in erfreulicher Weise durch das Erscheinen sogenannter „Werkswickler" gefördert, die im Auftrage der SSW, AEG, Helios usw. an Ort und Stelle einige Ankerstäbe, zuweilen auch eine Nebenschluß-, Hauptstrom- oder Wendepolspule ersetzten und hierbei ihre Künste zum Besten gaben.

An eine bestimmte Zeit war diese Ausbildung nicht gebunden. Diejenigen, welche bereits das Schlosser-, Dreher- oder Mechaniker-Handwerk in anderen Werkstätten erlernt hatten, erwiesen sich in der Regel als bestgeeignet und machten bei gegebenen Voraussetzungen schon in kurzer Zeit beachtliche Fortschritte.

Spulenformen, Wickelhölzer, Spulenheber, Stemmer und sonstige Hilfswerkzeuge für die Herstellung von Formspulen und Wicklungen fertigte sich der Einzelne nach Gutdünken selbst an.

Einschlägige Fachbücher über die Instandsetzung und Neuwicklung elektrischer Maschinen, Berufs-Schulzwang usw. gab es zur damaligen Zeit nicht. Von einer planmäßigen, zielstrebigen Ausbildung konnte daher noch nicht gesprochen werden. Wer mehr wußte als der andere, war stolz darauf, — behielt aber sein Wissen für sich. Aufgenommene Wickeldaten wurden in der Regel auf einem Zettel in der Brusttasche des Werkrockes sorgsam aufbewahrt und anschließend in der Werktisch-Schublade eingeschlossen. Diese falsch verstandene Sorgfalt führte

Abb. 245. Dynamomaschine mit Wasserkühlung zur Lichterzeugung für militärische Zwecke, 50 V, 10 A bei Drehzahl 700 (1868).

öfter zu dem Verlust der wichtigen Wickeldaten und zu unliebsamen Schwierigkeiten, die gewöhnlich damit endeten, daß der Anker oder die ganze Maschine an den Hersteller eingesandt werden mußte.

Um die Wende des Jahres 1900 bis etwa 1908 entstanden, losgelöst von der Industrie, die ersten selbständigen Werkstätten für die Instandsetzung und Neuwicklung elektrischer Maschinen, z. B. die Firmen: Allgemeine Elektromotorenwerke (AEW) in Dortmund, Hugo Miebach in Dortmund, Gebrüder Brockhaus in Düsseldorf, Eicker & Thimmig in Düsseldorf, Wuppertaler Elektromotorenwerk Adolf Oelkers, W.-Elberfeld, Keucher & Co. in Leipzig, Zwirner & Dorff in Magdeburg, Fleischhauer in Magdeburg, Geisel in Hannover, M. Stenzel in München, Gradenwitz in Berlin u. a., denen in alsdann schneller Reihenfolge weitere Unternehmen gleicher Art in den größeren Städten des Reichsgebietes folgten. In dem Zeitabschnitt bis 1914 gründeten auch die Großfirmen AEG (AEG-Fabrik Mülheim), SSW (SSW Köln), BBC (BBC Dortmund), im rheinisch-westfälischen Industriegebiet vorbildlich eingerichtete Groß-Instandsetzungs-Werkstätten, die hauptsächlich für die Wiederherstellung beschädigter Maschinen aus den Stammwerkslieferungen — und zwar bis zu den größten Einheiten — geschaffen wurden.

Die Ausbildung der Fachkräfte in den Instandsetzungswerkstätten elektrischer Maschinen, für die man damals die Berufsbezeichnungen Wickler, Ankerwickler, Elektriker, Monteur usw. gefunden hatte, wurde allmählich soweit ausgebaut, daß der Nachwuchs in ein gewisses Lehr-

Abb. 246. Die Wechselstrommaschine W 2 der Firma Siemens & Halske, gebaut ab 1877.

verhältnis zu dem Lehrherrn treten konnte. Die Beendigung der meistens dreijährigen Lehrzeit fand indessen nicht mit der Ablegung einer Gesellenprüfung statt, sondern lediglich mit der Zubilligung eines Anfangs-Gesellenlohnes. Im übrigen bestanden in der fachlichen Ausbildung der Lehrlinge keine fest umrissenen Richtlinien. Sofern der Lehrherr oder sein Stellvertreter die Berechtigung zum Anleiten von Lehrlingen besaß, bezog sich diese keineswegs auf das Elektromaschinenbauer-Handwerk, denn dieses Handwerk gab es offiziell noch nicht. Die Lehrzeugnisse trugen entsprechende Berufsbezeichnungen, z. B. Elektriker, Schlosser, Mechaniker, Dreher u. a.

Die fachliche Ausbildung in den Instandsetzungswerkstätten wurde im weiteren Verlauf der Entwicklung durch Zuzug von Arbeitskräften aus den Elektromaschinenfabriken nennenswert gefördert. Hier handelte es sich in der Regel nicht um Handwerker, sondern um angelernte Facharbeiter, die in den Elektromaschinenfabriken auf eine bestimmte Teilarbeit, z. B. Drehstrom-Wicklungen, Gleichstrom-Wicklungen oder Transformatoren-Wicklungen eingearbeitet waren. Man unterschied sogar in der Gleichstrom-Wickelei die sogenannten Stab-Wickler von denjenigen Wicklern, die beispielsweise auf Hand- oder Formspulen-Wicklungen eingearbeitet waren.

Die Bezeichnungen der einzelnen Wicklungsarten waren durchaus nicht einheitlich, sie entstanden vielfach ganz unbefangen aus der sogenannten Werkstattsprache. So sprach man z. B. von einer 4poligen Wicklung mit 2poliger Schaltung und meinte eine 4polige Gleichstrom-

Schleifenwicklung mit 4 parallelen Ankerstromzweigen. Für die Drehstrom-Formspulen-Wicklungen erfand man die Bezeichnung Faßwicklung, Korbwicklung usw. und meinte eine Dreiphasen-Einschichten-Formspulenwicklung mit Spulen gleicher Weite. Die künstlich geschlossene Gleichstromanker-Reihen-(Serien-)Wicklung wurde vielfach als Gleichstromwicklung mit einer Hexenspule, die Gleichstromanker-Reihenparallelwicklungen mit „offene Wicklung" bezeichnet. Es wurde in dieser Hinsicht in verschiedenen Sprachen gesprochen, und es ist erklärlich, daß dieser Mangel nicht zu einer Förderung der fachlich-handwerklichen Ausbildung beitrug.

In den Kriegsjahren 1914 bis 1918 beschränkte sich die Instandsetzung und Neuwicklung elektrischer Maschinen naturgemäß auf die dringendsten Arbeiten. Ein großer Teil beschädigter elektrischer Maschinen wurde bis zum Kriegsende auf Lager gestellt. Ab 1915 wurden in den Elektromaschinenfabriken auch Ersatzmetall-Wicklungen aus Aluminium und Zink angewandt. Ein kleiner Teil der Aluminium-Maschinen ist heute noch im Betrieb.

Nach Beendigung des Krieges im Jahre 1918 nahmen auch die Instandsetzungswerkstätten ihre Tätigkeit wieder in vollem Umfang auf, soweit die notwendigen Werkstoffe zur Verfügung standen. Die während des Krieges zurückgestellten Instandsetzungen und die Umwicklungen von Aluminium und Zink in Kupfer fielen im steigenden Maße an. Es entstanden eine große Zahl Neugründungen auf dem Gebiete der Instandsetzungen elektrischer Maschinen, wovon ein gewisser Prozentsatz hinsichtlich des fachlichen Könnens und der Werkstatteinrichtung jedoch nicht den Anforderungen gewachsen war. Jeder, der sich berufen fühlte, konnte eine Instandsetzungswerkstatt elektrischer Maschinen eröffnen und nach Belieben betreiben; einschränkende Bestimmungen gab es damals nicht; es herrschte die sogenannte Gewerbefreiheit.

Das aus den beschädigten Wicklungen anfallende Altkupfer war die hauptsächliche Werkstoffgrundlage. Das Altkupfer wurde den Kabelwerken zum Umarbeiten eingesandt und diese lieferten unter Abrechnung des Einschmelzverlustes und Berechnung der Umarbeitungskosten fertige Dynamodrähte an den Auftraggeber zurück.

Hierzu kamen die während des Krieges 1914 bis 1918 eingefrorenen Lagerbestände und die durch Beendigung des Krieges freiwerdenden Heeresbestände an Dynamodrähten. Indessen stieg die Nachfrage nach Wicklungs-Werkstoffen so sprunghaft, daß schon in kurzer Zeit in Dynamodrähten eine erhebliche Verknappung eintrat. Mit dieser Verknappung setzte gleichzeitig eine lawinenartige Preissteigerung im Handel mit Dynamodrähten ein, die unter dem Einfluß der nunmehr schnell ansteigenden Inflation uferlose Formen annahm. Während sich die Preise für Dynamodrähte mittlerer Querschnitte im Jahre 1920 bereits um 80 bis 100 Mk. je kg bewegten, wurden im Jahre 1922 für 0,1 mm ⌀ 2 × S. etwa Mk. 1800,—, 0,8 mm ⌀ 2 × Bw. etwa Mk. 145,— gefordert und bezahlt.

Die Kabelwerke litten unter Kohlenmangel. Die Läger der Werkstoff-Händler waren infolge eines vielfach planlosen Zugriffes der Verbraucherschaft so gut wie ausverkauft. Mangels der benötigten Drahtsorten wurden vielfach an Stelle Runddraht ein sonst nicht verwendbarer Profilleiter ähnlichen Querschnittes verwendet. Mitunter wurde der vorgefundene Leiterquerschnitt in mehreren Drähten, selbst solche ungleichen Drahtdurchmessers, aufgeteilt und parallel geschaltet.

Diese und viele andere Umstände waren die Ursache für ein allmähliches Absinken der Geschäftsmoral. Das Pfuscher- und Schwarzarbeitertum erreichte eine bisher nicht erlebte Blütezeit. Das Ansehen und der Bestand der Instandsetzungswerkstätten schien in Gefahr zu geraten, es herrschten üble Zustände, deren schnellste Beseitigung als dringendes Gebot der Stunde angesehen werden mußte.

Da seitens der damaligen Regierung keine entsprechenden Maßnahmen zur Behebung der Mißstände ergriffen wurden und auch nicht zu erwarten waren, andererseits der Einzelne den Verhältissen machtlos gegenüberstand, konnte nur ein gemeinschaftliches Bemühen die Aussicht auf eine Beseitigung der Zustände bieten.

Das Jahr 1920: Gründung einer Reichs-Berufsgemeinschaft

Aus dieser Erkenntnis heraus reifte bei dem Verfasser die Idee, in einem öffentlichen Aufruf an die Instandsetzungsfachleute des Reichsgebietes heranzutreten und diese zur Gründung einer Reichs-Berufsgemeinschaft aufzufordern.

Dieser Gedanke wurde in Nr. 14 der Zeitschrift „Elektro-Börse“ vom 18. Februar 1920 in die Tat umgesetzt. In diesem Aufsatz legte der Verfasser seine Idee in aller Ausführlichkeit dar und forderte am Schlusse zur Gründung eines Fachverbandes auf.

Die öffentlich angeschnittene Frage des Zusammenschlusses fand in den Fachkreisen lebhafte Zustimmung. Durch zahlreiche Zuschriften ermuntert, berief der Verfasser auf den 22. Mai 1920 die Gründungsversammlung im Stadtverordneten-Sitzungssaal zu Dresden ein.

Das Ergebnis dieser ersten Arbeitstagung war die Gründung des Relma-Verbandes der Deutschen Reparaturwerke elektrischer Maschinen e. V., dessen Eintragung in das Handelsregister Frankfurt a. M. anschließend vollzogen wurde. Die Gründungsversammlung wählte als Vorstand: 1. Fritz Raskop, Vorsitzender, Düsseldorf; 2. E. Bommert, Vorstandsmitglied, Dresden; 3. Otto Ehlers, Vorstandsmitglied, Stettin.

Der Vorstand wurde gebeten, für den neugegründeten Verband unter Wahrung der vollen Selbständigkeit Anschluß an den Verband des Deutschen Elektro-Installateur-Gewerbes e. V. Frankfurt a. M. nachzusuchen.

Im Rahmen der Gründungsversammlung hatten rund 100 Firmen ihren Beitritt erklärt. Hiermit war der erste Schritt getan.

Zum ersten Male trat die nunmehr geschaffene Berufsgemeinschaft der Relma-Verband am 26. September 1920 gelegentlich der „Elektrischen Woche" in Hannover an die Öffentlichkeit. Hier entwickelte der Vorsitzende innerhalb der ersten, ordentlichen Mitgliederversammlung vor etwa 250 Fachgenossen aus allen Teilen des Reichsgebietes sein Arbeitsprogramm. Die Mitgliederzahl des Verbandes hatte sich in kurzer Zeit auf 330 erhöht. Unter der tatkräftigen Geschäftsführung des Rechtsanwaltes Stroinsky begann der Relma-Verband das vom Vorsitzenden aufgestellte und vom Vorstand und Ausschuß genehmigte Arbeitsprogramm mit schnell sichtbaren Erfolgen durchzuführen.

Organisatorischer Aufbau des Relma-Verbandes

Das in der ersten ordentlichen Mitgliederversammlung verkündete Programm des „Relma"-Verbandes setzte sich im wesentlichen aus folgenden Punkten zusammen:

Das erste Arbeitsprogramm des Relma-Verbandes

1. Zusammenfassung aller Angehörigen des Elektromaschinenbauer-Gewerbes in einer Reichs-Berufsgemeinschaft zum Zwecke der gemeinschaftlichen Lösung anfallender wirtschaftlicher und beruflicher Aufgaben.
2. Erhöhung der Leistungen durch die Förderung der fachlichen Ausbildung des gewerblichen Nachwuchses:
   a) Durchsetzung eines Antrages auf Anerkennung des Elektromaschinenbauer-Gewerbes als selbständiges Handwerk.
   b) Aufstellung und Einführung einer Meister- und Gesellen-Prüfungsordnung für das Elektromaschinenbauer-Gewerbe.
   c) Einheitliche Richtlinien für die fachliche Ausbildung des gewerblichen Nachwuchses und Festsetzung der Lehrzeit.
   d) Berufung von Sachverständigen bei den Handels- und Handwerkskammern. Errichtung von Prüfungskommissionen für das Elektromaschinenbauer-Handwerk bei den Handwerkskammern.
   e) Schaffung einer speziellen Fachzeitschrift für das Elektromaschinenbauer-Gewerbe.
   f) Gründung eines gemeinschaftlichen Wickeldaten-Archives und kostenlose Bekanntgabe vorhandener Maschinendaten an die Mitglieder.

I. Organisationsplan

der Berufsgemeinschaft des Deutschen Elektromaschinenbauer-Handwerkes. 1920—1924

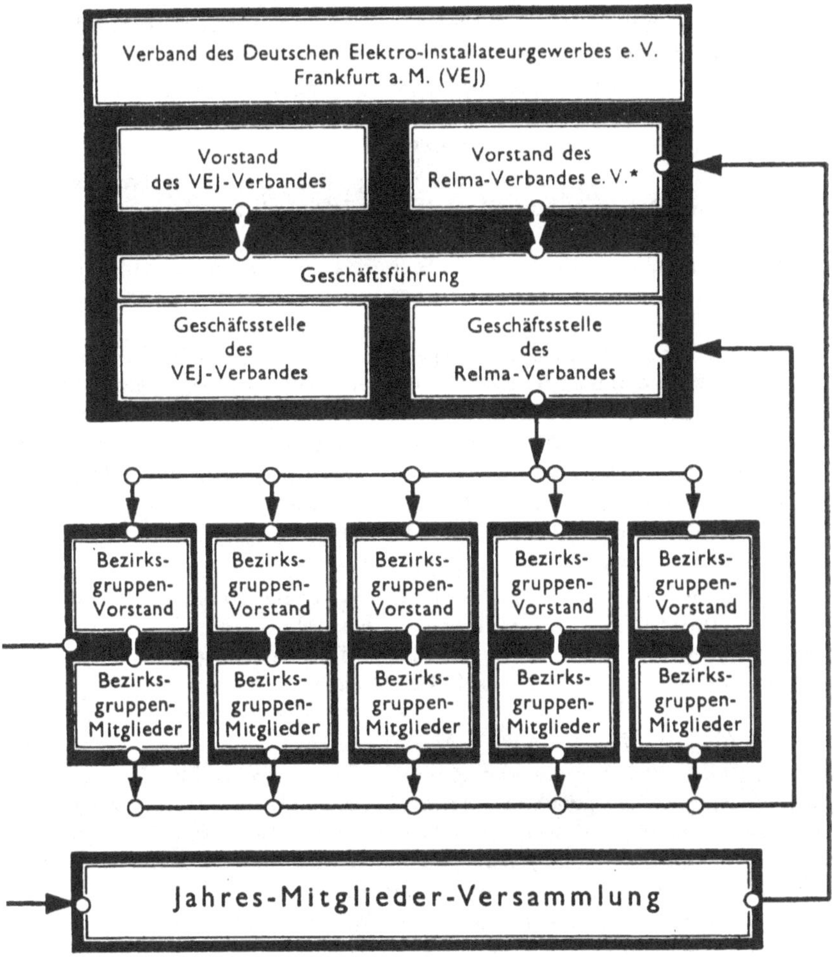

Abb. 247.

g) Herausgabe von Preislisten, Arbeitszeit-, Kupfergewichtstabellen und Wicklungsschaltbilder an die Mitglieder.

3. Gemeinschaftliches Streben nach einer den Anforderungen entsprechenden Werkstoffversorgung. Werkstoffaustausch unter den Mitgliedern.

4. Kameradschaftlicher Erfahrungsaustausch im Rahmen einer alljährlich stattfindenden technischen Arbeitstagung.

5. Fühlungnahme mit den Elektromaschinenfabriken, einschlägigen Fachverbänden, Behörden und Regierungsstellen.

6. Pflege der fachkameradschaftlichen Zusammenarbeit unter den Mitgliedern auf allen Gebieten, insbesondere auch im Handel mit gebrauchten elektrischen Maschinen.

Die zweite Mitgliederversammlung des Relma-Verbandes fand wiederum im Rahmen der „Elektrischen Woche“, und zwar am 30. Mai 1921 in Essen statt.

Hier wurde u. a. auch über die bereits in Hannover aufgeworfene Frage des „Verbandsmotors“ und über die Wahl einer eigenen Fachzeitschrift beraten.

Die im Januar 1921 ins Leben gerufene Fachzeitschrift „Die elektrische Maschine“ wurde als amtliches Verbandsorgan gewählt. Für die weitere Bearbeitung der Verbandsmotor-Angelegenheit wurde aus den Reihen der Mitglieder eine Studiengesellschaft gegründet.

Diese Gesellschaft ließ eine Reihe Entwürfe und Bauzeichnungen für Drehstrommotoren von 0,5 bis 20 PS herstellen. Nach diesen Unterlagen wurde der sogenannte Verbandsmotor von einigen Mitgliedsfirmen hergestellt und vertrieben.

Zur damaligen Zeit (1921) bestand eine große Nachfrage nach elektrischen Maschinen aller Gattungen, besonders aber nach normalen Drehstrom-Motoren von etwa 0,5 bis 7,5 PS. Die Instandsetzungswerkstätten bezogen vielfach bis auf die Wicklung fertige Drehstrommotoren-Halbfabrikate, die nach der Bewicklung und Ausrüstung glatten Absatz fanden.

Im Jahre 1922 konnte von einer Hochkonjunktur auf dem Elektromaschinenmarkt gesprochen werden. Diese Scheinkonjunktur entstand unter dem Einfluß der ständig fortschreitenden Inflation. Nach der Auffassung: „Geld ist Nichts, Ware ist Alles“ steigerte sich die Nachfrage nach elektrischen Maschinen unaufhaltsam.

Auch der Bauer stellte sich einige Motoren auf Lager, um über sogenannte Sachwerte verfügen zu können. Der Bedarf an elektrischen Maschinen war und blieb aber ein Scheinbedarf und die Deckung desselben mußte irgendwie und irgendwann einmal zu schweren wirtschaftlichen Rückschlägen führen.

In Heft Nr. 3/1922 der Verbandszeitschrift „Die elektrische Maschine" veröffentlichte der Relma-Verband den ersten Entwurf der Meister- und Gesellen-Prüfungsordnung für das Elektromaschinenbauer-Gewerbe und den Bestand des inzwischen gegründeten Wickeldaten-Archives.

Die verbandsseitig geschaffene Technische Auskunfts- und Beratungsstelle erfreute sich eines regen Zuspruchs aus den Kreisen der Mitglieder. Besonders interessante und wichtige Anfragen und Antworten wurden in der Verbandszeitschrift veröffentlicht.

Die ersten Fachbücher für das Elektromaschinenbauer-Handwerk

Als Grundstock der speziellen Fachliteratur für die Instandsetzungswerke elektrischer Maschinen erschienen zuerst im Jahre 1920 in einem Abstand von einigen Monaten zwei Auflagen des Buches: „Die Reparaturen an elektrischen Maschinen, insbesondere die Herstellung von Ankerwicklungen an Gleich- und Drehstrommotoren, Kollektorbau, Fehlerbestimmung und Prüfung elektrischer Maschinen" von Fritz Raskop.

Im Jahre 1922 folgte bereits in 3. Auflage das 10. bis 15. Tausend dieses Buches. Zu diesem ersten Fachbuch des Elektromaschinenbauer-Handwerkes brachte der Verfasser ebenfalls im Jahre 1922 das Ergänzungswerk: „Der Katechismus für die Ankerwickelei" sowie Schaltbilder für Drehstromläufer-Stabwicklungen und ein Werkstattbuch heraus.

Die Herausgabe dieser Fachbücher und die freudige Aufnahme derselben in den Kreisen der Elektromaschinenbauer trug wesentlich zum Erfahrungsaustausch, zur fachlichen Weiterbildung des Einzelnen und damit zur Förderung des gesamten Berufsstandes bei. Sie erwiesen sich darüber hinaus sehr bald auch als Bindeglied zwichen dem reichsdeutschen Elektromaschinenbauer und den Berufskameraden des deutschsprachigen Auslandes. Die Bücher fanden u. a. in Holland, in der Schweiz, in Österreich, in der Tschecho-Slowakei, Dänemark, Schweden und überall da im Ausland Verbreitung, wo deutsche Elektromaschinenbauer als Einzelne unter Ausländern ihren Beruf ausübten. Aus Zuschriften an den Verfasser geht hervor, daß die Bücher beispielsweise auch nach Nord- und Südamerika, China, Südafrika und nach Holl.-Indien gelangten und dort in den Händen deutscher Berufskameraden ihren Zweck erfüllten.

Auch die Verbandszeitschrift „Die elektrische Maschine" wurde im deutschsprachigen Ausland gelesen. Es meldeten sich Firmen aus Holland und der Schweiz, die um Aufnahme in den Relma-Verband baten und Auslandsmitglieder des Verbandes wurden.

So wurde die Gemeinschaftsarbeit der deutschen Elektromaschinenbauer auch beispielgebend für einen Teil des Auslandes. Der Erfahrungsaustausch ging über die geographischen Grenzen hinweg von Fachmann zu Fachmann und wirkte sich in der Folge für alle Beteiligten recht günstig aus.

Die dritte Mitgliederversammlung des Relma-Verbandes

wurde am 28. Mai 1922 in München abgehalten und erfreute sich eines außerordentlich starken Besuches. Um einen Einblick in eine solche Tagung zu gewähren, sei nachstehend die Veranstaltungsfolge derselben wiedergegeben.

Tagesordnung

1. Begrüßungsansprache des Vorsitzenden.
2. Erstattung des Geschäftsberichtes.
3. Vortrag Dipl.-Ing. H. Ott: Umwicklung von Motoren von Aluminium in Kupfer.
4. Bericht Ing. Otto Ehlers, Stettin: Zweck und Ziele der Bezirksgruppen des Relma-Verbandes, ihre Gründung und ihre Aufgaben.
5. Bericht Ing. Fritz Raskop: Das neugeschaffene Wickeldaten-Archiv des Relma-Verbandes, Ausbildungswesen, Gesellen- und Meister-Prüfungsordnung, Berufsbezeichnungen im Elektromaschinenbauer-Handwerk.
6. Aufgaben und Bedeutung neuzeitlicher Fachzeitschriften.
7. Bericht Ing. M. Bernhardt, Stuttgart: Gemeinsamer Einkauf der Mitglieder, Verwertung von Altkupfer und Metallen, Die Tätigkeit der Werkstoffbeschaffungskommission.

8., 9., 10. und 11. Geschäftliches.

Nachmittags 3 Uhr:

1. Vortrag Ing. W. Brabender, Duisburg: Das statische und dynamische Auswuchten schnellaufender Drehkörper, insbesondere die Erfahrungen hiermit bei der Instandsetzung und Neuwicklung von Ankern.
2. Allgemeine Fachaussprache über interessante Fälle aus der Instandsetzungs-Praxis.

Das nunmehr 3jährige erfolgreiche Wirken des Relma-Verbandes hatte die Berufskameraden näher gebracht und auf ein Ziel ausgerichtet. Ein großer Teil der Mitglieder hatte sich auf den Tagungen persönlich kennengelernt und über den persönlichen Erfahrungsaustausch hinweg waren Freundschaften angeknüpft worden.

Über dem recht beachtlichen Anfangserfolg stand indessen die dunkle Wolke der Inflation.

Im Laufe des Jahres 1922 war die Entwertung der Mark sprunghaft vorgeschritten. In Heft 16/1922 der Verbandszeitschrift „Die elektrische

Maschine" wurden beispielsweise für Dynamodrähte folgende Preise veröffentlicht:

0,1 mm ⌀ 2 × S. = je kg Mk. 1800,—
0,8 mm ⌀ 2 × Bw. = je kg Mk. 145,—

Am 29. Juli 1922 schlossen sich auch die sächsischen Mitglieder zu der „Bezirksgruppe Sachsen und anliegenden Staaten" zuammen, so daß der Relma-Verband bereits nach der kurzen Zeit des Bestehens in allen wichtigen Wirtschaftsgebieten über eine örtliche Organisation verfügte.

Die im Jahre 1923 unaufhaltsam vordrängende Inflation erbrachte bereits Preise für Dynamodrähte, die sich um Mk. 5000,— je kg Dynamodraht 0,8 ⌀ 2 × Bw. bewegten.

Die vierte Mitgliederversammlung des Relma-Verbandes

sollte in Stettin stattfinden, mußte aber infolge der eingetretenen Teuerung nach Erfurt verlegt werden.

Am 28. Mai 1923 fanden sich die Mitglieder des Relma-Verbandes in Erfurt zur 4. Jahresversammlung zusammen. Diese Zusammenkunft stand bereits in dem Zeichen eines schnell herannahenden, völligen Zusammenbruches der Mark. Es wurde beschlossen, die Mitgliederbeiträge wegen des rasenden Tempos der Entwertung nicht in Papiermark, sondern in Altkupfer zu entrichten.

Schwarze Gewitterwolken zogen sich an dem Wirtschaftshorizont zusammen. Unter dem Druck der Verhältnisse war der Verband des Deutschen Elektro-Installateurgewerbes e. V. Frankfurt a. M., dem der Relma-Verband damals korporativ angeschlossen war, gezwungen, diese Verbindung zu lösen und den Relma-Verband sich selbst zu überlassen. In einem offiziellen Schreiben legte der VEI-Verband die weiteren Geschicke des Relma-Verbandes und seiner Mitglieder in die Hände des Verfassers. Die Inflation hatte das Vermögen des Relma-Verbandes restlos aufgezehrt. Mit gebrochenem Mast trieb das Verbandsschiff durch die wildbewegten Wogen des allgemeinen wirtschaftlichen Zusammenbruchs. Aber das Steuer des Schiffes war und blieb erfreulicherweise unbeschädigt.

Das Jahr 1924

Nachdem sich die Wogen etwas geglättet hatten und die Wiederkehr tragbarer Wirtschaftszustände durch die Stabilisierung der Mark eingeleitet war, berief der Vorsitzende des Relma-Verbandes eine außerordentliche Vorstandssitzung zum 11. Mai 1924 nach Weimar ein. In dieser Sitzung wurde über die im Interesse der Erhaltung des Relma-Verbandes zu ergreifenden Maßnahmen beraten.

An dieser Tagung nahmen teil: 1. Ing. Fritz Raskop, Vorsitzender, Düsseldorf; 2. Ing. E. Bauer (†), München, Bez.-Gruppe Bayern; 3. P. Prager (†), Hamburg, Bez.-Gruppe Nordwestdeutschland; 4. H. Steuber (†), Siegen, Bez.-Gruppe Siegerland; 5. H. Kraus (†), Ludwigshafen/Rh., Vorstandsmitglied.

Diese Weimarer Arbeitstagung war von grundlegender Bedeutung für das Fortbestehen des Relma-Verbandes. Den Teilnehmern ist es in erster Linie zu verdanken, daß der Relma-Verband die überaus kritische Zeit überstanden hat. Hier wurden die wichtigen Beschlüsse über die Wiederaufrichtung und weitere Entwicklung des Verbandes gefaßt, die anschließend mit neuer Kraft und unbeugsamer Energie zum Wohle des gesamten deutschen Elektromaschinenbauer-Handwerkes durchgeführt wurden.

Gemäß des in Weimar gefaßten Beschlusses wurde die

fünfte Mitgliederversammlung des Relma-Verbandes

am 12. bis 14. September 1924 nach Heidelberg einberufen. Hier fand die beschlossene Reorganisation des Verbandes statt.

Die Verbandsbezeichnung wurde in:

„Reichsverband der Elektromaschinenfabriken, Apparatebau- und Reparaturwerke e. V. Düsseldorf"

geändert und ein den neuen Verhältnissen entsprechendes Arbeitsprogramm aufgestellt, welches in den nachfolgenden Jahren in die Tat umgesetzt wurde.

Das Jahr 1927

In dem Verlauf der Jahre 1924 bis 1928 war das Jahr 1927 für das deutsche Elektromaschinenbauer-Gewerbe von größter Bedeutung. Die jahrelangen Kämpfe des Relma-Verbandes um die Erringung der Selbständigkeit des Elektromaschinenbauer-Handwerks waren endlich von Erfolg gekrönt.

Der Preuß. Minister für Handel und Gewerbe hatte durch seine Entscheidung vom 30. Novmber 1925, J.-Nr. IV 15365 folgendes festgestellt:

Betr. Ankerwickler: Berlin W 9, den 30. 11. 25

Nach dem Gutachten des Landesgewerbeamtes, dem ich beigetreten bin, ist die Tätigkeit des Ankerwicklers z. Zt. weder als besonderes Handwerk, noch als ein selbständiger Handwerkszweig anzusehen.

Es handelt sich vielmehr um eine Teilarbeit im Elektromaschinenbau, die vorwiegend in industriellen Betrieben, zuweilen auch in Handwerksbetrieben von ungelernten Teilarbeitern ausgeübt wird.

Diese Teilarbeiter sind keine Handwerker. Jugendliche, die als „Ankerwickler-Lehrlinge" beschäftigt werden, sind überhaupt keine Lehrlinge im Sinne der Gewerbeordnung, sondern regelmäßig jugendliche Arbeiter. Denn ein Lehrverhältnis setzt einen auf die Erlernung eines ganzen Gewerbes oder wenigstens eines Zweiges einer gewerblichen Tätigkeit gerichteten Vertrag voraus, nicht aber einen solchen zur Erlernung einzelner Handfertigkeiten (zu vergl. Landmann, G. O., 7. Auflage, Band 2, S. 4, 3, 1 und die dort angeführten Gerichtsurteile).

II. Organisationsplan der Berufsgemeinschaft des Deutschen Elektromaschinenbauer-Handwerkes. 1924—1933

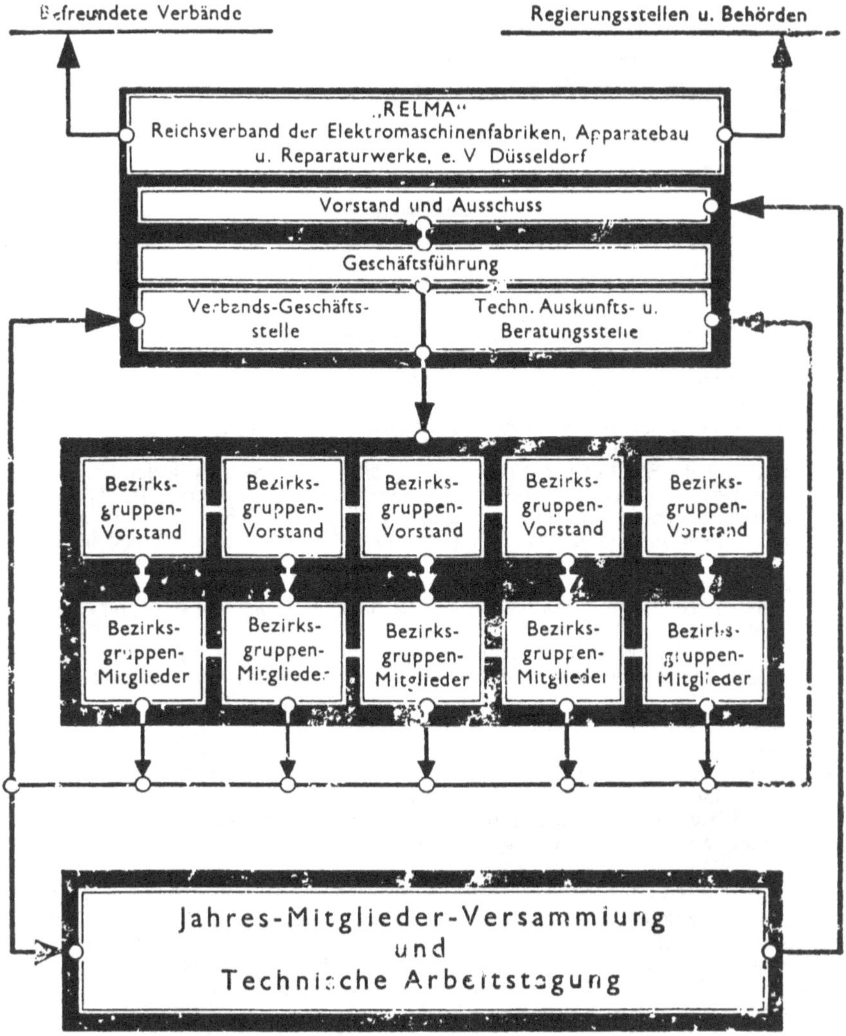

Abb. 248.

Ich ersuche Sie, die Handwerkskammern demgemäß zu bescheiden. Es bedarf keines Hinweises darauf, daß im vorliegenden Falle gegebenenfalls die Gerichte zuständig sind, deren Entscheidung selbstverständlich durch diesen Erlaß nicht vorgegriffen werden kann.

Im Auftrage: (Unterschrift).

Dieser Erlaß veranlaßte den Vorsitzenden des Relma-Verbandes, die nachstehend wiedergegebene Denkschrift auszuarbeiten und dem Preuß. Minister für Handel und Gewerbe im Rahmen einer im Mai 1926 im Ministerium stattgefundenen Sitzung des Landesgewerbeamtes persönlich zu überreichen.

Denkschrift
betr. Anerkennung der Ankerwickelei als selbständiges Gewerbe

I. Allgemeines

Die Frage, ob die Ankerwickelei als ein selbständiges Handwerk bzw. als ein selbständig betriebener Handwerkszweig anzusehen ist, beantwortet ein Erlaß des Herrn Ministers für Handel und Gewerbe vom 30. 11. 25 unter J.-Nr. IV 15365 wie folgt:

„Nach dem Gutachten des Landesgewerbeamtes, dem ich beigetreten bin, ist die Tätigkeit des Ankerwickelns zurzeit weder als ein besonderes Handwerk, noch als ein selbständig betriebener Handwerkszweig anzusehen. Es handelt sich vielmehr um eine Teilarbeit im Elektromaschinenbau, die vorwiegend in industriellen Betrieben, zuweilen auch in Handwerksbetrieben von angelernten Teilarbeitern ausgeführt wird. Diese Teilarbeiter sind nicht Handwerker. Jugendliche, die als „Ankerwicklerlehrlinge“ beschäftigt werden, sind überhaupt keine Lehrlinge im Sinne der Gewerbeordnung, sondern regelmäßig jugendliche Arbeiter. Denn ein Lehrverhältnis setzt einen auf die Erlernung eines ganzen Gewerbes oder wenigstens eines Zweiges einer gewerblichen Tätigkeit gerichteten Vertrag voraus, nicht aber einen solchen zur Erlernung einzelner Handfertigkeiten (zu vergl. Landmann, G. O., 7. Auflage, Band 2, S. 3, 4, 1 und die dort angeführten Gerichtsurteile).

Ich ersuche Sie, die Handwerkskammer demgemäß zu bescheiden. Es bedarf keines Hinweises darauf, daß im vorliegenden Falle gegebenenfalls die Gerichte zuständig sind, deren Entscheidung selbstverständlich durch diesen Erlaß nicht vorgegriffen werden kann.“

Der „Relma“, Reichsverband der Elektromaschinenfabriken, Apparatebau und Reparaturwerke, e. V., Düsseldorf, hat von dem Inhalt dieses Erlasses Kenntnis genommen und nimmt hierzu wie folgt Stellung:

Die Tätigkeit des Ankerwickelns wird sowohl nach der Methode der Teilherstellung, als auch rein handwerksmäßig ausgeführt.

a) Die Tätigkeit des Ankerwicklers als Teilarbeiter

Die Entwicklung des Elektromaschinenbaues führte zur Massenfabrikation elektrischer Maschinen und zur Einführung der Teilarbeit. Soweit Ankerwickler daher in der Massenfabrikation elektrischer Maschinen beschäftigt werden, sind diese nach allgemeinen Begriffen als Teilarbeiter zu bezeichnen. Sie werden auf die Herstellung einer bestimmten Wicklung oder eines Wicklungsteiles „angelernt“, führen diese Arbeit rein mechanisch aus und erlangen durch die stets gleichbleibende Beschäftigung die für die Teilherstellung geforderte Fertigkeit. Diese Teilarbeiter können ihrer Ausbildung entsprechend nur auf die Herstellung eines Teiles einer bestimmten Maschinengattung beschäftigt werden.

b) Die Tätigkeit des Ankerwicklers als Handwerker

Von den in Massenherstellung hergestellten elektrischen Maschinen gelangen nur etwa 5 % zwecks Instandsetzung oder Neuwicklung an das Lieferwerk zurück. Diese Erscheinung ist in erster Linie darauf zurückzuführen, daß der Besitzer einer elektrischen Maschine bei Betriebsstörung infolge Wicklungsschaden auf kurzfristige Wiederherstellung der beschädigten Maschine angewiesen ist. Anderseits bildet aber auch eine instandsetzungsbedürftige Maschine in dem auf Serienherstellung eingestellten Erzeugerwerk ein Fremdkörper, und daher legen diese Unternehmen keinen Wert auf die Ausführung derartiger Arbeiten.

Diese beiden Hauptfaktoren gaben den Anlaß zur Gründung der heute allerorts vorhandenen Reparaturwerke elektrischer Maschinen. Die Aufrechterhaltung aller lebenswichtigen Betriebe industrieller, gewerblicher, landwirtschaftlicher und handwerklicher Art liegt, soweit elektromotorische Antriebe und Stromerzeugungsanlagen in Frage kommen, zu etwa 95 % den Reparaturwerken elektrischer Maschinen ob. Nur etwa 5 % aller Schäden an elektrischen Maschinen werden aus bereits erwähnten Gründen von der Ursprungsfirma beseitigt.

Da in den Elektro-Reparaturwerken Maschinen und Apparate aller Stromarten, Größen und Gattungen neugewickelt bzw. instandgesetzt werden müssen, diese Arbeiten aber aus verständlichen Gründen nicht nach der Methode der Teilherstellung ausgeführt werden können, so ergibt sich hieraus die Tatsache, daß der als Teilarbeiter angelernte Ankerwickler für die Ausführung derartiger Arbeiten nicht in Frage kommen kann. Der Ankerwickler eines Reparaturwerkes muß gegebenenfalls auch in der Lage sein, die beschädigte Maschine selbständig zu untersuchen, den Fehler festzustellen und in kürzester Zeit zu beseitigen.

Da die Wicklungsschäden an elektrischen Maschinen vielfach als sekundäre Erscheinung auftreten, die primäre Ursache in solchen Fällen auf Schäden mechanischer Art zurückzuführen ist, so erhellt hieraus, daß die Ausbildung des Ankerwicklers sich nicht nur auf die Ankerwickelei, sondern auch auf das Gebiet des allgemeinen Maschinenbaues zu erstrecken hat. Der fach- und sachgemäße Auf- und Abbau einer elektrischen Maschine, die Herstellung der hierzu notwendigen Hilfsmittel und Vorrichtungen sowie die Beseitigung aller Schäden mechanischer Art fallen in das Gebiet des Maschinenbaues (Dreherei, Schlosserei, Schmiede usw.). Diese Arbeiten stehen aber mit den Aufgaben des Ankerwicklers in solch engem Zusammenhang, daß eine Scheidung nicht denkbar ist.

Aus diesen kurzen Ausführungen geht zweifelsfrei hervor, daß die Ankerwickler in zwei Klassen einzuteilen sind, und zwar

1. in die Klasse der hochwertigen Handwerker,
2. in die Klasse der angelernten Teilarbeiter.

Die Ankerwickler der Klasse 1 werden sowohl in der Herstellung von Wicklungen an elektrischen Maschinen aller Stromarten und Gattungen als auch im allgemeinen Maschinenbau (als Schlosser, Dreher, Schmied usw.) ausgebildet, während diejenigen der Klasse 2 lediglich Teilarbeiter nach den allgemeinen Begriffen sind.

Die Anzahl der zur Klasse 1 zu zählenden Ankerwickler ist weitaus größer als diejenige der Klasse 2. Es existiert heute kaum ein Betrieb, wo nicht der elektromotorische Antrieb vorwiegend wäre.

Die jährliche Produktion der deutschen Erzeugnisse beläuft sich auf mehrere hunderttausend Stück elektrischer Maschinen. Die Zahl der elektromotorischen Antriebe in Industrie, Gewerbe, Handwerk und Landwirtschaft wächst mithin von Jahr zu Jahr. Soll die Betriebssicherheit der elektromotorischen Antriebe nicht in Frage gestellt werden, so ist es erforderlich, daß für die Heranbildung eines gewerblichen Nachwuchses Sorge getragen wird, der den Anforderungen in jeder Beziehung gewachsen ist.

Der Relma-Reichsverband hat diese Notwendigkeit erkannt und als erste Organisation die Heranbildung eines gewerblichen Nachwuchses für das Elektromaschinenbaugewerbe durch Aufstellung einer Gesellen- und Meisterprüfungsordnung in die Wege geleitet. Diese Prüfungsordnungen sind allen Handwerks- und Gewerbekammern des Reiches mit der Bitte um Einführung zugestellt worden Je ein Exemplar der Prüfungsordnung der bayrischen Handwerkskammer in München ist dieser Denkschrift als Anlage beigeheftet.

II. Berufsbezeichnungen im Elektromaschinenbaugewerbe

Die Berufsbezeichnung soll nach allgemeinen Begriffen den Beruf kennzeichnen, in welchem der jeweils Bezeichnete ausgebildet und tätig ist. Während die Berufsbezeichnungen Bäcker, Schuhmacher usw. eindeutig und zweifelsfrei sind, trifft dies beispielsweise bei dem Schlosser nicht zu. Auch die Kombinationen Maschinenschlosser und Werkzeugschlosser dürften mit der Beschäftigung dieser Handwerker nicht übereinstimmen. Diese Berufsbezeichnungen sind jedoch gebräuchlich und werden ohne Bedenken von den Handwerks- und Gewerbekammern anerkannt.

Die Berufsbezeichnung „Ankerwickler" ist ebenfalls nicht zutreffend. Der als Ankerwickler bezeichnete Handwerker sowohl als auch der Teilarbeiter, wird nicht nur mit der Herstellung von Ankerwicklungen beschäftigt, vielmehr kommen auch Wicklungen für Transformatoren, Magnetspulen usw. in Frage.

Um eine Scheidung der unter Klasse 1 und 2 genannten Ankerwickler herbeizuführen und die in der vorliegenden Denkschrift behandelte Frage einer gerechten Entscheidung näher zu bringen, schlägt der Relma-Reichsverband folgende Berufsbezeichnungen vor:

Elektromaschinenbaugewerbe

Klasse 1

1. Elektromaschinenbau-Lehrling,
2. Elektromaschinenbau-Gehilfe,
3. Elektromaschinenbau-Meister.

Klasse 2

1. Ankerwickler
2. Transformatorenwickler } Teilarbeiter.
3. Spulenwickler

Wie bereits an anderer Stelle erwähnt wurde, kann die Auslegung der Berufsbezeichnungen nicht wörtlich aufgefaßt werden. Der Uhrmacher befaßt sich beispielsweise nicht immer oder nur in den seltensten Fällen mit der Herstellung von Uhren, vielmehr liegt ihm die Instandsetzung von Uhren aller Systeme ob. Er ist aber Handwerker im Sinne der Gewerbeordnung. Nach allgemeiner Auffassung ist es daher nicht Bedingung, daß der Elektromaschinenbauer vollständige elektrische Maschinen herstellt. Diese Berufsbezeichnung dürfte auch für diejenigen Handwerker gerechtfertigt sein, die sich mit der Instandsetzung und Neuwicklung elektrischer Maschinen befassen.

III. Zusammenfassung

Der Relma-Reichsverband glaubt nachgewiesen zu haben, daß die Lehrlinge und Gehilfen der dem Verband angeschlossenen selbständigen Unternehmen als Handwerker im Sinne der Gewerbeordnung ausgebildet werden und mithin als solche anzusehen sind. (Zu vergl. Anlage Prüfungsordnung für das Elektro-Maschinenbaugewerbe.) Der Verband glaubt weiter den Beweis erbracht zu haben, daß die ihm angeschlossenen Firmen volkswirtschaftliche

Bedeutung erheischen und als lebenswichtige Faktoren der deutschen Wirtschaft anzuerkennen sind.

Der Verband bittet den Herrn Minister für Handel und Gewerbe:

1. Den unter J.-Nr. IV 15365 vom 30. 11. 25 herausgegebenen Erlaß aufzuheben und

2. zu verfügen, daß die dem Relma-Reichsverband der Elektro-Maschinenfabriken, Apparatebau- und Reparaturwerke e. V. angeschlossenen Firmen die Berechtigung zur Anlernung von Lehrlingen im Elektro-Maschinenbaugewerbe zuerkannt wird.

3. Die vom Relma-Reichsverband aufgestellten Prüfungsordnungen und die vorgeschlagenen Berufsbezeichnungen für das Elektro-Maschinenbaugewerbe anzuerkennen und die allgemeine Einführung dieser Ordnungen zu verfügen.

„Relma", Reichsverband der Elektro-Maschinenfabriken, Apparatebau- und Reparaturwerke, e. V. 1. Vorsitzender: Raskop.

Auf Grund der vorstehenden Denkschrift hat sich der Minister für Handel und Gewerbe entschlossen, seinen Erlaß vom 30. 11. 1925 aufzuheben und den in der Denkschrift niedergelegten Anträgen des Relma-Reichsverbandes in vollem Umfange stattzugeben.

Dieser für das deutsche Elektromaschinenbauer-Handwerk wichtige Erlaß des Preuß. Ministers für Handel und Gewerbe wurde am 3. Januar 1927 unter J.-Nr. IV 18647 ausgefertigt und durch Veröffentlichung in Kraft gesetzt.

Erst von diesem Tage an gibt es im deutschen Reichsgebiet ein selbständiges Elektromaschinenbauer-Handwerk und die Berufsbezeichnungen: Elektromaschinenbauer-Meister, Elektromaschinenbauer-Geselle, Elektromaschinenbauer-Lehrling.

Gleichfalls darf erst seit diesem Zeitpunkt und nur nach erfolgreicher Ablegung der Meisterprüfung der geschützte Titel „Elektromaschinenbauer-Meister" geführt, Elektromaschinenbauer-Lehrlinge eingestellt, ausgebildet und zur Elektromaschinenbauer-Gesellenprüfung zugelassen werden.

Der obengenannte Erlaß des Preuß. Ministers bezog sich nur auf das Land Preußen. Die übrigen Länder: Sachsen, Bayern, Württemberg und Baden schlossen sich teils in Kürze, teils aber auch erst nach wiederholten Anträgen des Relma-Reichsverbandes dem Vorgehen des Preuß. Ministers für Handel und Gewerbe an.

Aus der Tatsache, daß die Mitgliedschaft zum Relma-Reichsverband eine freiwillige war, ergab sich, daß nicht alle einschlägigen Unternehmen der Berufsgemeinschaft angehörten.

Es war dem Einzelnen damals freigestellt,. Mitglied zu werden und nach vorher erfolgter Kündigung wieder aus der Gemeinschaft auszuscheiden. Dieser Nachteil verhinderte die Bildung einer totalen Berufsgemeinschaft und damit die Möglichkeit, alle Angehörigen des Elektromaschinenbauer-Handwerks organisatorisch zu erfassen und auf den Gemeinschaftsgedanken auszurichten.

Indessen kann festgestellt werden, daß der weitaus größte Teil der einschlägigen Unternehmen, an der Spitze die besten und leistungsfähigsten, die Mitgliedschaft zum Relma-Reichsverband erwarben und in guten wie in schlechten Tagen zu ihrer Berufsgemeinschaft standen.

Nach der Gründung des Relma-Verbandes im Jahre 1920 entstanden im Reichsgebiet noch zwei weitere Vereinigungen mit mehr örtlichem Charakter, und zwar:

1. die Fachgruppe vereinigter Ankerwickeleien und Elektromotorenfabriken, Berlin e. V., Vorsitzender Ing. Ernst Schützer,
2. die „Verma", Vereinigung der Reparaturanstalten und Ankerwickeleien des Freistaates Sachsen, Vorsitzender Ing. Max Hother Crimmitschau.

Beide Vereinigungen fanden später Aufnahme in den Relma-Verband und setzten ihre Tätigkeit als Fachgruppen Groß-Berlin bzw. Sachsen fort.

Die 6. bis 13. Mitgliederversammlung des Relma-Verbandes

Die 6. Mitgliederversammlung fand am 18. bis 21. Juni 1925 in Hamburg,

die 7. Mitgliederversammlung fand am 30. Mai 1926 in Eisenach,

die 8. Mitgliederversammlung fand am 26. Juni 1927 in Königswinter am Rhein,

die 9. Mitgliederversammlung fand am 24. Juni 1928 in Leipzig,

die 10. Mitgliederversammlung fand am 17. Juni 1929 in Berlin,

die 11. Mitgliederversammlung fand am 21. bis 23. Juni 1930 in Nürnberg,

die 12. Mitgliederversammlung fand am 20. bis 21. Juni 1931 in Stuttgart,

die 13. Mitgliederversammlung fand am 23. bis 25. Juli 1932 in Kassel statt. In jedem dieser Jahre eilten die Mitglieder freudig zu den nunmehr traditionell gewordenen Mitgliederversammlungen, die in vorbildlicher Kameradschaft und Disziplin einen ersprießlichen Verlauf nahmen und eine entscheidend wichtige Bedeutung für die Entwicklung des Elektromaschinenbauer-Handwerkes hatten.

Der Relma-Reichsverband war für den deutschen Elektromaschinenbauer inzwischen ein Begriff geworden.

Einen Überblick über das Aufgabengebiet und über die Leistungen des Relma-Reichsverbandes bieten die alljährlich im Rahmen der Mitgliederversammlungen und der Zeitschrift „Die elektrische Maschine" bekanntgegebenen Geschäftsberichte. Ein solcher Bericht sei nachstehend wiedergegeben:

XI. Mitgliederversammlung des RELMA-Reichsverbandes in Nürnberg am 23. Juni 1930 (Begrüßungsabend).

Abb. 249.

Bericht
über das Geschäftsjahr 1929/1930 des Relma-Reichsverbandes e. V. Düsseldorf

Das durch die Auswirkungen des Dawes- und Youngplans gekennzeichnete Geschäftsjahr 1929/30 stand im Zeichen der rückläufigen Konjunktur. Als natürliche Folge des Auftragsmangels sowie der schier erdrückenden Steuerlasten und Abgaben machten sich Insolvenzen, ansteigende Erwerbslosenziffer und eine allgemeine Depression im Geschäftsleben bemerkbar.

Der Relma- Verband hielt es daher für geboten, sein Hauptaugenmerk auf die Unterstützung seiner im Existenzkampf schwer ringenden Mitglieder zu lenken und jede Gelegenheit zu ergreifen, um die wirtschaftliche Not nach Kräften zu steuern und zu lindern.

Auf wirtschaftlichem Gebiete

förderte der Relma-Verband die Interessen seiner Mitglieder durch die Pflege der gegenseitigen Unterstützung beim An- und Verkauf elektrischer Maschinen und Apparate, Verbreitung von Druckschriften, Lagerlisten und Empfehlungsschreiben der Mitglieder.

Durch die spesenfreien An- und Verkaufsvermittlungen des Verbandes konnten eine beträchtliche Anzahl Geschäfte zum Nutzen der beteiligten Mitglieder abgeschlossen werden. Im Zusammenhang hiermit vermittelte der Verband die Besichtigung der An- und Verkaufsobjekte durch am Standort ansässige Mitgliedsfirmen. Hierdurch wurden die Verkaufsverhandlungen beschleunigt, die Voraussetzung für eine zufriedenstellende Abwicklung der Geschäfte geschaffen und vor allen Dingen den beteiligten Mitgliedern erhebliche Kosten gespart. In wiederholten Fällen hat der Verband auf Antrag des Käufers und mit Einverständnis des Verkäufers die Abwicklung der Zahlungen als Treuhänder erleichtert und gefördert.

Sofern aus Lieferungsverträgen Reklamationen entstanden, sind diese auf Antrag durch Vermittlung des Verbandes geschlichtet und etwaige Mängel nötigenfalls am Bestimmungsort durch ortansässige Mitglieder zu Selbstkosten beseitigt worden. Zahlreiche Zuschriften aus Kreisen der beteiligten Mitglieder bestätigen die Vorteile, die als Ergebnis der Pflege gegenseitiger Unterstützung und aus der Vermittlungstätigkeit der Verbandsgeschäftsstelle erzielt wurden.

Die beschleunigten Instandsetzungen von Maschinen großer Leistung konnte mit Unterstützung der Verbandsgeschäftsstelle durch Nachweis von Profillitzen und Drähten aus Lagerbeständen, in vielen Fällen gefördert werden. Bekanntlich verlangen die Lieferwerke aus verständlichen Gründen für Profilkupfer-Litze und -Drähte in der Regel eine längere Lieferzeit, durch welche die Fertigstellung der Instandsetzungsarbeiten eine erhebliche Verzögerung erfährt. Die Verbandgeschäftsstelle war in der Lage, entweder die gewünschten Profile aus Lagerbeständen nachzuweisen oder die Auslieferung seitens der Lieferwerke zu beschleunigen

Sofern der Geschäftsstelle vorhandene Lagerbestände an elektrischen Maschinen und Apparaten aus Mitgliederkreisen zwecks Verkauf gemeldet wurden, sind diese in übersichtlicher Weise zusammengefaßt in den regelmäßig herausgegebenen Rundschreiben für die Mitglieder spesenfrei verbreitet worden. Auf diese Weise konnte ein Teil der verfügbaren Lagerbestände ohne Unkosten für die Mitglieder realisiert werden.

Der Absatz, der sich mit der Herstellung von elektrischen Maschinen und Apparaten befassenden Mitgliedsfirmen wurde durch Nachweis geeigneter Vertreter und Interessenten gefördert.

Auf der Suche nach neuen Verdienstmöglichkeiten für seine Mitglieder hat der Verband mit der Fa. Robert Bosch A.-G. Stuttgart betr. Einrichtung von

Abb. 250. XI. Mitgliederversammlung des Relma-Reichsverbandes in Nürnberg 1930
(Teilnehmergruppe).

Boschdienststellen und bevorzugter Lieferung von Ersatzteilen für Auto- und Starter-Anlagen einen ausgedehnten Schriftwechsel geführt, dessen Ergebnis in den Relma-Rundschreiben bekanntgegeben wurde. Auch mit ausländischen Hersteller-Firmen von Auto-, Licht- und Starter-Anlagen wurden Verhandlungen geführt, die auf eine bevorzugte Belieferung der Mitglieder abzielen.

In ähnlicher Angelegenheit schwebt zwischen der Fa. C. u. F. Fein, Stuttgart und SSW., Berlin, noch ein Schriftwechsel, der bestehende Schwierigkeiten in bezug auf Lieferung von Ersatzteilen beseitigen und für die Mitglieder Erleichterungen schaffen soll.

Die Zusammenarbeit mit der Hausleben-Motoren-Versicherung A.-G. Berlin hat zufriedenstellende Ergebnisse gezeitigt. Die Anzahl der nach Maßgabe der Vertragsbestimmungen versicherten Maschinen zeigt ansteigende Tendenz.

Reichs-Unfall-Versicherung und Beiträge zur Berufsgenossenschaft

Mit Rundschreiben Nr. 2/1930 wandte sich der Verband an seine Mitglieder mit der Bitte um Bekanntgabe der Gefahrenklasse und Gefahrenziffer, auf Grund derer seitens der Berufsgenossenschaften die Einschätzung zur Reichsunfallversicherung bisher erfolgte.

Die Verbandsleitung ist auf Grund der getroffenen Feststellungen zu der Ansicht gekommen, daß die in den Betrieben der Mitglieder tatsächlich vorhandene Unfallgefahr wesentlich geringer ist, als seitens der Berufsgenossenschaften bisher angenommen wurde und daß folgerichtig die Einschätzungen zur Reichsunfall-Versicherung nach Maßgabe einer im Gefahrentarif vorgesehenen Gefahrenklasse erfolgte, die der tasächlich vorhandenen Unfallgefahr nicht entspricht.

Der Reichsverband hat hierauf in Wahrnehmung der Interessen seiner Mitglieder an die Reichsunfall-Versicherung, Berufsgenossenschaft für Feinmechanik und Elektrotechnik in Berlin einen Antrag auf generelle Herabsetzung des Gefahren-Tarifs für seine Mitglieder gestellt. Auf Grund des Antrags ist der Relma-Verband von der Reichsunfall-Versicherung aufgefordert worden, an einer Beratung betr. Aufstellung eines neuen Gefahrentarifs für das Jahr 1930 teilzunehmen. Die Verhandlungen sind erfolgreich abgeschlossen.

Vereidigung und Anstellung von Sachverständigen für das Elektro-Maschinenbauergewerbe

Nachdem die Handwerks- und Gewerbekammern laut Gesetz zur Abänderung der Gewerbeordnung vom 11. 2. 29 befugt sind, Sachverständige zu vereidigen und öffentlich anzustellen, hat der Relma-Verband den Handwerks- und Gewerbekammern des Reichsgebietes aus den Kreisen seiner Mitglieder geeignete Sachverständige für das Elektro-Maschinenbauergewerbe mit der Bitte um Vereidigung und öffentliche Anstellung namhaft gemacht.

Inzwischen ist bereits bei einem Teil der Kammern die Vereidigung und öffentliche Anstellung der seitens des Verbandes vorgeschlagenen Herren erfolgt. Die den übrigen Kammern zugeleiteten Anträge werden aufmerksam verfolgt.

Meister- und Gesellenprüfungskommissionen für das Elektro-Maschinenbauer-Handwerk

Die Bestrebungen des Verbandes, möglichst bei allen Handwerks- und Gewerbekammern des Reiches besondere Meister- und Gesellenprüfungskommissionen für das Elektro-Maschinenbauer-Handwerk zu errichten, wurden im verflossenen Geschäftsjahr fortgesetzt. Wie aus den Verbands-Mitteilungen hervorgeht, sind auch auf diesem Gebiete recht erfreuliche Fortschritte erzielt worden.

Die bei Ablegung der Meisterprüfungen verschiedentlich festgestellten Schwierigkeiten wurden durch Eingreifen des Verbandes im Interesse der Prüflinge aus dem Wege geräumt. In dieser Angelegenheit wurden die Mitglieder durch direkten Schriftverkehr zwischen Verband und Kammern wirksam unterstützt. In dem Verbands-Mitteilungsblatt Nr. 2/1930 wurden Muster eines „Gesuches um Befreiung von der Beibringung eines Gesellenzeugnisses" sowie Muster einer Beschwerde über die „Ablehnung eines Antrages auf Zulassung zur Meisterprüfung" zwecks Verwendung für etwa vorkommende Fälle veröffentlicht.

Die technische Beratungsstelle

des Verbandes hat sich als eine der wichtigsten und unentbehrlichsten Einrichtungen erwiesen. Der Umfang der Inanspruchnahme seitens der Mitglieder steigt von Jahr zu Jahr. Um allen Mitgliedern die Möglichkeit zu geben, aus besonders schwierigen Fällen des Elektro-Maschinenbaues und der Instandsetzungspraxis Lehren zu ziehen und Erfahrungen zu sammeln, wird ein Teil der schriftlich behandelten Auskünfte in dem Relma-Mitteilungsblatt veröffentlicht. Die außerdem fortlaufend bekanntgegebenen Original-Wickeldaten für elektrische Maschinen haben wesentlich zur Förderung des Qualitätswertes der Werkstatterzeugnisse und ganz besonders zur Hebung des Berufsstandes beigetragen. Es darf wohl mit Recht hervorgehoben werden, daß der Relma-Verband auf diesem Gebiete bahnbrechende und hervorragende Arbeit geleistet hat.

In den täglich bei der Geschäftsstelle eingehenden Anfragen rein technischer Natur handelte es sich vorwiegend um die Beseitigung besonders schwieriger Fälle von Störungen an elektrischen Maschinen, Transformatoren und kompletten Anlagen. Im Vordergrund standen auch die Berechnungen von Wickeldaten für Umwicklungen, Einbau von Compound-, Wendepol- und Kompensationswicklungen, Beseitigung von Rundfunkstörungen, hervorgerufen durch Bürstenfeuer elektrischer Maschinen, Umschalten von Wicklungen für andere Spannungen, Vorschläge zur Beseitigung von Bürstenfeuer an Elektromaschinen, Beseitigung von Konstruktions- und Berechnungsfehlern usw.

Mit ausführlichen Auskünften dieser Art stand die Bekanntgabe von Schaltangaben für anormale oder besonders schwierige Wicklungsarten in engster Verbindung. Für den Umbau vorhandener Gleichstrommaschinen in Einanker-Umformer, Herstellung von Einphasen- und Dreiphasen-Prüftransformatoren wurden Bauanleitungen, Skizzen und Berechnungsdaten von der technischen Beratungsstelle geliefert.

Im Zusammenhang mit Kalkulations- und Preisfragen wurden Vorkalkulationen für Neuwicklungen an Maschinen großer Leistungen den Mitgliedern auf Antrag zur Verfügung gestellt.

Mit dem Ziele, die Wirtschaftlichkeit der Unternehmen seiner Mitglieder nach Kräften zu heben und zu fördern, wurde die Frage der maschinellen Bewicklung von Kleinankern im Rahmen der regelmäßig herausgegebenen Rundschreiben ausführlich behandelt. Im Zusammenhang hiermit stehen Versuche betr. Verwendung von Emailledraht bei Kleinanker-Wicklungen und geeignete Imprägnierlacke für diese Wicklungen. Über die Versuchsergebnisse wird zur gegebenen Zeit Bericht erstattet. Der Angelegenheit wird weiter besondere Aufmerksamkeit geschenkt.

Die juristische Abteilung

der Hauptgeschäftsstelle wurde auch im verflossenen Geschäftsjahr von Mitgliedern aus allen Teilen des Reichsgebietes rege in Anspruch genommen. Soweit es sich um Rechtsstreitigkeiten aus Lieferungs- und Werksverträgen handelte, wurden zwischen den Kontrahenten erfolgreiche Einigungsverhandlungen geführt bzw. durch Abgabe von Gutachten zur Klärung der Rechtslage wesentlich beigetragen. In wiederholten Fällen hat der Verband in bestehende Rechtsstreite eingegriffen, den Gerichten Sachverständige namhaft gemacht und so dafür gesorgt, daß für die Abgabe der gutachtlichen Äußerungen wirkliche, aus dem Elektro-Maschinenbauer-Gewerbe hervorgegangene Sachverständige ernannt wurden. Wie außerordentlich wichtig das Eingreifen des Verbandes für den Ausgang der bereits in der Berufungsinstanz verhandelten Rechtsstreite war, zeigen in zwei Fällen die Endurteile, in welchen unter Aufhebung der erstinstanzlichen Urteile der zuerst unterlegenen Partei das Recht zugesprochen wurde.

Aber auch auf dem Gebiete der allgemeinen Rechts- und Steuerfragen hat die juristische Abteilung an die Mitglieder des Verbandes zahlreiche Auskünfte erteilt. Ganz besonders konnte der Verband seinen Mitgliedern bei Eintreibung von Forderungen unter Ausschluß des Klageweges wertvolle Arbeit leisten. Die hierbei erzielten Erfolge sind als sehr beachtlich zu bezeichnen und wurden von den betr. Mitgliedern in vollem Umfange anerkannt.

Gemäß Beschluß der X. Mitgliederversammlung wurde die bisherige Verbandszeitschrift „Deutscher Elektro-Anzeiger" aufgegeben. Um den statutengemäßen Verpflichtungen seinen Mitgliedern gegenüber betr. Belieferung einer Verbandszeitschrift weiter nachkommen zu können, brachte der Verband das

Relma-Mitteilungsblatt

in eigener Regie heraus. Der Relma-Verband hat hiermit eine eigene Verbandszeitschrift erhalten, welche vorläufig nur für die Mitglieder bestimmt ist und wie bisher kostenlos geliefert wird. Der wertvolle und speziell auf die Belange der Relma-Mitglieder zugeschnittene Inhalt der Zeitschrift hat allgemeinen Beifall und Anerkennung gefunden. Dadurch, daß die Zeitschrift nur an die Mitglieder des Relma-Verbandes geliefert wird, ist einem seit langer Zeit gehegten Wunsche der Mitglieder entsprochen worden. Hiermit ist auch die Garantie dafür gegeben, daß aus dem im Rahmen der Zeitschrift gebrachten Erfahrungsaustausch weder die dem Verband fernstehenden Firmen noch Pfuscher und Bastler Vorteile ziehen.

Auf Antrag der Bezirksgruppe Groß-Berlin soll das Relma-Mitteilungsblatt in Zukunft monatlich erscheinen. Es bleibt zu hoffen, daß die dem Antrag entgegenstehenden Schwierigkeiten überwunden werden und den Wünschen der Mitglieder auch in dieser Hinsicht entsprochen werden kann.

Zur XI. Mitgliederversammlung wurde die Verbandszeitschrift als Sonderausgabe „10 Jahre Relma-Verband" in einem Umfange von 48 Druckseiten herausgegeben.

An Druckschriften brachte der Verband in kurzen Zeitabständen Rundschreiben an die Mitglieder zum Versand. Die vieltausendfach bewährten Relma-Lieferungs- und Gewährleistungs-Bedingungen erschienen in neuer Auflage, die Serie der Schaltbilder für Dreiphasen-Träufel-Wicklungen wurde durch das Schaltbild Nr. 8 (6 polige 24 Nuten) vervollständigt; weitere Schaltbilder befinden sich in Arbeit und werden in Kürze herausgegeben. Als Ergänzung zu den bekannten roten, gelben, grünen, blauen und weißen Preislisten, Arbeitszeit- und Kupfergewichtstabellen wurden die umfangreichen Vorarbeiten für die Drucklegung einer Kupfergewichtstabelle für Drehstrommotoren 1 bis 500 PS und Drehzahlen 3000, 1500, 1000, 750, 600 und 500 n durchgeführt. Dieses langersehnte, wichtige Hilfsmittel bei Aufstellung von Vorkalkulationen wird in Kürze an die Mitglieder verabfolgt werden.

Das seit Jahren bekannte und beliebte

Wickeldaten-Taschenbuch

wurde auf wiederholte Anregung aus Mitgliederkreisen in einer Auflage von 1000 Stück herausgebracht, so daß die Nachfrage wieder gedeckt werden kann

Zur Förderung der Gemeinschaftswerbung brachte der Relma-Verband neben den bereits im Vorjahr erschienenen Werbepostkarten

die Relma-Siegelmarken

in einer Auflage von ca. 50 000 Stück heraus. Der Entwurf und die Ausführung der Siegelmarken hat bei den Mitgliedern guten Anklang gefunden. Die erste Auflage ist bereits nahezu vergriffen.

Werbung neuer Mitglieder

Mit dem Ziele, möglichst alle im Reichsgebiet ansässigen und geeigneten Firmen des Elektro-Maschinenbauer-Gewerbes im Relma-Verband zu vereinigen, ist im März dieses Jahres ein neuer Werbefeldzug eingeleitet worden. Mit Unterstützung der Mitglieder konnten noch eine Anzahl Firmen festgestellt werden, die dem Verbande noch nicht angehören. Ein Teil dieser Firmen hat inzwischen bereits die Mitgliedschaft erworben.

Der zweite Teil der Werbeaktion bezieht sich auf den Zusammenschluß der Auto-Licht- und Zündmagnet-Werkstätten, die nach Ansicht der maßgebenden Stellen zum Elektro-Maschinenbauer-Handwerk gehören und als Sondergruppe im Relma-Verband eine geeignete Interessenvertretung erhalten sollen. Die Vorarbeiten zu dieser Aktion sind nahezu beendet und es besteht die Hoffnung, daß der geplante Zusammenschluß zustande kommt.

Die kollegiale Zusammenarbeit der Mitglieder wurde auch innerhalb der Bezirksgruppen durch regelmäßig stattfindende Zusammenkünfte in hervorragender Weise gefördert.

Die Zusammenarbeit zwischen Hauptverband und Bezirksgruppen wurde durch besondere Rundschreiben und durch Teilnahme des Verbandsvorsitzenden an Versammlungen der Bezirksgruppe Sachsen-Anhalt, Sachsen und Groß-Berlin gepflegt. Als neue Zweigorganisation wurde gemäß auf der X. Mitgliederversammlung gestellten Antrags die

Bezirksgruppe Westfalen

gegründet.

Einen Ueberblick über den Umfang der von der Hauptgeschäftsstelle geleisteten Kleinarbeit ergibt die an Hand des Postbuches gemachte Aufstellung. Hiernach kamen im verflossenen Geschäftsjahr 6018 Briefe, Postkarten usw. zum Versand, was einem Tagesmittel von etwa 20 Postausgängen entspricht. Hierunter befinden sich Schriftstücke juristischen und technischen Inhaltes von mehreren Schreibmaschinenseiten. Zur Bewältigung der Kleinarbeit wurde die Einrichtung der Geschäftsstelle ausgebaut und verbessert.

Die Mitgliederbewegung war dem Vorjahr gegenüber nahezu unverändert. Die Zahl der Mitglieder hat auch im verflossenen Geschäftsjahr weiter zugenommen.

Mit dem Ablauf des verflossenen Geschäftsjahres blickt der Relma-Verband auf eine 10jährige Tätigkeit zurück. Dieses Ereignis ist in der Sonderausgabe der Verbandszeitschrift in gebührender Weise gewürdigt worden.

Ein Rückblick auf die verflossenen 10 Jahre kann dahingehend zusammengefaßt werden, daß der Relma-Verband die Berufsvertretung geworden ist, welche den im Jahre 1920 an der Gründung Beteiligten vorgeschwebt hat. Der Weg, den der Relma-Verband mit seinen Mitgliedern von 1920 bis 1930 gemeinsam zurückgelegt, hat zu dem Ziel geführt, welches am Gründungstage gesteckt wurde.

In harten Belastungsproben wurde in der verflossenen Zeit das Fundament des Verbandes auf Tragfähigkeit geprüft. Die Proben wurden dank der Zähigkeit und Ausdauer von Mitgliedern und Führern glänzend bestanden. Das Bewußtsein, für die Gegenwart und besonders für die Zukunft dem gesamten deutschen Elektro-Maschinenbauer-Gewerbe und hiermit auch dem deutschen Mittelstand durch den Auf- und Ausbau des Relma-Verbandes einen Dienst erwiesen zu haben, mag den am Werke Beteiligten als Äquivalent für die geleistete Arbeit gelten.

Über den Erfolg der Gemeinschaftsarbeit und über die Leistungen des Relma-Verbandes äußerten sich in Heft 5/1930 des Verbands-Mitteilungsblattes anläßlich des 10jährigen Bestehens des Relma-Verbandes die Leiter der Bezirksgruppen.

Aber auch einzelne Fachkameraden haben die Leistungen ihrer Berufsgemeinschaft freimütig anerkannt:

H. Lenz, München:

..., daß ich als langjähriges Mitglied des Relma-Verbandes die Leistungen desselben voll und ganz anerkenne. Ich habe u. a. Anfang dieses Jahres mehrere technische Fragen an den Verband gerichtet, deren Beantwortung mir von großem Nutzen war. Ich teile heute nicht mehr die Befangenheit vieler Firmen, welche Geld und Zeit verlaborieren, sondern werde mich stets in schwierigen Fällen des Verbandes bedienen. (Relma-Mitteilungen, Heft 7/1932, S. 107).

Willibald Arnold, Stendal:

...Soll das Elektromaschinenbauer-Handwerk auf der Höhe bleiben, so ist die Zugehörigkeit der einzelnen, gut geleiteten Betriebe zum Relma-Verband unbedingt nötig; denn erst durch diesen Zusammenschluß wurde die wirksame Förderung der Belange des Elektromaschinenbauers möglich... (Relma-Mitteilungen, Heft 7/1932, S. 107.)

Aus diesen Äußerungen spricht eine Erkenntnis, die durch das Wirken der Berufsgemeinschaft Allgemeingut aller Fachkameraden geworden war. Dem Willen zur Gemeinschaftsarbeit folgten Taten, die dem gesamten Elektromaschinenbauer-Handwerk ein tragfähiges Fundament mauerten.

Das Schwergewicht aller Maßnahmen, die seitens der Berufsgemeinschaft zur Förderung des Elektromaschinenbauer-Handwerkes eingeleitet und konsequent durchgeführt wurden, lag stets auf fachlich-handwerklichem Gebiete. Im Vordergrund stand der fachliche Erfahrungsaustausch, die theoretische und praktische Fortbildung des Meisters, Gesellen und Lehrlings.

Die Auswirkung dieser Gemeinschaftsarbeiten kamen dem Leistungsgedanken zugute.

Das Wirken und Schaffen der Berufsgemeinschaft stand jedoch nach wie vor im Schatten einer Wirtschaftskrise, wie sie das deutsche Volk nur selten erlebt hat. Die Situation an der Jahreswende 1931/32 kennzeichnete der Vorsitzende des Relma-Verbandes in den Verbandsmitteilungen Heft 1/1932 wie folgt:

„Ein Jahr der Krise und des Kampfes, das Jahr 1931, liegt hinter uns — und manches, einstmals blühende Handwerksunternehmen sollte das neue Jahr nicht mehr erleben. In Trauer gedenken wir der Kämpen, die trotz Aufbietung aller Kräfte dem Drucke der schweren Zeit unterliegen mußten.

Harte Zeiten erfordern aber den noch härteren Willen durchzuhalten, um den Kampf aus der gegenwärtigen Wirrnis zu bestehen. Wenn das Jahr 1932 die Entscheidung über Sein oder Nichtsein bringen wird, dann ist es wohl zweckmäßig und notwendig, uns durch klare Erkenntnis der Dinge für den Endkampf zu rüsten. In schicksalsverbundener Einigkeit wollen wir, uns gegenseitig stützend und helfend, den Existenzkampf zu einem hoffentlich siegreichen Ende weiter führen.

Mit den besten Wünschen zum Jahreswechsel verbinden wir den Dank an unsere Mitglieder für treue Gefolgschaft und Förderung des Gemeinschaftsgedankens zum Wohle des ganzen Berufsstandes. In enger Zusammenarbeit wollen wir mit unseren Mitgliedern den Weg weiter gehen, der uns — so hoffen wir zuversichtlich — endlich aus dem Dunkel der augenblicklichen Zeit in eine andere, bessere Zeit führen wird."

In dem verhängnisvollen Jahr 1933 fand das segensreiche Wirken des RELMA-Reichsverbandes ein jähes Ende.. Im Ablauf des politischen und wirtschaftlichen Umsturzes brach das in mühsamer Gemeinschaftsarbeit errichtete Verbandsgefüge auseinander. Das Gros der Mitglieder versagte dem neuen Vorstand die Gefolgschaft, so daß dieser schon nach einigen Monaten nutz- und wirkungslosen Regierens gezwungen war, die Löschung des Relma-Verbandes im Vereinsregister des Amtsgerichtes Düsseldorf zu beantragen. Damit erlitt das deutsche Elektromaschinenbauerhandwerk einen schweren Schlag, dessen nachteilige Auswirkung nicht zuletzt auch in jüngster Zeit noch in Erscheinung tritt.

Der sich als außerordentlich wertvoll erwiesene Zusammenhang der Elektromaschinenbauer im Reichsgebiet und darüber hinaus die Verbindungen mit den Fachkollegen des näheren Auslandes (Schweiz, Holland, Österreich, Ungarn, Dänemark usw.) ging verloren, und allen Bemühungen, an Stelle des Relma-Verbandes eine auch nur annähernd gleichwertige Organisation zu setzen, blieb der Erfolg versagt.

Die im Jahre 1940 wiedererschienene, vom Verfasser gesteuerte einzige Fachzeitschrift des Elektromaschinenbauerhandwerkes „EMA — Die elektrische Maschine" mußte schon im Jahre 1942 ihr Erscheinen infolge Papiermangels wieder einstellen. Hierdurch entfiel das letzte Bindeglied in dem fachlichen Erfahrungsaustausch der Elektromaschinenbauer.

Im Jahre 1945 steht das deutsche Elektromaschinenbauerhandwerk mitten in dem vollständigen Zusammenbruch des deutschen Wirtschaftslebens vor neuen, ebenso großen wie schwierigen Aufgaben. Ein erheblicher Teil der über das Reichsgebiet verstreuten Instandsetzungswerkstätten elektrischer Maschinen mit ihren wertvollen Einrichtungen und Werkstoffbeständen ist dem Krieg zum Opfer gefallen. Wertvolle, bestgeschulte Fachkräfte kehrten nicht wieder zu ihren einstigen Arbeitsplätzen zurück. Viele hunderttausende elektrischer Maschinen liegen mehr oder weniger beschädigt unter den Trümmern zerstörter oder stillgelegter Betriebe. Es mangelt nicht an Arbeit, aber es fehlen Werkstätten, Maschinen, Einrichtungen, Werkstoffe und Fachkräfte.

Wenn trotz aller Enttäuschungen, Entbehrungen und Schwierigkeiten sich schon im Jahre 1946 wieder Ansätze eines beginnenden Wiederauflebens im deutschen Elektromaschinenbauerhandwerk bemerkbar machen, dann darf der Hoffnung Ausdruck gegeben werden, daß sich das Handwerk in der Zukunft wieder den Platz erkämpfen wird, der ihm im Rahmen des Wiederaufbaues der neuen deutschen Friedenswirtschaft zufällt.

XIII. TEIL

Wege zu einer mengen- und gütemäßigen Leistungssteigerung im Elektromaschinenbauer-Handwerk

Die Forderung nach einer mengen- und gütemäßigen Leistungssteigerung ist gleichbedeutend mit den Bestrebungen unter Einsparung von Fachkräften und devisengebundenen Werkstoffen eine höhere Produktion zu erreichen, ohne daß die physischen Kräfte des schaffenden Menschen über ein zulässiges Maß hinaus beansprucht werden, oder die Güte der Erzeugnisse eine Einbuße erleidet.

Die Mittel und Wege, die zum Ziele führen, sind vielgestaltig und können etwa wie folgt zusammengefaßt werden:

1. Aktivierung der Belegschaft,
2. Herabminderungen der Verlustzeiten,
3. Vereinfachung der Betriebsorganisation, der Fertigungmethoden, Typisierungs-Normung,
4. Erhöhter Einsatz der Menschenarbeit sparenden Maschinen und Hilfswerkzeuge,
5. Austausch von Mangel-Werkstoffen gegen solche aus der heimischen Erde,
6. Durchführung von Maßnahmen, die geeignet sind, die der Leistungssteigerung hemmend im Wege stehenden Faktoren und Einflüsse primärer und sekundärer Art zu beseitgen,
7. Verbesserung der Erzeugnisse durch sorgfältige Auswahl und erhöhten Einsatz hochbegabter, schöpferisch-gestaltender Fachkräfte.

Unter „Aktivierung der Belegschaft" kann zunächst eine geistige Umstellung und Ausrichtung auf das Ziel verstanden werden. Hier wäre von der Erkenntnis auszugehen, daß außergewöhnliche Zeiten auch außergewöhnliche Maßnahmen erforderlich machen und daß zur Lösung außergewöhnlicher Aufgaben auch außergewöhnliche Menschen gehören.

Es ist eine bekannte Tatsache, daß der Mensch, beeindruckt von der Zeit, in der er lebt, oft der Meinung ist, daß das, was er beruflich gestaltet, die höchst erreichbare Leistung überhaupt sei. Dieser verzeihliche, aber bedeutungsvolle Irrtum läßt leider oft das bekannte Trägheitsmoment aufkommen, und dieser Zustand verschleiert den Blick für die Erkenntnis, daß der entwicklungsmäßige Fortschritt in der Technik keinen absoluten Stillstand kennt, daß alles, was der Mensch gestaltet, unvollkommen und daher stets mehr oder weniger verbesserungsfähig ist.

Welcher Fachgenosse hätte etwa vor 40 bis 50 Jahren daran geglaubt, daß es möglich sei, betriebstüchtige Elektromotoren mit Ankerdrehzahlen bis zu 50 000 n herzustellen. Wer hätte zur selben Zeit die Möglichkeit geahnt, daß das damalige Totalgewicht eines 4poligen 5-PS-Drehstrommotors von 250 kg mit der Zeit auf ca. 45 kg herabgesetzt werden könne?

Es ist wahrlich nicht schwer zu erkennen, daß die deutsche Wirtschaft und damit auch der Elektromaschinenbau sich z. Zt. in einem teils rohstofflich, teils entwicklungsmäßig bedingten Umbruch von heute noch nicht abzuschätzenden Ausmaß befindet. Mehr denn je hat daher auch das Sprichwort „Meister ist, wer etwas ersann" im Elektromaschinenbauer-Handwerk hohe Geltung. In dem gegenwärtigen Umbruch gilt es, über das alltägliche Aufgabenniveau hinaus etwas zu ersinnen, nämlich handwerkliche Dispositonen, Fertigungsmethoden und Hilfsmittel, die eine wirtschaftliche Verarbeitung alter und neuer Werkstoffe ermöglichen und darüber hinaus eine Leistungssteigerung gewährleisten.

Herabminderung der Verlustzeiten

Die Verlustzeiten im Elektromaschinenbauer-Instandsetzungshandwerk entstehen vielfach bei der Aufnahme der Wickeldaten und Wicklungsschaltungen, infolge Schaltfehler, durch nicht ausreichende Prüf- und Werkstatteinrichtungen, nicht ausreichende Kenntnis der Gefolgschaft über die Eigenschaften und Gütewerte neuzeitlicher Werk- und Austauschstoffe u. a. m. Weniger in Erscheinung treten z. Zt. die Verlustzeiten infolge eines notwendigen, aber nicht produktiven Bereitschaftsdienstes, obgleich auch dieser Faktor nach wie vor zu beachten ist.

Eine fühlbare Herabsetzung dieser Verlustzeiten kann z. B.

a) durch den Auf- und Ausbau eines Wickeldatenarchives, also durch ein planmäßiges Zusammentragen der Wickel- und Leistungsdaten marktgängiger Elektromaschinen.

b) durch Anlage einer Schaltbilder-Kartei, in welcher alle üblichen Wicklungs-Schaltungen griffbereit enthalten sind,

c) durch aufmerksames Studium der speziellen Fachliteratur (Fachbücher und Fachzeitschriften),

d) durch Teilnahme an Vorträgen und Lehrgängen über Werkstoffkunde und die wirtschaftliche Verarbeitung neuzeitlicher Werk- und Austauschstoffe,

e) durch kameradschaftlichen Erfahrungsaustausch im Rahmen der Fachgruppen-Versammlungen,

f) durch Besuch einschlägiger Ausstellungen und technischer Messen,

g) durch Vervollkommnung der Prüf- und Werkstatteinrichtungen, Anschaffung neuzeitlicher Werkzeugmaschinen, -Geräte, Werkzeuge und Hilfsmittel,

h) durch Einrichtung einer Werkstoff-Eingangsprüfung (insbesondere bei Isolierstoffen, Lackdrähten usw.).

erreicht werden.

Es ist leider eine nicht zu widerlegende Tatsache, daß die Summe der Verlustzeiten durch Anwendung nicht einwandfreier Wickeldaten oder infolge Schaltfehler bei Neuwicklungen immer noch untragbar hoch ist. Dies trifft besonders für die Neuwicklungen an polumschaltbaren Drehstrommotoren und bei den übrigen Sonderausführungen sowie bei der Wiederherstellung der Zweischichten-Formspulen-Wicklungen, Bruchlochwicklungen, Einphasenmotoren mit Spezial-Anlaufwicklungen, Neuwicklung von Universalmotoren, Drehstromläufer-Stabwicklungen usw. zu.

Die Ursache der Verlustzeiten liegt aber auch zu einem beachtlichen Teil in der nicht ausreichenden oder sogar gänzlich fehlenden Werkstoff-Eingangskontrolle. Bezogen auf die Verwendung der Lackdrähte bei der Herstellung von Wicklungen ist z. B. eine Eingangskontrolle über die Geeignetheit des Lackdrahtes unerläßlich. Auch die Isolierstoffe sollten in die Kontrolle einbezogen werden.

Bei der Aufnahme der Wickeldaten und Schaltungen instandsetzungsbedürftiger Maschinen entstehen infolge Fehlens oder eines nicht ausreichenden Wickeldaten- und Schaltbilderarchives erhebliche Verlustzeiten. Bei Zweischichten-Formspulenwicklungen, ganz besonders bei polumschaltbaren Wicklungen für mehrere Polzahlen und mit mehreren Wicklungen, ist die Aufnahme der Wickeldaten und Schaltungen sehr zeitraubend. In der Regel sind die Schaltdrähte so fest mit den Wicklungselementen verbacken oder teilweise durch Verkohlung oder Ausschmelzungen so zerstört, daß einwandfreie Unterlagen für die Neuwicklungen nicht mit Sicherheit entnommen werden können.

Schätzt man die Zahl der Instandsetzungswerkstätten elektrischer Maschinen im Reichsgebiet auf ca. 2000 und wird angenommen, daß monatlich in jedem Unternehmen einmal eine Fehlarbeit im dargelegten Sinne vorkommt, so ergibt sich jährlich eine Verlustzeit von 24 000 Stunden, wenn in jedem Falle nur 1 Stunde je Monat als Verlustzeit aufgewandt wird.

Die Herstellung einer Wicklung erfordert aber in der Regel 5 bis 6 Stunden bei kleinen bis mittleren Maschinen. Wenn also je Monat nur eine Wicklung zweimal hergestellt werden muß, dann wächst die jährliche Verlustzeit bei 2000 Unternehmen schon auf

144 000 Verluststunden

an. In Wirklichkeit liegt die Quote der Verlustzeiten aber erheblich höher, als in dem vorstehenden Beispiel errechnet wurde, weil die Verlustzeiten durch die Aufnahme von Wickeldaten und Aufzeichnen von Schaltungen usw. nicht in dem Beispiel berücksichtigt worden sind.

Ähnlich liegen die Verhältnisse bei den Materialverlusten (Dynamodraht, Isoliermaterial usw.). Nimmt man den monatlichen Materialverlust für das obige Beispiel mit nur 1 kg Dynamodraht an, dann ergibt sich im Jahr ein Verlust an Dynamodraht von insgesamt (2000 · 1 · 12)

24 000 kg.

Auch hier liegt die wirkliche Verlustziffer ganz erheblich, im einzelnen Fällen möglicherweise sogar um das Mehrfache höher.

Fügt man nun noch die unproduktiven Löhne und Generalien in die Verlustrechnung ein, dann erhält man ein ungefähres Bild über die Gesamtverluste, mit denen man z. Zt. in den Instandsetzungswerkstätten elektrischer Maschinen zu rechnen hat. ¼ Millionen Reichsmark jährlicher Gesamtverlust dürfte nicht zu hoch gegriffen sein.

Eine gänzliche Beseitigung der Verluste ist ausgeschlossen. Indessen ist eine nennenswerte Herabsetzung der Verlustquote sehr wohl möglich und daher auch erstrebenswert. Sie kann in erster Linie erreicht werden durch den Auf- und ständigen Ausbau eines Wickeldaten- und Schaltbilderarchives, durch Einführung einer sorgfältigen Werkstoff-Eingangskontrolle, durch Anpassung des Prüffeldes und der übrigen Werkstatteinrichtungen an den neuesten Stand der Technik, durch fachliche Schulung und Erziehung der Gefolgschaft, durch eine sorgsame Pflege neuzeitlicher Werkstoffkunde und ständige Verbesserung der Arbeitsmethode. Nicht zuletzt gehört die Fachzeitschrift in die Hände eines jeden Gefolgschaftsmitgliedes.

Bei der Neuherstellung elektrischer Maschinen dürfte u. a. die verschärfte Werkstoff-Eingangskontrolle zu einer Herabsetzung der Verlustzeiten beitragen, weil zumindest im Kleinmaschinenbau der Lackdraht sowie die deutschen Isolierlacke z. Zt. schon eine wesentliche Rolle spielen, und infolge des Rohstoffumbruches vielfach auch Kunstseide, Zellwolle und Papier als Drahtisolation in Betracht kommt. Neue Werkstoffe verlangen nun einmal bei der Einführung erhöhte Aufmerksamkeit und ein sorgfältiges Studium der Eigenschaften, Gütewerte und Verarbeitungsmethoden.

Leistungssteigerung

Die Daseinsberechtigung des Elektromaschinenbauer-Handwerkes datiert von dem Zeitpunkt an, wo die elektrische Maschine als Stromerzeugungs- und Antriebsorgan in der Wirtschaft festen Fuß faßte.

Betrachtet man etwa von diesem Zeitpunkt an den Fortschritt in der baulichen Entwicklung der elektrischen Maschine, insbesondere aber den Fortschritt in den Fertigungsmethoden, im Gewicht, Preis und in der Produktionsziffer, so ist leicht festzustellen, daß bis vor wenigen Jahren noch die Entwicklung im Elektromaschinenbauer-Handwerk weit hinter derjenigen der Fertigungsindustrie zurück war. In den letzten Jahren sind hier erfreuliche Ansätze einer Besserung festzustellen.

Immerhin besteht noch ein beachtlicher Leistungsabstand zwischen Industrie und Handwerk, und dieser Abstand muß durch Einleitung und konsequente Durchführung geeigneter Maßnahmen ausgeglichen werden. Die Herbeiführung dieses Leistungsausgleiches ist deshalb dringend notwendig, weil das Tempo der Fortentwicklung in der Fertigungsindustrie bisher noch nicht gekannte Formen angenommen hat. Dieses Tempo ist entwicklungsmäßig bedingt und durch nichts aufzuhalten. Die elektrischen Maschinen werden leichter und billiger, weil die Fertigungsmethoden rationeller gestaltet, die aktiven und passiven Baustoffe höher beansprucht werden können und erfinderischer Geist im höchsten Maße zum Einsatz gelangt.

Zu dieser hochentwickelten Fertigungswirtschaft gehören zwangsläufig leistungsfähige Forschungsinstitute, ein Heer schöpferisch arbeitender, gestaltender Ingenieure, Chemiker, sonstiger Fachwissenschaftler usw.

Diese Hilfsquellen standen und stehen auch heute dem Handwerk nicht oder zumindest nicht in dem gleichen Maße zur Verfügung. Sie führten bei der Industrie zur höchsten Auswertung von Mensch, Maschine und Material und sicherten so den Gleichschritt mit der Entwicklung auf dem Weltmarkt.

Da Stillstand = Rückgang ist, so muß ganz zwangsläufig der Wettlauf mit der ausländischen Fertigungsindustrie nicht nur im gleichen Tempo beibehalten, sondern mit Rücksicht auf die Ausfuhr so beschleunigt werden, daß ein sichtbarer Vorsprung erzielt wird.

Dieser Situation steht das deutsche Elektromaschinenbauer-Hand werk gegenüber und hieraus ergeben sich die Maßnahmen, die im Sinne einer Leistungssteigerung ergriffen werden müssen.

Wenn heute schon in Elektromaschinenfabriken kleineren und mittleren Umfanges eine Dreiphasen-Zweischichten-Ständerwicklung an einen normalen 3-PS-Motor 1450 n von einer angelernten, weiblichen Arbeitskraft in etwa 2½ bis 3stündiger Arbeitszeit hergestellt wird, dann ist es auf die Dauer nicht tragbar, daß gelegentlich einer Neuwicklung von einem Elektromaschinenbauergesellen die doppelte

Arbeitszeit hierfür aufgewandt wird. Es könnte hier der Einwand erhoben werden, daß die angelernte weibliche Arbeitskraft ja auch tage-wochen-, monate- oder jahrelang immer an derselben Maschinentype beschäftigt ist und hierdurch Fertigkeit erlangt werden, die der vielseitig beschäftigte Elektromaschinenbauergeselle im Handwerk nicht erlangen kann, weil die natürlichen Voraussetzungen hierzu fehlen.

Dieser Einwand ist bedingt richtig. Er befreit aber das Handwerk nicht von der Verpflichtung, alles Erdenkliche und Mögliche daran zu setzen, um eine praktisch erreichbare Angleichung an die Arbeitszeiten der Fertigungsindustrie zu erreichen.

Die Gründe hierfür sind sehr einfach und klar. Liegt nämlich der Gestehungspreis einer Neuwicklung bzw. Wiederinstandsetzung nicht nennenswert niedriger, gleich oder sogar höher als der Einkaufspreis eines fabrikneuen Motors gleicher Leistung und Drehzahl, dann wird die Verbraucherschaft nach amerikanischem Muster geneigt sein, einen neuen Motor zu kaufen und den instandsetzungsbedürftigen hierbei als Schrott in Zahlung geben. Die Einbürgerung einer solchen Methode würde aber gleichbedeutend mit dem Niedergang des Elektromaschinenbauer-Handwerkes sein.

Auch um diese Gefahr frühzeitig zu bannen, muß der Gedanke an eine ständige Leistungssteigerung im Handwerk wachgehalten werden.

Mengenmäßige Leistungssteigerung

Die mengenmäßige Leistungssteigerung ergibt sich zu einem Teil aus der Herabsetzung der Verlustzeiten, die in Heft 7 der EMA ausführlich behandelt und Wege zur Herabsetzung derselben aufgezeigt wurden.

Für die mengenmäßige Leistungssteigerung spielt aber auch die Herabsetzung der produktiven Arbeitszeiten eine ebenso wichtige Rolle.

In erster Linie handelt es sich hier um den Transport und die Zerlegung der instandsetzungsbedürftigen Maschine. Für das kurzfristige Abladen und Transportieren innerhalb der Werkstatt werden vielfach infolge Fehlens geeigneter Hilfsgeräte und Werkzeuge (Kran, Flaschenzug, Transportkarren, Abziehvorrichtungen usw.) verhältnismäßig hohe Zeiten aufgewandt. Diese Zeiten können durch Anschaffung neuzeitlicher, allen Anforderungen entsprechender Geräte und Hilfsmittel herabgesetzt und die Sicherheit gegen Bruchgefahr und Unfälle kann hierdurch gleichzeitig höher werden.

Das Entfernen der instandsetzungsbedürftigen Wicklung aus dem aktiven Eisen kann in ungünstig gelagerten Fällen ebenfalls einen hohen Zeitaufwand erfordern. Die Wicklungselemente sind häufig so fest im Nutenraum des aktiven Eisens verbacken, daß der Abbau und die Säuberung der Nuten fast mehr Arbeitszeit erfordert, als die Neuwicklung selbst. Dies trifft z. B. auch bei Drehstrom-Stabläufer mit hoher Nutenzahl und sehr schmalen Nuten zu, wenn der Läufer infolge eines Lagerschadens im Ständereisen geschliffen hat.

Das beschleunigte Entfernen der Stäbe aus den Läufernuten ist in solchen Fällen nur mit geeigneten, kraft- und zeitsparenden Spezialvorrichtungen (siehe S. 97, Abb. 69) möglich.

Handelt es sich um festgebackene Wicklungen mit höherer Leiterzahl je Nute, dann empfiehlt sich stets ein Erwärmen der Wicklung. Wurden für die Imprägnierung der Wicklung Isolierlacke auf Ölbasis verwendet, dann genügt in der Regel eine Erwärmung auf etwa 90 bis 100 Grad C. Der Ölisolierlack erweicht hierdurch bis zu einem gewissen Grade und die Entfernung der Wicklung aus den Nuten ist dann einfacher und nicht so zeitraubend.

Ungleich schwieriger liegen die Verhältnisse, wenn härtbare Kunstharz-Isolierlacke verwendet worden sind. Diese Lacke erweichen selbst bei hohen Temperaturen nicht mehr und weisen ein solch hohes Backvermögen auf, daß die Entfernung der Wicklungselemente aus den Nuten mit normalen Hilfsmitteln fast unmöglich erscheint. Zumindest müssen anormal hohe Zeiten hierfür aufgewandt werden, wenn keine speziellen Entfernungsmethoden bekannt sind.

Sofern die einzelnen Spulen und Stränge solcher Wicklungen noch Durchgang haben, empfiehlt es sich, mit Hilfe von Wechselstrom eine spontane, kurzfristige Erhitzung bis fast zur Rotglut des Wicklungsmetalles herbeizuführen. Hierbei verkohlt der Isolierlack und die Nutenisolation erfährt eine Schrumpfung, so daß die Wicklungselemente im Regelfalle schnell und mühelos aus den Nuten entfernt werden können.

Für die geschickte Durchführung derartiger Operationen ist ein Wechselstrom-(Drehstrom-)Trafo mit feinstufiger Unterteilung, z. B. in Sparschaltung, vorzüglich geeignet. Mit entsprechend niedrigen Spannungen und hohen Strömen ist im Zeitraum einiger Sekunden die erforderliche Temperatur erreicht, und somit die Abbauzeit erheblich herabgesetzt. Die Gefahr, daß durch die in der Wicklung entstehende Hitze die Isolation der aktiven Eisenbleche beschädigt werden könnte, kommt bei richtigem, kurzfristigen Ablauf des beschriebenen Verfahrens nicht in Betracht.

Es ist noch nicht allgemein bekannt, daß ein Teil der Herstellerfirmen bereits obligat auf Kunstharz-Isolierlacke übergegangen, und daß im Instandsetzungshandwerk in Zukunft mit derartigen, hiermit zusammenhängenden Erscheinungen zu rechnen ist. Das hohe Backvermögen der Kunstharz-Isolierlacke ist eine der hervorragenden Eigenschaften dieser Werkstoffe in bezug auf die Kurzschlußfestigkeit und Lebensdauer der hiermit imprägnierten Wicklungen. Der Nachteil, der bei dem Abbau beschädigter Wicklungen in Erscheinung treten kann, muß daher durch Anwendung spezieller Methoden und Hilfsmittel überbrückt werden. Hierzu ist, soweit noch nicht vorhanden, die Anschaffung des bereits erwähnten Wechselstrom-(Drehstrom-)Trafos in Stern-Sparschaltung oder auch die Anwendung des Mittelfrequenz-Erhitzungsverfahrens empfehlenswert. Der Spartrafo kann in seinem Sekundärteil etwa von 10 zu 10 Volt angezapft und die Wicklung soll für hohe Ströme ausgelegt werden. Ein derartiger Trafo ist übrigens auch für die Prüfung von Lötstellen (z. B. bei Drehstromläufer-Stabwicklungen, Niederspannungsmaschinen usw.) sehr zu empfehlen.

Gutes Werkzeug = halbe Arbeit = Zeitersparnis!

Diese alte Formel, deren unbedingte Richtigkeit vieltausendfach unter Beweis gestellt ist, läßt sich auch bei der Lösung des Problems „Leistungssteigerung" ausichtsreich anwenden. Unter „Gutes Werkzeug" sind schlechthin alle Handwerkszeuge, Apparate, Geräte, Hilfsmaschinen, Prüf-Instrumente, Schaltbilder, Wickeldaten, Fachbücher usw. zu verstehen.

In erster Linie können an dieser Stelle die Hilfsmittel und Werkzeuge genannt werden, durch deren Einführung und richtige Anwendung eine Herabsetzung der Wickelzeiten möglich ist. In Betracht kommen daher vielseitig verwendbare, also verstellbare Wickelschablonen, Spulen- und Ankerwickelmaschinen, Isolations-Falzgeräte, Bandagier-Apparate und sonstige Menschenarbeit sparende Maschinen.

Durch erhöhten Einsatz derselben kann der Forderung nach mengenmäßiger Leistungssteigerung in beachtlicher Weise entsprochen werden. Das Angebot solcher, speziell für die Instandsetzungswerkstätten geeigneter Hilfsgeräte und Maschinen ist z. Zt. noch gering. Die Ursache hierfür liegt darin begründet, daß die Idee für die konstruktive Ausführung derselben im Regelfalle nur aus den Kreisen der in der Praxis stehenden Elektromaschinenbauer kommen kann, während die Gestaltung solcher Ideen aber meist die Aufgabe einer Maschinen- oder Apparatefabrik ist und auch sein muß. Für diese Unternehmen ist die anfallende Stückzahl infolge zu geringer Nachfrage relativ gering und somit die Fabrikation vielfach nicht lohnend.

Es sind in den Instandsetzungswerkstätten elektrischer Maschinen eine ganze Anzahl gut durchdachter Wickelschablonen und sonstige Hilfsmittel im Gebrauch, die aus der eigenen Idee und in der eigenen Werkstatt des Besitzers entstanden sind. Dieses, in schöpferischer Arbeit entstandene Gut dient aber lediglich seinem Besitzer allein. Das Gros der Elektromaschinenbauer weiß nichts von der Existenz dieser Hilfsmittel. Nicht jeder ist zu schöpferischen Arbeiten auf diesem Gebiete veranlagt, und da dürfte ein kameradschaftlicher Erfahrungsaustausch über solche Dinge angebracht sein.

Für die möglichst vollkommene Durchbildung der erwähnten Hilfsmittel, Geräte, Apparate und Maschinen und für das preislich günstige Angebot derselben ist es notwendig, daß das Gros der Elektromaschinenbauer sich mehr als bisher für den praktischen Einsatz neuzeitlicher Hilfsmittel interessiert. Je größer die Nachfrage und der Absatz, um so mehr sind die Hersteller solcher Maschinen in der Lage an der weiteren Vervollkommnung derselben zu arbeiten, und je preisgünstiger können die Erzeugnisse auf den Markt gebracht werden. Die Initiative muß also hier in erster Linie von der Verbraucherschaft ausgehen, wie z. B. auch in der „EMA" Heft 6/39, S. 87 bis 92, an dem Beispiel „Elektrischer Trockenofen" gezeigt worden ist.

Durch diese dankenswerte Anregung ist es nunmehr jedem Elektromaschinenbauer möglich, in eigener Werkstatt einen neuzeitlichen, den gewerbepolizeilichen Vorschriften und den neuen Isolierlacken entsprechenden Trockenofen zu bauen. Der einzelne Ofen würde abei wesentlich preisgünstiger sein, wenn der nicht unerhebliche Bedarf an einer Stelle zusammengetragen und die Öfen von einem hierfür besonders geeigneten Unternhmen in größerer Auflage hergestellt würden. Durch eine solche Maßnahme würden wiederum produktive Arbeitsstunden eingespart, die Aussichten für die Anschaffung solcher Trockenöfen günstiger gestaltet und dem Ruf nach Leistungsteigerung entsprochen.

Der HandwerkerWettkampf als Mittler zur Leistungssteigerung

In dem Handwerker-Wettkampf ist den schöpferisch begabten, ideenreichen Handwerkern eine ideale Gelegenheit geboten, ihren Willen zum Fortschritt und ihr fachliches Können durch die meisterhafte Gestaltung einer Wettkampfarbeit unter Beweis zu stellen. Es wäre zu wünschen, wenn bei der Auswahl der Wettkampfarbeiten auch die vorstehend erwähnten, die Leistung fördernden Werkzeuge, Geräte und Apparate, Hilfsmittel und Maschinen im weiteren Rahmen berücksichtigt würden. Wie bereits dargelegt, muß die Initiative für die Gestaltung, Herstellung und Einführung leistungsfördernder Hilfsmittel und Maschinen von den in der Praxis stehenden Elektromaschinenbauer-Handwerkern ausgehen. Nur auf diesem Wege ist der Erfolg auf breiter Grundlage zu erringen.

Durch die Beteiligung an dem Handwerker-Wettkampf ist es auch möglich, die von dem Wettkampf-Prüfungsausschuß als wertvoll erkannten Arbeiten durch Einreihung in die Handwerker-Ausstellung dem Gros der Elektromaschinenbauer bekanntzugeben, somit den kameradschaftlichen Erfahrungsaustausch zu fördern und zur allgemeinen Leistungssteigerung anzuregen.

Abb. 251. Dynamische Auswuchtmaschine.
Werkbild Losenhausenwerk Düsseldorf-Grafenberg.

Gütemäßige Leistungssteigerung

Die gütemäßige Leistungssteigerung im Elektromaschinenbauer-Handwerk muß von dem Grundsatz ausgehen, daß die ursprünglichen Gütewerte der Maschinen bei der Instandsetzung und Neuwicklung beibehalten werden müssen. Darüber hinaus ist es die Aufgabe des Handwerkers, veraltete Maschinen und unvollkommene Ausführungen zu verbessern und dadurch mit höheren Gütewerten auszustatten.

Die Erfüllung dieser Aufgaben setzt wieder das Vorhandensein des bereits mehrfach erwähnten Wickeldaten- und Schaltbilderarchives sowie einer dem neuesten Stande der Technik entsprechende Werkstatt- und Prüfeinrichtung voraus. Beispielsweise müssen die umlaufenden Wicklungskörper (Anker, Läufer) nach der Neuwicklung dynamisch ausgewuchtet werden, wie dies heute in der kleinsten Elektromaschinenfabrik geschieht.

Vor allen Dingen müssen die Maschinen aber bei der Instandsetzung und Neuwicklung die Ursprungs-Wickeldaten, im Regelfalle auch die ursprüngliche Wicklungsart (Ein-, Zweischichten-Formspulen, Wicklungen usw.) und die ursprüngliche Schaltung erhalten. Nur in Ausnahmefällen, wenn besondere Gründe ein Abweichen von dem Grundsatz rechtfertigen, ist eine Änderung der Wickeldaten und Schaltungen am Platze. Solche Fälle können eintreten, wenn beispielsweise ein Motor

Abb. 252. Dynamische Auswuchtmaschine für größere Anker.
Werkbild Gebr. Hofmann-Darmstadt.

für bestimmte Antriebszwecke umgebaut oder die Wicklung anstatt mit Werkstoffen der Klasse A, mit solchen der Klasse B hergestellt werden soll. Die Durchführung solcher Arbeiten muß wohlüberlegt und die Voraussetzungen für die Lösung dieser Aufgaben müssen vorhanden sein. Dies trifft auch besonders bei der Verwendung von Aluminium-Leitermaterial als Austauschstoff gegen Kupfer zu.

Eine gütemäßige Leistungssteigerung kann vielfach auch durch die Verwendung besserer Werkstoffe und nicht zuletzt durch peinlich saubere Arbeit, also durch eine persönliche Leistungssteigerung erzielt werden. Die Pflege der persönlichen Leistungssteigerung ist eine Angelegenheit, die sich fast ausschließlich innerhalb der Werkstatt abspielt. Hier wirkt das gute Beispiel des strebsamen Fachmannes, des Gesellen und Meisters, recht wirksam auf den Lehrling. Ordnung auf den Werktischen, Sauberkeit innerhalb und außerhalb der Werkstatträume, gutes Werkzeug und gutes Licht bilden den Auftakt zur persönlichen Leistungssteigerung.

Im Zusammenhang mit den bisherigen Darlegungen erscheint es zweckmäßig, die für den Ausbau und für die Ergänzung der Werkstatteinrichtung in Betracht kommenden Maschinen, Apparate, Geräte und Instrumente wie folgt zu nennen:

Übersicht über die für den Ausbau der Werkstätten in Betracht kommenden Maschinen, Geräte und Einrichtungsgegenstände

A.

1. Verstellbare Anker-Formspulen-Wickelschablone oder -Maschine.
2. Ankerwickelmaschine für die Herstellung von Kleinanker-Wicklungen.
3. Spulen-Wickelmaschinen für Feld-, Magnet- und Trafospulen.
4. Isolation-, Falz- und Knickgeräte.
5. Umbandel-Maschine für Stab- und Spulen-Umbandelung.
6. Verstellbare Stab-Biegevorrichtung für Hochkantbiegungen an Profilleitern.
7. Drahthaspel zum Auf- und Abspulen von Dynamodrähten, Bandagendraht usw.
8. Elektrisch beheizte Wickel-, Bügel- und Backvorrichtung für die Herstellung von Mika-Nutenisolationen und Mika-Umpressung bei Formspulen und Stäben.
9. Vertikal- und horizontal verstellbare Wickelböcke für die Herstellung von Ankerwicklungen.
10. Spezialwerkzeuge zum Blankmachen isolierter Drähte, z. B, Trafo mit Glühspirale zum Abbrennen der Lackschicht bei Lackdraht-Schaltenden, Profil-Kratzmesser usw.
11. Verzinn-Einrichtung.

B.

1. Größere Drehbank mit gekröpftem Bett, Leit- und Zugspindel.
2. Mechaniker-Drehbank.
3. Hobelmaschine (Shaping).
4. Fräsmaschine.
5. Nuten-Ziehmaschine.
6. Elektrische Bügelsäge.
7. Dynamische Auswuchtmaschine.
8. Hydraulische Presse zum Aus- und Einpressen von Läuferwellen, Kollektorbau usw.
9. Hand-Hebelpresse für Schnell-Nietungen.
10. Tafel-Blechschere für Bleche bis etwa 2 mm Stärke.
11. Hebel-Metallschere.
12. Kleine Lochstanze.
13. Kollektor-Glimmer-Fräsapparate und -Geräte.
14. Kollektor- und Riemenscheiben-Abziehvorrichtungen.
15. Elektrische Handbohrmaschine, Schleif- und Fräsmaschine.
16. Komplette Sätze Stahl-Steck- und Klauenschlüssel.
17. Kugellager-Abzieh-Vorrichtungen.
18. Englische Schraubenschlüssel, Rohrzangen, Beiß- und Kneifzangen, Rund- und Flachzangen, Gewinde-Schneidzeuge, Reibahlen.

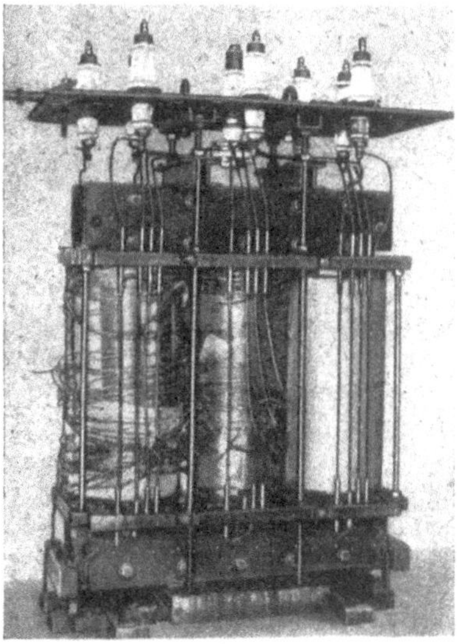

Abb. 253. 500 kVA Drehstrom-Öltrafo, 6000/2100 Volt, vor der Neuwicklung (Werkbild J. Siebmanns, G.m.b.H., Dresden).

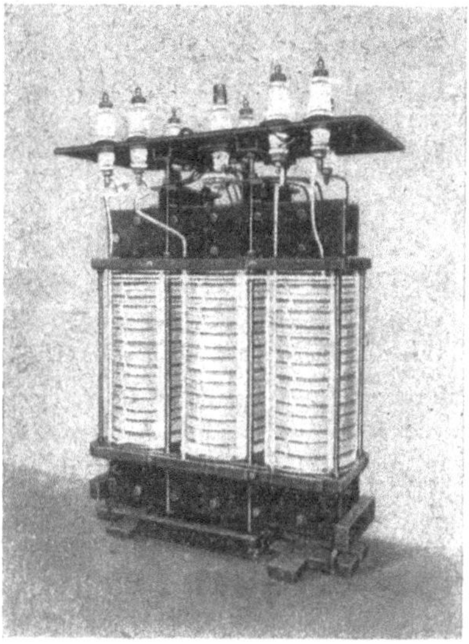

Abb. 254. Derselbe Trafo nach der Neuwicklung.

C.

1. Vakuum-Imprägnieranlage.
2. Elektr. oder gasbeheizter Trockenofen mit indirekter Beheizung, Explosionsschutz, Temperaturablese- und automatische Regelvorrichtung für Temperaturen bis etwa 180 Grad C.
3. Druckluftanlage zum Reinigen instandsetzungsbedürftiger Maschinen und für Spritz-Lackierung.
4. Sandstrahlgebläse zum Aufarbeiten und Überholen gebrauchter Maschinen und Maschinenteile.
5. Ölreinigungsanlage für die Aufbereitung von Trafoöl.
6. Elektr. Lichtbogen-Schweißanlage oder Autogen-Schweißapparat.
7. Löteinrichtung für Weich-, Hart- und Alu.-Lötungen.
8. Elektr. Glüh- und Härteofen.

D.

1. Drehstrom-Prüftrafo mit Anzapfungen für alle genormten und nicht genormten, vorkommenden Betriebsspannungen.
2. Einphasen-Trafo primär 220 oder 380 Volt, sekundäre Anzapfungen von 10 zu 10 Volt zum Prüfen von Lötstellen bei Stabanker- und Niederspannungs-Maschinen und zum Erhitzen von Wicklungsteilen beim Abbau beschädigter Wicklungen usw.

3. Sprungwellen-Prüfeinrichtung für Prüfungen nach REM und RET.

4. Ortsfeste Spannungs-Prüfeinrichtung für Durchschlags-Prüfungen gemäß REM und RET, stufenlos regelbar von 0 bis 50 000 Volt, dgl. fahrbar 0 bis 3000 Volt.

5. Kompletter Meßkoffer für Untersuchungen und Prüfungen an elektrischen Maschinen außerhalb der Werkstatt.

6. Anker-Prüfeinrichtung, Meßbrücke, Ohmmeter, Kurbelinduktor, Prüflampen.

7a. Ortsfestes Prüffeld für Gleich-, Wechsel- und Drehstrom, mit entsprechenden umschaltbaren Meßinstrumenten.

7b. Belastungs- und Regelwiderstände. Hierzu einen transportablen Meßsatz für Leistungsmessungen an Gleich-, Wechsel- und Drehstrommaschinen (Wattmeter, Wattmeter-Umschalter), Strom-Spannungsmesser, Drehzahlmesser, Temperaturmesser usw.

7.c. Frequenz- und Leistungsfaktormesser.

8. Frequenz-Generator für 250 bis 500 Hertz oder Frequenz-Umformer, möglichst umschaltbar oder regelbar für Frequenzen von 100 bis 250 Hertz.

9. Potential-Regler (Dreh-Trafo) für stufenlose Regelung von Wechselspannungen.

10. Belastungseinrichtungen zum Belasten elektr. Maschinen (Wirbelstrombremse, Flüssigkeits-Dynamometer, Pendelwaage, Bremsdynamo mit Belastungswiderständen, Rückarbeits-Belastungseinrichtung, Bremsscheiben, Prony-Zaun, Torsionswaage usw.)

E.
Transportgeräte und Einrichtungen

Kran, elektr. Flaschenzug, Dreibaum, Handflaschenzug, Transportkarren für innerhalb der Werkstatt, Elektrokarren. — Motorrad, Klein-Lastwagen,Schnell-Lastwagen, Personenauto.

F.

Wasch- und Dusch-Einrichtungen, Radio-Übertragungsanlage, Werkbücherei, Gemeinschaftsraum, elektr. Kaffeeküche, Werkstatt-Staubsauger, Essen-Wärmschrank, Kleiderschränke, Werkraum-Anstrich, Beleuchtung der Arbeitsplätze, bei Steinfußböden wärmende Fußunterlagen, Werkstattheizung, Handwasch-Trockenanlage.

Die Forderung nach Leistungssteigerung durch Einsatz von zeit- und menschenkraftsparenden Maschinen und Werkzeugen läßt die berechtigte Frage aufkommen, ob in den Instandsetzungswerkstätten auch die Voraussetzungen für die wirtschaftliche Ausnutzung derselben gegeben sind.

Wenn angenommen wird, daß in 2000 Instandsetzungswerkstätten 2000 Drehbänke vorhanden sind, so müßten von diesen 2000 Drehbänken bei voller Ausnutzung auch täglich

16 000 Drehbank-Werkstunden

geleistet werden. In der Tat ist es aber so, daß näherungsweise z. Zt. täglich nicht einmal 2000 Werkstunden geleistet werden. Der Ausnutzungsfaktor ist deswegen so ungünstig, weil im Regelfalle bei reinen Instandsetzungsarbeiten nicht so viel mechanische Arbeiten anfallen, um eine volle Ausnutzung der Drehbänke zu ermöglichen. Was für die Drehbänke zutrifft, kann auch auf viele andere Werkzeugmaschinen bezogen werden. Andererseits ist aber auch in normalen Zeiten mit einem schwankenden Beschäftigungsgrad zu rechnen, weil Instandsetzungsarbeiten an elektrischen Maschinen naturgemäß nicht regelmäßig anfallen.

Von Ausnahmen abgesehen, wird ein besserer Ausnutzungsfaktor für die Werkzeug- und Spezialmaschinen nur durch Aufnahme einer Kleinfabrikation, d. h. durch die handwerksmäßige Herstellung eines geeigneten Gegenstandes, eines Maschinenteiles, einer Maschine usw. erreicht werden können.

Die Lösung dieses Problems ist schwierig, aber durchaus nicht unmöglich. Aus ursprünglich kleinen Elektro-Instandsetzungswerkstätten sind nachweislich schon eine beachtliche Zahl leistungsfähiger Elektromaschinen- oder Apparatefabriken hervorgegangen. Hierunter befinden sich Firmen, die ihre Erzeugnisse in sämtliche Erdteile liefern und deren Belegschaft z. Zt. bis zu mehreren 100 Köpfen zählt.

Entscheidend für diese Entwicklung war in vielen Fällen der ursprüngliche Gedanke, durch Aufnahme einer Kleinfabrikation die Möglichkeit für die Anschaffung und wirtschaftliche Ausnutzung wertvoller Werkzeug- und Spezialmaschinen zu schaffen und somit auch einen gleichmäßigen Beschäftigungsgrad zu erreichen.

Selbst wenn diese Beispiele als Ausnahmefälle bezeichnet werden, enthalten sie die Bestätigung für die Richtigkeit der Idee. Soll diese Idee auf das Gros der etwa 2000 Instandsetzungswerkstätten übertragen werden, dann kann es sich z. B. um eine Lösung auf genossenschaftlicher oder aber auch auf der Basis fachkameradschaftlicher Gemeinschaftsarbeit handeln. Die persönliche Initiative und die Verantwortung muß für den Regelfall aber Sache des als Unternehmer in Erscheinung tretenden Handwerkers bleiben.

An einem Beispiel soll aufgezeigt werden, wie trotz aller scheinbaren Schwierigkeiten und Hindernisse der entwicklungsmäßige Fortschritt dem Handwerk die Möglichkeit zur Übernahme sogenannter Ausgleichsarbeiten, d. h. die Möglichkeit zur Leistungssteigerung im Elektromaschinenbauer-Handwerk bietet.

Leichtmetall-Elektromotoren

Bei der Herstellung von Drehstrommotoren geht die Entwicklung dahin, die Käfigläuferwicklungen grundsätzlich nur noch aus Aluminium, und zwar im Preß- oder Schleudergußverfahren herzustellen.

Wie in Fachkreisen bekannt, werden auch schon die Ständerblechpakete im Preß- oder Schleudergußverfahren mit Leichtmetall (deutscher Austauschstoff) umgossen und diese Gießverfahren werden auch für die Herstellung der passiven Bauteile (Lagerdeckel usw.) erfolgreich angewandt.

Es ist kein Zufall, daß z. B. das Leichtmetall-Preßgußverfahren in den Dynamoblech-Stanzwerken Eingang gefunden hat. Das Stanzen, Schichten und Umgießen der Ständerbleche und das Gießen der Käfigläufer-Wicklung sind Arbeitsvorgänge, die unter gegebenen Voraussetzungen erfolgreich in eine Unternehmerhand gelegt werden können. Wenn man die Anschaffungskosten (ca. 30 000 bis 40 000 RM.) und die Kapazität einer Leichtmetall-Preßgußmaschine berücksichtigt, dann steht zweifelsfrei fest, daß sich für die kleinen und mittleren Elektromaschinenfabriken eine solche Anschaffung wegen des hier unzulänglichen Ausnutzungsfaktors nicht lohnt.

Diese zwangsläufige Entwicklung im Elektromaschinenbau bietet nunmehr dem Handwerk auch die Möglichkeit, sogenannte Halbfabrikate, d. h. bis auf die Ständerwicklung, Läuferwelle, Riemenscheibe und Zusammenbau fertigen Drehstrommotoren zu beziehen und in eigener Werkstatt verkaufsreif fertigzustellen.

Wenn diese Möglichkeit im Rahmen des vorliegenden Aufsatzes erwogen und herausgestellt wird, dann geschieht es deshalb, weil es sich hier um Halbfabrikate handelt, die hinsichtlich der mechanischen Ausführung in allen Teilen, insbesondere auch rohstofflich den höchsten Anforderungen und dem neuesten Stand der Technik entsprechen würden.

Die Möglichkeit des Bezuges solcher Halbfabrikate würde dem Elektromaschinenbauer-Handwerk nicht nur die Gewähr für die bessere Ausnutzung der Werkzeugmaschinen bieten, sondern es würden damit auch die Voraussetzungen geschaffen, um das Handwerk im weiten Umfang zur Entlastung der Industrie einzusetzen.

Die im Sinne der vorstehenden Darlegungen aus Halbfabrikaten hergestellten Drehstrommotoren müssen hinsichtlich der Leistungs- und Güte werte den REM in allen Teilen entsprechen. Diese selbstverständliche Forderung setzt voraus, daß zu jeder genormten Type rechnerisch einwandfrei ermittelte und praktisch kontrollierte Standard-Wickeldaten zur Verfügung stehen. Darüber hinaus dürften solche Halbfabrikate nur in die Hände berufener Fachleute gelangen, die möglicherweise noch einer ständigen fachmännischen Aufsicht unterstellt sind.

XIV. TEIL

Anhang

Muster 1: Werkstattbuch
Muster 2 bis 5: Werkstattzettel
(Muster 3: Zahlentabellen siehe Raskop Berechnungsbuch, VI. Aufl., Seiten 158—170)

Muster Nr. 1 (Vorderseite)

Muster eines Werkstattbuches.

Lfd. Nr.	Kom. miss.-Nr.	Be-zeich-nung	Fabri-kat	Type oder PS	Fabrik-Nr.	Spannung in Volt		Dreh-zahl	Zubehör
						Gleich-strom =	Dreh-strom ÷		
1	1	1 Motor	A.E.G.	N.E.G.50	16827	220	÷	1250	1 Riemenscheibe

Muster Nr. 1 (Rückseite)

Wickeldaten Anker bzw. Läufer						Wickeldaten Feld bzw. Ständer				Eingang und Lieferfrist	
Nuten	Wickelschritt	Wdg pro Spule	Schaltungsschritt	Drahtstärke nackt	Gewicht des Kupfers kg	Windung	Drahtstärke in mm	Kupfergewicht kg	Nutenzahl	Eingang	Lieferfrist
33	Nute 1 : 9	3 · 8	1 : 50	2 · 1,1 ø	4,1	3000	0,6	17,5	—	15. 2. 19	28. 2. 19

Muster Nr. 2 (Vorderseite)

Werkstattzettel.

Buch-Fol.: . . . . . .

Eingang: . . . . . **Auftrag** *N*.: . . . . Lieferzeit: . . . . . .

Ausgang: . . . . . . Auftraggeber: . . . .

Arbeitsstück: . . . .

Auszuführende Arbeit: ______________________________

Zubehör: ______________________________

Bemerkungen: ______________________________

Angaben genau ausfüllen!

Maschinenart:	Spannung in Volt (E) = ...
Fabrikat:	„ „ „ (e) = ...
Nummer:	Strom in Ampere (J) = ...
Type:	„ „ „ (i) = ...
Drehzahl:	Leistungsfaktor cos φ = ...
Stromart:	Frequenz (Perioden) = ...
Schaltung:	Wirkungsgrad = ...
Leistung: . . . . . . PS . . . . . . kW	
	Aufgenommen durch: . . . .

Wickeldaten gewissenhaft aufnehmen

Gleichstrom			Wechsel- und Drehstrom	
Anker		Feld	Rotor	Stator
	M. / D.			
Nutenzahl:		Polzahl:	Nutenzahl:	Nutenzahl: . . . . . .
Wickelschritt:		Windungszahl: . .	Windungen pro Nut.	Windungen pro Nut:
Windung pro Spule: .		Drahtstärke: . . .	Schaltung:	Schaltung: . . . . . .
Lamellenzahl:		Drahtisolation: . .	Drahtstärke:	Drahtstärke: . . . . .
Schaltschritt:		Zunahme:	Drahtisolation:	Drahtisolation: . . . .
Drahtstärke:		Kurfergewicht: . .	Zunahme:	Zunahme: . . . .
Drahtisolation:		Schaltung:	Kupfergewicht: . . .	Kupfergewicht: . . . .
Zunahme:		**Wendepole**	Außergewöhnliches	
Kupfergewicht: . . .		Anzahl:		
Endenführung:		Windungszahl: . .		
Kompound		Drahtstärke: . . .		
Polzahl:		Drahtisolation: . .		
Windungszahl:		Zunahme:		
Drahtstärke:		Kurfergewicht: . .		
Kupfergewicht:		Schaltung:		
Schaltung:			Aufgenommen durch	

Muster Nr. 2 (Rückseite)

Abrechnung

Name	Dat.	Std.	Material	Ausgegeben	Zurück	Verbraucht	Einzelpreis		Gesamtpreis	
							DM	Dpf	DM	Dpf

Muster Nr. 3 (Vorderseite)

Eingang . . . . .
Ausgang . . . .

Werkstattzettel.

Com.-Nr. . . . . .

Bezeichnung . . . .
Fabrikat . . . . . .
Type . . . .
kW . . . .
PS . . . .
PS interm. . . Min. .
Volt Gleichstrom . .
Volt Drehstrom . .
Schaltung . . . . . .
Amp. . . . .
Touren . . . .
Rotor Volt . . . . .
Rotor Amp. . . . . .
cos . . . .
Perioden . . . . . .
Masch.-Nr. . . . . .
Bauart . . . .
Zubehör . . . . . .
Bemerkungen . . .

A. Prüffeld. Eingang: **Auszuführende Arbeit**

B. Wickelei. **Wickeldaten**

Anker bzw. Läufer

Nuten	Lamellen	Schaltung	Wickelschritt	Windungen pro	Drahtstärke	Gewicht

Feld bzw. Ständer

Nuten	Windungen pro	Schaltung	Drahtstärke	Gewicht	Compound Windungen	Compound Drahtstärke

Wendepole		Kollektor		Schleifringe		Abstand	
Windungen	Draht stärke	Lamellengröße	Isolationsstärke	Durchmesser	Breite	Kollektor	Wicklung

C. Dreherei.

Lager			Schleifringe			Bemerkungen
Größe	Gewicht Roh	Gewicht Fertig	Größe	Gewicht Roh	Gewicht Fertig	

D. Prüffeld. Ausgang: | Geprüft mit:

Ampere		25 % über Vollast	40 % über Vollast	Temperatur		Volt		Min.	Bemerkungen
Leerlauf	Vollast	Min.	Min.	Wicklung	Lager	Wicklung gegen Körper	Kollektor Schleifring		

Anker bzw. Läufer gewickelt durch . . . .
Feld bzw. Ständer gewickelt durch . . . .
Kollektor repariert durch . . . .
Lager erneuert durch . . . .
Anlasser repariert durch . . . .

Geprüft und abgenommen durch

N. N., den 194

Muster Nr. 3 (Rückseite)

Leerlauf							Kurzschluß					
Volt	Amp.	Wattmeter-Ausschl. a_1	a_2	Watt	cos	Umdr.	Volt	Amp.	Wattmeter-Ausschl. a_1	a_2	Watt	cos

Belastung — Hebelarm = ______ m

Volt	Amp.	Wattmeter-Ausschl. a_1	a_2	Watt	Umdr.	kg	kW	PS	cos	Wirkungsgrad	Bemerkungen

Dauerbelastung

Zeit	Temperatur Raum	Wicklung	Eisen	Lager	Volt	Amp.	Wattmeter-Ausschl. a_1	a_2	Watt	Umdr.	cos	Wirkungsgrad

Widerstände

Kalt bei ______ °C Lufttemperatur	Warm bei ______ °C Lufttemperatur
Ständer Magnetwicklg. $= \frac{E}{J}$ ______	Ständer Magnetwicklg. $= \frac{E}{J}$ ______
Läufer $= \frac{E}{J}$ ______	Läufer $= \frac{E}{J}$ ______

Material-Verbrauch:

Name:

	N																			
	25%																			
	50%																			
	N																			
	25%																			
	50%																			
	N																			
	25%																			
	50%																			
	N																			
	25%																			
	50%																			
	N																			
	25%																			
	50%																			
	N																			
	25%																			
	50%																			
	N																			
	25%																			
	50%																			

Platz für Firmenanschrift.

Gleichstrom *).

Auftrag Nr. ....

von der Firma: ....

Ort: .... Straße .... Nr. ......

Fernruf Nr.: ....

Eingegangen am .... 194.......

Ausgang am .... 194.......

Bemerkungen: Ursache des Wicklungsschadens ....

....

G — E — D — Motor — Generator

Fabr.-Nr. ....
kW: ....
PS: ....
Läufer: Volt: ....
Amp.: ....

Hersteller: ....
Type: ....
Drehzahl: ....
Volt: ....
Amp.: ....
cos: ....
....

Auszuführende Arbeiten.

1. Maschine prüfen und Fehler feststellen
2. Maschine abbauen
3. Ständerwicklung
   Läuferwicklung abbauen
4. Ständer isolieren und neu wickeln
   Läufer isolieren und neu wickeln
5. Spulen für Ständer
   Spulen für Läufer wickeln
6. Spulen einlegen
7. Wicklung schalten und vorprüfen
8. Wicklung imprägnieren und trocknen
9. Maschine zusammenbauen
10. Maschine prüfen
11. Ersatzlager drehen
12. Ersatzlager einpassen
13. Bürsten instandsetzen
    Bürsten ersetzen
14. Kollektor neu belegen
    Schleifringe erneuern
15. Kollektor abdrehen
16. Schleifringe abdrehen
17. Kollektor ausfräsen
18. Klemmbrett instandsetzen
19. ....
20. ....

Anmerkung: Auszuführende Arbeiten werden mit × bezeichnet!

Ausgefertigt am .... 194....... Unterschrift: ....

*) Zusammenstellung nach Fr. Droste, Calw/Württbg.

Prüfbefund.

1. **Isolation gegen Körper:** geprüft mit ...., Volt (gemäß REM)

2. **Leerlauf:**

Spannung: .... Volt
Ampere: .... Amp.
Drehzahl: .... n./Min.
Läufer: .... Volt

3. **Belastung:**

Spannung: .... Volt
Nennstrom: .... Amp.
Drehzahl: .... n./i. Min.
....

......., den .... 194....... Unterschrift: ....

Muster Nr. 4 (Rückseite)

Wickeldaten.

Gleichstrom.

Neue Daten

Ankerwicklung:

Nutenzahl: . . . . . .
Drähte/Nute: . . . . . .
Drähte parallel: . . . . . .
Drahtdurchmesser: . . . . . . mm
Desgleichen isoliert: . . . . . . mm

Wicklungsart:

Schleifenwicklung
Reihenwicklung
Reihen-Parallelwicklung
Wickelschritt: Nute . . . ./. . .
Schaltschritt: Lamelle: . . . .
ungekr./gekr.
Teilspulen je Nute . . . . . .

Kollektor:

Lamellenzahl: . . . . . .
Ausgleichverbindung: . . (Anzahl)
Ausgleichschritt: Lamelle . . ./. . .
Drahtstärke: . . . . . . mm ø

Stabwicklung:

Abmessungen eines Stabes: . . . .
(Skizze)
Desgleichen + Isolation: . . . . .

Abstand der Wickelköpfe vom akt. Eisen:

Kollektorseite: . . . . . . mm
Riemenscheibenseite: . . . . . .

Maße des aktiven Eisens:

Ankerdurchmesser: . . . . . . mm
Ankerlänge: . . . . . . mm

Kupfergewicht der Wicklung: . . . . . . kg

Bemerkungen:

Magnet-(Feld-)Wicklung.

Neue Daten

I. Nebenschlußwicklung:

Polzahl: . . . . . .
Windungszahl/Spule: . . . . . .
Drahtstärke: . . . . . . ø
Desgl. + Isolation: . . . . . ø
Kupfergewicht einer Spule: . . . kg
Maße einer Spule: . . . . (Skizze)
Umbandelung einer Spule:
. . . . . . × Band
. . . . . . × Oelleinen
. . . . . . × . . . . . .

II. Wendepolwicklung:

Zahl der Spulen: . . . . . .
Windungen/Spule: . . . . . .
Drahtstärke: . . . . . . ø
Desgl. + Isolation: . . . . . . ø
Kupfergewicht einer Spule: . . . kg
Maße einer Spule: . . . . (Skizze)
Umbandelung einer Spule:
. . . . . . × Band
. . . . . . × Oelleinen
. . . . . . × . . . . . .

III. Doppelschlußwicklung:

Zahl der Spulen: . . . . . .
Windungen/Spule: . . . . . .
Drahtstärke: . . . . . . ø
Desgl. + Isolation: . . . . . . ø
Kupfergewicht einer Spule: . . . kg
Umbandelung einer Spule:
. . . . . . × Band
. . . . . . × Oelleinen
. . . . . . × . . . . . .

Totales Kupfergewicht der Wicklungen:

Nebenschlußwicklung: . . . . . kg
Wendepolwicklung: . . . . . kg
Doppelschlußwicklung: . . . . . kg
. . . . . kg

Muster Nr. 5 (Vorderseite)

Platz für Firmenanschrift.

Drehstrom.

Auftrag Nr. ....

von der Firma: ....

Ort: .... Straße .... Nr. ......

Fernruf Nr.: ....

Eingegangen am .... 194......

Ausgang am .... 194......

Bemerkungen: Ursache des Wicklungsschadens ....

....

G — E — D — Motor — Generator

Fabr.-Nr. ....

kW: ....

PS: ....

Läufer: Volt: ....

Amp.: ....

Hersteller: ....

Type: ....

Drehzahl: ....

Volt: ....

Amp.: ....

cos: ....

....

Auszuführende Arbeiten.

1. Maschine prüfen und Fehler feststellen
2. Maschine abbauen
3. Ständerwicklung
   Läuferwicklung abbauen
4. Ständer isolieren und neu wickeln
   Läufer isolieren und neu wickeln
5. Spulen für Ständer
   Spulen für Läufer wickeln
6. Spulen einlegen
7. Wicklung schalten und vorprüfen
8. Wicklung imprägnieren und trocknen
9. Maschine zusammenbauen
10. Maschine prüfen
11. Ersatzlager drehen
12. Ersatzlager einpassen
13. Bürsten instandsetzen
    Bürsten ersetzen
14. Kollektor neu belegen
    Schleifringe erneuern
15. Kollektor abdrehen
16. Schleifringe abdrehen
17. Kollektor ausfräsen
18. Klemmbrett instandsetzen
19. ....
20. ....

Anmerkung: Auszuführende Arbeiten werden mit × bezeichnet!

Ausgefertigt am .... 194...... Unterschrift: ....

Prüfbefund.

1. **Isolation gegen Körper:** geprüft mit .... Volt (gemäß REM)

2. **Leerlauf:**

Spannung: .... Volt
Ampere: .... Amp.
Drehzahl: .... n./Min.
Läufer: .... Volt

3. **Belastung:**

Spannung: .... Volt
Nennstrom: .... Amp.
Drehzahl: .... n./i. Min.
....

......., den .... 194...... Unterschrift: ....

Muster Nr. 5 (Rückseite)

Wickeldaten — Drehstrom.

Ständer: — Neue Daten

Nutenzahl: . . . . . .
Drähte/Nut: . . . . . .
Drahtdurchmesser: . . . . . . mm
Desgleichen mit Isolierung: . . . mm
. . . . . . Drähte parallel
Schaltung: Schaltbild Nr.: . . . . .
. . . . . . Spulen in Serie/Phase
. . . . . . Spulen parallel/Phase
Sternsch. bei . . . . . . Volt
Wicklungsart: Polzahl: . . . . . .
Einschicht mit Sp. u. W.
Zweischicht mit Sp. gl. W.
Zweischicht mit Sp. u. W.
Einschicht mit Sp. gl. W. ch
Polumschaltbar: . . . ./. . . . polig ____ / ____ polig
. ./. . . polig ____ /____ polig
Nach Dahlander: . . . . . .
Nach Weinert/SSW: . . . . . .
Anzahl der polumsch. Wicklg. . . .
Wickelschritt: Nute . . . . ./. . . . .
Nute . . . . ./. . . . .
Nute . . . . ./. . . . .
Eisenmaße: Außendurchm. . . . mm
Innendurchm. . . . mm
Länge: . . . . mm

Riemenscheibe:
Durchmesser: . . . . . . mm
Breite: . . . . . . mm
Keilmaße: . . . ./. . . ./. . . . mm

Kugellager:
Außen: . . . . . . mm
Bohrung: . . . . . . mm
Breite: . . . . . mm, Nr. . .

Abstand der Wickelköpfe vom Lagersch.:
Links vom Klemmbrett: . . . . mm, Rechts vom Klemmbrett: . . . . mm
Maße für die Einstellung der Wickelmasch.:
Länge: . . . . . . mm Breite: . . . . . .
Bogen: . . . . . . mm Windungen je Spule: . . . . . .
Nutenisolation:
Werkstoff . . . . . . m. Einlage . . . . . . Wandstärke: . . . . . . mm
Bemerkungen: ____

Kupfergewicht: Ständer: . . . . . . kg, Läufer: . . . . . . kg.

Läufer: — Neue Daten

Nutenzahl: . . . . . .
Drahtzahl/Nute: . . . . . .
Drahtdurchmesser: . . . . . . mm
Desgleichen mit Isolation . . . mm
Stabmaße: . .X. .X. . mm (Skizze)
. . . . . . Drähte parallel
Schaltung: Schaltbild Nr.: . . . . .
. . . . . . Spulen je Phase i. Serie
. . . . . . Spulen je Phase parallel
Wicklungsart:
Handwicklung i. Runddraht (Einlegewicklg.)
Handwicklung i. Runddraht (Einfädelwicklg.)
Stabwicklung:
Stäbe je Nute: . . . . . .
Wickelschritt Schleifrg. Seite:
Nute . . . ./. . . .
Riemensch. Seite:
Nute . . . ./. . . .
Umkehrschritt: Nute . . . ./. . . .
Polzahl: . . . . . .
Anfänge: in Nuten . . ./. . ./. . .
Enden: in Nuten . . ./. . ./. . .
Umkehrstäbe:
Nute . . . ./. . . . (unten)
Nute . . . ./. . . . „
Nute . . . ./. . . . „
Eisenmaße: Durchmesser: . . . mm
Länge: . . . . mm

Abstand der Wickelköpfe vom aktiven Eisen:
Schleifringseite: . . . . . . mm
Riemenscheibenseite: . . . . . . mm
Maße für die Einstellung der Wickelmasch.:
Länge: . . . . . . mm Breite: . . . . . . mm
Bogen: . . . . . . mm Windungszahl/Spule: . . . . . .
Bemerkungen: ____

ANZEIGEN

FSC
www.fsc.org
MIX
Papier | Fördert gute Waldnutzung
FSC® C083411

Kolibri 360 GmbH
Ferdinand-Jühlke-Straße 7
99095 Erfurt, Deutschland
produktsicherheit@kolibri360.de